SuperScalar RISC Processor Design

超标量处理器设计

姚永斌 编著

清华大学出版社

北京

内 容 简 介

本书讲述超标量(SuperScalar)处理器的设计,现代的高性能处理器都采用了超标量结构,大至服务器和高性能 PC 的处理器,小至平板电脑和智能手机的处理器,无一例外。本书以超标量处理器的流水线为主线展开内容介绍。本书主要内容包括超标量处理器的背景知识、流水线、顺序执行和乱序执行两种方式的特点;Cache 的一般性原理、提高 Cache 性能的方法以及超标量处理器中的 Cache,尤其是多端口的Cache;虚拟存储器的基础知识、页表、TLB 和 Cache 加入流水线后的工作流程;分支预测的一般性原理、在超标量处理器中使用分支预测时遇到的问题和解决方法以及如何在分支预测失败时对处理器的状态进行恢复;一般的 RISC 指令集体系的简单介绍;指令解码的过程,尤其是超标量处理器中的指令解码;寄存器重命名的一般性原理、重命名的方式、超标量处理器中使用寄存器重命名时遇到的问题和解决方法以及如何对寄存器重命名的过程实现状态恢复;指令的分发(Dispatch)和发射(Issue)、发射过程中的流水线、选择电路和唤醒电路的实现过程;处理器中使用的基本运算单元、旁路网络、Cluster 结构以及如何对Load/Store 指令的执行过程进行加速;重排序缓存(ROB)、处理器状态的管理以及超标量处理器中对异常的处理过程;经典的 Alpha 21264 处理器的介绍。在本书中使用了一些现实世界的超标量处理器作为例子,以便于读者加深对超标量处理器的理解和认识。

本书可用作高等院校电子及计算机专业研究生和高年级本科生教材,也可供自学者阅读。

图书在版编目(CIP)数据

超标量处理器设计/姚永斌编著.--北京:清华大学出版社,2014(2024.6 重印)
ISBN 978-7-302-34707-1

Ⅰ.①超⋯　Ⅱ.①姚⋯　Ⅲ.①微处理器－设计－高等学校－教材　Ⅳ.①TP332

中国版本图书馆 CIP 数据核字(2013)第 292376 号

责任编辑:刘向威　薛　阳
封面设计:文　静
责任校对:焦丽丽
责任印制:曹婉颖

出版发行:清华大学出版社
　　　　网　　　址:https://www.tup.com.cn,https://www.wqxuetang.com
　　　　地　　　址:北京清华大学学研大厦 A 座　　　　　　　邮　　编:100084
　　　　社 总 机:010-83470000　　　　　　　　　　　　　　邮　　购:010-62786544
　　　　投稿与读者服务:010-62776969,c-service@tup.tsinghua.edu.cn
　　　　质量反馈:010-62772015,zhiliang@tup.tsinghua.edu.cn
印 装 者:三河市龙大印装有限公司
经　　销:全国新华书店
开　　本:185mm×260mm　　印　张:24.25　　　　　字　　数:588 千字
版　　次:2014 年 4 月第 1 版　　　　　　　　　　印　　次:2024 年 6 月第 11 次印刷
印　　数:4801～5800
定　　价:59.00 元

产品编号:052956-02

现代的通用处理器从指令集方面来看,可以分为精简指令集(RISC)和复杂指令集(CISC)这两种,CISC 伴随着处理器的诞生,最开始的处理器都是使用这种指令集,力求在一条指令内完成很多的事情,并且使用尽可能多的指令,覆盖到各种各样的操作,这样可以降低对存储器的需求,并且简化编译器的设计;随着时间的推移,当存储器和编译器都不再是问题的时候,RISC 就产生了,它基于一个观察:80% 的 CISC 指令只在 20% 的时间被使用,这样可以只将经常使用的 20% 的 CISC 指令使用硬件来实现,剩余 80% 的指令可以使用软件来模拟,因此可以简化硬件的设计,同时,为了便于使用流水线,不像 CISC 指令那样,指令的长度可以变化,RISC 指令采用了等长的方法,每条 RISC 指令的长度都是 32 位,这样可以降低解码的难度,易于流水线的设计,这些因素都使 RISC 指令集的处理器有着更高的频率,同时功耗和成本相对也更低,虽然有时候为了完成一个任务,它需要使用更多的指令来实现,但是考虑到它有着更高的频率,所以综合来看,执行时间也未必就会变长。

同时,现代的通用处理器从实现方式来看,可以分为标量(scalar)和超标量(superscalar)这两种,标量处理器每周期最多只能执行一条指令,它一般都是按照程序中指定的顺序来执行指令,这称之为顺序执行(in-order);这种方式制约了处理器性能的提高,于是就有了超标量处理器,它能够在一个周期内执行多条指令,这样可以缩短一个程序的执行时间,指令在处理器中可以按照程序中指定的顺序来执行,也可以不遵循这个顺序,只要指令的源操作数都准备好了,它就可以被执行,这种方式就称为乱序执行(out-of-order),当然,乱序执行也不能够改变程序本来的功能,在超标量处理器中,还需要一些方法来使这些乱序执行的指令看起来仍然按照程序中指定的顺序更改处理器的状态,在超标量处理器中的这些功能注定了它的复杂性,相比于标量处理器,它需要更多的硬件资源和更高的功耗,这就是性能提升所带来的代价。

上述的这两种划分(CISC 和 RISC,以及 scalar 和 superscalar)是相互正交的,也就是说,它们可以有四种组合,这四种组合在处理器的世界中均有使用,分别介绍如下。

✿ Scalar CISC:这是处理器最开始的时候采用的结构,这种结构一般会直接对 CISC 指令进行解码,甚至可能不使用流水线,典型的例子就是 Intel 的 8086、80286 等处理器,它们均采用了这种结构,随着时间的推移,这种结构已经逐渐被淘汰了。

✿ Scalar RISC:这是 RISC 处理器刚刚出现的时候采用的结构,由于 RISC 指令集降低了对硬件的需求,并且便于流水线的实现,所以这种结构的处理器多使用流水线来提高性能,它的主频一般比较高,并且成本也很低,在 RISC 处理器出现的早期,典型的例子就是 MIPS R2000 和 R3000、Alpha 21064 和 ARM7 等众多的 RISC 处理器,这种结构到了现在依然有着旺盛的生命力,在嵌入式低功耗领域的处理器均采用了这种结构,例如 MIPS 的 4K 系列处理器、ARM 的 Cortex M 和 Cortex R 系列处理器等。

✿ Superscalar RISC：随着对处理器的性能需求越来越高，每周期执行一条指令的处理器已经不能满足要求了，于是在 RISC 处理器中率先采用了每周期执行多条指令的结构，为什么它会首先出现在 RISC 处理器中呢？这是因为 RISC 指令集比较规整，便于使用硬件来实现，而且早期的 RISC 处理器多面向服务器等性能要求比较高的领域，这就驱动着 RSIC 处理器采用更多的方法来提高性能，于是就有了超标量的结构，早期的很多 RISC 处理器都使用了这种结构，例如 MIPS R10000、Alpha 21264 和 PowerPC 620 等处理器，即使到了现在，在嵌入式的高性能应用领域，仍然继续采用了超标量结构，例如 MIPS 74K 系列处理器、ARM Cortex A9 和 A15 处理器等。

✿ Superscalar CISC：尽管 CISC 指令集并不容易使用流水线来实现，更很难直接使用超标量结构来实现，但是 Intel 和 AMD 采用了一些方法来解决这种问题，使 CISC 处理器仍然可以每周期执行多条指令，并且采用流水线结构来提高频率，它们所使用的方法就是在处理器内部使用硬件，将一条 CISC 指令转化为多条 RISC 指令，这样就可以充分利用 RISC 指令集的优势了，当然，这比普通的 RISC 处理器要付出更多的硬件资源，功耗也会偏大，典型的例子就是当代 Intel 的全系列处理器，例如 Pentium 4、Pentium M、Core 和 Core2 等处理器。

还需要注意的是：上述的划分只是针对通用的处理器来说的，很多专用领域的处理器，还有其他的架构和指令集，例如 VLIW，它们很难保证程序的兼容性，但是在特定的应用场合，的确能获得比通用处理器更好的性能，当然，这不在本书讨论的范围之内。

在上述的 4 种结构中，Superscalar RISC 处理器的设计是本书重点关注的内容，而这种处理器的流水线则是贯穿本书的主线，一条指令从程序存储器中取出来之后，需要经过流水线的各个阶段，最后才能够得到结果，并更新处理器的状态，本书正是遵循这条指令的轨迹来进行组织的：

第 1 章主要介绍普通处理器和超标量处理器的一些背景知识。

第 2 章开始讲述 Cache，这是由于一般的指令都是从 I-Cache 中取出来并送到流水线中的，因此流水线始于 I-Cache，当然，在处理器中也存在 D-Cache，它也会在这一章进行讲述。不同结构的 Cache 对处理器的性能有着重要的影响，尤其是在超标量处理器中，每周期需要同时执行多条指令，这给 Cache 的设计带来了一些挑战。

第 3 章主要介绍虚拟存储器（Virtual Memory），因为处理器在取指令的时候，如果送出的是虚拟地址，那么首先需要被转化为物理地址，然后才能够取得指令，对数据的访问也是类似的，虚拟存储器是现代操作系统运行的基础，在处理器中需要软硬件配合工作，才可以对虚拟存储器提供完整的支持。

第 4 章主要介绍分支预测（Branch Prediction），它也是取指令阶段发生的事情，因为超标量处理器的流水线比较深，导致分支指令的结果在很晚的时间才可以得到，一旦发现这个结果和预想的不一样，那么流水线中很多的指令都是没有用的，需要抹掉并从正确的地址取指令，这样就降低了处理器的执行效率，因此需要对分支指令使用比较准确的预测算法，从而在取指令阶段就可以提前知道分支指令的结果。

第 5 章主要讲述指令集体系（ISA），一旦指令从存储器中取出来之后，下一步就需要进行解码了，不同的指令集需要不同的解码方式，因此本书在介绍指令的解码之前，首先对基本的 RISC 指令集进行介绍,这样便于对后续流水线的理解。

第 6 章就对指令解码(Decode)进行了介绍,在超标量处理器中,由于每周期需要对多条指令进行解码,这会引入一些新的问题,比如指令之间存在的相关性,以及一些复杂指令的处理等,相比于普通的处理器,它的解码过程要复杂一些,但是相比于超标量的 CISC 处理器,这种解码过程仍然是比较简单的。

第 7 章主要介绍硬件的寄存器重命名(Register Renaming),指令经过解码之后,就可以得到它的源寄存器和目的寄存器了,但是为了尽量地并行执行指令,需要消除指令之间存在的假的相关性,这些相关性都是和寄存器的名字相关的,通过使用不同的寄存器名字,可以消除这些相关性,于是在处理器内部使用了数量多于指令集中定义的寄存器,称之为物理寄存器,而指令集中定义的寄存器则称为逻辑寄存器,寄存器重命名的过程就是将逻辑寄存器动态地映射到不同的物理寄存器,以消除指令之间存在的假的相关性,从而使这些指令可以并行执行。

第 8 章主要介绍指令的发射(Issue),当指令经过寄存器重命名之后,就可以在处理器内部的功能单元(FU)中执行了,但是,为了获得最高的性能,超标量处理器多采用乱序执行的方式,只要一条指令的操作数准备好了,即使它之前的指令还没有准备好,它也可以送到 FU 中执行,这种方式可以最大限度地利用处理器内部的硬件资源,从而提高处理器的执行效率,而发射阶段正是用来实现这个功能的,所有经过寄存器重命名的指令都会放到一个缓存中,这个缓存称为发射队列(Issue Queue),在其中监测每条指令是否已经准备好了,并按照一定的算法,从那些已经准备好的指令中选择合适的指令送到 FU 中执行,这个过程就称为发射,指令到了这个阶段,就变为乱序执行了,而在这个阶段之前,都遵循着程序中指定的顺序。

第 9 章主要介绍指令在功能单元的执行,指令被发射之后,就会到对应的 FU 中开始执行,不同种类的指令需要不同的 FU,在超标量处理器中,都会使用多个 FU,它们可以并行地执行不同的指令,本章除了介绍处理器中常见的 FU 之外,还会介绍旁路网络(Bypassing Network),它可以缩短相关指令之间执行的时间,但是却使处理器内部的布线资源变得更复杂,因此现代的一些处理器采用了 Cluster 结构来缓解这种矛盾,同时,访问存储器的 load/store 指令也需要一些特殊的方法来加速它们的执行速度。

第 10 章主要介绍流水线的最后一个阶段:提交(Commit),指令经过 FU 的执行而得到结果后,并不会马上使用这个结果对处理器的状态进行更新,这是由于指令的执行是按照乱序来进行的,由于分支预测失败(mis-prediction)和异常(exception)等原因,一条指令的结果未必是正确的,而且,为了使程序在处理器内部的执行看起来和程序中指定的顺序是一样的(这是串行程序必需的),也需要这些乱序执行的指令按照程序中指定的顺序对处理器的状态进行更新,为了实现这个功能,一条指令在 FU 中执行完毕后,并不会马上对处理器的状态进行更新,而是先将它的结果写到一个缓存中,这个缓存称为重排序缓存(Reorder Buffer,ROB),在流水线的寄存器重命名阶段,每条指令都已经按照程序中指定的顺序写到了 ROB 中,当一条指令在 FU 中执行完毕,就可以将这个结果写到 ROB 对应的地方,当 ROB 中最旧的那条指令(或者几条指令)已经得到结果,并且不存在分支预测失败或者异常等特殊情况的话,它就可以离开 ROB,使用它的结果对处理器的状态进行更新,这个过程称为指令的退休(retire),一旦指令经过了这个状态,它就再也不能够被撤销了。

第 11 章介绍现实世界中的一个 Superscalar RISC 处理器：Alpha 21264 处理器，它是处理器发展史上一个非常经典的例子，虽然 Alpha 系列处理器随着它的东家 DEC 公司的消失而退出了历史的舞台，但是它影响了之后出现的很多处理器，本章对 Alpha 21264 处理器进行了详细的介绍。

由于本书涉及的内容比较多，很多知识点无法详细地展开，读者可以自行对感兴趣的内容进行更深入的学习。

在本书的编写过程中，编者参阅了各章节所列出的参考文献，在此对原作者表示敬意和感谢。在本书的出版过程中，得到了清华大学出版社的刘向威博士的大力支持，在此特别致以衷心的感谢！

由于时间仓促和作者水平有限，书中的错误和不妥在所难免，希望广大读者批评指正。

姚永斌

2014 年 1 月于北京

CONTENTS 目 录

第 1 章

超标量处理器概览

1.1 为什么需要超标量

如何才能让一个程序执行得更快？在计算机领域有这样一个经典的公式来计算一个程序的执行时间，如图 1.1 所示。

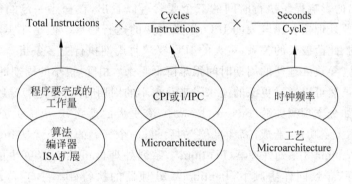

图 1.1　衡量一个程序执行时间的公式

从上面的式子可以看出，有三个因素影响了程序的执行时间，即 Total Instructions、Cycles/Instruction 和 Seconds/Cycle，其中，Total Instructions 表示程序总共需要执行的指令个数，Cycles/Instruction 表示执行每条指令所需要的周期数，简称为 CPI（Cycles Per Instruction），Seconds/Cycle 表示每周期需要的时间。通过这三个因素可以看出，要加快处理器执行程序的速度，可以采取的策略有如下几种。

（1）减少程序中指令的数量，这个取决于程序本身所要完成的工作量、实现某个功能所选择的算法、编译器强大与否，甚至是指令集是否会对某些特殊的功能有扩展，例如某些需要多条普通指令才能完成的功能，如果使用扩展的特殊指令集，可以大大减少指令的数量，例如 x86 指令集中的多媒体指令等，甚至它依赖于程序员的功力，一个优秀的程序员需要知道如何编写出更快的程序。但是，对于那些已经编写好的固定程序，这个变量就变成定值了。

（2）减少每条指令在处理器中执行所需要的周期数，也就是减少 CPI，这也意味着增加 IPC（Instructions Per Cycle），其中，CPI 和 IPC 是互为倒数的，从名字就可以看出来，CPI 表示处理器执行一条指令需要的周期数，而 IPC 则表示处理器在一个周期内可以执行的指令个数。对于非流水线的处理器，需要多个周期才能执行一条指令，而对于普通的流水线处理器,每周期最多执行一条指令,因此 IPC 最大也就是 1 了,要想每周期执行多于一条的指令,就需要使用超标量(Superscalar)处理器。什么是超标量处理器呢?简单来说,超标量处理器每周期可以执行多于一条的指令,这样可以大大提高 IPC 的值,当然,并不是每周期执行的指令个数多于一条的处理器都是超标量处理器,在 VLIW 结构的处理器中,每周期也可以执行多于一条的指令,但是它和超标量处理器在本质上是有差别的,处理器采用何种架构进行实现也称为微架构(Microarchitecture),它直接影响了处理器的性能,本书重点关注的内容是超标量处理器。

(3) 减少处理器的周期时间(cycle time),一个频率为 2GHz 的处理器,它的周期时间一定比一个频率为 1GHz 的处理器要小,在进行处理器的微架构设计时,可以通过精巧的电路设计、更深的流水线来减少处理器的周期时间;在现代处理器的设计中,优秀的 EDA 工具也可以帮助减少处理器的周期时间;除此之外,还有一个更关键的影响因素,那就是硅工艺,一个在 90nm 的硅工艺下很难达到 1GHz 频率的处理器,到了 45nm 的硅工艺时,就可以很容易地达到这个速度了,硅工艺的进步能够制造出更快更省电的处理器,但是这个内容并不是本书所讨论的范围。

从上面给出的影响程序执行时间的三个要素可以看出,在程序一定的情况下,要想更快地执行它,需要处理器有比较大的 IPC,以及更快的运行频率。但是在实际当中,这两个因素是互相制约、此消彼长的关系,更大的 IPC 要求每周期执行更多条指令,这样设计复杂度就会急剧上升,导致处理器的周期时间很难降低下来;相反,很小的周期时间很难容下复杂的逻辑设计,虽然可以通过更深的流水线来获得小的周期时间,但是却导致处理器在各种预测失败时,例如分支预测失败(mis-prediction),有更大的惩罚(penalty),严重地降低了处理器的 IPC,并增大了功耗,造成"高频低能"的后果,一个著名的例子就是 Intel 的 Pentium 4 系列处理器和 Pentium 3 系列处理器,Pentium 4 系列处理器虽然有着更快的主频,但是由于其流水线太深,导致同样主频下,Pentium 4 处理器的执行效率小于 Pentium Ⅲ 系列处理器。

硅工艺尺寸的不断缩小是处理器设计者最希望看到的事情,使提高 IPC 的同时尽量降低对周期时间的影响成为了可能,超标量处理器就是为了提高 IPC 而产生的,在超标量处理器中,每周期可以从 I-Cache 中取出 n 条指令送到处理器的流水线中,处理器在每周期内也最少可以同时执行 n 条指令,这称为 n-way 的超标量处理器,现代的高性能处理器大多使用了超标量的结构,不管是在桌面领域还是在移动领域,无一例外。在处理器的发展史中,每周期可以执行多于一条指令的处理器并非超标量处理器这一种,超长指令字(Very Long Instruction Word,VLIW)也是一种每周期可以执行多条指令的处理器架构,但是这两种架构有着本质的区别,超标量处理器是靠硬件自身来决定哪些指令可以并行地执行,而 VLIW 处理器则是依靠编译器和程序员自身来决定哪些指令可以并行执行,对于通用处理器来说,超标量结构是必需的,程序员可以抛开底层硬件的实现细节,专注于软件本身的功能,而且这个程序可以运行在任何支持该指令集的处理器上,这是通用处理器所必须具有的特性,而 VLIW 处理器则无法实现这个功能,但是由于需要编译器和程序员自身来调度指令的执行顺序,这种处理器在硬件实现上是很简单的,在功能比较专一的专用处理器领域可以大有一番作为,例如 DSP 处理器。

正是由于超标量处理器可以获得比较高的 IPC,因此面向通用领域的高性能处理器都采用了这种结构,但是由于超标量处理器天生的复杂性,并没有一套放之四海而皆准的设计准则,很多时候需要处理器设计师根据实际的需求做出各种的折中(tradeoff),例如实现一个精确的分支预测算法需要复杂的硬件资源,这就会导致其无法在一个周期内完成,而分支预测如果不能够在一个周期给出预测的结果,那么处理器就无法利用预测信息进行连续的取指令,这样处理器的性能就会下降。再例如 load/store 指令如果按照完全乱序的方式执行,虽然会获得最大的 IPC,却会导致 load/store 指令之间的相关性检查变得非常复杂,而且一旦发现相关性违例,还需要复杂的恢复机制,这样增加了硬件复杂度和功耗。在超标量处理器中,这样矛盾的方面还有很多,例如 Checkpoint 的个数和硬件的面积,发射队列(issue queue)的个数和仲裁(select)电路的复杂度,每周期可以同时执行的指令个数(issue width)和寄存器堆(register file)的端口个数等,要想获得更好的性能,就需要更复杂的设计和更多的硬件资源,由此带来了更高的成本和功耗,在现实世界的处理器中,需要根据实际的需求,做出相应的折中方案。

本书将按照超标量处理器的流水线对各个部件进行讲解,并给出如何在设计中做出折中的一些思路,由于超标量处理器并没有一套放之四海而皆准的设计原则,更多的时候是需要根据处理器的应用领域和场合来决定设计的思路,例如面向服务器和桌面 PC 领域的处理器在设计的时候可以将性能放在第一位,而面向移动领域的处理器,由于需要使用电池来供电,则需要在保证一定的性能情况下,尽量降低设计的复杂度,这样才能获得比较低的功耗。

1.2 普通处理器的流水线[1]

1.2.1 流水线概述

流水线是现代处理器获得高性能的重要法宝,通过流水线可以降低处理器的周期时间(cycle time),从而获得更快的执行频率,如图 1.2 所示。

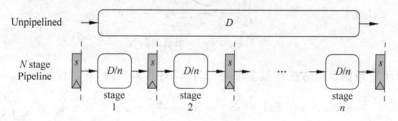

图 1.2 使用流水线后,周期时间的变化

当处理器没有使用流水线时,它的周期时间是 D,也就是频率为 $1/D$;在使用了 n 级流水线之后,周期时间变为了"$D/n + S$",其中 S 表示流水线寄存器的延迟,加入流水线之后频率变为"$1/(D/n + S)$",并且,此处暂时假设,处理器的性能和处理器的频率直接相关(注意,在现实世界的处理器中,频率并不是决定处理器性能的唯一因素),此时就可以使用处理器的频率来表达性能。

$$\text{Performance} = 1/(D/n + S)$$

同时,在加入流水线之后,处理器所消耗的硬件也有了变化,如图 1.3 所示。

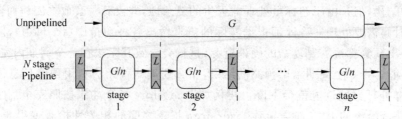

图 1.3　使用流水线后,面积的变化

当处理器没有使用流水线时,需要消耗的硬件面积是 G;当使用了 n 级流水线之后,消耗的硬件可以表示为"$G+n\times L$",其中 L 表示每个流水线寄存器及其附带的控制逻辑所消耗的硬件面积,这样,在加入 n 级流水线之后,处理器总共消耗的硬件面积可以表示为:

$$\text{Cost} = G + n\times L$$

对于处理器来说,当然希望 Cost/Performance 尽可能得小,也就是获得同样的性能,消耗的硬件面积越小越好,这可以用公式表示为:

$$\text{Cost/Performance} = (G + n\times L)/(1/(D/n + S))$$
$$= (G + n\times L)\times(D/n + S)$$
$$= GD/n + SL\times n + LD + GS$$

上式中,G 表示不加入流水线时的硬件面积,L 表示流水线寄存器的硬件面积,D 表示不加入流水线时的电路延迟,S 表示流水线寄存器的电路延迟,在 G、D、L 和 S 都一定的情况下,要找出一个合适的流水线级数 n,使 Cost/Performance 获得最小值,通过观察上式可以看出,Cost/Performance 的表达式是典型的"$x+a/x$"类型的函数,它的曲线如图 1.4 所示。

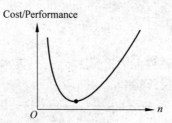

图 1.4　$x+a/x$ 函数的曲线

求这个函数最低点的方法有很多种,例如可以对其求导数,其过程如下。

$$\frac{\mathrm{d}}{\mathrm{d}n}\left\{\frac{GD}{n} + SL\times n + LD + GS\right\} = SL - \frac{GD}{n^2} + 0 + 0 \xrightarrow{\text{yields}} n_{\text{opt}} = \sqrt{\frac{GD}{LS}}$$

通过上面的式子可以看出,当 G、D、L 和 S 都已经知道的情况下,最终可以得到最优化的流水线级数 n,当然,这只是一个理论上的值,在现实世界当中,很难直接估计出 G 和 D 的值,而且,处理器的频率也不是表示性能的唯一因素,还有很多其他的因素,例如分支预测的准确度、load/store 指令的处理方式等内容都会影响处理器的性能。而且,不同的处理器有不同的定位,有些处理器面向高性能计算,此时处理器的硬件面积就是次要考虑的,主要应该考虑性能;有些处理器面向低功耗的嵌入式应用,此时处理器的面积就是首要考虑的,因此现实当中的处理器不一定追求最优的 Cost/Performance 值,而是根据实际需求来决定流水线的级数。

1.2.2　流水线的划分

在理想情况下,流水线的划分需要满足下面几个条件。

(1) 流水线中每个阶段所需要的时间都是近似相等的,当然在实际的设计当中很难精确地达到每个流水段的时间都一样,只能是近似地接近这个结果,最长的流水段所需要的时间决定了整个处理器的周期时间。

(2) 流水线中每个阶段的操作都会被重复地执行,因为处理器支持的指令类型有很多种,不同的指令类型需要的操作也是不同的,因此这一条在现实当中也很难满足,不过这并不影响流水线的执行,例如算术运算类型的指令不需要访问存储器,则它只需要在流水线的访问存储器阶段什么都不做就可以了。

(3) 流水线中每个阶段的操作都和其他流水段相互独立、互不相干,在现实世界的处理器中,因为指令之间存在各种的相关性,例如先写后读(RAW)相关性,导致流水线的各个阶段之间存在着复杂的关系,因此这一条是最难满足的,也是影响流水线执行效率的关键因素。

不同的指令集,流水线实现的难易也是不同的,对于复杂的 CISC 指令集,如 x86,指令长度不等,并且执行的时间也不等,所以直接实现流水线是比较复杂的;而对于一般的精简指令集(RISC)来说,如 MIPS 和 ARM,由于指令的长度相等,并且每条指令所完成的任务比较规整,所以容易使用流水线来实现,可以说,RISC 指令集天生就是为流水线而存在的,一个典型 RISC 处理器的流水线如图 1.5 所示[2]。

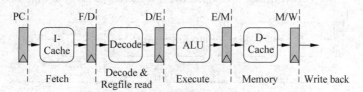

图 1.5　经典 RISC 处理器的流水线

图 1.5 中,流水线的每个阶段完成的任务如表 1.1 所示。

表 1.1　在五级流水线中,每个阶段完成的任务

流水段	完　成　的　任　务
Fetch	取指令,使用 PC 寄存器的值作为地址,从 I-Cache 中取出指令,并将指令存储在指令寄存器中
Decode & Regfile read	将指令进行解码,并根据解码出的值来读取寄存器堆(register file),得到指令的源操作数
Execute	根据指令的类型,完成计算任务,例如对算术类型的指令完成算术运算,对访问存储器类型的指令完成地址的计算等
Memory	访问 D-Cache,只对访问存储器类型的指令(主要是 load/store 指令)起作用,其他类型的指令在这个流水段不会做任何事情
Write back	如果指令存在目的寄存器,则将指令最终的结果写到目的寄存器中

图 1.5 所示的流水线实际上是在经典的 MIPS 处理器中使用的,关于这种流水线的详细说明,可以阅读参考文献[2]中的内容,此处不再对这个流水线做详细的说明。

但是,上面的这种流水线未必是最优化的,因为每个阶段所需要的时间相差很多,

如图 1.6 所示表示了一种可能的情况。

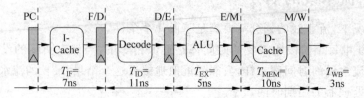

图 1.6 流水线中各个阶段的时间分布——一种可能的情况

当这个处理器不使用流水线时,处理器的周期时间可以近似地表示为(暂且不考虑流水线寄存器所带来的影响):

$$T = T_{IF} + T_{ID} + T_{EX} + T_{MEM} + T_{WB} = 36ns$$

在使用流水线之后,周期时间可以近似地表示为:

$$T = \max\{ T_{IF}, T_{ID}, T_{EX}, T_{MEM}, T_{WB} \} = 11ns$$

由此可见,使用图 1.6 的流水线可以使处理器的速度提高 36/11 倍,但是上面的流水线中,各个阶段所占用的时间是很不平衡的,要想获得更优化的设计,需要对流水线中的各个阶段进行平衡,有两种方法可以进行这个工作。

方法一:合,将两个或者多个流水段合并成一个流水段,使用这种方法得到的流水线如图 1.7 所示。

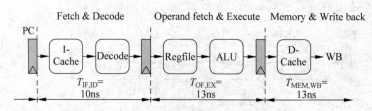

图 1.7 将流水线进行合并

这种方法将原始流水线中的解码(Decode)部分(假设占用 3ns)和取指令(Fetch)阶段合并成一个流水段,占用 7+3=10ns;将读取寄存器堆(Regfile Read)和执行(Execute)两部分任务合并在一起形成一个新的流水段,占用 8+5=13ns;将访问存储器(Memory)和写回寄存器(Write Back)这两部分合并在一起形成一个流水段,占用 10+3=13ns。通过这种"合"的方法,使流水线从五级降到了三级,每个流水段所占据的时间也比较均衡,此时处理器的周期时间是 13ns,这种方法适用于对性能要求不高的低功耗嵌入式处理器,如 ARM 公司的 ARM7、ARM9,以及 Cortex-M0、M3 等处理器。而现代的高性能处理器都追求比较高的运行频率,"合"的方法显然不适合这种潮流,因此现代的高性能处理器都使用下面的方法。

方法二:拆,将流水线的一个阶段拆成多个更小的阶段,使用这种方法得到的流水线如图 1.8 所示。

这种方法将占用时间比较长的流水段进行了拆分,在图 1.8 所示中,将流水线的取指令(Fetch)阶段拆分成了两个流水段,每个流水段占据 3.5ns(暂不考虑流水线寄存器的影响);将读取寄存器堆(Regfile Read)的阶段拆分成了三个流水段,每个流水段占据 2.7ns;将流水线的执行(Execute)阶段拆分成了两个流水段,每个流水段占据 2.5ns;将访问存储器(Memory)阶段拆分成了三个流水段,每个流水段占据 3.3ns。使用这种"拆"的方法得到的处理器周期时间是 3.5ns。这种方法适合高性能处理器,可以获得比较高的主频,但是这种比较深的流水线会导致硬件消耗的增大,例如需要更多的流水线寄存器和控制逻辑;寄存器堆的端口数也需要增加,以支持多个流水段同时读写;存储器(例如 D-Cache)的端口数量也需要随之增加,用来支持更多的流水段同时访问存储器。随着芯片面积的增大和主频的提高,处理器的功耗也会随之增大,制约了这种方法的使用,而且,深流水线对于分支预测的影响也是非常大的,会导致预测失败时的惩罚(mis-prediction penalty)增大,从而影响处理器的执行效率,因此这个方法并非可以无限制地使用下去,Intel 的 Pentium 4 处理器就是一个例子[3],Intel 本来希望通过增加流水线的深度,并随着工艺的进步而获得更快的处理器,但是居高不下的功耗,以及过低的执行效率(分支预测失败时的惩罚过大)导致这种方法没有办法继续下去,最后 Pentium 4 处理器给人们留下了"高频低能"的印象,惨淡收场,退出了历史的舞台。

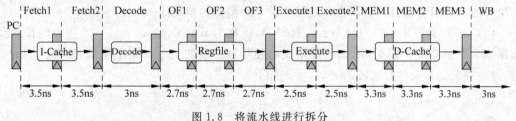

图 1.8　将流水线进行拆分

但是,在一定的范围内,"拆"的方法还是可以很明显地提高处理器性能的,如图 1.9 所示给出了 MIPS R3000 和 AMD 某款处理器的流水线对比。

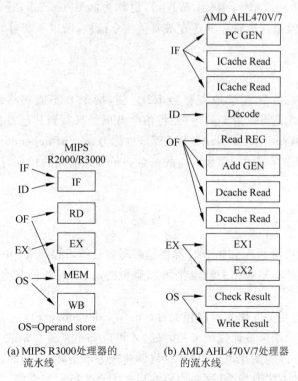

(a) MIPS R3000处理器的
流水线

(b) AMD AHL470V/7处理器
的流水线

图 1.9　MIPS R3000 和 AMD AHL470V/7 处理器的流水线对比

　　MIPS R3000 将取指令(IF)和解码(ID)两部分内容都放在了流水线的 IF 阶段,然后在流水线的 RD 阶段读取寄存器的内容,在 EX 阶段执行算术运算,在 MEM 阶段访问存储器,在 WB 阶段将结果写回寄存器,因此这是一个五级的流水线;而在 AMD AHL470V/7 处理器的流水线中,很明显使用了"拆"的方法,将流水线中取指令的 IF 阶段拆成了三个流水段,将读取操作数的 OF 阶段拆成了四个流水段,将执行(EX)和保存结果(OS)两个阶段都拆成了两个流水段,这样处理器总共被拆成了十二级的流水线,很显然,这个处理器要比 MIPS R3000 有着更小的周期时间,也就是更高的频率,在性能方面 AMD 的这款处理器也是占据优势的。虽然流水线太深时,处理器的功耗和执行效率都会不尽如人意,但是在一定范围内增加处理器的流水线深度,仍旧是可以提高性能的,上面的两个处理器就是例证。

1.2.3 指令间的相关性

　　在继续讲述超标量处理器之前,首先需要了解指令之间存在的相关性,它是阻碍程序并行执行的关键因素,概括来讲,指令之间存在三种类型的相关性。

　　(1) 先写后读(Read After Write,RAW),也称为 true dependence,一条指令的操作数如果来自之前指令的结果,那么这条指令必须等到之前的指令得到了结果,才可以继续执行,这种类型的相关性是无法回避的,举例如下。

```
指令 A: R1 = R2 + R3
指令 B: R5 = R1 + R4
```

　　在上面的指令中,指令 B 的一个操作数 $R1$ 来自于指令 A 的结果,所以就必须等待指令 A 将结果计算出来,指令 B 才可以继续执行。

　　(2) 先读后写(Write After Read,WAR),也称为 anti-dependence,一条指令要将结果写到某个寄存器中,但是这个寄存器还在被其他指令读取,所以不能够马上写入,举例如下。

```
指令 A: R1 = R2 + R3
指令 B: R2 = R5 + R4
```

　　在上面的指令中,指令 A 读取寄存器 $R2$ 之前,指令 B 不能够将结果写到寄存器 $R2$ 中,这种类型的相关性是可以避免的,只要将指令 B 的结果写到其他寄存器就可以了。

　　(3) 先写后写(Write After Write,WAW),也称为 output dependence,如果两条指令都要将结果写到同一个寄存器中,那么后面的指令必须等到前面的指令写完之后,自己才能执行写操作,举例如下。

```
指令 A: R1 = R2 + R3
指令 B: R1 = R5 + R4
```

　　在上面的指令中,指令 A 和指令 B 都将结果写到目的寄存器 $R1$ 中,指令 B 应该在指令 A 之后进行写入,这种类型的相关性也是可以避免的,只要后续的指令 B 将结果写到其他寄存器就可以了。

　　还有一种类型的相关性称为控制相关性(control dependence),它是由于分支指令引起的,只有当分支指令的结果被计算出来的时候,才可以知道从哪里取得后续的指令来执行,由于分支指令需要一段时间才可以得到结果(跳转或者不跳转,跳转的目标地址),在这段时间内只能按照预测的方式取指令,这些内容在后文中会进行详细介绍。

如图 1.10 所示为一段 MIPS 的汇编程序,其中存在着上述的四种相关性,其实在一般的程序中,它们都是经常出现的。

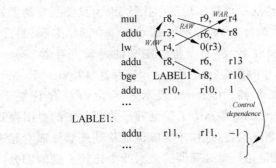

图 1.10　一段典型的 MIPS 汇编程序

WAR、RAW 和 WAW 这三种相关性不仅对寄存器之间的关系适用,对于存储器地址之间的关系也是适用的,只不过寄存器之间的相关性可以通过指令直接表现出来,而存储器地址之间的相关性则很难直接看出来,例如下面的两条访问存储器的指令。

```
sw  r1,0(r5)    //将寄存器 r1 的值保存到 MEM[r5]中
lw  r2,0(r6)    //将 MEM[r6]的值读取到寄存器 r2 中
```

通过直接观察,很难分辨这两条指令之间是否存在相关性,事实上,当寄存器 r5 中的值和寄存器 r6 中的值相等时,这两条指令之间存在 RAW 的相关性,即 load 指令需要的操作数来自于 store 指令的结果,这种类型的相关性比较隐蔽,需要将 load/store 指令所携带的地址计算出来才可以判别。

指令之间存在的各种相关性,使它们在处理器中无法完全地乱序执行,在普通的处理器中,例如前面讲过的 MIPS R3000 处理器,由于每周期只能执行一条指令,并且写寄存器和写存储器都发生在统一的时刻,它们都处于流水线的后面,所以在这种流水线中,WAW 和 WAR 这两种相关性并不会引起问题,而 RAW 相关性则可以通过旁路(bypass)的方式来解决;而对于超标量处理器来说,WAW、WAR 和 RAW 这三种相关性都会阻碍指令的乱序执行,都需要在流水线中进行特殊的处理,这些内容将在后文中逐一详细介绍。

1.3　超标量处理器的流水线

简单来说,如果一个处理器每周期可以取出多于一条的指令送到流水线中执行,并且使用硬件来对指令进行调度,那么这个处理器就可以称为超标量处理器了,从本质上来讲,超标量处理器有两种方式可以执行指令,顺序执行(in-order)和乱序执行(out-of-order)。如表 1.2 所示给出了这两种方式的特点。

表 1.2　顺序执行和乱序执行两种处理器的特点

	Frontend	Issue	Write back	Commit
In-Order Superscalar	in-order	in-order	in-order	in-order
Out-of-Order Superscalar	in-order	out-of-order	out-of-order	in-order

在这个表格中,Frontend 表示流水线中的取指令(Fetch)和解码(Decode)阶段,这两个阶段很难(事实上也没有意义)实现乱序执行;Issue 表示将指令送到对应的功能单元(Function Unit,FU)中执行,这里可以实现乱序执行,因为只要指令的源操作数准备好了,就可以将其先于其他指令而执行;Write back 表示将指令的结果写到目的寄存器中,可以在处理器内部使用寄存器重命名,将指令集中定义的逻辑寄存器(Architecture Register File,ARF)动态地转化为芯片内部实际使用的物理寄存器(Physical Register File,PRF),从而实现乱序方式的写回寄存器;Commit 表示一条指令被允许更改处理器的状态(Architecture state,例如 D-Cache 等),为了保证程序按照原来的意图得到执行,并且实现精确的异常,这个阶段需要顺序执行,这样才能够保证从处理器外部看起来,程序是串行执行的。表 1.2 中的四个阶段是超标量处理器的流水线中比较关键的部分,在后文中都会进行详细的说明。

1.3.1　顺序执行

在顺序执行(in-order)的超标量处理器中,指令的执行必须遵循程序中指定的顺序,这种类型处理器的流水线可以概括地用图 1.11 来表示[4]。

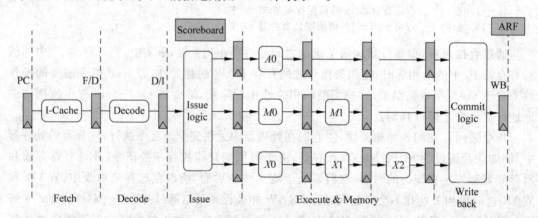

图 1.11　顺序执行的超标量处理器的流水线

假设如图 1.11 所示的流水线每周期可以从 I-Cache 中取出两条指令来执行,则称为2-way 的超标量处理器,在指令经过解码之后,需要根据自身的类型,将两条指令送到对应的 FU 中执行,这个过程称为发射(Issue)。如果将发射的过程放到指令的解码阶段,会严重影响处理器的周期时间,因此将发射的过程单独使用一个流水段,在这个阶段,指令会读取寄存器而得到操作数,同时根据指令的类型,将指令送到对应的 FU 中进行执行。在执行阶段使用了三个 FU:第一个 FU 用来执行 ALU 类型的指令,第二个 FU 用来执行访问存储器类型的指令,第三个 FU 用来执行乘法操作,因为要保证流水线的写回(Write back)阶段是顺序执行的,因此所有 FU 都需要经历同样周期数的流水线,在图 1.11 中,乘法运算需要的时间最长,因此第三个 FU 使用了三级流水线,其他的 FU 也需要跟随着使用三级流水线,即使它们在有些流水段什么事情都没有做。ScoreBoard 用来记录流水线中每条指令的执行情况,例如一条指令在哪个 FU 中执行,在什么时候这条指令可以将结果计算出来等,一个典型的 ScoreBoard 如图 1.12 所示。

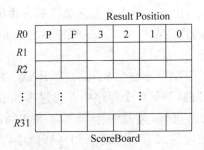

图 1.12 一个典型的 ScoreBoard

在图 1.12 所示的 ScoreBoard 中,记录了指令集中定义的每个逻辑寄存器($R0 \sim R31$)的执行情况,在典型情况下,需要记录的信息如下。

- P:Pending,表示指令的结果还没有写回到逻辑寄存器中。
- F:一条指令在哪个 FU 中执行,在将指令结果进行旁路时会使用这个信息。
- Result Position:在这个部分记录了一条指令到达 FU 中流水段的哪个阶段,3 表示指令处于 FU 流水线的第一个流水段,1 表示指令到达 FU 流水段的最后一个阶段,0 表示指令处于流水线的写回阶段,在流水线的发射阶段,会将指令的信息写到 ScoreBoard 中,同时,这条指令会查询 ScoreBoard 来获知自己的源操作数是否都准备好了,在这条指令被送到 FU 中执行之后的每个周期,都会将这个值右移一位,这样使用这个值就可以表达出指令在 FU 中执行到哪个阶段,对于执行 ALU 类型指令的第一个 FU 来说,当指令到达 3 时,就可以将它的结果进行旁路了;而对于执行乘法指令的第三个 FU 来说,只有当指令到达 1 时,才可以将它的结果进行旁路。

在一些更复杂的处理器中,ScoreBoard 中还会有其他的内容,但是在图 1.11 所示的处理器中,使用这个简单的 ScoreBoard 就可以追踪指令的执行情况,并协助流水线的旁路工作,如图 1.13 所示为一段程序在图 1.11 所示的流水线中的执行情况。

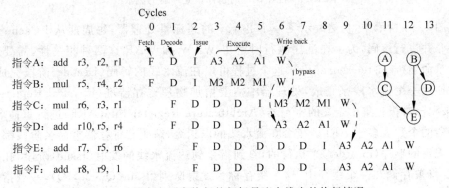

图 1.13 程序在顺序执行的超标量流水线中的执行情况

图 1.13 对情况进行了简化,假设在流水线的写回阶段才可以对计算结果进行旁路,由于这是一个顺序执行(in-order)的处理器,很多指令在流水线都会由于前面指令的阻塞而不能够继续执行,例如图 1.13 中的指令 F,它和前面的指令都是不相关的,但是这条指令只有等到前面所有的指令都已经发射(issue)了,它才可以送到 FU 中执行,这样就降低了处理器的性能。每条指令都可以从旁路网络(bypassing network)获得操作数,不需要等待源寄存

器的值被写回到通用寄存器中,由于指令需要按照顺序的方式执行,所以指令在很多时候都处于等待的状态,图 1.13 中的程序在一个 2-way 顺序执行的超标量处理器中需要 12 个周期才可以执行完毕。

在图 1.13 的右边表示了程序中存在的先写后读(RAW)相关性,在所有的处理器中,RAW 相关性都是不可以绕开的,如果一个程序中存在过多的 RAW 相关性,那么这个程序就不能够在处理器中被有效地执行,但是对于 WAW 和 WAR 这两种相关性来说,由于图 1.13 所示的顺序执行的处理器只有一个统一的写回阶段,而且这个阶段位于流水线的最后一级,因此这两种相关性都不会对流水线产生影响。

1.3.2 乱序执行

在乱序执行(out-of-order)的超标量处理器中,指令在流水线中不再遵循程序中指定的顺序来执行,一旦某条指令的操作数准备好了,就可以将其送到 FU 中执行,这种类型处理器的流水线可以用图 1.14 来表示[4]。

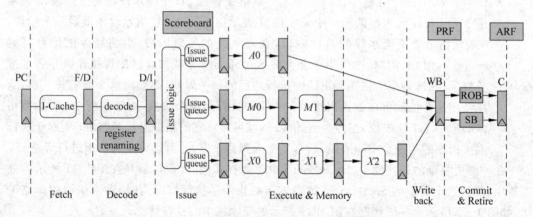

图 1.14   乱序执行的超标量处理器的流水线

在图 1.14 所示中,仍然表示了一个 2-way 的超标量处理器,每周期从 I-Cache 中取出两条指令并进行解码,为了在乱序执行时解决 WAW 和 WAR 这两种相关性,需要对寄存器进行重命名(register renaming),这个过程可以在流水线的解码(Decode)阶段完成,也可以单独使用一个流水段来完成,处理器中需要增加物理寄存器堆(Physical Register File,PRF)来配合对指令集中定义的寄存器(Architecture Register File,ARF)进行重命名,PRF 中寄存器的个数要多于 ARF。指令在流水线的取指令、解码和寄存器重命名阶段都是按照程序中规定的顺序(in-order)来执行的,直到指令到达流水线的发射(Issue)阶段,在这个阶段,指令将被存储在一个缓存中,这个缓存称为发射队列(Issue Queue,IQ),一旦指令的操作数准备好了,就可以从发射队列中离开,送到对应的 FU 中执行,因此发射阶段是流水线从顺序执行到乱序执行的分界点。每个 FU 都有自己的流水线级数,如执行 ALU 类型指令的 FU 需要一个周期就可以计算出结果,不再需要像上一节顺序执行的处理器那样被拉长到和乘法 FU 一样的周期数,在这种流水线中,由于每个 FU 的执行周期数都不相同,所以指令在流水线的写回(Write Back)阶段是乱序的,在这个阶段,一条指令只要计算完毕,就会将结果写到 PRF 中,由于分支预测失败(mis-prediction)或者异常(exception)的存在,

PRF 中的结果未必都会写到 ARF 中,因此也将 PRF 称为 Future File。为了保证程序的串行结果,指令需要按照程序中规定的顺序更新处理器的状态,这需要使用一个称为重排序缓存(ROB)的部件来配合,流水线中的所有指令都按照程序中规定的顺序存储在重排序缓存中,使用重排序缓存来实现程序对处理器状态的顺序更新,这个阶段称为提交(Commit)阶段,一条指令在这个阶段,会将它的结果从 PRF 搬移到 ARF 中,同时重排序缓存也会配合完成对异常(exception)的处理,如果不存在异常,那么这条指令就可以顺利地离开流水线,并对处理器的状态进行更改,此时称这条指令退休(retire)了,一条指令一旦退休,它就再也不可能回到之前的状态了。

一条指令在退休之前,都可以从流水线中被清除,但是一旦它顺利地退休而离开流水线,它的生命周期也就结束了,不能够再返回到以前的状态,这对于 store 指令会带来额外的麻烦,因为 store 指令需要写存储器,如果在流水线的写回阶段就将 store 指令的结果写到存储器中,那么一旦由于分支预测失败或者异常等原因,需要将这条 store 指令从流水线中抹掉时,就没有办法将存储器的状态进行恢复了,因为存储器中原来的值已经被覆盖,于是,在图 1.14 中使用了一个缓存,称为 Store Buffer(SB),来存储 store 指令没有退休之前的结果,store 指令在流水线的写回阶段,会将它的结果写到 Store Buffer 中,只有一条 store 指令真的从流水线中退休的时候,才可以将它的值从 Store Buffer 写到存储器中。使用了这个部件之后,Load 指令此时除了从 D-Cache 中寻找数据,还需要从 Store Buffer 中进行查找,这样在一定程度上增加了设计的复杂度。

如图 1.15 所示为同样的一段程序,在 2-way 乱序执行的超标量处理器中的执行情况。

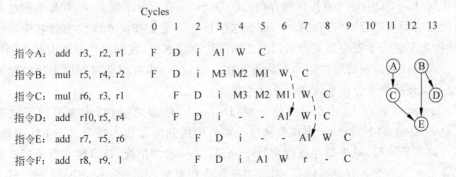

图 1.15　程序在乱序执行的超标量流水线中的执行情况

在图 1.15 中,i 表示流水线的发射(issue)阶段,将解码和寄存器重命名这两个过程放到了同一个流水段,r 表示指令已经计算完成,在重排序缓存(ROB)中等待退休(retire),一条指令只有等到它之前的所有指令都离开重排序缓存了,才允许它离开重排序缓存而从流水线中退休,C 表示一条指令经过了流水线的提交(Commit)阶段,离开流水线而退休了,这个过程是按照程序中规定的顺序(in-order)执行的。图 1.15 中的程序只要 9 个周期就可以完成,快于之前顺序执行程序的处理器,这是由于乱序执行提高了流水线的执行效率,当需要执行的指令个数更多时,乱序执行的优势就会更加明显。

本书重点关注的就是乱序执行的超标量处理器,因此本节给出的流水线在本书中会逐一详细介绍,下面对这个流水线中的各个阶段做一个粗略的介绍。

(1) Fetch(取指令):这部分负责从 I-Cache 中取指令,主要由两大部件构成,I-Cache

负责存储最近常用的指令；分支预测器用来决定下一条指令的 PC 值。不同于普通的处理器,这两大部件在超标量处理器中会遇到新的问题,都需要进行特殊的处理。

(2) Decode(解码)：这部分用来识别出指令的类型、指令需要的操作数以及指令的一些控制信号等,这部分的设计和指令集是息息相关的,对于 RISC 指令集来说,例如 MIPS,由于比较简洁,所以解码部分也就相对比较简单,而对于 CISC 指令集来说,例如 x86,由于比较复杂,所以解码部分需要更多的逻辑电路来对这些指令进行识别,但是在超标量处理器中,即使对于 RISC 指令集,仍旧需要对一些特殊的指令进行处理,这些内容增加了解码部分的设计复杂度。

(3) Register Renaming(寄存器重命名)：在流水线的解码阶段,可以得到指令的源寄存器和目的寄存器,这些寄存器都是逻辑寄存器,在指令集中定义好的,为了解决 WAW 和 WAR 这两种"伪相关性",需要使用寄存器重命名的方法,将指令集中定义的逻辑寄存器重命名为处理器内部使用的物理寄存器,物理寄存器的个数要多于逻辑寄存器,通过寄存器重命名,处理器可以调度更多可以并行执行的指令。在进行重命名时,通常使用一个表格来存储当前逻辑寄存器到物理寄存器之间的对应关系,同时在其中还存储着哪些物理寄存器还没有被使用等信息,使用一些电路来分析当前周期被重命名的指令之间的 RAW 相关性,将那些存在 RAW 相关性的指令加以标记,这些指令会通过后续的旁路网络(bypassing network)来解决它们之间存在的"真相关性"。由于寄存器重命名阶段需要的时间比较长,现实当中的处理器都会将其单独使用一级流水线,而不是和解码阶段放在一起。

(4) Dispatch(分发)：在这个阶段,被重命名之后的指令会按照程序中规定的顺序,写到发射队列(Issue Queue)、重排序缓存(ROB)和 Store Buffer 等部件中,如果在这些部件中没有空闲的空间可以容纳当前的指令,那么这些指令就需要在流水线的重命名阶段进行等待,这就相当于暂停了寄存器重命名以及之前的所有流水线,直到这些部件中有空闲的空间为止。分发阶段可以和寄存器重命名阶段放在一起,在一些对周期时间要求比较紧的处理器中,也可以将这个部分单独使用一个流水段。

(5) Issue(发射)：经过流水线的分发(Dispatch)阶段之后,指令被写到了发射队列(Issue Queue)中,仲裁(select)电路会从这个部件中挑选出合适的指令送到 FU 中执行,这个仲裁电路可繁可简,对于顺序进行发射(in-order issue)的情况,只需要判断发射队列中最旧的那条指令是否准备好就可以了,而对于乱序进行发射(out-of-order issue)的情况,则仲裁电路会变得比较复杂,它需要对发射队列中所有的指令进行判断,并从所有准备好的指令中找出最合适的那条指令,送到 FU 中执行,对于乱序执行的处理器,这个阶段是顺序执行(in-order)到乱序执行(out-of-order)的分界点,指令在这个阶段之后,都是按照乱序的方式来执行,直到流水线的提交(Commit)阶段,才会重新变为顺序执行的状态。在发射队列中还存在唤醒(wake-up)电路,它可以将发射队列中对应的源操作数置为有效的状态,仲裁电路和唤醒电路互相配合进行工作,是超标量处理器中的关键路径。

(6) Register File Read(读取寄存器)：被仲裁电路选中的指令需要从物理寄存器堆(Physical Register File,PRF)中读取操作数,一般情况下,被仲裁电路选中的指令可以从 PRF 中得到源操作数,当然还有"不一般"的情况,那就是指令不能从 PRF 中得到操作数,但是却可以在送到 FU 中执行之前,从旁路网络(bypassing network)中得到操作数,事实上很大一部分指令都是通过旁路网络获得操作数的[35],这也为减少 PRF 的读端口提供了可能。由于超标量处理器每周期需要执行好几条指令,PRF 所需要的端口个数也是比较多的,多端口寄存器堆的访问速度一般都不会很快,因此在现实世界的处理器中,这个阶段都会单独使用一个流水段。

(7) Execute(执行):指令得到了它所需要的操作数之后,马上就可以送到对应的 FU 中执行了,在超标量处理器中,这个阶段通常有很多个不同类型的 FU,例如负责普通运算的 FU、负责乘累加运算的 FU、负责分支指令运算的 FU、负责 load/store 指令执行的 FU 等,现代的处理器还会加入一些多媒体运算的 FU,例如进行单指令多数据(SIMD)运算的 FU。

(8) Write back(写回):这个阶段会将 FU 计算的结果写到物理寄存器堆(PRF)中,同时这个阶段还有一个重要的功能,就是通过旁路网络(bypassing network)将这个计算结果送到需要的地方,一般都是送到所有 FU 的输入端,由 FU 输入端的控制电路来决定最终需要的数据,在现代的处理器中,旁路网络是影响速度的关键因素,因为这部分电路需要大量的布线,而随着硅工艺尺寸的减少,连线的延迟甚至超过了门电路的延迟,因此旁路网络会严重影响处理器的周期时间,为了解决这个问题,很多处理器都使用了 Cluster 的结构,将 FU 分成不同的组,在一个组内的 FU,布局布线时会被紧挨在一起,这样在这个组内的旁路网络,由于经过的路径比较短,一般都可以在一个周期内完成;而当旁路网络跨越不同的组时,就需要两个甚至多个周期了,这种 Cluster 的结构是一种典型的折中方案。

(9) Commit(提交):这个阶段起主要作用的部件是重排序缓存(ROB),它会将乱序执行的指令拉回到程序中规定的顺序,之所以能够完成这样的任务,是因为指令在流水线的分发(Dispatch)阶段,按照程序中规定的顺序(in-order)写到了重排序缓存中;程序在处理器中表现出来的结果总是串行的,如果在程序中先向寄存器 $R1$ 写数据,然后向寄存器 $R2$ 写数据,那么处理器表现出来的执行结果一定是先写 $R1$ 再写 $R2$,也就是说,处理器执行的结果要和程序中原始的顺序是一样的,但是在超标量处理器中,指令是按照乱序的方式在内部执行的,最后需要这样一个阶段,将这些乱序执行的指令变回到程序规定的原始顺序;在重排序缓存中,如果一条指令之前的指令还没有执行完,那么即使这条指令已经执行完了,它也不能离开重排序缓存,必须等待它之前的所有指令都执行完成;在这个阶段也会对指令产生的异常(exception)进行处理,指令在流水线的很多阶段都可能发生异常,但是所有的异常都必须等到指令到达流水线的提交(Commit)阶段时才能进行处理,这样可以保证异常的处理按照程序中规定的顺序进行,并且能够实现精确的异常;一条指令一旦从重排序缓存中离开而退休(retire),那么就对处理器的状态进行了修改,再也无法返回到之前的状态了。

在超标量处理器中,还有一个非说不可的话题就是处理器的状态恢复,现代的处理器在很多地方使用了预测技术,因为超标量处理器的流水线一般比较深,不使用预测技术是没有办法获得高性能的,一般情况下,预测能够有效工作的前提就是有规律可循,一个很明显的例子就是分支预测,分支指令在执行过程中表现出的规律性,使分支预测成为了可能。但是,只要是预测,就会存在失败的可能,这时候就需要一种方法,将处理器恢复到正确的状态,这就是恢复电路的工作,它不但要将错误的指令从流水线中抹掉,还需要将这些错误指令在流水线中造成的"痕迹"进行消除，例如这些错误的指令可能已经修改了重命名映射表，或者已经将结果写到了物理寄存器中等，这都需要被修正过来。恢复电路和预测技术是天生的一对，只要有预测，就必然有状态恢复，激进的预测技术会提高处理器的性能，但是代价就是更复杂的恢复电路。在超标量处理器中，对异常的处理由于需要抹掉流水线中的指令，因此也需要使用恢复电路来使处理器恢复到正确的状态，这些内容将在本书详细地展开介绍。

第 2 章

Cache

2.1 Cache 的一般设计

在超标量处理器中,有两个部分直接影响着性能,它们是分支预测和 Cache,在处理器的设计中需要仔细规划这两个部件,纵观 Intel 每次处理器升级,都会改进这两个部件的设计,使分支预测的精度更高,Cache 的命中率更高,速度也更快。关于分支预测的内容将在后文进行详细的介绍,本章重点关注超标量处理器中的 Cache。

Cache 之所以存在,是因为在计算机的世界中,存在如下的两个现象。

(1) 时间相关性(temporal locality):如果一个数据现在被访问了,那么在以后很有可能还会被访问。

(2) 空间相关性(spatial locality):如果一个数据现在被访问了,那么它周围的数据在以后有可能也会被访问。

Cache 的出现可以说是一种无奈的妥协,如果存储器技术的发展速度能够比处理器技术的发展速度快,如果一个大容量存储器的访问速度能够和处理器的速度不相上下,那么 Cache 也就不复存在了,本章讲述的内容也可以被无视,但是在未来的一段时间,在当今的硅工艺不发生变化的情况下,这是很难实现的一件事情,因此使用 Cache 是必需的,尤其是在超标量处理器中,考虑到每周期需要从 Cache 中同时读取多条指令,同时每周期也可能有多条 load/store 指令会访问 Cache,因此需要实现多端口的 Cache,这给芯片的面积和速度带来了不小的挑战,需要进行特殊的处理,这些内容都将在本章进行介绍。

Cache 是一个很广义的概念,现代处理器的工作环境中存在着很多的 Cache,如图 2.1 表示了一个很典型的情况,DRAM 可以看做是硬盘(disk)或闪存(flash)的 Cache,而 L2 Cache 可以看做是 DRAM 的 Cache,L1 Cache 又可以看做是 L2 Cache 的 Cache。处理器使用硅工艺来制造,在摩尔定律的驱使下,处理器的速度越来越快,但是相比之下,存储器技术的发展速度就慢了很多,不管是曾经的硬盘还是现在逐渐流行的固态硬盘(本质上是闪存),它们的速度在当今的处理器面前都是慢了一个或几个数量级的,于是就使用了速度相对更快一些的 DRAM 来作为硬盘或固态硬盘的 Cache,但是 DRAM 的速度仍然无法赶上当今的处理器。设想一个主频为 2GHz 的 4-way 超标量处理器访问一个 100ns 的 DRAM 的结果是什么:在处理器访问一次 DRAM 的时间内,处理器内部可以执行 800 条指令!很显然这样的"代沟"是无法接受的,于是就有了使用和处理器一样的硅工艺制造的 L2 Cache 和 L1 Cache,这两部分是和处理器联系最紧密的,尤其是 L1 Cache,它紧密地耦合在处理器的流水线中,是影响处理器性能的一个关键因素。如果是加入了虚拟存储器(virtual memory)的处理器,Cache 的设计就更是变化多端,本节暂且不考虑虚拟存储器,而只是关注 Cache 本身的一些特性,关于加入虚拟存储器之后 Cache 的变化,将在后文进行详细的展开介绍。图 2.1 是处理器中的各种 Cache。

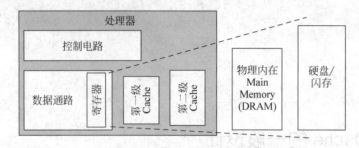

图 2.1　处理器中的各种 Cache

现代的超标量处理器都是哈佛结构,为了增加流水线的执行效率,L1 Cache 一般都包括两个物理的存在,指令 Cache(I-Cache)和数据 Cache(D-Cache),本质上来说,它们的原理都是一样的,但是 D-Cache 不仅需要读取,还需要考虑写入的问题,而 I-Cache 只会被读取,并不会被写入,因此 D-Cache 要更复杂一些,在本节中如果没有特殊说明,都是针对 D-Cache 进行讲述的。L1 Cache 最靠近处理器,它是流水线的一部分,需要和处理器保持近似相等的速度,这注定了它的容量不能够很大,L1 Cache 一般都是使用 SRAM 来实现的,容量大的 SRAM 需要更长的时间来找到一个指定地址的内容,但是一旦不能和处理器保持速度上的相近,L1 Cache 也就失去了意义,因此,对于 L1 Cache 来说,"快"就是硬道理。

如果说 L1 Cache 分为 I-Cache 和 D-Cache 是为了求"快",那么 L2 Cache 则是为了求"全"。一般情况下,L2 Cache 都是指令和数据共享,它和处理器的速度不必保持同样的步调,可以容忍更慢一些,它的主要功能是为了尽量保存更多的内容,在现代的处理器中,L2 Cache 都是以 MB 为单位的。而且,在多核的环境中,L2 Cache 有可能是多核之间共享的,这时候情况就更复杂一些(不过,现在的处理器一般都是共享 L3 Cache),但是 L1 Cache 仍旧是每个核"私有"的。

在超标量处理器中,对于 Cache 有着更特殊的需求,对于 I-Cache 来说,需要能够每周期读取多条指令,不过,它的延迟时间即使很大,例如有好几个周期,在一般的情况下也不会造成处理器性能的下降,仍旧可以实现每周期都可以读取指令的效果,除非遇到预测跳转的分支指令时,这些延迟才会对性能造成影响。而对于 D-Cache 来说,它需要支持在每周期内有多条 load/store 指令的访问,也就是需要多端口的设计,虽然在超标量处理器中,多端口的部件有很多,例如发射队列(Issue Queue)、Store Buffer、寄存器堆(Register File)和重排序缓存(ROB)等(这些内容将在后文逐步介绍),但是这些部件的容量本身就很小,所以即使采用多端口的设计,也不会占用很大的空间,而 D-Cache 的容量本身就很大,如果采用多端口的设计,则占用的硅片面积就很难接受了,也会导致过大的延迟,这个延迟会直接暴露给流水线中后续的指令,考虑到 load 指令一般处于相关性的顶端,所以这会对处理器的性能造成负面的影响。因此对于 I-Cache 和 D-Cache 需要采用的设计思路是不一样的,而对于 L2 Cache 来说,由于它被访问的频率不是很高(L1 Cache 的命中率是比较高的),所以它并不需要多端口的设计,它的延迟也不是特别的重要,因为只有在发生 L1 Cache 缺失 (miss)的时候才会访问它,但是 L2 Cache 需要有比较高的命中率,因为在它发生缺失的时候会去访问物理内存(一般是 DRAM),这个访问时间会很长,因此要尽可能地提高 L2 Cache 的命中率,这是设计时需要考虑的问题。

　　Cache 主要由两部分组成,Tag 部分和 Data 部分。前面讲过,Cache 是利用了程序中的相关性,一个被访问的数据,它本身和它周围的数据在最近都有可能被访问,因此 Data 部分就是用来保存一片连续地址的数据,而 Tag 部分则是存储着这片连续数据的公共地址,一个 Tag 和它对应的所有数据组成的一行称为一个 Cache line,而 Cache line 中的数据部分称为数据块(Cache data block,也称做 Cache block 或 Data block,在下文中不进行区分),如果一个数据可以存储在 Cache 中的多个地方,这些被同一个地址找到的多个 Cache Line 称为 Cache Set,这些术语在本书中会经常被使用,它们所表达的含义如图 2.2 所示。

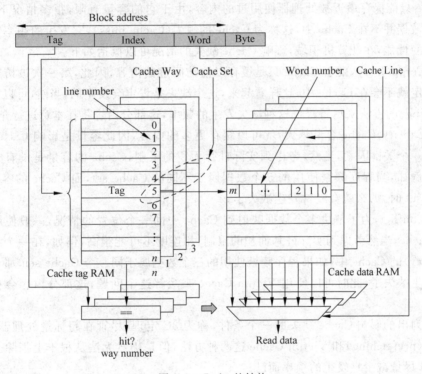

图 2.2　Cache 的结构

　　当然,图 2.2 只表示了一种可能的实现方式,在实际当中,Cache 有三种主要的实现方式,直接映射(direct-mapped)Cache,组相连(set-associative)Cache 和全相连(fully-associative) Cache,这三种实现方式的原理如图 2.3 所示。对于物理内存(physical memory)中的一个数据来说,如果在 Cache 中只有一个地方可以容纳它,它就是直接映射的 Cache;如果 Cache 中有多个地方都可以放置这个数据,它就是组相连的 Cache;如果 Cache 中任何的地方都可以放置这个数据,那么它就是全相连的 Cache。可以看出,直接映射和全相连这两种结构的 Cache 实际上是组相连 Cache 的两种特殊情况,现代处理器中的 Cache 一般属于上述三种方式中的某一个,例如 TLB 和 Victim Cache 多采用全相连结构,而普通的 I-Cache 和 D-Cache 则采用组相连结构等。

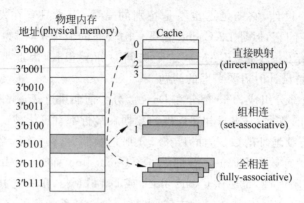

图 2.3　Cache 的三种组成方式

Cache 只能保存最近被处理器使用过的内容,由于它的容量有限,很多情况下,要找的指令或者数据并不在 Cache 中,这称为 Cache 的缺失(Cache miss),它发生的频率直接影响着处理器的性能,在计算机领域,影响 Cache 缺失的情况可以概括如下。

(1) Compulsory,由于 Cache 只是缓存以前访问过的内容,因此,第一次被访问的指令或数据肯定就不会在 Cache 中,这样看起来,这个缺失是肯定会发生的,当然,可以采用预取(prefetching)的方法来尽量降低这种缺失发生的频率,这部分内容将在本章进行介绍。

(2) Capcity,Cache 容量越大,就可以缓存更多的内容,因此容量是影响 Cache 缺失发生频率的一个关键因素,当然,考虑到实际硅片面积的限制,Cache 的容量是没有办法做得很大的。例如,当程序频繁使用的 5 个数据属于不同的 Cache set,而 Cache 的容量只有 4 个 Cache set 时,那么就会经常发生缺失了。

(3) Conflict,为了解决多个数据映射到 Cache 中同一个位置的情况,一般使用组相连结构的 Cache,当然考虑到实际硅片面积的限制,相连度不可能很高,例如,在一个有着两路结构(2-way)的 Cache 中,如果程序频繁使用的三个数据属于同一个 Cache set,那么就肯定会经常发生缺失了,此时可以使用 Victim Cache 来缓解这个问题,这部分内容会在本章进行介绍。

上面列出的影响 Cache 缺失的三个条件,称为 3C 定理,尽管在超标量处理器中,可以采用预取(prefetching)和 Victim Cache 这两种方法,但是仍然无法从根本上消除 Cache 缺失,只能够尽量减少它发生的频率而已。

2.1.1　Cache 的组成方式

1. 直接映射

直接映射(direct-mapped)结构的 Cache 是最容易实现的一种方式,处理器访问存储器的地址会被分为三部分,Tag、Index 和 Block Offset,如图 2.4 所示,使用 Index 来从 Cache 中找到一个对应的 Cache line,但是所有 Index 相同的地址都会寻址到这个 Cache line,因此在 Cache line 中还有 Tag 部分,用来和地址中的 Tag 进行比较,只有它们是相等的,才表明这个 Cache line 就是想要的那个。在一个 Cache line 中有很多个数据,通过存储器地址中的 Block Offset 部分可以找到真正想要的数据,它可以定位到每个字节。在 Cache line 中还有一个有效位(valid),用来标记这个 Cache line 是否保存着有效的数据,只有在之前被访问过的存储器地址,它的数据才会存在于对应的 Cache line 中,相应的有效位也会被置为 1 了。

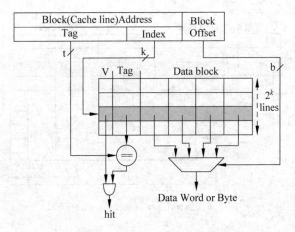

图 2.4 Direct-mapped Cache

通过上面的描述可以看出,对于所有 Index 相同的存储器地址,都会寻址到同一个 Cache line,这就产生了冲突,这也是直接映射结构 Cache 的一大缺点,如果两个 Index 部分相同的存储器地址交互地访问 Cache,就会一直导致 Cache 缺失,严重地降低了处理器的执行效率。

下面通过一个实际的例子来说明存储器地址的划分对于 Cache 的影响,如图 2.5 所示为一个 32 位的存储器地址,因为 Block Offset 有 5 位,所以 Data block 的大小是 32 字节; Index 是 6 位,表示 Cache 中共有 $2^6 = 64$ 个 Cache line(在直接映射的 Cache 中,Cache line 和 Cache set 是同义的),存储器地址中剩余的 $32-5-6=21$ 位作为 Tag 值,因此,这个 Cache 中可以存储的数据大小是 64×32 字节 $= 2048$ 字节,即 2KB;而 Tag 部分的大小是 64×21 位 $= 1344$ 位 ≈ 1.3Kb;有效位(valid)占用的大小是 64×1 位 $= 64$ 位,一般情况下,都是以数据部分的大小来表示 Cache 的大小,因此这个 Cache 被称做是一个 2KB 直接映射结构的 Cache,而实际上它还额外占用了多于 1.3Kb 的存储空间。

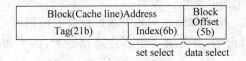

图 2.5 存储器的地址划分

直接映射结构的 Cache 在实现上是最简单的,它都不需要替换算法,但是它的执行效率也是最低的,现代的处理器很少会使用这种方式了。

2. 组相连

组相连(set-associative)的方式是为了解决直接映射结构 Cache 的不足而提出的,存储器中的一个数据不单单只能放在一个 Cache line 中,而是可以放在多个 Cache line 中,对于一个组相连结构的 Cache 来说,如果一个数据可以放在 n 个位置,则称这个 Cache 是 n 路组相连的 Cache(n-way set-associative Cache),如图 2.6 表示了一个两路组相连 Cache 的原理图。

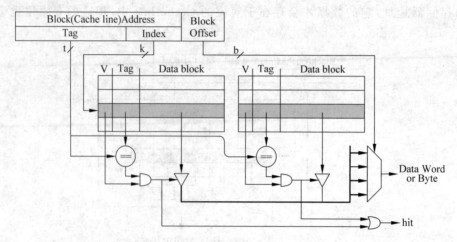

图 2.6　2-way set-associative Cache

　　这种结构仍旧使用存储器地址的 Index 部分对 Cache 进行寻址,此时可以得到两个 Cache line,这两个 Cache line 称为一个 Cache set,究竟哪个 Cache line 才是最终需要的,是根据 Tag 比较的结果来确定的,当然,如果两个 Cache line 的 Tag 比较结果都不相等,那么就说明这个存储器地址对应的数据不在 Cache 中,也就是发生了 Cache 缺失。

　　从图 2.6 中可以看出,因为需要从多个 Cache line 中选择一个匹配的结果,这种 Cache 的实现方式较之直接映射结构的 Cache,延迟会更大,有时候甚至需要将其进行流水线,以便减少对处理器周期时间(cycle time)的影响,这样会导致 load 指令的延迟增大,一定程度上影响了处理器的执行效率,但是这种方式的优点很突出,它可以显著地减少 Cache 缺失发生的频率,因此在现代的处理器中得到了广泛的应用。

　　因为在现实的处理器中应用最广泛,这种 Cache 也是本书重点关注的,在实际的实现当中,上面提到的 Tag 和 Data 部分都是分开放置的,称为 Tag SRAM 和 Data SRAM,可以同时访问这两个部分,如图 2.6 所示的那样,这种方式称为并行访问;相反,如果先访问 Tag SRAM 部分,根据 Tag 比较的结果再去访问 Data SRAM 部分,这种方式就称为串行访问,这两种方式各有优缺点,下面简要进行说明。

　　对于并行访问的结构,当 Tag 部分的某个地址被读取的同时,这个地址在 Data 部分对应的所有数据也会被读取出来,并送到一个多路选择器上,这个多路选择器受到 Tag 比较结果的控制,选出对应的 Data block,然后根据存储器地址中 Block Offset 的值,选择出合适的字节,一般将选择字节的这个过程称为数据对齐(Data Alignment),如图 2.7 所示给出了并行访问方法的示意图。

　　Cache 的访问一般都是处理器中的关键路径(critical path),如图 2.7 所示的方式在一个周期内完成了访问过程,这在现实当中会占据很大的延迟,要想使处理器运行在比较高的频率下,Cache 的访问就需要使用流水线,前面说过,对于指令 Cache 来说,流水线的结构不会有太大的影响,仍旧可以实现每周期读取指令的效果;而对于数据 Cache 来说,使用流水线则会增大 load 指令的延迟,从而对处理器的性能造成负面影响,如图 2.8 给出了在并行访问的结构中使用流水线的示意图,流水线的地址计算(Address Calculation)阶段可以计算得出存储器的地址,接下来的 Disambiguation 阶段对 load/store 指令之间存在的相关性

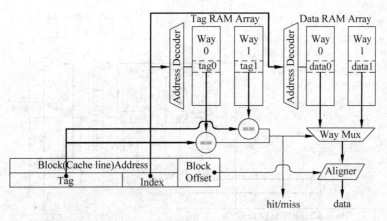

图 2.7 并行访问 Cache 中的 Tag 和 Data 部分

进行检查,然后在下个流水线阶段(Cache Access)就可以直接并行地访问 Tag SRAM 和 Data SRAM,并使用 Tag 比较的结果对输出的数据进行选择,然后在最后一个流水线阶段 (Result Drive),使用存储器地址中的 block offset 值,从数据部分给出的 data block 中选出最终需要的数据(字节或者字)。从图 2.8 可以看到,通过这种流水线的实现方式,可以将整个 Cache 的访问放到几个周期内完成,这样可以降低处理器的周期时间。

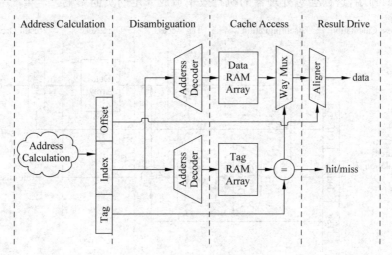

图 2.8 并行访问的流水线

而对于串行访问方法来说,首先对 Tag SRAM 进行访问,根据 Tag 比较的结果,就可以知道数据部分中,哪一路的数据是需要被访问的,此时可以直接访问这一路的数据,这样就不再需要图 2.8 中的多路选择器,而且,只需要访问数据部分指定的那个 SRAM,其他的 SRAM 由于都不需要被访问,可以将它们的使能信号置为无效,这样就可以节省很多的功耗,这种实现方式如图 2.9 所示。

当然,图 2.9 所示的这种方式完全串行了 Tag SRAM 和 Data SRAM 这两部分的访问,它的延迟会更大,仍旧需要使用流水线的方式来降低对处理器的周期时间的影响,用流水线的方式实现这种 Cache 的访问如图 2.10 所示,和上面并行访问的流水线进行对比,可以很明显地看到,这种方式降低了访问 Tag SRAM 和 Data RAM 的延迟,因为此时已经不再需

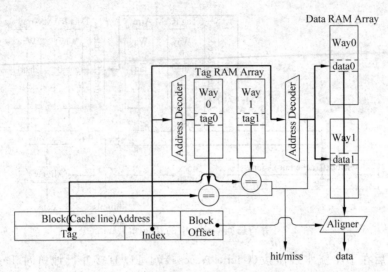

图 2.9   串行访问 Cache 中的 Tag 和 Data 部分

要多路选择器,这对降低处理器的周期时间是有好处的,但是这样的设计也有一个明显缺点,那就是 Cache 的访问增加了一个周期,这也就是增大了 load 指令的延迟,因为 load 指令处于相关性的顶端,这样会对处理器的执行效率造成一定的负面影响。

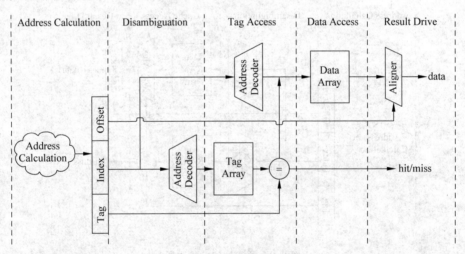

图 2.10   串行访问的流水线

对于 Cache 来说,不管是并行访问还是串行访问,这两种设计方式都很难说谁优谁劣,并行访问的方式会有较低的时钟频率和较大的功耗,但是访问 Cache 的时间缩短了一个周期,但是考虑到在乱序执行的超标量处理器中,可以将访问 Cache 的这段时间通过填充其他的指令而掩盖起来,所以对于超标量处理器来说,当 Cache 的访问处于处理器的关键路径上时,可以使用串行访问的方式来提高时钟频率,同时并不会由于访问 Cache 的时间增加了一个周期而引起性能的明显降低;相反,对于普通的顺序执行的处理器来说,由于无法对指令进行调度,访问 Cache 如果增加一个周期,就很可能会引起处理器性能的降低,因此在这种处理器中使用并行访问的方式就是一种比较合适的选择了。

3. 全相连

在全相连(fully-associative)的方式中,对于一个存储器地址来说,它的数据可以放在任意一个 Cache line 中,如图 2.11 所示,存储器地址中将不再有 Index 部分,而是直接在整个的 Cache 中进行 Tag 比较,找到比较结果相等的那个 Cache line;这种方式相当于直接使用存储器的内容来寻址,从存储器中找到匹配的项,这其实就是内容寻址的存储器(Content Address Memory,CAM),实际当中的处理器在使用全相连结构的 Cache 时,都是使用 CAM 来存储 Tag 值,使用普通的 SRAM 来存储数据的。当 CAM 中的某一行被寻址到时,SRAM 中对应的行(一般称为 word line)也将会被找到,从而 SRAM 可以直接输出对应的数据。全相连结构的 Cache 有着最大的灵活度,因此它的缺失率是最低的,但是很明显可以看出,由于有大量的内容需要进行比较,它的延迟也是最大的,因此一般这种结构的 Cache 都不会有很大的容量,例如 TLB 就会使用这种全相连的方式来实现,关于 TLB 在后面的章节会详细介绍。

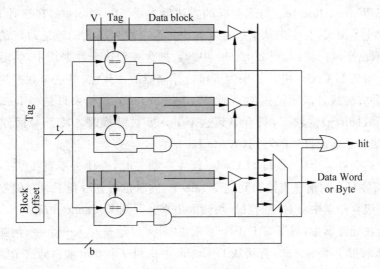

图 2.11　全相连

2.1.2　Cache 的写入

由于 L1 Cache 紧密地耦合在处理器的流水线中,因此是本书重点关注的内容,它分为指令 Cache(I-Cache)和数据 Cache(D-Cache),在一般的 RISC 处理器中,I-Cache 都是不会被直接写入内容的,即使有自修改(self-modifying)的情况发生,也并不是直接写 I-Cache,而是要借助于 D-Cache 来实现,将要改写的指令作为数据写到 D-Cache 中,然后将 D-Cache 中的内容写到下级存储器中(例如 L2 Cache,这个存储器一定是被指令和数据共享的,这个过程称为 clean),并将 I-Cache 中的所有内容置为无效,这样处理器再次执行时,就会使用到那些被修改的指令了。本节只针对 D-Cache 进行讲述,对于 D-Cache 来说,它的写操作和读操作有所不同,当执行一条 store 指令时,如果只是向 D-Cache 中写入数据,而并不改变它的下级存储器中的数据,这样就会导致 D-Cache 和下级存储器中,对于这一个地址有着不同的数据,这称做不一致(non-consistent)。要想保持它们的一致性,最简单的方式就是当数据在写到 D-Cache 的同时,也写到它的下级存储器中,这种写入方式称为写通(Write

Through），由于 D-Cache 的下级存储器需要的访问时间相对是比较长的，而 store 指令在程序中出现的频率又比较高，如果每次执行 store 指令时，都向这样的慢速存储器中写入数据，处理器的执行效率肯定不会很高了。

如果在执行 store 指令时，数据被写到 D-Cache 后，只是将被写入的 Cache line 做一个记号，并不将这个数据写到更下级的存储器中，只有当 Cache 中这个被标记的 line 要被替换时，才将它写到下级存储器中，这种方式就称为写回（Write Back），被标记的记号在计算机术语中称为脏（dirty）状态，很显然，这种方式可以减少写慢速存储器的频率，从而获得比较好的性能。当然，这种方式也是有缺点的，它会造成 D-Cache 和下级存储器中有很多地址中的数据是不一致的，这会给存储器的一致性管理带来一定的负担。

上面所讲述的情况都是假设在写 D-Cache 时，要写入的地址总是在 D-Cache 中存在的，而实际当中，有可能发现这个地址并不在 D-Cache 中，这就发生了写缺失（write miss），此时最简单的处理方法就是将数据直接写到下级存储器中，而并不写到 D-Cache 中，这种方式称为 Non-Write Allocate。与之对应的方法就是 Write Allocate，在这种方法中，如果写 Cache 时发生了缺失，会首先从下级存储器中将这个发生缺失的地址对应的整个数据块（data block）取出来，将要写入到 D-Cache 中的数据合并到这个数据块中，然后将这个被修改过的数据块写到 D-Cache 中。如果为了保持存储器的一致性，将这个数据块也写到下级存储器中，这种方法就是前面说过的写通（Write Through）。如果只是将 D-Cache 中对应的 line 标记为脏（dirty）的状态，只有等到这个 line 要被替换时才将其写回到下级存储器中，则这种方法就是前面提到的写回（Write Back）。

在这里可能会有一个疑问，写 D-Cache 而发生缺失时，为什么不直接从 D-Cache 中找到一个 line，将要写入的信息直接写到这个 line 中，同时也将它写到下级存储器中呢？为什么还要先从下级存储器中将对应的数据块读取出来并写到 D-Cache 中呢？

这是因为在处理器中，对于写 D-Cache 来说，最多也就是写入一个字，例如 MIPS 中的 SW 指令，如果按照上面的方式，直接从 D-Cache 中找到一个 line 来存储这个需要写入的数据，并将这个 line 标记为脏（dirty）的状态，那么就会导致这个 line 中，数据块中的其他部分和下级存储器中对应地址的数据不一致，而且此时 D-Cache 中的这些数据是无效的，如果这个 Cache line 由于被替换而写回到下级存储器中时，就会使下级存储器中的正确数据被篡改，这个过程如图 2.12 所示。

如图 2.12 所示的这种情况显然是不希望看到的，所以必须先从下级存储器中（图 2.12 中以物理内存为例）将 store 指令的地址对应的数据块读取出来，并将 store 指令携带的数据合并到其中，然后将这个修改后的数据块写到 D-Cache 内的某个 line 中（究竟选择哪个 line 由替换算法决定），此时在这个 Cache line 中保存着最新的数据，应该将这个 line 标记为脏（dirty）的状态，这符合正常 Cache 的功能。因此，对于 Write Allocate 的方法来说，就需要在发生写缺失时，首先将缺失的地址对应的数据块从下级存储器中读取出来，这个过程是必不可少的。

通过上面的描述可以看出，对于 D-Cache 来说，一般情况下，写通（Write Through）的方法总是配合 Non-Write Allocate 一起使用的，它们都是直接将数据更新到下级存储器中，这两种方法配合的工作流程如图 2.13 所示[5]。

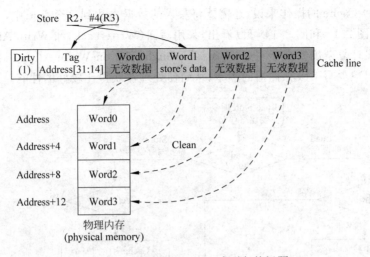

图 2.12　直接写 D-Cache 会引起的问题

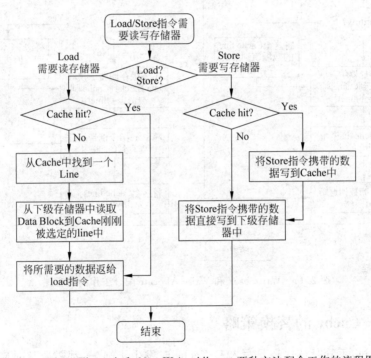

图 2.13　Write Through 和 Non-Write Allocate 两种方法配合工作的流程图

很容易想到,在 D-Cache 中,写回(Write back)的方法和 Write Allocate 也是配合在一起使用的,它们的工作流程如图 2.14 所示。

由图 2.14 可以看出,在 D-Cache 中采用写回(Write back)的方法时,不管是读取还是写入时发生缺失,都需要从 D-Cache 中找到一个 line 来存放新的数据,这个被替换的 line 如果此时是脏(dirty)的状态,那么首先需要将其中的数据写回到下级存储器中,然后才能够使用这个 line 存放新的数据。也就是说,当 D-Cache 中被替换的 line 是脏的状态时,需要对下级存储器进行两次访问:首先需要将这个 line 中的数据写回到下级存储器,然后需要从下级存储器中读取缺失的地址对应的数据块,并将其写到刚才找到的 Cache line 中。

当然,对于写 D-Cache 的操作来说,还需要将写入的数据也放到这个 line 中,并将其标记为脏的状态。从图 2.13 和图 2.14 可以看出,采用写回(Write back)和 Write Allocate 配合工作的方法,其设计复杂度要高于写通(Write Through)和 Non-Write Allocate 配合工作的方法,但是它可以减少写下级存储器的频率,从而使处理器获得比较好的性能。

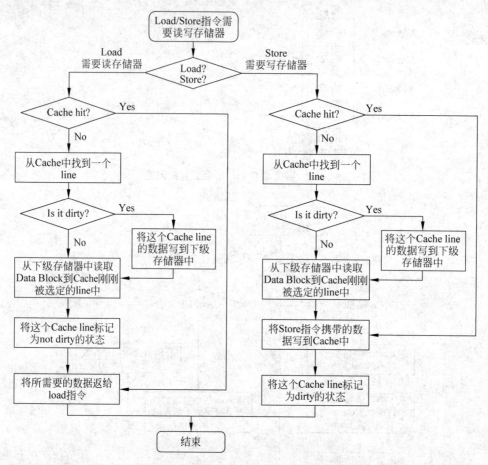

图 2.14　Write back 和 Write Allocate 配合工作的流程图

2.1.3　Cache 的替换策略

在前文讲过,不管是读取还是写入 D-Cache 时发生了缺失,都需要从对应的 Cache Set 中找到一个 line,来存放从下级存储器中读出的数据,如果此时这个 Cache Set 内的所有 line 都已经被占用了,那么就需要替换掉其中一个,如何从这些有效的 Cache line 找到一个并替换之,这就是替换(Cache replacement)策略,有很多方法都可以使用,本节介绍几种最常用的替换算法。

1. 近期最少使用法

顾名思义,近期最少使用法(Least Recently Used,LRU)会选择最近被使用次数最少的 Cache line,因此这个算法需要追踪每个 Cache line 的使用情况,这需要为每个 Cache line 都设置一个年龄(age)部分,每次当一个 Cache line 被访问时,它对应的年龄部分就会增加,或者减少其他 Cache line 的年龄值,这样当进行替换时,年龄值最小的那个 Cache line 就是被使用次数最少的了,会选择它进行替换。举例来说,在一个两路组相连结构的 Cache(2-way set-associative)中,每个 way 的年龄部分只需要使用一位即可,当某个 way 被使用时,这个 way 的年龄部分被置 1,另一个 way 的年龄部分被清零,这样当进行替换时,年龄部分为 0 的那个 way 就可以被替换了。但是,随着 Cache 相关度的增加(也就是 way 的个数的增加),要精确地实现这种 LRU 的方式就非常昂贵了,因此在实际当中对于这种相关度很高的 Cache,都是使用"伪 LRU"的方法,将所有的 way 进行分组,每一组使用一个 1 位的年龄部分。举例来说,如图 2.15 所示为一个八路组相连结构的 Cache(8-way set-associative)中实现"伪 LRU"的示意图。

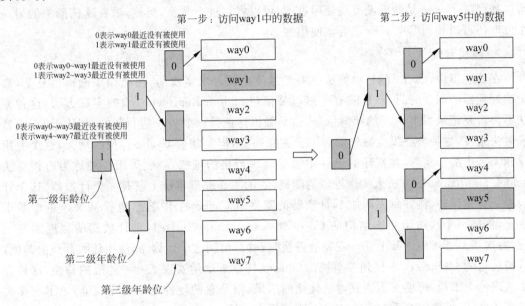

图 2.15 伪 LRU 算法的工作流程

在这个 Cache 内共有 8 个 way,图 2.15 中对所有 way 进行了分组,共有三部分,分别介绍如下。

(1)首先将所有的 way 分为两组,每组有 4 个 way,使用一位的年龄部分来表示,称其为第一级年龄位,当这个年龄位是 0 时,表示 way0~way3 最近没有被访问过,也就是说,way4~way7 最近被访问过;同理,当这个年龄位是 1 时,表示 way4~way7 最近没有被访问,而 way0~way3 最近被访问过。

(2)然后将每组中的 way 再分为两组,也就是每组有两个 way,每两组使用 1 位的年龄部分来表示,此时需要两个年龄位,称其为第二级年龄位。在图 2.15 中,对于位于上部的第二级年龄位来说,它为 0 时,表示 way0~way1 最近没有被使用,也就是 way2~way3 最近被访问过;它为 1 时,表示 way2~way3 最近没有被使用,也就是 way0~way1 最近被使用过。而图 2.15 中位于下部的那个第二级年龄位则记录了 way4~way5 和 way6~way7 的使用情况,它为 0 时表示 way4~way5 最近没有被使用过,它为 1 时表示 way6~way7 最近没有被使用过。

(3)继续进行分组,此时每组只有一个 way 了,仍旧为每两组使用一个 1 位的年龄部分来表示,此时共需要四个年龄位,称其为第三级年龄位,在图 2.15 中,对于最上部的那个第三级年龄位来说,它为 0 时,表示 way0 最近没有被使用,也就是 way1 最近被使用过;它为 1 时,表示 way1 最近没有被使用,也就是 way0 最近被使用过;而对于图 2.15 中最下部的那个第三级年龄位来说,它为 0 时,表示 way6 最近没有被使用过,它为 1 时,则表示 way7 最近没有被使用过,其他的两个第三级年龄位也是同理。

这样对于共有 8 个 way 的 Cache 来说,共需要三级的年龄位(4→2→1),对于每一个年龄位来说,为 0 时表示编号较小的那些 way 最近没有被使用过,为 1 时表示编号较大的那些 way 最近没有被使用过。图 2.15 给出了依次访问 way1 中的数据和 way5 中的数据这两种情况,随着时间的推移,会有越来越多的 way 被访问到,此时顺着年龄位部分的箭头,就可以找到哪个 way 是最近没有被使用过的,可以将它进行替换,当然,顺着这些箭头的另一个方向还可以找到哪个 way 最近被使用过。

2. 随机替换

在处理器中,Cache 的替换算法一般都是使用硬件来实现的,因此如果做得很复杂,会影响处理器的周期时间,于是就有了随机替换(Random Replacement)的实现方法,这种方法不再需要记录每个 way 的年龄信息,而是随机地选择一个 way 进行替换,相比于 LRU 替换方法来说,这种方法发生缺失的频率会更高一些,但是随着 Cache 容量的增大,这个差距是越来越小的。当然,在实际的设计中很难实现严格的随机,一般采用一种称为时钟算法(clock algorithm)的方法来实现近似的随机,它的工作原理本质上就是一个计数器,这个计数器一直在运转,例如每周期加 1,计数器的宽度由 Cache 的相关度,也就是 way 的个数来决定,例如一个八路组相连结构的 Cache(8-way set-associative),则计数器的宽度需要三位,每次当 Cache 中的某个 line 需要被替换时,就会访问这个计数器,使用计数器当前的值,从被选定的 Cache set 中找到要替换的 line,这样就近似地实现了一种随机的替换,这种方法从理论上来说,可能并不能获得最优化的结果,但是它的硬件复杂度比较低,也不会损失过多的性能,因此综合看起来是一种不错的折中方法。

2.2　提高 Cache 的性能

2.1 节介绍了 Cache 的基本原理,在真实世界的处理器中,会采用更复杂的方法来提高 Cache 的性能,这些方法包括写缓存(write buffer)、流水线(pipelined Cache)、多级结构(multilevel Cache)、Victim Cache 和预取(prefetching)等方法,不管是顺序执行还是乱序执行的处理器,都可以从这些方法中受益,这些方法将在本节进行介绍。除此之外,对于乱序执行的超标量处理器来说,根据它的特点,还有一些其他的方法来提高 Cache 的性能,例如非阻塞(non-blocking)Cache、关键字优先(critical word first)和提前开始(early restart)等方法,这些内容将在以后的章节逐步进行介绍。

2.2.1　写缓存

在处理器中,不管是执行 load 指令还是 store 指令,当 D-Cache 发生缺失时,需要从下一级存储器中读取数据,并写到一个选定的 Cache line 中,如果这个 line 是脏的状态,那么首先需要将它写到下级存储器中,考虑一般的下级存储器,例如 L2 Cache 或是物理内存,一般只有一个读写端口,这就要求上面的过程是串行完成的,也就是说,先要将脏状态的Cache line 中的数据写回到下级存储器中,然后才能够读取下级存储器而得到缺失的数据,由于下级存储器的访问时间都比较长,这种串行的过程导致 D-Cache 发生缺失的处理时间变得很长,此时就可以采用写缓存(write buffer)来解决这个问题,脏状态的 Cache line 会首先放到写缓存中,等到下级存储器有空闲的时候,才会将写缓存中的数据写到下级存储器中,这个过程如图 2.16 所示。

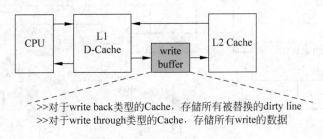

>>对于write back类型的Cache,存储所有被替换的dirty line
>>对于write through类型的Cache,存储所有write的数据

图 2.16　Write buffer 的位置

使用写缓存之后,可以将 D-Cache 中的数据写到下级存储器的时间进行隐藏,对于写回(write back)类型的 D-Cache 来说,当一个脏状态的 Cache line 被替换的时候,这个 line 中的数据会首先放到写缓存中,然后就可以从下级存储器中(例如 L2 Cache)读数据了,而写缓存中的数据会择机写到下级存储器中,例如当下级存储器的接口空闲的时候。对于写通(write through)类型的 D-Cache 来说,采用写缓存之后,每次当数据写到 D-Cache 的同时,并不会同时也写到下级存储器中,而是将其放到写缓存中,这样就减少了写通类型的 D-Cache 在写操作时需要的时间,从而提高了处理器的性能,而写通类型的 Cache 由于便于进行存储器一致性(coherence)的管理,所以在多核的处理器中,L1 Cache 会经常采用这种结构。

当然,加入写缓存之后,会增加系统设计的复杂度,举例来说,当读取 D-Cache 发生缺失时,不仅需要从下级存储器中查找这个数据,还需要在写缓存中也进行查找,这需要在写缓存中加入地址比较的 CAM 电路,很显然,写缓存中存储的数据是最新的,如果在其中发现了缺失的数据,那么就需要使用它,而抛弃从下级存储器中读取的数据。

总结来看,写缓存就相当于是 L1 Cache 到下级存储器之间的一个缓冲,通过它,向下级存储器中写数据的动作会被隐藏,从而可以提高处理器执行的效率,尤其是对于写通(write through)类型的 D-Cache 来说,写缓存尤为必要。

2.2.2　流水线

对于读取 D-Cache 来说,由于 Tag SRAM 和 Data SRAM 可以在同时进行读取,所以当处理器的周期时间要求不是很严格时,可以在一个周期内完成读取的操作;而对于写 D-Cache 来说,情况就比较特殊了,读取 Tag SRAM 和写 Data SRAM 的操作也只能串行地完成。只有通过 Tag 比较,确认要写的地址在 Cache 中之后,才可以写 Data SRAM,在主频比较高的处理器中,这些操作很难在一个周期内完成,这就需要对 D-Cache 的写操作采用流水线的结构,流水线的划分有很多种方式,比较典型的方式是将 Tag SRAM 的读取和比较放在一个周期,写 Data SRAM 放在下一个周期,这样对于一条 store 指令来说,即使在 D-Cache 命中的时候,最快也需要两个周期才可以完成写操作,但是整体来看,如果连续地执行 store 指令,那么仍可以获得每周期执行一条 store 指令的效果,将 D-Cache 的写操作进行流水线的示意图如图 2.17。

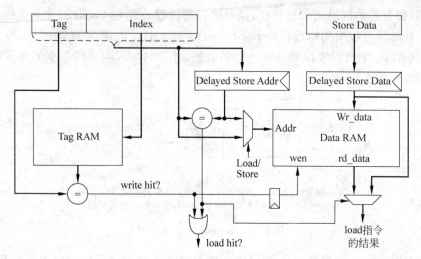

图 2.17　对 Cache 的写操作使用流水线

在图 2.17 的实现方式中,load 指令在 D-Cache 命中的情况下,可以在一个周期内完成,但是对 store 指令需要进行流水线的处理,第一个周期读取 Tag SRAM 并进行比较,根据比较的结果,在第二个周期选择是否将数据写到 Data SRAM 中。还需要注意的是,当执行 load 指令时,它想要的数据可能正好在 store 指令的流水线寄存器中(即图 2.17 中的 Delayed Store Data 寄存器),而不是来自于 Data SRAM,因此需要一种机制,能够检测到这种情况,这需要将 load 指令所携带的地址和 store 指令的流水线寄存器(即图 2.17 中的 Delayed Store Addr 寄存器)进行比较,如果相等,那么就将 store 指令的数据作为 load 指令的结果,由此可以看出,对写 D-Cache 使用流水线之后,不仅增加了流水线本身的硬件,也带来了其他一些额外的硬件开销。其实,不仅在 Cache 中有这种现象,在处理器的其他部分增加流水线的级数,也会伴随着其他方面的硬件需求,因此过深的流水线带来的硬件复杂度是非常高的,就像 Intel 的 Pentium 4 处理器,并不会从过深的流水线中得到预想的好处。

2.2.3　多级结构

现代的处理器很渴望有一种容量大,同时速度又很快的存储器,但是在当今的硅工艺条件下,对存储器来说,容量和速度是一对相互制约的因素,容量大必然速度慢,速度快只能容量小,因此这种既大又快的存储器似乎只是一个愿景,当然,这并不是说它不可能,或许有一天,人们真的可以发现一种新材料来替代当今的硅工艺,进而摆脱当前的种种限制,真要有那么一天的话,那么本章所讲述的内容可以就被忽略了。

为了能够使处理器"看起来"使用了一个容量大同时速度快的存储器,可以使用多级结构的 Cache,如图 2.18 所示。

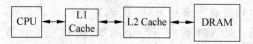

图 2.18　多级结构 Cache 的示意图

　　一般情况下,L1 Cache 的容量很小,能够和处理器内核保持在同样的速度等级,L2 Cache 的访问通常需要消耗处理器的几个时钟周期,但是容量要更大一些。在现代的处理器中,L1 Cache 和 L2 Cache 都会和处理器放在同一个芯片内,一些比较高阶的处理器,例如面向服务器领域的处理器,还会有片上的 L3 Cache,表 2.1 给出了三款处理器(Intel 的 Itanium-2 和 Core i7 以及 IBM 的 Power7)的 Cache 设计。

表 2.1　三款处理器的 Cache 设计

	Intel Itanium-2[6]	IBM Power7[7]	Intel Core i7[8]
L1 I-Cache	16KB, 4-way, 1-cycle	32KB/core, 4-way, 3-cycle	32KB/core, 4-way, 4-cycle
L1 D-Cache	16KB, 4-way, 1-cycle	32KB/core, 8-way, 3-cycle	32KB/core, 8-way, 4-cycle
L2 Cache	256KB, 8-way, 5-cycle	256KB/core, 8-way, 8-cycle	256KB/core, 8-way, 10-cycle
L3 Cache	3MB, 12-way, 12-cycle	32MB, 8-way, 25-cycle	8MB, 16-way, 35-cycle

　　需要注意的是,IBM 的 Power7 处理器是一款 8 核的多核处理器,每个核的 L1 Cache 和 L2 Cache 都是私有的,8 个核共享 L3 Cache,所以它的 L3 Cache 的容量是比较大的。Intel 的 Core i7 处理器也是一款 4 核的处理器,每个核的 L1 Cache 和 L2 Cache 都是私有的,4 个核共享 L3 Cache。而 Intel 的 Itanium-2 处理器是一款单核处理器(这款处理器诞生于 2002 年,那时候多核处理器还不是主流),再加上它的主频相对比较低,所以它的访问延迟(latency)也会比较少一些。

　　一般在处理器中,L2 Cache 会使用写回(Write Back)的方式,但是对于 L1 Cache 来说,写通(Write Through)的实现方式也是可以接受的,这样可以简化流水线的设计,尤其是便于在多核的环境下,管理存储器之间的一致性(coherence),因此一些多核处理器对 L1 Cache 都采用了写通的方式。

　　对于多级结构的 Cache(multilevel Cache),还需要了解两个概念 Inclusive 和 Exclusive,以 L1 Cache 和 L2 Cache 为例,这两个概念如下。

　　Inclusive:如果 L2 Cache 包括了 L1 Cache 中的所有内容,则称 L2 Cache 是 Inclusive 的。

　　Exclusive:如果 L2 Cache 和 L1 Cache 的内容互不相同,则称 L2 Cache 是 Exclusive 的。

　　它们的示意图如图 2.19 所示。

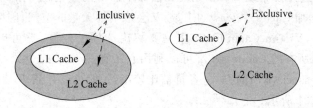

图 2.19　Inclusive 和 Exclusive

　　由图 2.19 可以看出,Inclusive 类型的 Cache 是比较浪费硬件资源的,因为它将一份数据保存在了两个地方,但是这样也带来了明显的好处,首先可以将数据直接写到 L1 Cache 中,虽然此时会将 Cache line 中原来的数据覆盖了,但是在 L2 Cache 中存有这个数据的备份,所以这样的覆盖不会引起任何问题(当然,被覆盖的 line 不能是脏状态的);Inclusive 类型的 Cache 也简化了一致性(coherence)的管理,例如在多核的处理器中,当其中一个处理器改变了存储器中一个地址的数据时(例如执行了 store 指令),如果在其他处理器的私有 Cache 中(一般在多核处理器中,L1 Cache 和 L2 Cache 都是私有的)也保存了这个地址的数据,那么需要将它们置为无效,以避免这些处理器使用到错误的数据,如果是 Inclusive 类型的 Cache,那么只需要检查最低一级的 Cache 即可,在本例中就是 L2 Cache,如果在其中没有发现这个地址,那么在 L1 Cache 中也必然不存在这个地址,这样就可以不必打扰 L1 Cache,避免了对处理器流水线的影响;如果采用 Exclusive 类型的 Cache,很显然要检查所有的 Cache,而检查 L1 Cache 也就意味着干扰了处理器的流水线,这样会影响处理器的执行效率,同时,如果处理器要读取的数据不在 L1 Cache 中,而是在 L2 Cache 中,那么在将数据从 L2 Cache 放到 L1 Cache 的同时,也需要将 L1 Cache 中被覆盖的 line 写到 L2 Cache 中,这种交换数据的过程很显然会降低处理器的效率,但是 Exclusive 类型的 Cache 避免了硬件的浪费,尤其是在当代的处理器中,Cache 容量的大小会直接影响处理器的性能,在同样的硅片面积下,Exclusive 类型的 Cache 可以获得更多可用的容量,在一定程度上提高了处理器的性能,不过就目前来看,现代的大多数处理器都采用了 Inclusive 类型的 Cache。

2.2.4 Victim Cache

有时候,Cache 中被"踢出"的数据可能马上又要被使用,这是很有可能的,毕竟在 Cache 中存储的是经常被使用的数据,举例来说,对于一个两路组相连(2-way set-associative)结构的 D-Cache 来说,如果一个程序频繁地使用 3 个数据恰好都位于同一个 Cache set 中,那么就会导致一个 way 中的数据经常被"踢出"Cache,然后又经常被写回 Cache,如图 2.20 所示。

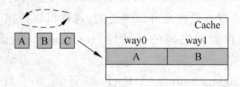

图 2.20 在两路组相连的 Cache 中,频繁使用的三个数据位于同一个 Cache set 中

在图 2.20 中,如果下次要访问数据 C 时,就会将数据 A 从 Cache 中踢出,将 C 写入;再访问数据 A 时,又会将数据 B 踢出,将 A 写入;然后再访问数据 B 时,又会将数据 C 踢出,将 B 写入……,这样会导致 Cache 始终无法命中需要的数据,显然降低了处理器的执行效率,如果为此而增加 Cache 中 way 的个数,又会浪费掉大量的空间,因为其他的 Cache set 未必有这样的特征,Victim Cache(VC)正是要解决这样的问题,它可以保存最近被踢出 Cache 的数据,因此所有的 Cache set 都可以利用它来提高 way 的个数,通常 Victim Cache 采用全相连(fully-associative)的方式,容量都比较小(一般可以存储 4~16 个数据),它在处理器的位置如图 2.21 所示。

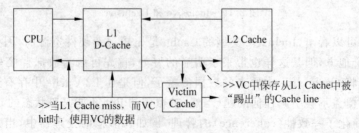

图 2.21 Victim Cache 所处的位置

Victim Cache 本质上相当于增加了 Cache 中 way 的个数，能够避免多个数据竞争 Cache 中有限的位置，从而降低 Cache 的缺失率。一般情况下，Cache 和 Victim Cache 存在互斥(exclusive)的关系，也就是它们不会包含同样的数据，处理器内核可以同时读取它们，如果在 Cache 中没有发现想要的数据，而在 Victim Cache 中找到了，那么只需要使用 Victim Cache 的数据就可以了，这样和 Cache 命中时的效果是一样的，同时 Victim Cache 的数据会被写到 Cache 中，而 Cache 中被替换的数据会写到 Victim Cache 中，这相当于它们互相交换了数据，这个过程其实和 Exclusive 类型的 Cache 是一样的。总体来看，使用 Victim Cache，可以减少 Cache 的缺失率，从而提高处理器的性能，现代的大多数处理器中都采用了 Victim Cache。

还有一种和 Victim Cache 类似的设计思路，称为 Filter Cache，只不过它使用在 Cache "之前"，而 Victim Cache 使用在 Cache "之后"。当一个数据第一次被使用时，它并不会马上放到 Cache 中，而是首先会被放到 Filter Cache 中，等到这个数据再次被使用时，它才会被搬移到 Cache 中，这样做可以防止那些偶然被使用的数据占据 Cache，因为这样的数据在以后的时间并不会继续被使用，因此它最好不要放在 Cache 中，使用 Filter Cache 可以过滤掉这些偶然使用的数据，从而提高 Cache 的利用效率，这种设计思路如图 2.22 所示。

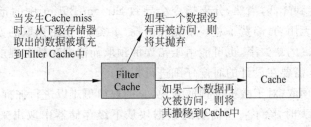

图 2.22　Filter Cache

2.2.5　预取

在前文已经讲过影响 Cache 缺失率的 3C 定理，其中有一项是 Compulsory，当处理器第一次访问一条指令或者一个数据时，这个指令或数据肯定不会在 Cache 中，这样看起来，这种情况引起的缺失似乎是不可避免的，但是实际上，使用预取(prefetching)可以缓解这个问题，所谓预取，本质上也是一种预测技术，它猜测处理器在以后可能使用什么指令或数据，然后提前将其放到 Cache 中，这个过程可以使用硬件完成，也可以使用软件完成，它们最终的目的都是一样的，下面分别进行介绍。

1. 硬件预取

对于指令来说，猜测后续会执行什么指令相对是比较容易的，因为程序本身就是串行执行的，因此只需要在访问 I-Cache 中的一个数据块(data block)的时候，将它后面的数据块也取出来放到 I-Cache 中就可以了，当然，由于程序中存在分支指令，所以这种猜测有时候也会出错，导致不会被使用的指令进入了 I-Cache，这一方面降低了 I-Cache 实际可用的容量，一方面又占用了本来可能有用的指令，这称为"Cache 污染"，不仅浪费了时间，还会影响处理器的执行效率，为了避免这种情况的发生，可以将预取的指令放到一个单独的缓存中，如图 2.23 所示。

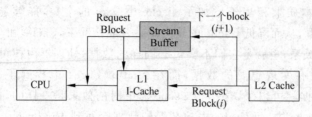

图 2.23 对指令采用硬件预取

图 2.23 所示的方法实际上是在 Alpha 21064 处理器中对指令使用的预取方法,这种方法称为硬件预取(Hardware Prefetching),当 I-Cache 发生缺失时,除了将需要的数据块(data block)从下级存储器(在图 2.23 中即为 L2 Cache)取出来并放到 I-Cache 中,还会将下一个数据块也读取出来,只不过它不会放到 I-Cache 中,而是放到一个称为 Stream Buffer 的地方,在后续执行时,如果在 I-Cache 中发生了缺失,但是在 Stream Buffer 中找到了想要的指令,那么除了使用 Stream Buffer 中读取的指令之外,还会将其中对应的数据块搬移到 I-Cache 中,同时继续从 L2 Cache 中读取下一个数据块(在图 2.23 中,即为 $block_{i+2}$)放到 Stream Buffer 中,当程序中没有遇到分支指令时,这种方法会一直正确地工作,从而使 I-Cache 的缺失率得到降低,当然,分支指令会导致 Stream Buffer 中的指令变得无效,此时的预取相当于做了无用功,浪费了总线带宽和功耗,事实上,使用预取的方法是一把双刃剑,它可能会减少 Cache 的缺失率,也可能由于错误的预取而浪费功耗和性能,这种情况对于数据的预取尤为明显,需要在设计的时候仔细进行权衡。

不同于指令的预取,对于数据的预取来说,它的规律更难以进行捕捉,一般情况下,当访问 D-Cache 发生缺失时,除了将所需的数据块从下级存储器中取出来之外,还会将下一个数据块也读取出来,这种方法被广泛地应用于现实当中的处理器中,例如 Intel 的 Core i7 处理器就采用了这种预取下一个数据块的方法,但是,这种方法并不总是很有效,因为程序以后要访问的数据有可能并不在下一个数据块中,这时候的预取就会浪费带宽和功耗,因此有些处理器采用了更激进的方法来实现数据的预取,例如在 Intel Pentium 4 和 IBM Power5 处理器中,采用了一种称为 Strided Prefetching 的方法,它能够使用硬件来观测程序中使用数据的规律,例如,某些数据结构的访问,第一个数据位于地址 a,第二个数据位于地址 $a+128$,第三个数据位于地址 $a+256$,那么负责预取的硬件就会预测下一个数据位于地址 $a+384$,并将这个地址的数据预取出来,甚至会将地址 $a+512$、$a+640$、$a+768$ 等数据都进行预取,例如 IBM Power5 处理器就可以根据规律,提前预取 12 个数据块,这种预取的方法是比较激进的,对于一些程序,它有可能大幅提高执行速度,但是也可能对一些其他的程序带来负面的影响,毕竟这种方法只是一种猜测,而且这些预取来的数据需要替换掉 D-Cache 中一些可能在以后使用的数据,因此这种预取的方法是否真的需要使用,是需要根据实际的情况进行权衡的。

2. 软件预取

使用硬件进行数据的预取,很难得到满意的结果,其实,在程序的编译阶段,编译器(compiler)就可以对程序进行分析,进而知道哪些数据是需要进行预取的,如果在指令集中设有预取指令(prefetching instruction),那么编译器就可以直接控制程序进行预取,此时的预取就是比较有针对性的了,例如下面的一段程序。

```
for (i = 0; i < N; i++)
{
Prefetch ( &a[ i + P] );
Prefetch ( &b[ i + P] );
SUM = SUM + a[i] + b[i];
}
```

这个程序要计算两个数组之和,即 a[i]+b[i],在进行计算之前,先将需要使用的数据使用软件预取出来,这样就可以保证在进行计算的时候,直接从 D-Cache 中就可以找到需要的数据,这就是软件预取(Software Prefetching),但是,这种软件预取的方法有一个前提,那就是预取的时机。如果预取数据的时间太晚,那么当真正需要使用数据时,有可能还没有被预取出来,这样的预取就失去了意义;如果预取的时间太早,那么就有可能踢掉 D-Cache 中一些本来有用的数据,造成 Cache 的"污染"。要选择一个合适的时机进行预取,也就是要决定程序中 P 的取值,不过,这并没有一个准确的答案,需要根据实际的设计情况来决定。

还需要注意的是,使用软件预取的方法,当执行预取指令的时候,处理器需要能够继续执行,也就是继续能够从 D-Cache 中读取数据,而不能够让预取指令阻碍了后面指令的执行,这就要求 D-Cache 是非阻塞(non-blocking)结构的,关于非阻塞结构的详细内容,将在后文进行介绍。

在实现了虚拟存储器(Virtual Memory)的系统中,预取指令有可能会引起一些异常(exception),例如发生 Page Fault、虚拟地址错误(Virtual Address Fault)或者保护违例(Protection Violation)等。此时有两种选择,如果对这些异常进行处理,就称这种预取指令为处理错误的预取指令(Faulting Prefetch Instruction),反之,如果不对这些异常进行处理,并抛弃掉这条预取指令,就称这种预取指令为不处理错误的预取指令(Nonfaulting Prefetch Instruction),此时发生异常的预取指令就会变成一条空指令,这种方法符合预取指令的定位,使预取指令"悄无声息"的执行,对于程序员来说是不可见的,现代的很多处理器都采用了这种方式。

2.3 多端口 Cache

在超标量处理器中,为了提高性能,处理器需要能够在每周期同时执行多条 load/store 指令,这需要一个多端口的 D-Cache,以便能够支持多条 load/store 指令的同时访问,因此多端口的 D-Cache 是在超标量处理器中必须要面对的问题,其实在超标量处理器中,有很多部件都是多端口结构的,例如寄存器堆(Register File)、发射队列(Issue Queue)和重排序缓存(ROB)等,但是由于这些部件本身的容量并不是很大,所以即使采用多端口结构,也不会对芯片的面积和速度产生太大的负面影响,但是 D-Cache 不同,它的容量本身就很大,如果再采用多端口的设计,会对芯片的面积和速度带来很大的负面影响,因此需要采用一些方法来解决这个问题,有很多方法都可以实现多端口的 D-Cache,本节重点介绍三种方法,True Multi-port、Multiple Cache Copies 和 Multi-banking。

2.3.1 True Multi-port

虽然在现实当中,不可能对 Cache 直接采用多端口的设计,但是本节还是看一下这种最原始的方法究竟有何缺点,这种方法真的使用一个多端口的 SRAM 来实现多端口的 Cache,以一个双端口的 Cache 为例,在这种设计中,所有在 Cache 中的控制通路和数据通路都需要进行复制,这就表示,它有两套地址解码器(Address Decoder),使两个端口可以同时寻址 Tag SRAM 和 Data SRAM;有两个多路选择器(Way Mux),用来同时读取两个端口的数据;比较器的数量也需要增加一倍,用来判断两个端口的命中情况;同时还需要有两个对齐器(Aligner,用来完成字节或半字的读取)等。Tag SRAM 和 Data SRAM 本身并不需要复制一份,但是它们当中的每个 Cell 都需要同时支持两个并行的读取操作(对于一个 SRAM Cell 来说,不需要两个写端口,因为无法对一个 SRAM Cell 既写 0 又写 1),如图 2.24 所示为一个 SRAM Cell 同时支持两个读端口和一个写端口的示意图。

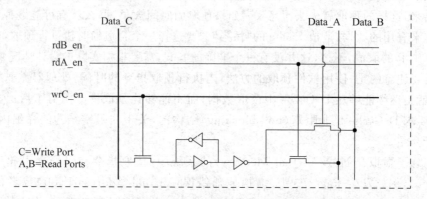

图 2.24　多端口 SRAM 中每个 Cell 的示意图

虽然图 2.24 的这种方法可以精确地提供双端口 Cache 的功能,但是这种方法需要将很多电路进行复制,因此增大了面积。而且图 2.24 中的这种多端口的 SRAM Cell 需要驱动多个读端口,因此需要更长的访问时间,功耗也会随之增大,对于处理器周期时间的负面影响是很大的,在实际的处理器当中,一般不会直接采用这种方式来设计多端口 Cache。

2.3.2　Multiple Cache Copies

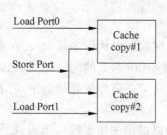

图 2.25　Multiple Cache Copies

这种设计方法将 Tag SRAM 和 Data SRAM 进行了复制,它的实现方式如图 2.25 所示。

这种实现方式本质上和 2.3.1 节的实现方法是一样的,只不过通过将 Cache 进行复制,SRAM 将不再需要使用多端口的结构,这样可以基本上消除对处理器周期时间的影响。但是,这种方法浪费了很多的面积,而且需要保持两个 Cache 间的同步,例如 store 指令需要同时写到两个 Cache 中,当一个 Cache line 发生替换(replacement)等操作时,也需要对另一个 Cache 进行同样的操作,也就是要保持两个 Cache 之间的完全一样,这样的设计显然非常麻烦,不是一个很优化的方法,在现代的处理器中也很少被使用。

2.3.3　Multi-banking

这种结构是在现实当中的处理器中被广泛使用的方法,它将 Cache 分为很多小的

bank,每个 bank 都只有一个端口,如果在一个周期之内,Cache 的多个端口上的访问地址位于不同的 bank 之中,那么这样不会引起任何问题,只有当两个或者多个端口的地址位于同一个 bank 之中时,才会引起冲突,称之为 bank 冲突(bank conflict),这种方法就是 Multi-banking。使用这种方法,一个双端口的 Cache 仍旧需要两个地址解码器(Address Decoder)、两个多路选择器(Way Mux)、两套比较器和两个对齐器(Aligner),而 Data SRAM 此时不需要实现多端口结构了,这样就提高了速度,并在一定程度上减少了面积。但是由于需要判断 Cache 的每个端口是不是命中,所以对于 Tag SRAM 来说,仍旧需要提供多个端口同时读取的功能,也就是需要采用多端口 SRAM 来实现,或者采用将单端口 SRAM 进行复制的方法。如图 2.26 表示了一个使用 Multi-banking 方式实现的双端口 Cache 的原理图,整个 Cache line 被分为两个 bank,在一个周期内,当 Cache 的两个端口的访问地址落在不同的 bank 时,这两个端口就可以同时进行访问,例如图 2.26 中的端口 0 访问 bank0,端口 1 访问 bank1(或者端口 0 访问 bank1,端口 1 访问 bank0),这样就不会产生冲突,实现了双端口 Cache 的功能。只有 Cache 的两个端口都访问同一个 bank 时,例如端口 0 和端口 1 都访问 bank1,这样才会产生冲突,在当前周期 Cache 只能对一个端口进行响应。

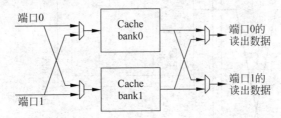

图 2.26　Multi-banking 结构的 Cache

影响这种多端口 Cache 性能的一个关键因素就是 bank 冲突,可以采用更多的 bank 来缓解这个问题,使 bank 冲突发生的概率尽可能降低,并且还可以提高 bank 的利用效率,避免有用的数据都集中在一个 bank 的情况发生(这个功能或许还需要编译器的配合才可以实现),同时,由于每个端口都会访问所有的 bank,这需要更多的布线资源,有可能对版图的设计造成一定的影响,在实际的设计中需要加以注意。不管怎么说,使用 Multi-banking 的方式来实现多端口的 Cache,相比于前面的两种实现方式,确实可以使 Cache 的总面积降低,而且不会对处理器的周期时间产生太严重的负面影响,因此在现代的处理器中得到了广泛的应用[9],2.3.4 节将对 AMD Opteron 处理器的多端口 D-Cache 进行介绍。

2.3.4　真实的例子:AMD Opteron 的多端口 Cache[9]

AMD 的 Opteron(皓龙)系列处理器是 64 位的处理器,也就是说,这个处理器内部的数据都是 64 位的,但是考虑到现实的需求,处理器的地址并没有使用 64 位,而是进行了简化:它的虚拟地址(Virtual Address,VA)是 48 位,物理地址(Physical Address,PA)是 40 位。其实当前的所有 64 位处理器,例如 Intel 的 Core i7,都采用了这种方式来简化地址,从而减少硅片面积。Opteron 处理器的 D-Cache 是双端口的,每个端口都是 64 位的位宽,可以直接读写 64 位的数据,双端口也就意味着这个 Cache 能够在一个周期内支持两条 load/store 指令同时进行访问,它使用了 Multi-banking 的机制来实现这个多端口的功能,其实现原理如图 2.27 所示。

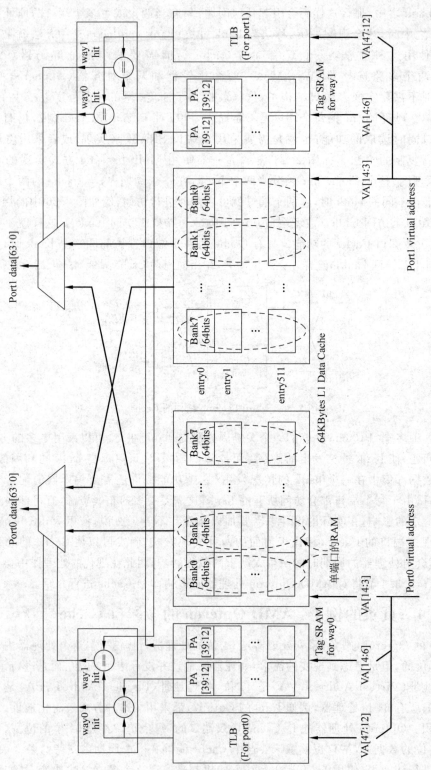

图 2.27   AMD Opteron 处理器中的多端口 Cache

在 AMD Opteron 处理器的这个 Cache 中,数据块(data block)的大小是 64 字节,需要 6 位地址才可以对其进行寻址,找到其中的某个字节;每个数据块被分为 8 个独立的 bank, 每个 bank 都是 64 位的单端口 SRAM,如果在一个周期内,Cache 的两个端口访问不同的 bank,那么就完全没有问题,只有这两个端口恰巧访问同一个 bank 时,才会产生冲突,此时 Cache 就无法支持两个端口同时操作了。

整个 Cache 的大小是 64KB,采用了两路组相连(2-way set-associative)的结构,因此每 一路的大小是 32KB;使用了"Virtually-indexed,Physically-tagged"的实现方式,因此可以 直接使用虚拟地址(VA)来寻址 Cache,关于这种 Cache 的原理,本书的后文会进行详细的 介绍。每一路由于是 32KB 的大小,因此需要 VA[14:0]才可以寻址,又因为每个数据块的 大小是 64 字节,因此寻址其中的每个字节需要使用 VA[5:0],剩下的 VA[14:6]用来找到 每个 Cache set,因此,用来寻址 Cache 的 VA[14:0]可以进行如图 2.28 所示的划分。

Cache line index									bank			byte		
14	13	12	11	10	9	8	7	6	5	4	3	2	1	0

图 2.28 寻址 Cache 的地址

由于每个 Cache line 中的数据块被划分为 8 个 bank,每个 bank 是一个 64 位宽的 SRAM,所以很自然地使用 VA[5:3]来找到某个 bank,剩下的 VA[2:0]用来从 64 位的数 据中找到某个字节,这种方式将两个连续的 64 位数据放到两个相邻的不同 bank 中,利用 Cache 当中的空间相关性原理,使得对这两个 64 位数据的访问落在两个不同的 bank 中。

由 Cache 的原理还可以看出,对于这个大小为 64KB、两路组相连结构的 Cache 来说,每 一路都有 8 个大小为 4KB 的 bank,整个 Cache 共有 16 个 4KB 大小的 bank,由于 Cache 的 每个端口在访问的时候,都会同时访问两个 way 中的数据,然后根据 Tag 的比较结果来从 两个 way 中选择命中的那个,所以 Cache 的一个端口在访问的时候,会同时访问到两个 bank,每个 way 各一个。只要 Cache 的两个端口在访问的时候没有指向同一个 bank,就不 会产生冲突,也就是可以实现双端口 Cache 的功能。

每一个 way 的 Cache line 中都有一个 Tag 部分,它其中保存了物理地址的 PFN,也就 是 PA[39:12],当虚拟地址(VA)经过 TLB 转化为物理地址(PA)之后,使用 PA[39:12]和 两个 way 中对应的 Tag 部分进行比较,用来判断哪一个 way 是命中的。在 Opteron 处理器 的这个 Cache 中,为每个端口都配备了一个 TLB,因此处理器中有两个单端口的 TLB;每 个端口都需要同时读取两个 way 的 Tag 进行比较,理论上来讲,每一个 way 的 Tag SRAM 都需要支持两个读端口,这样可能会对处理器的周期时间产生一定的负面影响,因此这个 Cache 采用了将 Tag SRAM 进行复制的方法来实现这个功能。

在支持虚拟存储器的处理器中,最常见的页面(page)大小是 4KB,这需要使用虚拟地 址的[11:0]来寻址每个页面内部,因此对于 48 位的虚拟地址来说,剩下的[47:12]就作为 VPN 来寻址 TLB,得到对应物理地址中的 PFN[39:12],它用来和 Cache 中对应的 Tag 部 分进行比较,以判断是否命中,这就是"Virtually-indexed,Physically-tagged"类型 Cache 的 工作过程,后文会进行详细的介绍。

还可以看出,对于一个两路组相连结构的 Cache 来说,相比于单端口的实现方式,两个 端口的实现方式所需要的控制逻辑电路基本上扩大了一倍,需要两个 TLB、两个 Tag 比较电路,还需要两倍的 Tag 存储器(Opteron 处理器采用了将 Tag SRAM 复制一份的方法来实现双端口的 SRAM,当然也可以采用真实的双端口 SRAM 来实现这个功能,面积也不会小多少,速度还会变慢)。除了 Cache 中存储数据的 Data SRAM 没有被复制之外,其他的电路基本上都被复制了一份,因此采用 Multi-banking 方式来实现的双端口的 Cache,面积会增大很多,但是它的好处是速度比较快,对处理器的周期时间有比较小的负面影响,因此在现实世界的处理器中得到了广泛的应用。

总体来看,在 AMD Opteron 处理器的双端口 D-Cache 中,由于每个 bank 都是单端口的 SRAM,这样的设计可以保持面积和速度的优化,而 bank 数量的增多也大大减少了产生冲突的概率,设想一下,如果每个数据块都采用两个 bank 的设计,每个 bank 仍旧是单端口的 SRAM,那么这时候 Cache 的两个端口可能会经常落到同一个 bank 中,产生 bank 冲突的概率就高很多了。

2.4　超标量处理器的取指令

如果一个超标量处理器在每周期可以同时解码四条指令,这个处理器就称为 4-way 的超标量处理器,这个处理器每周期应该能够从 I-Cache 中至少取得四条指令,这样才能够"喂饱"后续的流水线,如果少于这个值,则会造成后面流水线的浪费。一般来说,对于一个 n-way 的超标量处理器来说,它给出一个取指令的地址后,I-Cache 应该能够至少送出 n 条指令,称这 n 条指令为一组(fetch group)。I-Cache 如何才能够支持这个功能? 可能最简单的方法就是使数据块(data block)的大小为 n 个字,每周期将其全部进行输出,如图 2.29 所示。

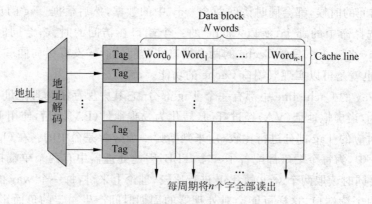

图 2.29　将 Data block 中的所有指令都进行输出

在图 2.29 中,如果处理器送出的取指令地址是 n 字对齐的,那么此时就可以实现每周期从 I-Cache 中读取 n 条指令的功能,在数据块(data block)部分需要 n 个 32 位的 SRAM,当 I-Cache 命中时,这些 SRAM 会同时进行输出。当然,这是一种最理想的情况,实际当中,由于存在跳转指令,处理器送出的取指令地址不可能总是 n 字对齐的,此时的情况如图 2.30 所示(假设 n 为 4)[1]。

如图 2.30 所示,当取指令的地址不再是四字对齐时,一个组(fetch group)中的指令就可能落在两个 Cache line 中,但是对于 Cache 来说,每周期只能够访问一个 Cache line,这会导致在一个周期内无法取出四条指令,例如在图 2.30 中只能取出三条指令,这种情况会导致后续的流水线无法得到充足的指令,使部分资源"空置"。可以简单地计算出这种类型的 Cache 每周期平均可以取出多少条指令,假设在取指令的组(fetch group)中,第一条指令的位置是随机的,当这条指令位于偏移量为 00 的位置时,可以在一个周期内取出四条指令;当它位于偏移量为 01 的位置时,可以在一个周期内取出三条指令……,以此类推,那么实际上每周期能够取出的指令个数是 $1/4 \times 4 + 1/4 \times 3 + 1/4 \times 2 + 1/4 \times 1 = 2.5$。

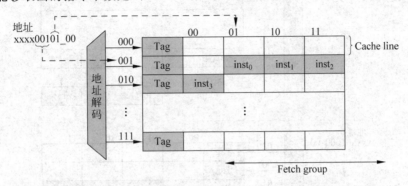

图 2.30 一个周期内要取出的指令位于两个 Cache line 中

也就是说,图 2.30 所示的这个 Cache 在每周期内平均可以取出 2.5 条指令,很显然,对于一个 4-way 的超标量处理器来说,这个数量是不够的。但是从另一个方面来说,如果对一个 2-way 的超标量处理器采用这样的 Cache,就没有问题了,其实很多处理器正是采用了这种方法,使处理器每周期取出的指令个数多于它能够解码的指令个数,通过一个缓存来将多余的指令缓存起来,这样就可以使后续的流水线得到充足的指令,避免了硬件资源的浪费。例如 MIPS 74Kf 处理器就采用了这种方法[10],它是一个 2-way 的超标量处理器,当取指令的地址是四字对齐时,每周期可以从 I-Cache 中取出四条指令,这些指令会存储到一个称为指令缓存(Instruction Buffer,IB)的地方,后续的指令解码器会从指令缓存中取指令,这样即使有些时候不能够从 I-Cache 中取出两条指令,仍能够保证后续的流水线从指令缓存中可以取到充足的指令。

其实,上面的分析是比较悲观的,图 2.30 所示的这种 Cache 在实际的应用中,每周期平均可以取出的指令个数会多于 2.5 条,因为即使当前周期送出的取指令地址不是四字对齐的,下个周期取指令的地址也会变成四字对齐,此时就可以在一周期内取出四条指令了。因此综合看起来,指令组(fetch group)中的第一条指令位于数据块中第一个字的概率是要大于在其他位置的概率,这样就使每周期平均可以取出的指令个数大于上面计算出的 2.5 个,这个过程如图 2.31 所示。

从图 2.31 可以看出,只有在取指令的地址不是四字对齐的那一个周期,才可能出现无法取出四条指令的情况,在以后的周期中,只要不出现引起指令的执行顺序改变的情况,例如分支指令和异常(exception)等情况,取指令的地址会一直按照四字对齐的方式进行增加。当然,如果分支指令或者异常等情况出现得比较频繁,取指令的地址就不能够保证总是四字对齐的了。其实在现实世界的程序中,分支指令出现的频率还是比较高的,这一方面会导致取指令的地址无法四字对齐,另一方面还会在分支指令执行的时候导致过多的无用指令进入流水线中,因此需要对分支指令进行预测,这些内容将在后文进行详细的介绍。不管怎么说,对于 2-way 的超标量处理器,使用图 2.31 所示的每周期可以取出四条指令的 I-Cache,是可以满足性能要求的。

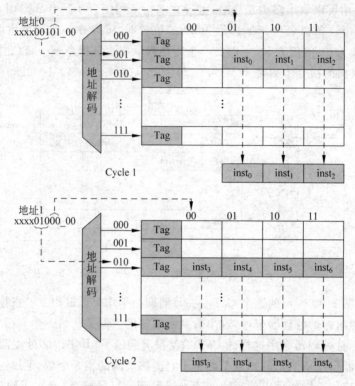

图 2.31 很多情况都能取出四条指令

其实,上述的 Cache 仍然可以进行改进,即使取指令的地址不是四字对齐的,仍旧可以在一个周期内读取四条指令,如何进行实现呢? 最简单的方法就是使数据块(data block)变大,例如使其包含八个字,只要取指令的地址不是落在数据块的最后三个字上,就可以在每周期内读取四条指令,这个过程如图 2.32 所示。

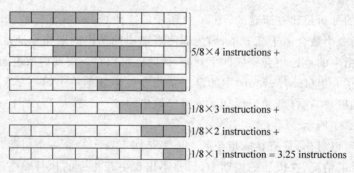

图 2.32 从八个字的 Cache line 中,每周期取出四条指令的情况

由于每周期只能访问一个 Cache line,所以当取指令的地址落在这个 line 的最后三个字时,不能够在当前周期从下个 line 中继续取指令(在当前周期只能判断一个 Cache line 是否命中),此时就不能够取出四条指令了,从图 2.32 可以看出,采用八个字的数据块,可以使每个周期平均取出 3.25 条指令,这已经好于上面的 2.5 条指令的平均值了,当然,这样做的

前提是增大了数据块的容量,如果在 Cache 的总容量一定的情况下,这也就意味着 Cache set 的个数会减少,这样也可能增大 Cache 缺失的概率。综合来看,虽然这种方法增大了每周期可以取出的指令个数,但是可能引起更高的缺失率,因此究竟最后对于处理器的性能有无提升,是需要根据实际情况进行分析才可以知道的。

而且,如果 Cache 的每个数据块的大小是八个字,那么是不是也就需要使用八个 32 位的 SRAM 来实现这个 Cache 呢?当然这样做没问题,但是考虑到在实际的版图设计时,每块 SRAM 周围都需要摆放一圈保护电路,如果 SRAM 的个数过多,会导致这些保护电路也占用过多的面积,而且,要从八个 SRAM 的输出中选出四个字也是一件很浪费电路的事情,需要大量的布线资源和多路选择器电路,因此在实际当中,仍旧会使用四个 SRAM 来实现一个大小为八个字的数据块,如图 2.33 所示。

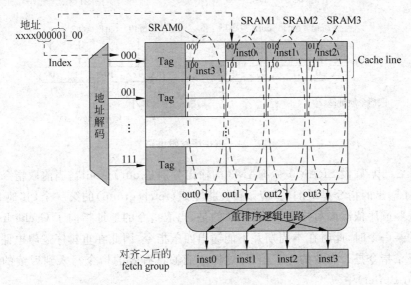

图 2.33 使用四块 SRAM 组成的 Cache

在图 2.33 所示的这种 Cache 中,一个 Cache line 中包含的八个字实际上占据了 SRAM 的两行,因此共使用了四个 32 位的 SRAM,当然,一个 Cache line 仍旧只包含一个 Tag 值,这样每次 Cache 命中时,每个 SRAM 的两行数据都是有效的,可以从这八个字中按照图 2.33 的方式选择四条指令,只是此时,有些 SRAM 需要读取第一行,有些 SRAM 需要读取第二行,因此需要一个电路来控制每个 SRAM 的读地址,同时,这四个 SRAM 的输出并不是按照指令原始的顺序进行排列的,例如从图 2.33 可以看出,第一个 SRAM(即 SRAM0)输出的指令在指令组(fetch group)中是最靠后的,因此需要一段重排序的逻辑电路,对四个 SRAM 输出的四条指令进行重排序,使它们满足最原始的指令顺序,这样才能够使后续的流水线得到正确的指令。

从上面的描述可以看出,上面的这个 Cache 需要两个额外的控制电路,一个控制电路用来产生每个 SRAM 的读地址,例如在图 2.33 中,当寻址 Cache line 的地址是 001 时,SRAM1、SRAM2 和 SRAM3 需要读取第一行的内容,而 SRAM0 需要读取第二行的内容,当然,真正要生成读取 SRAM 的地址,还需要 Index 部分的配合才可以实现,Index 部分用来寻址整个 Cache,从而找到对应的 Cache Set;第二个控制电路用来将四个 SRAM 输出的内容进行重排序,使其按照程序中规定的原始顺序进行排列,从图 2.33 可以看出,四个 SRAM 输出的指令并不是按照程序中指定的顺序进行排列的,Cache line 中第一个被寻址到的指令是最老的,而最后一个被取出的指令是最新的,这就需要按照取指令的地址,将每个 SRAM 的输出送到规定的地方,这需要四个多路选择器,每个都是四选一,使用取指令的地址进行控制,对于图 2.33 所示的 Cache 来说,重排序逻辑电路如图 2.34 所示。

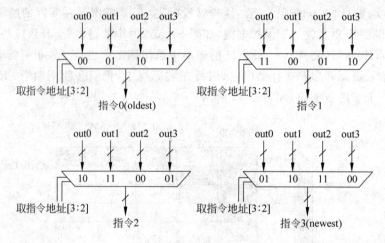

图 2.34　重排序逻辑电路

在图 2.34 中,假设 SRAM0～SRAM3 的输出分别是 out0～out3,当前取指令地址所指向的 SRAM 输出的指令是最旧的,应该排在指令组(fetch group)的第一个,其他 SRAM 输出的指令按照顺序依次向后排列,需要注意的是,当取指令的地址指向了 Cache line 中最后三条指令的某一个时,此时在本周期并不能输出四条指令,因此在重排序逻辑电路中还需要加入指示每条指令是否有效的标志信号,这样才能够将有效的指令写入到后续的指令缓存(Instruction Buffer)中。

如果在处理器中实现了分支预测的功能,那么上述取指令的过程还要更复杂一些,为什么要实现分支预测呢? 这是因为在超标量处理器中,并行度很高,流水线也比较深,一条分支指令从进入流水线直到结果被计算出来,中间会经历很多流水线的阶段,如果使用最简单的静态预测方法(例如预测所有的分支指令都是不执行的),只有当分支指令的结果被计算出来之后,才根据实际结果进行修复,那么一旦发现这条分支指令是需要执行的,就需要将流水线中,在分支指令之后进入流水线的所有指令都抹掉,也就是这段时间做了无用功,这是一件非常影响处理器性能的事情,如果能够提前知道在本周期取出的指令中,哪条指令是分支指令,并且可以"预知"这条分支指令的结果,那么就可以减少流水线被打断的次数,这就是为什么要在超标量处理器中实现分支预测的原因,关于这部分内容的详细介绍将在后文展开。

如果处理器实现了分支预测,那么对于取指令阶段有什么影响呢? 实现分支预测之后,从 I-Cache 中取指令的同时,就已经可以知道当前指令组(fetch group)中哪条指令是分支指令,如果它被预测执行,那么指令组中位于它之后的指令就不应该进入到后续的流水线,如图 2.35 所示。

当然,超标量处理器的取指令阶段所做的事情远不止如此,在实现了虚拟存储器

（Virtual Memory）的处理器中，处理器送出的取指令地址是虚拟地址（virtual address），需要使用一定的方法将其转换为物理地址（physical address），然后才能够从存储器中取指令，在这个转换的过程中可能发生很多事情，它们都可以打断流水线的正常执行，这部分内容将在第 3 章进行详细的介绍。

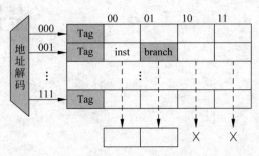

图 2.35　加入分支预测之后的取指令

第 3 章

虚拟存储器

3.1 概述

在之前的章节中,都认为处理器送出的取指令和取数据的地址是实际的物理地址 (physical address),而现代的高性能处理器都是支持虚拟地址(virtual address)的,为什么需要虚拟地址呢?

在早期人们使用 DOS 或者更古老的操作系统的时候,程序的规模很小,虽然那时候物理内存(Physical Memory)也很小,但这样的物理内存可以容纳下当时的程序,但是随着图形界面的兴起,以及用户需求的不断增大,应用程序的规模也越来越大,于是就有一个难题出现了:应用程序太大以至于物理内存已经无法容纳下这样的程序了,于是通常的做法就是把程序分割成许多的片段,片段 0 首先放到物理内存中执行,当它执行完时调用下一个片段,例如片段 1,虽然片段在物理内存中的交换是操作系统完成的,但是程序员必须先把程序进行分割,这是一个费时费力的工作,相当枯燥,需要更好的方法来解放人力,于是就有了虚拟存储器(Virtual Memory)。它的基本思想是对于一个程序来说,它的程序(code)、数据 (data)和堆栈(stack)的总大小可以超过实际物理内存的大小,操作系统把当前使用的部分内容放到物理内存中,而把其他未使用的内容放到更下一级存储器,如硬盘(disk)或闪存 (flash)上。举例来说,一个大小为 32MB 的程序运行在物理内存只有 16MB 的机器上,操作系统通过选择,决定各个时刻将程序中一部分 16MB 的内容(或者更小)放在物理内存中,而将其他的内容放到硬盘中,并在需要的时候在物理内存和硬盘之间交换程序片段,这样就可以把大小为 32MB 的程序放到物理内存为 16MB 的机器上运行,而且在运行之前也不需要程序员对程序进行分割。

有了上面的概念,此时就可以说,一个程序是运行在虚拟存储器空间的,它的大小由处理器的位数决定,例如对于一个 32 位处理器来说,其地址范围就是 0~0xFFFF FFFF,也就是 4GB;而对于一个 64 位处理器来说,其地址范围就是 0~0xFFFF FFFF FFFF FFFF,这个范围就是程序能够产生的地址范围,其中的某一个地址就称为虚拟地址。和虚拟存储器相对应的就是物理存储器,它是在现实世界中能够直接使用的存储器,其中的某一个地址就是物理地址。物理存储器的大小不能够超过处理器最大可以寻址的空间,例如,对于 32 位的 x86 PC 来说,它的物理存储器(一般都简称为内存)可以是 256MB,即 PM 的范围是 0~0xFFF FFFF,当然,也可以将物理内存增加到 4GB,此时虚拟存储器和物理存储器这两个地址空间的大小就是相同的,在当前使用的 32 位 x86 PC 中,不可能使用比 4GB 更大的物理内存了。

在没有使用虚拟地址的系统中,处理器输出的地址会直接送到物理存储器中,这个过程如图 3.1 所示。

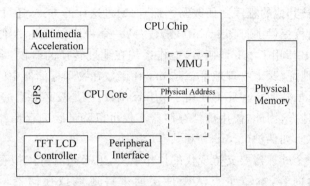

图 3.1 没有使用虚拟存储器的系统

而如果使用了虚拟地址,则处理器输出的地址就是虚拟地址了,这个地址不会被直接送到物理存储器中,而是需要先进行地址转换,因为虚拟地址是没有办法直接寻址物理存储器的,负责地址转换的部件一般称为内存管理单元(Memory Manage Unit,MMU),如图 3.2 所示。

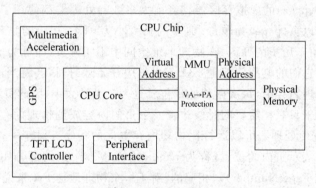

图 3.2 使用虚拟存储器的系统

使用虚拟存储器不仅可以便于程序在处理器中运行,还可以给程序的编写带来好处,在直接使用物理存储器的处理器中,如果要同时运行多个程序,就需要为每个程序都分配一块地址空间,每个程序都需要在这个地址空间内运行,这样极大地限制了程序的编写,而且不能够使处理器随便地运行程序,这样的限制对于应用领域比较专一的嵌入式系统来说,是没有问题的,例如一个 MP3 播放器,事先需要运行什么软件、实现什么功能,都是预先定义好的,因此可以直接使用物理地址;而对于扩展程度很高的复杂系统,例如 PC 或者智能手机,需要能够随意地安装软件,显然是无法事先限制软件运行的地址空间的,这时候就需要虚拟存储器了。使用它之后,每个程序总是认为它占有处理器的所有地址空间,因此程序可以任意使用处理器的地址资源,这样在编写程序的时候,不需要考虑地址的限制,每个程序都认为处理器中只有自己在运行,当这些程序真正放到处理器中运行的时候,由操作系统负责调度,将物理存储器动态地分配给各个程序,将每个程序的虚拟地址转化为相应的物理地址,使程序能够正常地运行。

通过操作系统动态地将每个程序的虚拟地址转化为物理地址,还可以实现程序的保护,即使两个程序都使用了同一个虚拟地址,它们也会对应到不同的物理地址,因此可以保证每个程序的内容不会被其他的程序随便改写。而且,通过这样的方式,还可以实现程序间的共享,例如操作系统内核提供了打印(printf)函数,第一个程序在地址 A 使用了 printf 函数,第二个程序在地址 B 使用了 printf 函数,操作系统在地址转换的时候,会将地址 A 和 B 都转换为同样的物理地址,这个物理地址就是 printf 函数在物理存储器中的实际地址,这样就实现了程序的共享,虽然两个程序都使用了 printf 函数,但是没必要真的使 printf 函数占用物理存储器的两个地方,因此,使用虚拟存储器不仅可以降低物理存储器的容量需求,它还可以带来另外的好处,如保护(protect)和共享(share)。

可以说,如果一个处理器要支持现代的操作系统,就必须支持虚拟存储器,它是操作系统一个非常重要的内容,本章重点从硬件层面来讲述虚拟存储器,涉及到页表(Page Table)、程序保护和 TLB 等内容。

3.2   地址转换

虚拟存储器从最开始出现一直到现在,有很多种实现的方式,本节只讲述目前最通用的方式——基于分页(page)的虚拟存储器。当前大多数的处理器都使用了这种分页机制,虚拟地址空间的划分以页(page)为单位,典型的页大小为 4KB,相应的物理地址空间也进行同样大小的划分,由于历史的原因,在物理地址空间中不叫做页,而称为 frame,它和页的大小必须相等,例如,它们的典型值都是 4KB。当程序开始运行时,会将当前需要的部分内容从硬盘中搬移到物理内存中,每次搬移的单位就是一个页的大小,因此页和 frame 的大小也就必须相等了。由于只有在需要的时候才将一个页的内容放到物理内存中,这种方式就称为 demand page,它使处理器可以运行比物理内存更大的程序。对于一个虚拟地址 VA 来说,VA[11:0]用来表示页内的位置,称为 page offset,VA 剩余的部分用来表示哪个页,也称为 VPN(Virtual Page Number)。相应的,对于一个物理地址 PA 来说,PA[11:0]用来表示 frame 内的位置,称为 frame offset,而 PA 剩余的部分用来表示哪个 frame,也称为 PFN(Physical Frame Number)。由于页和 frame 的大小是一样的,所以从 VA 到 PA 的转化实际上也就是从 VPN 到 PFN 的转化,offset 的部分是不需要变化的。

下面通过一个例子来说明虚拟地址到物理地址的转化过程。

在图 3.3 所示的例子中,假设处理器是 16 位的,则它的虚拟地址范围是 0~0xFFFF,共 64KB,页的大小是 4KB,因此 64KB 的虚拟地址包括了 16 个页,即 16 个 VPN;而这个系统中物理内存只有 32KB,它包括了 8 个 PFN。现在有一个程序,它的大小大于 32KB,这个程序在执行的时候,不能够一次性调入内存中运行,因此这台机器必须有一个可以存放这个程序的下一级存储器(例如硬盘或者闪存),以保证程序片段在需要的时候可以被调用。在图 3.3 中,一部分虚拟地址已经被映射到了物理空间,例如 VPN0(地址范围 0~4K)被映射为 PFN2(地址范围 8~12K);VPN1(地址范围 4~8K)被映射为 PFN0(地址范围 0~4K)等。

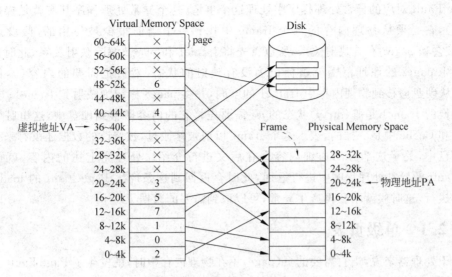

图 3.3　地址转换的一个例子

前面已经说过,在程序中使用的地址都是虚拟地址,虚拟地址会被送到处理器中专门负责地址转换的部件,即 MMU,被转换为物理地址之后,再去访问物理内存而得到真正的数据。为了便于理解,下面以 load 指令为例子进行描述,不过只考虑取数据的过程,其实每条 load 指令自身的地址(或者称为 PC 值)也是虚拟地址,只是为了避免混淆,此时不考虑这个事情。对于从虚拟地址到物理地址的转换来说,只是对 VPN 进行操作,页内的偏移是不需要进行转化的,也就是说,页是进行地址转换的最小单位。例 1:

```
Load R2, 5[R1] ;    //假设 R1 的值为 0
```

这条 load 指令在执行的时候,得到的取数据的虚拟地址是 R1+5=5,也就是地址 5 会被送到 MMU 中,从图 3.3 中可以看到,地址 5 落在了 page0 的范围之内(它的范围是 0~4095),而 page0 被映射到物理空间中的 frame2(它的地址范围是 8192~12287),因此 MMU 将虚拟地址 5 转换为物理地址 8192+5=8197,并把这个地址送到物理内存中取数据,物理内存并不知道 MMU 做了什么映射,它只是看到了一个对地址 8197 进行读操作的任务。例 2:

```
Load R2, 0[R1] ;    //假设 R1 的值为 20500
```

从图 3.3 中可以看出,用来取数据的虚拟地址 20500 落在了 page5 内(它的地址范围是 20480~24575),和页的起始地址有 20 个字节的距离,而且 page5 被映射到了物理内存中的 frame3(它的地址范围是 12288~16383),由于页内的偏移是不会变化的,因此被映射的物理地址是 12288+20=12308。例 3:

```
Load R1, 0[R1] ;    //假设 R1 的值为 32780
```

从图 3.3 中可以看出,虚拟地址 32780 落在了 page8 的范围内,而 page8 并没有一个有效的映射,即此时 page8 的内容没有存在于物理内存中,而是存在于硬盘中。MMU 发现这个页没有被映射之后,就产生一个 Page Fault 的异常送给处理器,这时候处理器就需要转到 Page Fault 对应的异常处理程序中处理这个事情(这个异常处理程序其实就是操作系统的代码),它必须从物理内存的八个 frame 中找到一个当前很少被使用的,假设选中了 frame1,它和 page2 有着映射关系,所以首先将 frame1 和 page2 解除映射关系,此时虚拟地址空间中 page2 的地址范围就被标记为没有映射的状态,然后把需要的内容(本例中是 page8)从硬盘搬移到物理内存中 frame1 的空间,并将 page8 标记为映射到 frame1;如果这个被替换的 frame1 是脏(dirty)状态的,还需要先将它的内容搬移到硬盘中,这里脏(dirty)的概念和 Cache 中是一样的,表示这个 frame 以前被修改过,被修改的数据还没有来得及更新到硬盘中,关于这部分的详细内容会在后文进行介绍。处理完上述的内容,就可以从 Page Fault 的异常处理程序中进行返回,此时会返回到这条产生 Page Fault 的 load 指令,并重新执行,这时候就不会再产生异常,可以取到需要的数据了。

3.2.1　单级页表

对于处理器来说,当它需要的页(page)不在物理内存中时,就发生了 Page Fault 类型的异常,需要访问更下一级的存储器,如硬盘,而硬盘的访问时间一般是以 ms 为单位的,这需要很长的一段时间,严重降低了处理器的性能,因此应该尽量减少 Page Fault 发生的频率,这就需要优化页在物理内存中的摆放。如果允许一个页能够放到物理内存中任意一个 frame 中,这时候操作系统就可以在发生 Page Fault 的时候,将物理内存中任意一个页进行替换,具备这项功能之后,操作系统可以利用一些比较复杂的算法,将物理内存中那些最近一段时间都没有使用过的页进行替换,这样可以保证不会将一些当前很活跃的内容踢出物理内存,也就是说,使用比较灵活的替换算法能够减少 Page Fault 发生的频率。

但是,这种在物理内存中任意的替换方法(类似于全相连结构的 Cache)直接实现起来不是很容易,所以在使用虚拟存储器的系统中,都是使用一张表格来存储从虚拟地址到物理地址(实际上是 VPN 到 PFN)的对应关系,这个表格称为页表(Page Table,PT),这个表格放在什么地方呢? 当然可以在处理器中使用寄存器来存储它,但是考虑到它会占用不菲的硬件资源,很少有人会这样做,一般都是将这个表格放在物理内存中,使用虚拟地址来寻址,表格中被寻址到的内容就是这个虚拟地址对应的物理地址。每个程序都有自己的页表,用来将这个程序中的虚拟地址映射到物理内存中的某个地址,为了指示一个程序的页表在物理内存中的位置,在处理器中一般都会包括一个寄存器,用来存放当前运行程序的页表在物理内存中的起始地址,这个寄存器称为页表寄存器(Page Table Register,PTR),每次操作系统将一个程序调入物理内存中执行的时候,就会将寄存器 PTR 设置好,当然,上面的这种机制可以工作的前提是页表位于物理内存中一片连续的地址空间内。

图 3.4 表示了如何使用 PTR 从物理内存中定位到一个页表,并使用虚拟地址来寻址页表,从而找到对应的物理地址的过程。其实,使用 PTR 和虚拟地址共同来寻址页表,这就相当于使用它们两个共同组成一个地址,使用这个地址来寻址物理内存。图 3.4 中仍然假设每个页的大小是 4KB,使用 PTR 和虚拟地址共同来寻址页表,找到对应的表项(entry),当这个表项对应的有效位(valid)是 1 时,就表示这个虚拟地址所在的 4KB 空间已经被操作系统映射到了物理内存中,可以直接从物理内存中找到这个虚拟地址对应的数据,其实,这时候访问当前页内任意的地址,就是访问物理内存中被映射的那个 4KB 的空间了。相反,如

果页表中这个被寻址的表项对应的有效位是 0,则表示这个虚拟地址对应的 4KB 空间还没有被操作系统映射到物理内存中(为了节省物理内存的使用,操作系统只会把那些当前被使用的页映射到物理内存中),则此时就产生了 Page Fault 类型的异常,需要操作系统从更下一级的存储器中(例如硬盘或者闪存)将这个页对应的 4KB 内容搬移到物理内存中。

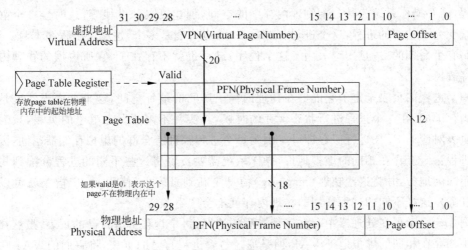

图 3.4   通过页表进行地址转换

在图 3.4 中,使用了 32 位的虚拟地址,页表在物理内存中的起始地址是用 PTR 来指示的。虚拟地址的寻址空间是 2^{32} 字节,也就是 4GB;物理地址的寻址空间是 2^{30} 字节,也就是 1GB,这就像是目前使用的 32 位的 PC,虽然最大支持 4GB 的内存,但是很多时候,计算机上实际安装的内存可能只有 1GB,甚至是 512MB,这就对应着实际物理地址的寻址空间。在页表中的一个表项(entry)能够映射 4KB 的大小,为了能够映射整个 4GB 的空间,需要表项的个数应该是 4GB/4KB=1M,也就是 2^{20},因此需要 20 位来寻址,也就是虚拟地址中除了 Page Offset 之外的其他部分,这个其实是很自然的,因为 32 位的虚拟地址能够寻址 4GB 的空间,将其人为地分为两部分,低 12 位用来寻址一个页内的内容,高 20 位用来寻址哪个页,也就是说,真正寻址页表的其实不是虚拟地址的所有位数,而只是 VPN 就可以了,从页表中找到的内容也不是整个的物理地址,而只是 PFN。从图 3.4 来看,页表中的每个表项似乎只需要 18 位的 PFN 和 1 位的有效位(valid),也就是总共 19 位就够了。实际上因为页表是放到物理内存中,而物理内存中的数据位宽都是 32 位的,所以导致页表中每个表项的大小也是 32 位的,剩余的位用来表示一些其他的信息,如每个页的属性信息(是否可读或可写)等,这样页表的大小就是 4B×1M = 4MB,也就是说,按照目前的讲述,一个程序在运行的时候,需要在物理内存中划分出 4MB 的连续空间来存储它的页表,然后才可以正常地运行这个程序。

需要注意的是,页表的结构是不同于 Cache 的,在页表中包括了所有 VPN 的映射关系,所以可以直接使用 VPN 对页表进行寻址,而不需要使用 Tag。

在处理器中,一个程序对应的页表,连同 PC 和通用寄存器一起,组成了这个程序的状态,如果在当前程序执行的时候,想要另外一个程序使用这个处理器,就需要将当前程序的状态进行保存,这样就可以在一段时间之后将这个程序进行恢复,从而使这个程序可以继续执行。在操作系统中,通常将这样的程序称为进程(process),当一个进程被处理器执行的时候,称这个进程是活跃的(active),否则就称之为不活跃(inactive)。操作系统通过将一个进程的状态加载到处理器中,就可以使这个进程进入活跃的状态。可以说,进程是一个动态的概念,当一个程序只是放在硬盘中,并没有被处理器执行的时候,它只是一个由一条条指令组成的静态文件,只有当这个程序被处理器执行时,例如用户打开了一个程序,此时才有了进程,需要操作系统为其分配物理内存中的空间,创建页表和堆栈等,这时候一个静态的程序就变为了动态的进程,这个进程可能是一个,也可能是多个,这取决于程序本身。当然,进程是有生命期的,一旦用户关闭了这个程序,进程也就不存在了,它所占据的物理内存也会被释放掉。

一个进程的页表指定了它能够在物理内存中访问的地址空间,这个页表当然也是位于物理内存中的,在一个进程进行状态保存的时候,其实并不需要保存整个的页表,只需要将这个页表对应的 PTR 进行保存即可。因为每个进程都拥有全部的虚拟存储器空间,因此不同的进程肯定会存在相同的虚拟地址,操作系统需要负责将这些不同的进程分配到物理内存中不同的地方,并将这些映射(mapping)信息更新到页表中(使用 store 指令就可以完成这个任务),这样不同的进程使用的物理内存就不会产生冲突了。

图 3.5 表示了在处理器中存在三个进程的情况,每个进程都有自己的页表,虽然在三个进程中都存在相同的虚拟地址 VA1,但是通过每个进程自己的页表,将它们的 VA1 映射为物理内存中不同的物理地址。同理,虽然三个进程中存在不同的虚拟地址 VA2、VA3 和 VA4,但是它们都是访问同一个函数,因此通过每个进程的页表将它们都映射到了物理内存中的同一个地址,通过这种方式,实现不同进程之间的保护和共享。

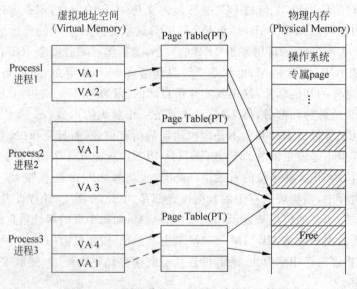

图 3.5   系统中存在三个进程时的地址转换

但是在之前说过,为了节省硅片面积,都会把页表放到物理内存中,这样要得到一个虚拟地址对应的数据,需要访问两次物理内存。第一次访问物理内存中的页表,得到对应的物理地址;第二次使用这个物理地址来访问物理内存,这样才能得到需要的数据,如图 3.6 表示了这个过程。

按照图 3.6 的这种访问过程,要执行一条 load 指令而得到数据,需要的时间肯定会很长,毕竟物理内存的访问速度和处理器的速度相比是很慢的。可以说,图3.6的这种访问数据的方法没有错误,但是效率不高,现实当中的处理器都会使用 TLB 和 Cache 来加快这个过程,这些内容将在后文介绍。

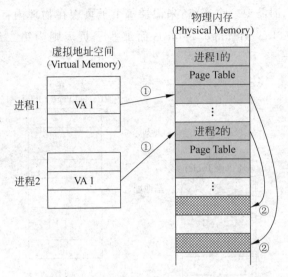

图 3.6 需要访问两次物理内存才可以得到数据

在前面已经计算过,如果一个 32 位处理器中,页的大小是 4KB,并且页表中每个表项的大小是 4 字节的这种典型结构,在页表中需要的表项个数是 $4GB/4KB=2^{20}$,所以页表的大小是 $4B \times 2^{20} = 4MB$。这也就是说,对于在处理器中运行的每个进程,都需要在物理内存中为其分配连续的 4MB 空间来存储它的页表。当然,如果处理器中只运行一个进程的话,那么看起来问题不大,但是,如果一个处理器中同时运行着上百个进程时(这很常见,打开计算机的任务管理器就可以看到当前有多少进程在运行了),每个进程都要占用 4MB 的物理内存空间来存储页表,那显然就不可能了。而且,对于 64 位的处理器来说,仍旧有可能采用大小为 4KB 的页,可以计算出此时页表需要的空间是非常巨大的,大小是 $4B \times (2^{64}/2^{12}) = 4B \times 2^{52} = 2^{54}B$,这显然已经不可能了。

事实上,一个程序很难用完整个 4GB 的虚拟存储器空间,大部分程序只是用了很少一部分,这就造成了页表中大部分内容其实都是空的,并没有被实际地使用,这样整个页表的利用效率其实是很低的。

可以采用很多方法来减少一个进程的页表对于存储空间的需求,最常用的方法是多级页表(Hierarchical Page Table),这种方法可以减少页表对于物理存储空间的占用,而且非常容易使用硬件来实现,与之对应的,本节所讲述的页表就称为单级页表(Single Page Table),也被称为线性页表(Linear Page Table)。

3.2.2 多级页表

在多级页表(Hierarchical Page Table)的设计中,将 3.2.1 节介绍的一个 4MB 的线性页表划分为若干个更小的页表,称它们为子页表,处理器在执行进程的时候,不需要一下子把整个线性页表都放入物理内存中,而是根据需求逐步地放入这些子页表。而且,这些子页表不再需要占用连续的物理内存空间了,也就是说,两个相邻的子页表可以放在物理内存中不连续的位置,这样也提高了物理内存的利用效率。但是,由于所有的子页表是不连续地放在物理内存中,所以仍旧需要一个表格,来记录每个子页表在物理内存中存储的位置,称这个表格为第一级页表(Level1 Page Table),而那些子页表则为第二级页表(Level2 Page Table),如图 3.7 所示。

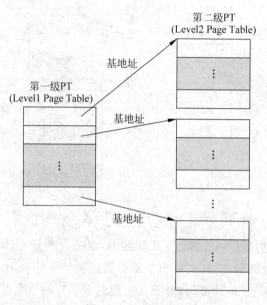

图 3.7   两级页表

这样,要得到一个虚拟地址对应的数据,首先需要访问第一级页表,得到这个虚拟地址所属的第二级页表的基地址,然后再去第二级页表中才可以得到这个虚拟地址对应的物理地址,这时候就可以在物理内存中取出相应的数据了。

举例来说,对于一个 32 位虚拟地址、页大小为 4KB 的系统来说,如果采用线性页表,则页表中的表项个数是 2^{20},将其分为 1024(2^{10})等份,每个等份就是一个第二级页表,共有 1024 个第二级页表,对应着第一级页表中的 1024 个表项。也就是说,第一级页表需要 10 位地址进行寻址。每个二级页表中,表项的个数是 $2^{20}/2^{10}=2^{10}$ 个,也需要 10 位地址才能寻址第二级页表,如图 3.8 所示为上述过程的示意图。

在图 3.8 中,一个页表中的表项简称为 PTE(Page Table Entry),当操作系统创建一个进程时,就在物理内存中为这个进程找到一块连续的 4KB 空间(4B×2^{10}=4KB),存放这个进程的第一级页表,并且将第一级页表在物理内存中的起始地址放到 PTR 寄存器中。通常这个寄存器都是处理器中的一个特殊寄存器,例如 ARM 中的 TTB 寄存器,x86 中的 CR3 寄存器等。随着这个进程的执行,操作系统会逐步在物理内存中创建第二级页表,每次创建一个第二级页表,操作系统就要将它的起始地址放到第一级页表对应的表项中,如表 3.1 所示为一个进程送出的虚拟地址和第一级页表、第二级页表的对应关系。

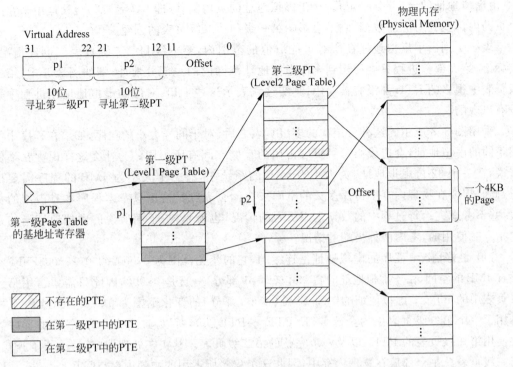

图 3.8　使用两级页表进行地址转换的一个例子

表 3.1　虚拟地址和第一级页表、第二级页表的关系

虚拟地址 VA			Page Table 建立情况	
p1 VA[31:22]	p2 VA[21:12]	Offset VA[11:0]	第二级页表 创建情况	第一级页表 填充情况
0x000	0x000~0x3FF	不关心	创建第 1 个 L2 页表,并根据 p2 的值,逐步填充这个页表	第 1 个 PTE 被填充
0x001	0x000~0x3FF	不关心	创建第 2 个 L2 页表,并根据 p2 的值,逐步填充这个页表	第 2 个 PTE 被填充
...			...	
0x3FF	0x000~0x3FF		创建第 1024 个 L2 页表,并根据 p2 的值,逐步填充这个页表	第 1024 个 PTE 被填充

在图 3.8 所示的系统中,由于虚拟地址(VA)的 p1 部分和 p2 部分的宽度都是 10 位,因此它们的变化范围都是 0x000~0x3FF,每次当虚拟地址的 p1 部分变化时(例如虚拟地址从 0x003FFFFF 变化为 0x00400000,此时 p1 从 0x000 变化为 0x001),操作系统就需要在物理内存中创建一个新的第二级页表,并将这个页表的起始地址写到第一级页表对应的 PTE 中(由虚拟地址的 p1 部分指定)。当虚拟地址的 p1 部分不发生变化,只是 p2 部分的变化范围在 0x000~0x3FF 之内时,此时不需要创建新的第二级页表。每当虚拟地址中的 p2 部分发生变化,就表示要使用一个新的页,操作系统将这个新的页从下级存储器中(如硬盘)取出来并放到物理内存中,然后将这个页在物理内存中的起始地址填充到第二级页表对应的 PTE

中(由虚拟地址的 p2 部分指定)。至于虚拟地址的页内偏移(即 Offset)部分,只是用来在一个页的内部找到对应的数据,它不会影响第一级和第二级页表的创建。

表 3.1 列出了虚拟地址在所有可能取值的范围内,第一级和第二级页表的创建情况。实际上,绝大部分进程只会使用到全部虚拟地址范围内的一部分地址,例如图 3.8 中,第二级页表中很多的 PTE 都没有被使用,其实这就表示这些 PTE 对应的虚拟地址在进程中是没有出现的。

采用图 3.8 所示的这种分层次的多级页表之后,对于同样大小的程序,如果在程序中使用不同的虚拟地址,会造成第二级页表占用的存储空间有所不同。为什么这样说呢?举例来说,在一个 32 位虚拟地址、页大小为 4KB 的系统中,有一个大小为 4MB 的程序需要执行,此时需要在物理内存中占用多大的空间来存储页表呢?这里只考虑程序本身占用的页表,并不考虑在运行过程中的数据占用页表的情况,也就是说,下面所说的虚拟地址指的是取指令时使用的,考虑两种极端的情况。

(1) 最好情况:程序的虚拟地址是连续的,它的变化范围为 0x00000000~0x003FFFFF,共有 4MB 的空间,由于虚拟地址的高 10 位(即 p1 部分)一直是 0x000,因此只需要占用第一级页表中的 PTE_0;虚拟地址的中间 10 位(即 p2 部分)的变化范围为 0x000~0x3FF,正好占用了一个第二级页表中的全部 PTE(PTE_0~PTE_{1023}),所以,这个大小为 4MB 的程序需要使用第一级页表的 PTE_0 以及一个完整的第二级页表。其实在处理器中,为了便于查找,第一级页表总是全部放在物理内存中,因此这个程序所占用的物理内存空间是:

一个第一级页表(必须有)+ 一个第二级页表 = 8KB

(2) 最坏情况:4MB 大小的程序,它的虚拟地址不是连续的,每一个 4KB 的范围都分布在 4MB 的边界之内,如图 3.9 所示。

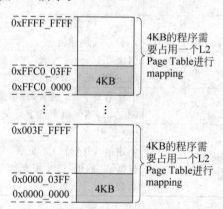

图 3.9　在程序中,每 4KB 的内容分布在 4MB 的边界之内

当程序中出现很多跳转时,如图 3.9 所示的情况就有可能发生,这个程序的虚拟地址的取值就是 0x00000000~0x000003FF、0x00400000~0x004003FF、0x00800000~0x008003FF···,也就是在整个 4GB 的虚拟存储器空间中,每 4MB 大小的空间内,分布着 4KB 大小的程序,整个 4MB 大小的程序需要分布在虚拟存储器中 1024 个 4MB 的区域内。根据表 3.1 可以知道,虚拟地址中的每一个连续的 4MB 区域,都需要一个完整的第二级页表来进行映射(第二级页表中的每个 PTE 都可以映射一个 4KB 的页,所以一个有着 1024 个 PTE 的第二级页表可以映射 4MB 的地址范围)。因此,当一个大小为 4MB 的程序按照图 3.9 的方式分布

时,这个程序的页表需要占用的物理存储空间是:

一个第一级页表(必须有)+ 1024 个第二级页表 = 1025 ×4KB = 4100KB

也就是说,这个大小为 4MB 的程序,也需要将近 4MB 的物理存储空间来存储它的页表。

在这种极端的情况下,这个 4MB 大小的程序一直分布在了整个 4GB 的虚拟存储器空间内,虽然对于这个程序来说,确实整个 4GB 的虚拟存储器都是可以使用的,但是很显然在实际当中,没有编译器会这样编译程序,大部分程序在编译的时候,所占用的虚拟存储器的地址范围还是尽量集中的,尽管有整个 4GB 的虚拟存储器空间可以使用,但是一个程序,尤其是本例中这样的小程序,还是会尽量集中地放置在虚拟存储器的某个区间内,因此程序的页表所占用的物理存储空间也不会很多,例如最好的那种情况,每个大小为 4KB 的页只使用了第二级页表中的一个 PTE,大小仅为 4B,因此额外的开销也就是 4B/4KB=0.1%而已。

总体来看,当处理器开始执行一个程序时,就会把第一级页表放到物理内存中,直到这个程序被关闭为止,因此第一级页表所占用的 4KB 存储空间是不可避免的,而第二级页表是否在物理内存当中,则是根据一个程序当中虚拟地址的值来决定的,操作系统会逐个地创建第二级页表,这个概念和前面讲述过的 Demand Page 是类似的。事实上,伴随着一个页被放入到物理内存中,必然会有第二级页表中的一个 PTE 被建立,这个 PTE 会被写入该页在物理内存中的起始地址,如果这个页对应的第二级页表还不存在,那么就需要操作系统建立一个新的第二级页表,这个过程是很自然的。

这种多级页表的结构比较简单,容易用硬件实现页表的查找,因此在很多硬件实现 Page Table Walk 的处理器中,都是采用了这种结构,如 ARM、x86 和 PowerPC 等。所谓的 Page Table Walk 是指当发生 TLB 缺失时,需要从页表中找到对应的映射关系并将其写回到 TLB 的过程,这些内容在后文会进行详细介绍。这种多级页表还有一个优点,那就是它容易扩展,例如当处理器的位数增加时,可以通过增加级数的方式来减少页表对于物理内存的占用,如图 3.10 所示。

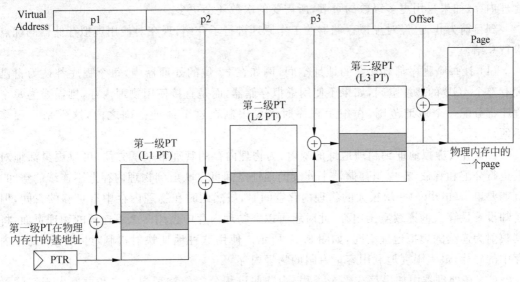

图 3.10 使用多级页表进行地址转换

　　在这种多级页表的结构中,仍然需要使用一个寄存器来存储第一级页表在物理内存中的基地址,如图 3.10 中的 PTR 寄存器。

　　使用这种多级页表的结构,每一级的页表都需要存储在物理内存中,因此要得到一个虚拟地址对应的数据,需要多次访问物理内存,很显然,这个过程消耗的时间是很长的,对于一个两级页表来说,图 3.11 表示了两个进程使用虚拟地址得到对应数据的过程。

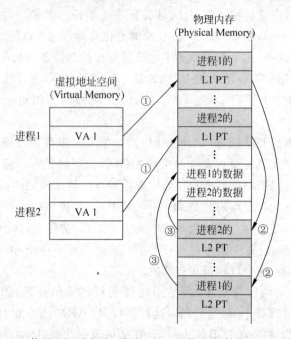

图 3.11　使用两级页表后,需要访问三次物理内存才可以得到数据

　　对于每个进程来说,需要访问两次物理内存,才能够得到虚拟地址对应的物理地址,然后还需要访问一次物理内存来得到数据,因此要得到虚拟地址对应的数据,共需要访问三次物理内存,如果采用更多级数的页表,所需要的次数还会更多。

　　到目前为止,已经对虚拟存储器的工作原理进行了介绍,现在对使用虚拟存储器的优点进行总结。

　　(1) 让每个程序都有独立的地址空间,例如在 32 位的处理器中,每个程序都认为自己拥有整个 4GB 的地址空间,如果不使用虚拟存储器,而是直接使用物理内存,则需要为每个程序都分配一个地址范围,在编写程序时需要限制在这个地址范围之内,这带来了很多不便。

　　(2) 引入虚拟地址到物理地址的映射,为物理内存的管理带来了方便,可以更灵活地对其进行分配和释放,在虚拟存储器上连续的地址空间可以映射到物理内存上不连续的空间。例如要申请(malloc)一块很大的物理内存空间时,虽然此时在物理内存中有足够的空间,但是却没有足够大的连续空闲内存,此时就可以在物理内存中占用多个不连续的物理页面,将其映射为连续的虚拟地址空间,如图 3.12 所示。使用这种地址映射机制,可以减少物理内存中的碎片,最大限度地利用容量有限的物理内存。

　　(3) 在处理器中如果存在多个进程,为这些进程分配的物理内存之和可能大于实际可用的物理内存,虚拟存储器的管理使得这种情况下各个进程仍能够正常运行,此时为各个进

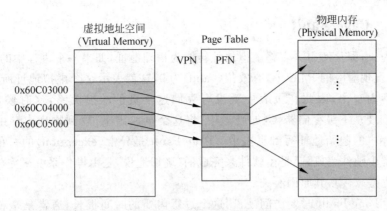

图 3.12　将物理内存中不连续的空间映射为虚拟存储器中连续的空间

程分配的只是虚拟存储器的页,这些页有可能存在于物理内存中,也可能临时存在于更下一级的硬盘中,在硬盘中这部分空间称为 swap 空间。当物理内存不够用时,将物理内存中的一些不常用的页保存到硬盘上的 swap 空间,而需要用到这些页时,再将其从硬盘的 swap 空间加载到物理内存,因此,处理器中等效可以使用的物理内存的总量是物理内存的大小 + 硬盘中 swap 空间的大小。

　　将一个页从物理内存中写到硬盘的 swap 空间的过程称为 Page Out,将一个页从硬盘的 swap 空间放回到物理内存的过程称为 Page In,如图 3.13 所示为这两个过程的示意图。

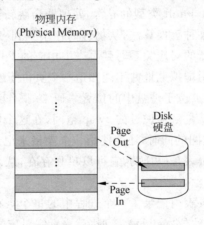

图 3.13　Page In 和 Page Out

　　(4) 利用虚拟存储器,可以管理每一个页的访问权限,从硬件的角度来看,单纯的物理内存本身不具有各种权限的属性,它的任何地址都可以被读写,而操作系统则要求在物理内存中实现不同的访问权限,例如一个进程的代码段(text)一般不能够被修改,这样可以防止程序错误地修改自己,因此它的属性就要是可读可执行(r/x),但是不能够被写入;而一个进程的数据段(data)要求是可读可写的(r/w);同时用户进程不能访问属于内核的地址空间。这些权限的管理就是通过页表(Page Table)来实现的,通过在页表中设置每个页的属性,操作系统和内存管理单元(MMU)可以控制每个页的访问权限,这样就实现了程序的权限管理。

3.2.3 Page Fault

到目前为止,都是使用页表将虚拟地址转换为物理地址,如果一个进程中的虚拟地址在访问页表时,发现对应的 PTE 中,有效位(valid)为 0,这就表示这个虚拟地址所属的页还没有被放到物理内存中,因此在页表中就没有存储这个页的映射关系,这时候就说发生了 Page Fault,需要从下级存储器,例如硬盘中,将这个页取出来,放到物理内存中,并将这个页在物理内存中的起始地址写到页表中。Page Fault 是异常(exception)的一种,通常它的处理过程不是由硬件完成,而是由软件来完成的(确切地说,是由操作系统来完成的,不要忘了操作系统也是软件),其原因有二。

(1) 由于 Page Fault 时要访问硬盘,这个过程需要的时间很长,通常是毫秒级别,和这个"漫长"的时间相比,即使 Page Fault 对应的异常处理程序需要使用几百条指令,这个时间相比于硬盘的访问时间也是微乎其微的,因此没必要使用硬件来处理 Page Fault。

(2) 发生 Page Fault 时,需要从硬盘中搬移一个或几个页到物理内存中,当物理内存中没有空余的空间时,就需要从其中找到一个最近不经常被使用的页,将其进行替换,使用软件可以根据实际情况实现灵活的替换算法,找到最合适的页进行替换。如果使用硬件的话,很难实现复杂的替换算法,而且不能够根据实际情况进行调整,缺少灵活性。

所以,在现代的处理器中,都是使用软件来处理 Page Fault 的,一旦虚拟地址在访问页表时,发现对应的 PTE 还没有保存相应的映射关系(也就是这个 PTE 的有效位是 0),那么此时硬件就会产生一个 Page Fault 类型的异常,处理器会跳转到这个异常处理程序的入口地址,异常处理程序会根据某种替换算法,从物理内存中找到一个空闲的地方,将需要页从硬盘中搬移进来,并将这个新的对应关系写到页表中相应的 PTE 内。

需要注意的是,直接使用虚拟地址并不能知道一个页位于硬盘的哪个位置,也需要一种机制来记录一个进程的每个页位于硬盘中的位置。通常,操作系统会在硬盘中为一个进程的所有页开辟一块空间,这就是之前说过的 swap 空间,在这个空间中存储一个进程所有的页,操作系统在开辟 swap 空间的同时,还会使用一个表格来记录每个页在硬盘中存储的位置,这个表格的结构其实和页表是一样的,它可以单独存在,从理论上来讲当然也可以和页表合并在一起,如图 3.14 所示[2]。

如图 3.14 所示在一个页表内记录了一个进程中的每个页在物理内存或在硬盘中的位置,当页表中某个 PTE 的有效位(valid)为 1 时,就表示它对应的页在物理内存中,访问这个页不会发生 Page Fault;相反,如果有效位是 0,则表示它对应的页位于硬盘,访问这个页就会发生 Page Fault,此时操作系统需要从硬盘中将这个页搬移到物理内存中,并将这个页在物理内存中的起始地址更新到页表中对应的 PTE 内。

虽然从图 3.14 看来,映射到物理内存的页表和映射到硬盘的页表可以放到一起,但是在实际当中,物理上它们仍然是分开放置的,因为不管一个页是不是在物理内存中,操作系统都必须记录一个进程的所有页在硬盘中的位置,因此需要单独地使用一个表格来记录它。

在前文已经说过,物理内存相当于是硬盘的 Cache,因为对一个程序来说,它的所有内容其实都存在于硬盘中,只有最近被使用的一部分内容存在于物理内存中,这样符合 Cache 的特征。因为一个程序的某些内容既存在于硬盘中,又存在于物理内存中,当物理内存中某个地址的内容被改变时(例如执行了一条 store 指令,改变了程序中的某个变量),对于这个

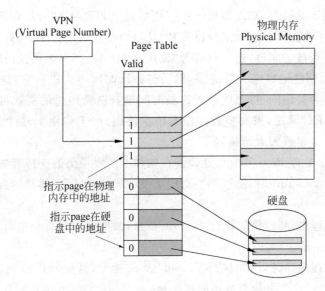

图 3.14　同一个页表中记录了所有的内容

地址来说,在硬盘中存储的内容就过时了,这种情况在 Cache 中也出现过,有两种处理方法。

(1) 写通(Write Through),将这个改变的内容马上写回硬盘中,考虑到硬盘的访问时间非常慢,这样的做法是不现实的。

(2) 写回(Write Back),只有等到这个地址的内容在物理内存中要被替换时,才将这个内容写回到硬盘中,这种方式减少了硬盘的访问次数,因此被广泛地使用。

其实,写通(Write Through)的方式只可能在 L1 Cache 和 L2 Cache 之间使用,因为 L2 Cache 的访问时间在一个可以接受的范围之内,而且这样可以降低 Cache 一致性的管理难度,但是更下层的存储器需要的访问时间越来越长,因此只有写回(Write Back)方式才是可以接受的方法。

既然在虚拟存储器的系统中采用了写回的方式,当发生 Page Fault 并且物理内存中已经没有空间时,操作系统需要从其中找到一个页进行替换,如果这个页中的某些内容被修改过,那么在覆盖这个页之前,需要先将它的内容写回到硬盘中,然后才能进行覆盖。为了支持这个功能,需要记录每个页是否在物理内存中被修改过,通常是在页表的每个 PTE 中增加一个脏(dirty)的状态位,当一个页内的某个地址被写入时,这个脏的状态位会被置为1。当操作系统需要将一个页进行替换之前,会首先去页表中检查它对应 PTE 的脏状态位,如果为1,则需要先将这个页的内容写回到硬盘中;如果为0,则表示这个页从来没有被修改过,那么就可以直接将其覆盖了,因为在硬盘中还保存着这个页的内容。从一个时间点来看物理内存,会存在很多的页处于脏的状态,这些页都被写入了新的内容,当然,一旦这些脏的页被写回到硬盘中,它们在物理内存中也就不再是脏的状态了。

由于操作系统还需要在发生 Page Fault 的时候,从物理内存中找到一个页进行替换(当物理内存没有空闲的空间时),这就需要操作系统实现替换算法,以便能够找到一个最近不经常被使用的页(最近很少被使用,就可以推测它在最近的将来也是一样)。操作系统可以使用 LRU(Least Recently Used)算法进行替换,但是要达到这样的功能,操作系统要使用复杂的数据结构才可以精确地记录物理内存中哪些页最近被使用,这样的代价是很大的:

每次执行访问存储器的指令,都需要操作系统更新这个数据结构。为了帮助操作系统实现这个功能,需要处理器在硬件层面上提供支持,这可以在页表的每个 PTE 中增加一位,用来记录每个页最近是否被访问过,这一位称为"使用位(use)",当一个页被访问时,"使用位"被置为 1,操作系统周期性地将这一位清零,然后过一段时间再去查看它,这样就能够知道每个页在这段时间是否被访问过,那些最近这段时间没有被使用过的页就可以被替换了。这种方式是近似的 LRU 算法,被大多数操作系统所使用,由于使用了硬件来实现"使用位",所以操作系统的任务量被大大地减轻了。

总结来说,为了处理 Page Fault,处理器在硬件上需要提供的支持有如下几种。

(1) 在发现 Page Fault 时,能够产生对应类型的异常,并且能够跳转到它的异常处理程序的入口地址。

(2) 当要写物理内存时,例如执行了 store 指令,需要硬件将页表中对应 PTE 的脏状态位置为 1。

(3) 当访问物理内存时,例如执行了 load/store 指令,需要硬件将页表中对应 PTE 的"使用位"置为 1,表示这个页最近被访问过。

需要注意的是,在写回(Write Back)类型的 Cache 中,load/store 指令在执行的时候,只会对 D-Cache 起作用,对物理内存中页表的更新可能会有延迟,当操作系统需要查询页表中的这些状态位时,首先需要将 D-Cache 中的内容更新到物理内存中,这样才能够使用到页表中正确的状态位。

到目前为止,页表中每个 PTE 的内容如图 3.15 所示。

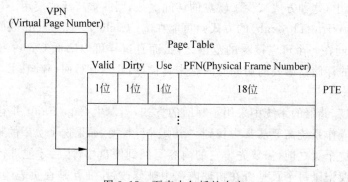

图 3.15　页表中包括的内容

3.2.4　小结

本节讲述了在虚拟存储器的系统中,如何将虚拟地址转换成为物理地址,并介绍了 Page Fault 发生时如何进行处理,在处理器中,有一个模块专门负责虚实地址转换,并且处理 Page Fault,这个模块就是之前介绍的内存管理单元(MMU),所有支持虚拟存储器的处理器中都会有 MMU 这个模块,下面以单级页表为例,对目前为止讲述的内容进行一个小结。

(1) 当没有 Page Fault 发生时,整个过程如图 3.16 所示。

具体的过程如下。

① 处理器送出的虚拟地址(VA)首先送到 MMU 中。

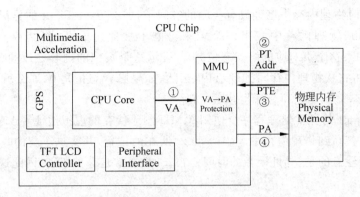

图 3.16　不发生 Page Fault 时的访问流程

② MMU 使用页表的基址寄存器 PTR 和 VA[31:12]组成一个访问页表的地址,这个地址被送到物理内存中。

③ 物理内存将页表中被寻址到的 PTE 返回给 MMU。

④ MMU 判断 PTE 中的有效位,发现其为 1,也就表示对应的页存在于物理内存中,因此使用 PTE 中的 PFN 和原来虚拟地址的[11:0]组成实际的物理地址,即 PA={PFN, VA[11:0]},并用这个地址来寻址物理内存,得到最终需要的数据。

也就是说,在使用单级页表的情况下,要得到一个虚拟地址对应的数据,需要访问两次物理内存。

(2) 当发生 Page Fault 时,整个过程如图 3.17 所示。

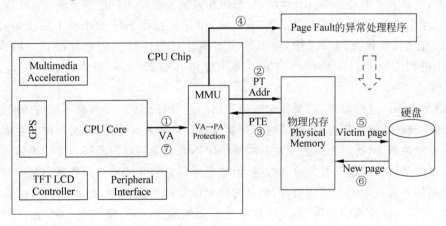

图 3.17　发生 Page Fault 时的访问流程

具体的过程如下。

①～③ 这三个步骤和上面的情况是一样的,处理器送出虚拟地址到 MMU,MMU 使用 PTR 和 VA[31:12]组成访问页表的地址,从物理内存中得到对应的 PTE,送回给 MMU。

④ MMU 查看 PTE 当中的有效位,发现其为 0,也就是需要的页此时不在物理内存当中,此时 MMU 会触发一个 Page Fault 类型的异常送给处理器,这会使处理器跳转到 Page Fault 对应的异常处理程序中,在这一步,MMU 还会把发生 Page Fault 的虚拟地址 VA 也保存到一个专用的寄存器中,供异常处理程序使用。

⑤ 假设此时物理内存中已经没有空闲的空间了,那么 Page Fault 的异常处理程序需要按照某种算法,从物理内存中找出一个未来可能不被使用的页,将其替换,这个页称为 Victim page,如果这个页对应的脏状态位是 1,表示这个页中的内容在以前曾经被修改过,因此需要首先将它从物理内存写到硬盘中,当然,如果脏状态位是 0,那么就不需要写回硬盘这个过程了。

⑥ Page Fault 的异常处理程序会使用 MMU 刚才保存的虚拟地址 VA 来寻址硬盘,找到对应的页,将其写到物理内存中 Victim page 所在的位置,并将这个新的映射关系写到页表中,这里需要注意的是,寻址硬盘的时间是很长的,通常是毫秒级别,因此这一步的处理时间也是很长的。

⑦ 从 Page Fault 的异常处理程序中返回的时候,那条引起 Page Fault 的指令会被重新取到流水线中执行,此时处理器会重新发出虚拟地址送到 MMU 中,因为所需要的页已经被放到物理内存中了,因此这次访问肯定不会发生 Page Fault,会按照不发生 Page Fault 时的过程进行处理。

3.3　程序保护

在现代处理器运行的一个典型环境中,存在着操作系统和许多的用户进程,操作系统的内容如果能够被用户进程随便地修改,那么肯定就会引起系统的崩溃,所以操作系统的内容对于用户进程来说,肯定是不允许被修改的,但是操作系统可能有一部分内容允许用户进程进行读取,例如前文中提到的 printf 函数,由操作系统提供给用户进程来使用;而操作系统相对于普通用户进程来说,应该有足够的权限,以保证操作系统对于整个系统的控制权;不同的进程之间应该也加以保护,一个进程不能让其他的进程随便修改自己的内容,以保证各个进程之间运行的稳定。如果不使用虚拟存储器,要同时满足这些要求是很困难的。

要满足上面的这些需求,需要操作系统和用户进程对于不同的页有不同的访问权限,这一点应该在硬件上就加以控制,通常这种控制是通过页表来实现的,因为要访问存储器的内容,必须要经过页表,所以在页表中对各个页规定不同的访问权限是很自然的事情。需要注意的是,操作系统本身也需要指令和数据,但是考虑到它需要能够访问物理内存中所有的空间,所以操作系统一般不会使用页表,而是直接可以访问物理内存,在物理内存中有一部分地址范围专门供操作系统使用,不允许别的进程随便地访问它,例如在 32 位的 MIPS 处理器中,将整个 4GB 的虚拟存储空间分为了 kseg0、kseg1、kseg2 和 kuseg 共四个区域[11],其中 kseg0 区域的属性是 unmapped,也就是说,这部分地址是不需要经过页表进行转换的,操作系统内核的指令和数据就是位于 kseg0 区域,而用户进程只能够使用 kuseg 区域,操作系统会根据实际情况,将 kuseg 范围内的虚拟地址映射到物理内存对应的部分,所以事实上,其他的进程也不可能修改物理内存中操作系统专属的"特权区域",因为操作系统是不会让这种事情发生的。

除了 MIPS,在现实当中的其他处理器也有自己的权限管理方法,举例来说,ARM 处理器也采用了两级页表的方法,第二级页表的每个 PTE 中都有一个 AP 部分,在 ARMv7 架构中,AP 部分直接决定了每个页的访问权限,如表 3.2 所示[12]。

表 3.2　ARM 中每个页的权限管理

AP[2]	AP[1:0]	Privileged 模式 访问权限	User 模式 访问权限	注　释
0	00	No access	No access	任何模式下,读写该页都会产生异常
0	01	Read/write	No access	该页只允许在 Privileged 模式下进行读写
0	10	Read/write	Read-only	在 User 模式下,写该页会产生异常
0	11	Read/write	Read/write	任何模式下都可以读写该页
1	00	—	—	保留
1	01	Read-only	No access	只允许在 Privileged 模式下读该页
1	10	Read-only	Read-only	只允许在 Privileged 和 User 模式下读该页
1	11	Read-only	Read-only	只允许在 Privileged 和 User 模式下读该页

在 ARMv7 架构中,规定处理器可以工作在 User 模式和 Privileged 模式,在 Privileged 模式下,可以访问处理器内部所有的资源,因此操作系统会运行在这种模式下,而普通的用户程序则是运行在 User 模式下,在表 3.2 中,AP[2:0]位于 PTE 中,通过它,第二级页表可以控制每个页的访问权限,这样可以使一个页对于不同的进程有着不同的访问权限。

既然在页表中规定了每个页的访问权限,那么一旦发现当前的访问不符合规定,例如一个页不允许用户进程访问,但是当前的用户进程却要读取这个页内的某个地址,这样就发生了非法的访问,会产生一个异常(exception)来通知处理器,使处理器跳转到异常处理程序中,这个处理程序一般是操作系统的一部分,由操作系统决定如何处理这种非法的访问,例如操作系统可以终止当前的用户进程,以防止恶意的程序对系统造成破坏,图 3.18 表示了在地址转换的过程中加入权限检查的过程,注意此时在 PTE 中多了用来进行权限控制的 AP 部分。

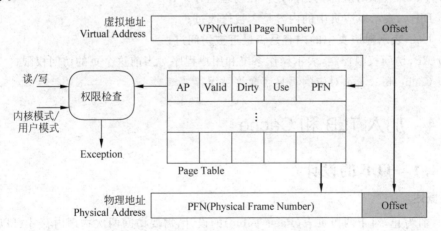

图 3.18　加入程序保护之后的地址转换

当然,如果采用了两级页表的结构,那么图 3.18 只给出了第二级页表的工作过程,事实上在第一级页表中也可以进行权限控制,而且可以控制更大的地址范围。举例来说,在前文讲述的页大小为 4KB 的系统中,第一级页表中每个 PTE 都可以映射一个完整的第二级页表,也就是 4KB×1024=4MB 的地址范围。也就是说,第一级页表中的每个 PTE 都可以控制 4MB 的地址范围,这样可以更高效地对大片的地址进行权限设置和检查。例如,可以在第一级页表的每个 PTE 中设置一个两位的权限控制位,当其为 00 时,它对应的整个 4MB 空间都不允许被访问;当为 11 时,对应的 4MB 空间将不设限制,随便访问;当为 01 时,需要查看第二级页表的 PTE,以获得关于每个页自身访问权限的情况;通过这种粗粒度(第一级页表的权限控制)和细粒度(第二级页表的权限控制)的组合,可以在一定程度上提高处理器的执行效率。

在后文会讲到,存在 D-Cache 的系统中,处理器送出的虚拟地址经过页表转化为物理地址之后,其实并不会直接去访问物理内存,而是先访问 D-Cache。如果是读操作,那么直接从 D-Cache 中读取数据;如果是写操作,那么也是直接写 D-Cache(假设命中),并将被写入的 Cache line 置为脏(dirty)的状态。只要 D-Cache 是命中的,就不需要再去访问物理内存了。但是,如果处理器送出的虚拟地址并不是要访问物理内存,而是要访问芯片内的外设寄存器,例如要访问 LCD 驱动模块的寄存器,此时对这些寄存器的读写是为了对外设进行操作,因此这些地址是不允许经过 D-Cache 被缓存的,如果被缓存了,那么这些读写将只会在 D-Cache 中起作用,并不会传递到外设寄存器中而真正对外设模块进行操作,这样显然是不可以的,因此在处理器的存储器映射(memory map)中,总会有一块区域,是不可以被缓存的。例如 MIPS 处理器的 kseg1 区域就不允许被缓存,它的属性是 uncached,这个属性也应该在页表中加以标记,在访问页表从而得到物理地址时,会对这个地址对应的页是否允许缓存进行检查,如果发现这个页的属性是不允许缓存的,那么就需要直接使用刚刚得到的物理地址来访问外设或者物理内存;如果这个页的属性是允许被缓存,那么就可以直接使用物理地址对 D-Cache 进行寻址。

到目前为止,总结起来,在页表中的每个 PTE 都包括如下的内容。

(1) PFN,表示虚拟地址对应的物理地址的页号;

(2) Valid,表示对应的页当前是否在物理内存中;

(3) Dirty,表示对应页中的内容是否被修改过;

(4) Use,表示对应页中的内容是否最近被访问过;

(5) AP,访问权限控制,表示操作系统和用户程序对当前这个页的访问权限;

(6) Cacheable,表示对应的页是否允许被缓存。

3.4   加入 TLB 和 Cache

3.4.1   TLB 的设计

1. 概述

到目前为止,对于两级页表(Page Table)的设计,需要访问两次物理内存才可以得到虚拟地址对应的物理地址(一次访问第一级页表,另一次访问第二级页表),而物理内存的运行速度相对于处理器本身来说,有几十倍的差距,因此在处理器执行的时候,每次送出虚拟地址都需要经历上述过程的话,这显然是很慢的(要知道,每次取指令都需要访问存储器)。此时可以借鉴 Cache 的设计理念,使用一个速度比较快的缓存,将页表中最近使用的 PTE 缓存下来,因为它们在以后还可能继续使用,尤其是对于取指令来说,考虑到程序本身的串行性,会顺序地从一个页内取指令,此时将 PTE 缓存起来是大有益处的,能够加快一个页内

4KB 内容的地址转换速度。

　　由于历史的原因,缓存 PTE 的部件一般不称为 Cache,而是称之为 TLB(Translation Lookaside Buffer),在 TLB 中存储了页表中最近被使用过的 PTE,从本质上来将,TLB 就是页表的 Cache。但是,TLB 又不同于一般的 Cache,它只有时间相关性(Temporal Locality),也就是说,现在访问的页,很有可能在以后继续被访问,至于空间相关性(Spatial Locality),TLB 并没有明显的规律,因为在一个页内有很多的情况,都可能使程序跳转到其他不相邻的页中取指令或数据,也就是说,虽然当前在访问一个页,但是未必会访问它相邻的页,正因为如此,Cache 设计中很多的优化方法,例如预取(prefetching),是没有办法应用于 TLB 中的。

　　既然 TLB 本质上是 Cache,那么就有以前讲过的三种组织方法,直接相连(direct-mapped)、组相连(set-associative)和全相连(fully-associative),一般为了减少 TLB 缺失(miss)发生的频率,会使用全相连的方式来设计 TLB,但是这样导致 TLB 的容量不能太大,因此也有一些设计中采用了组相连的方式来实现容量比较大的 TLB。容量过小的 TLB会影响处理器的性能,因此在现代的处理器中,很多都采用两级 TLB,第一级 TLB 采用哈佛结构,分为指令 TLB(I-TLB)和数据 TLB(D-TLB),一般采用全相连的方式;第二级 TLB 是指令和数据共用,一般采用组相连的方式,这种设计方法和多级 Cache 是一样的。

　　因为 TLB 是页表的 Cache,那么 TLB 的内容是完全来自于页表的,图 3.19 表示了一个全相连方式的 TLB,从处理器送出的虚拟地址首先送到 TLB 中进行查找,如果 TLB 对应的内容是有效的(即 valid 位是 1),则表示 TLB 命中,可以直接使用从 TLB 得到的物理地址来寻址物理内存;如果 TLB 缺失(即 valid 位是 0),那么就需要访问物理内存中的页表,此时有如下两种情况。

　　(1) 在页表中找到的 PTE 是有效的,即这个虚拟地址所属的页存在于物理内存中,那么就可以直接从页表中得到对应的物理地址,使用它来寻址物理内存从而得到需要的数据,同时将页表中的这个 PTE 写回到 TLB 中,供以后使用。

　　(2) 在页表中找到的 PTE 是无效的,即这个虚拟地址所属的页不在物理内存中,造成这种现象的原因很多,例如这个页在以前没有被使用过,或者这个页已经被交换到了硬盘中等,此时就应该产生 Page Fault 类型的异常,通知操作系统来处理这个情况,操作系统需要从硬盘中将相应的页搬移到物理内存中,将它在物理内存中的首地址放到页表内对应的PTE 中,并将这个 PTE 的内容写到 TLB 中。

Cacheable	AP	Valid	Dirty	Use	Tag(VPN)	PFN
1		1	1	1		
1		1	0	1		
1		1	0	1		
0		1	0	1		TLB

图 3.19　TLB 的内容

　　在图 3.19 中,因为 TLB 采用了全相连的方式,所以相比页表,多了一个 Tag 的项,它保存了虚拟地址的 VPN,用来对 TLB 进行匹配查找,TLB 中其他的项完全来自于页表,每当发生 TLB 缺失时,将 PTE 从页表中搬移到 TLB 内,TLB 中每一项的内容在上面已经介绍过,此处不再赘述。

在很多处理器中,还支持容量更大的页,因为随着程序越来越大,4KB 大小的页已经不能够满足要求了,对于一个有着 128 个表项(entry)的 I-TLB 来说,只能映射到 128×4KB= 512KB 大小的程序,这对于当代的程序来说显然是不够的,因此需要使用容量更大的页,例如 1MB 或是 4MB 大小的页,这样可以使 TLB 映射到更大的范围,避免频繁地对 TLB 进行替换。当然,更大的页也是存在缺点的,对于很多程序来说,如果它利用不到这么大的页,那么就会造成一个页内的很多空间被浪费了,这种现象称为页内的碎片(Page Fragment),它降低了页的利用效率,而且,每次发生 Page Fault 时,更大的页也就意味着要搬移更多的数据,需要更长的时间才能将这样大的页从下级存储器(如硬盘)搬移到物理内存中,这样使 Page Fault 的处理时间变得更长了。

为了解决这种矛盾,在现代的处理器中都支持大小可变的页,由操作系统进行管理,根据不同应用的特点选用不同的大小的页,这样可以最大限度地利用 TLB 中有限的空间,同时又不至于在页内产生过多的碎片,为了支持这种特性。在 TLB 中需要相应的位进行管理,举例来说,在 MIPS 处理器的 TLB 中,有一个 12 位的 Pagemask 项,它用来指示当前被映射的页的大小,如表 3.3 所示[13]。

表 3.3　MIPS 使用 Pagemask 来指定页的大小

Pagemask	Page Size	Pagemask	Page Size
0000_0000_0000	4KB	0000_1111_1111	1MB
0000_0000_0011	16KB	0011_1111_1111	4MB
0000_0000_1111	64KB	1111_1111_1111	16MB
0000_0011_1111	256KB		

采用不同大小的页,在寻址 TLB 时,进行的地址比较也是不同的,例如,当采用 1MB 大小的页时,只需要将 VA[31:20]作为 Tag,参与地址比较就可以了,虚拟地址剩余的 20 位将用来寻址页的内部;不仅如此,在后文中还会讲到,对 TLB 的寻址还受到其他内容的影响(例如 ASID 和 Global 位),这些都是在真实的处理器中需要考虑的内容。

在 TLB 以上所有的项中,除了使用位(use)和脏状态位(dirty)之外,其他的项在 TLB 中是不会改变的,它们的属性都是只读,以 D-TLB 为例,当执行 load/store 指令时,都会访问 D-TLB,如果是 TLB 命中,会将 TLB 中对应的使用位(use)置为 1,表示这个页被访问过;如果执行了 store 指令,还会将脏状态位(dirty)也置为 1,表示这个页的某些内容被改变了。因此当 TLB 采用写回(Write Back)的方式,在 TLB 中的某个表项被替换时,也只有这两个位需要被写回到页表中,其他的部分因为在 TLB 中是不会发生变化的,也就没有必要再写回到页表中了。

2. TLB 缺失

当一个虚拟地址查找 TLB,发现需要的内容不在其中时,就发生了 TLB 缺失(miss),由于 TLB 本身的容量很小,所以 TLB 缺失发生的频率还是比较高的,在很多情况下都可以发生 TLB 缺失,它们主要有如下几种。

(1)虚拟地址对应的页不在物理内存中,此时在页表中就没有对应的 PTE,由于 TLB 是页表的 Cache,所以 TLB 的内容应该是页表的一个子集,也就是说,在页表中不存在的

PTE,也不可能出现在 TLB 中。

（2）虚拟地址对应的页已经存在于物理内存中了,因此在页表中也存在对应的 PTE,但是这个 PTE 还没有被放到 TLB 中,这种情况是经常发生的,毕竟 TLB 的容量远小于页表。

（3）虚拟地址对应的页已经存在于物理内存中了,因此在页表中也存在对应的 PTE,这个 PTE 也曾经存在于 TLB 中,但是后来从 TLB 中被踢了出来(例如由于这个页长时间没有被使用而被 LRU 替换算法选中),现在这个页又重新被使用了,此时这个 PTE 就存在于页表中,而不在 TLB 内。

其实,第(2)和第(3)两种情况本质上都是在说同一件事情,那就是虚拟地址和物理地址的映射关系存在于页表中,而不存在于 TLB 内,此时只需要从页表中就可以找到这个映射关系,因此它们的处理时间相比于第(1)中情况,肯定是要短的。

解决 TLB 缺失的本质就是要从页表中找到对应的映射关系,并将其写回到 TLB 内,这个过程称为 Page Table Walk,可以使用硬件的状态机来完成这个事情,也可以使用软件来做这个事情,它们各有优缺点,在现代的处理器中均有采用,它们各自的工作过程如下。

（1）软件实现 Page Table Walk,软件实现可以保持最大的灵活性,但是一般也需要硬件的配合,这样可以减少软件工作量,一旦发现 TLB 缺失,硬件把产生 TLB 缺失的虚拟地址保存到一个特殊寄存器中,同时产生一个 TLB 缺失类型的异常,在异常处理程序中,软件使用保存在特殊寄存器当中的虚拟地址去寻址物理内存中的页表,找到对应的 PTE,并写回到 TLB 中,很显然,处理器需要支持直接操作 TLB 的指令,如写 TLB、读 TLB 等。对于超标量处理器来说,由于对异常进行处理时,会将流水线中所有的指令进行抹掉(在后文会介绍这个过程),这样会产生一些性能上的损失,但是使用软件方式,可以实现一些比较灵活的 TLB 替换算法,MIPS 和 Alpha 处理器一般采用这种方法处理 TLB 缺失。但是,为了防止在执行 TLB 缺失的异常处理程序时再次发生 TLB 缺失,一般都将这段程序放到一个不需要进行地址转换的区域(这个异常处理程序一般属于操作系统的一部分,而操作系统就放在不需要地址转换的区域),这样处理器在执行这段异常处理程序时,相当于直接使用物理地址来取指令和数据,避免了再次发生 TLB 缺失的情况。使用软件处理 TLB 缺失的过程可以用图 3.20 来表示。

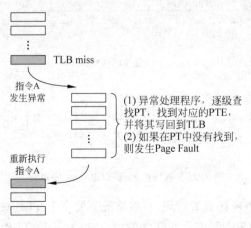

图 3.20 软件处理 TLB miss 的流程

（2）硬件实现 Page Table Walk，硬件实现一般由内存管理单元（MMU）完成，当发现 TLB 缺失时，MMU 自动使用当前的虚拟地址去寻址物理内存中的页表，前面说过，多级页表的最大优点就是容易使用硬件进行查找，只需要使用一个状态机，逐级进行查找就可以了，如果从页表中找到的 PTE 是有效的，那么就将它写回到 TLB 中，这个过程全部都是由硬件自动完成的，软件不需要做任何事情，也就是这个过程对于软件是完全透明的。当然，如果 MMU 发现查找到的 PTE 是无效的，那么硬件就无能为力了，此时 MMU 会产生 Page Fault 类型的异常，由操作系统来处理这个情况。使用硬件处理 TLB 缺失的这种方法更适合超标量处理器，它不需要打断流水线，因此从理论上来说，性能也会好一些，但是这需要操作系统保证页表已经在物理内存中建立好了，并且操作系统也需要将页表的基地址预先写到处理器内部对应的寄存器中（例如 PTR 寄存器），这样才能够保证硬件可以正确地寻址页表，ARM、PowerPC 和 x86 处理器都采用了这种方法。

采用软件处理 TLB 缺失可以减少硬件设计的复杂度，尤其是在超标量处理器中，可以采用普通的异常处理过程（在后文会进行介绍），当这个异常处理完毕后，会重新将这条发生 TLB 缺失的指令取到流水线中，此时这条指令就可以正常执行了。而采用硬件处理 TLB 缺失则会复杂一些，除了需要使用硬件状态机来寻址页表之外，还需要将整个流水线都暂停，等待 MMU 处理这个 TLB 缺失，只有它处理完了，才可以使流水线继续执行。从时间的角度来看，软件处理 TLB 缺失时，除了对应的异常处理程序本身需要占据时间外，还需要考虑到从异常处理程序退出后，将流水线恢复到 TLB 缺失发生之前的状态所需要的时间，这两部分都是由于 TLB 缺失而使处理器耽搁的时间。而反观使用硬件来处理 TLB 缺失的方法，由于只需要将流水线全部暂停，等到硬件处理完毕后，流水线就可以马上从暂停的状态开始继续执行，因此处理器由于 TLB 缺失而耽搁的时间只有硬件处理的那部分时间，相比于软件处理的方式，它不需要将指令重新取回到流水线的过程，相对来看可以省下一些时间，如图 3.21 所示。

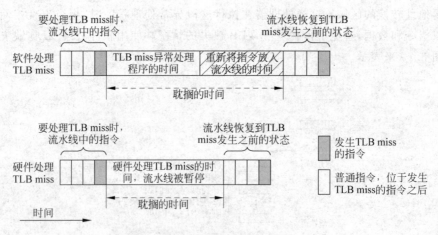

图 3.21　软硬件处理 TLB miss 的对比

MMU 硬件寻址页表所耗费的时间，一般情况下要小于 TLB 缺失的异常处理程序的执行时间，但是两者的差别不会很多。在软件处理方法中，执行 TLB 缺失的异常处理程序之前，需要将流水线清空，等到从异常处理程序退出后，又需要从发生异常的地方（也就是产生

TLB 缺失的那条指令)重新开始取指令到流水线中。由于处理器会等到发生 TLB 缺失的指令到达流水线末尾的时候才进行处理,这需要将流水线中的全部指令都清空。当流水线不深时,如普通的处理器,被清空的指令并不是很多,但是在超标量处理器中,流水线一般比较深,此时被清空的指令就很多了,将这些指令重新取回到流水线中所耗费的时间也会比较长,这也导致在超标量处理器中,软件处理 TLB 缺失需要更长的时间。

当发生 TLB 缺失时,如果所需要的 PTE 在页表中,则 TLB 缺失的处理时间大约需要十几个周期;如果由于 PTE 不在页表中而发生 Page Fault,则处理时间就需要成百上千个周期了,此时不管采用硬件处理还是软件处理 TLB 缺失,都不会有明显的差别。TLB 缺失发生的频率对于处理器性能的影响是很大的,在典型的页大小为 4KB 的系统中,只要此时运行的指令或者数据在 4KB 的边界之内,就不会发生 TLB 缺失,一般普通的串行程序都会满足这个规律。当然,TLB 缺失发生的频率还取决于 TLB 的大小以及关联度,还有页的大小等因素。一旦由 TLB 缺失转变成了 Page Fault,所需要的处理时间就取决于页的替换算法,以及被替换的页是否是脏状态等因素了。

对于组相连(set-associative)或全相连(fully-associative)结构的 TLB,当一个新的 PTE 被写到 TLB 中时,如果当前 TLB 中没有空闲的位置了,那么就要考虑将其中的一个表项(entry)进行替换。理论上说,Cache 中使用的替换方法在 TLB 这里都可以使用,例如最近最少使用算法(Least Recently Used,LRU),但是实际上对于 TLB 来说,随机替换算法(Random)是一种比较合适的方法,当然,在实际的设计中很难实现严格的随机,此时仍然可以采用一种称为时钟算法(Clock Algorithm)的方法来实现近似的随机。它的工作原理本质上就是一个计数器,这个计数器一直在运转,例如每周期加 1,计数器的宽度由 TLB 中表项的个数来决定,例如一个全相连的 TLB 中,表项的个数是 128 个,则计数器的宽度需要 7 位,当 TLB 中的内容需要被替换时,就会访问这个计数器,使用计数器当前的值作为被替换表项的编号,这样就近似地实现了一种随机的替换,这种方法从理论上来说,可能并不能获得最优化的结果,但是它不需要复杂的硬件,也能够获得很好的性能,因此综合看起来是一种不错的折中方法。

3. TLB 的写入

在前面已经讲过,当一个页从硬盘搬移到物理内存之后,操作系统需要知道这个页中的内容在物理内存中是否被改变过,如果没有被改变过,那么当这个页需要被替换时(例如由于物理内存中的空间不足),可以直接进行覆盖,因为总能从硬盘中找到这个页的备份。而如果这个页的内容在物理内存中曾经被修改过(例如 store 指令的地址落在了这个页内),那么在硬盘中存储的页就过时了,在物理内存中的这个页要被替换时,不能够直接将其覆盖,而是需要先将它从物理内存中写回到硬盘,因此需要在页表中,对每个被修改的页加以标记,称为脏状态位(dirty),当物理内存中的一个页要被替换时,需要首先检查它在页表中对应 PTE 的脏状态位,如果它是 1,那么就需要先将这个页写回到硬盘中,然后才能将其覆盖。

但是在使用了 TLB 作为页表的缓存之后,处理器送出的虚拟地址会首先访问 TLB,如果命中,那么直接从 TLB 中就可以得到物理地址,不需要再访问页表。执行 load/store 指令都会使 TLB 中对应的"使用位(use)"变为 1,表示这个页中的某些数据最近被访问过;如果是 store 指令,还会使脏状态位(dirty)也变为 1,表示这个页中的某些数据被改变了。但是,如果 TLB 采用写回(Write Back)方式的实现策略,那么使用位(use)和脏状态位(dirty)改变的信息并不会马上从 TLB 中写回到页表,只有等到 TLB 中的一个表项要被替换的时候,才会将它对应的信息写回到页表中,这种工作方式给操作系统进行页替换带来了新的问题,因为此时在页表中记录的状态位(主要是 use 和 dirty 这两位)有可能是"过时"的,操作系统无法根据这些信息,在 Page Fault 发生时找出合适的页进行替换。一种比较容易想到的解决方法就是当操作系统在 Page Fault 发生时,首先将 TLB 中的内容写回到页表,然后就可以根据页表中的信息进行后续的处理了,这个办法显然会耗费一些时间,例如对一个表项个数是 64 的 TLB 来说,需要写 64 次物理内存才能将 TLB 中的内容全部写回到页表,问题是,真的需要这个过程吗?

实际上,这个过程是可以省略的,操作系统完全可以认为,被 TLB 记录的所有页都是需要被使用的,这些页在物理内存中不能够被替换。操作系统可以采用一些办法来记录页表中哪些 PTE 被放到了 TLB 中,而且这样做还有一个好处,它避免了当物理内存中一个页被踢出之后,还需要查找它在 TLB 中是否被记录了,如果是,需要在 TLB 中将其置为无效,因为在页表中已经没有这个映射关系了,因此 TLB 中也不应该有。总结起来就是 TLB 中记录的所有页都不允许从物理内存中被替换。

操作系统在 Page Fault 时,如果从物理内存中选出的要被替换的页是脏(dirty)的状态,那么首先需要将这个页的内容写回到硬盘中,然后才能够将其覆盖。但是,如果在系统中使用了 D-Cache,那么在物理内存中每个页的最新内容都可能存在于 D-Cache 中,要将一个页的内容写回到硬盘,首先需要确认 D-Cache 中是否保留着这个页中的数据。按照前面的说法,TLB 中记录的页都是安全的,操作系统不可能将这些页进行替换,如果在 D-Cache 中保存的数据都属于 TLB 记录的范围,那么操作系统在进行页替换时就不需要理会 D-Cache。但是事实并不总是这样,D-Cache 中的数据未必就一定在 TLB 记录的范围之内,举例来说,当发生 TLB 缺失时,需要从页表中将一个新的 PTE 写到 TLB 中,如果 TLB 此时已经满了,那么就需要替换掉 TLB 中的一个表项,也就不再记录这个页的映射关系,但是这个页的内容在 D-Cache 中仍旧是存在的,当然操作系统此时可以选择同步地将这个页在 D-Cache 中的内容也写回到物理内存中,但是这不是必需的。这样就导致操作系统在物理内存中选择一个页进行替换时,如果这个页是脏(dirty)的状态,那么它最新的内容不一定在物理内存中,而是有可能在 D-Cache 中,此时操作系统就必须能从 D-Cache 中找出这个页的内容,并将其写回到物理内存中,这要求操作系统有控制 D-Cache 的能力,这部分内容将在本章后文进行介绍。

4. 对 TLB 进行控制

当发生 TLB 缺失时,处理器完全可以使用硬件,例如 MMU,自动从页表中找到对应的 PTE 并写回到 TLB 中,只要不发生 Page Fault,整个的过程都是硬件自动完成,不需要软件做任何事情,从这个角度来看,似乎不需要对 TLB 进行什么管理,但是需要注意的是,由于 TLB 是页表的缓存,所以 TLB 中的内容必然是页表的子集,也就是说,如果由于某些原因导致一个页的映射关系在页表中不存在了,那么它在 TLB 中也不应该存在,而操作系统在一些情况下,会把某些页的映射关系从页表中抹掉,例如:

(1) 当一个进程结束时,这个进程的指令(code)、数据(data)和堆栈(stack)所占据的页表就需要变为无效,这样也就释放了这个进程所占据的物理内存空间。但是,此时在 I-TLB

中可能存在这个进程的程序(code)对应的 PTE,在 D-TLB 中可能还存在着这个进程的数据(data)和堆栈(stack)对应的 PTE,此时就需要将 I-TLB 和 D-TLB 中,和这个进程相关的所有内容都置为无效,如果没有使用 ASID(进程的编号,后文会进行介绍),最简单的做法就是将 I-TLB 和 D-TLB 中的全部内容都置为无效,这样保证新的进程可以使用一个干净的 TLB;如果实现了 ASID,那么只将这个进程对应的内容在 TLB 中置为无效就可以了。

(2) 当一个进程占用的物理内存过大时,操作系统可能会将这个进程中一部分不经常使用的页写回到硬盘中,这些页在页表中对应的映射关系也应该置为无效,此时当然也需要将 I-TLB 和 D-TLB 中对应的内容置为无效,但是,一般操作系统会尽量避免将存在于 TLB 中的页置为无效,因为这些页在以后很可能会被继续使用。

因此,抽象出来,对 TLB 的管理需要包括的内容有如下几点。

① 能够将 I-TLB 和 D-TLB 的所有表项(entry)置为无效;

② 能够将 I-TLB 和 D-TLB 中某个 ASID 对应的所有表项(entry)置为无效;

③ 能够将 I-TLB 和 D-TLB 中某个 VPN 对应的表项(entry)置为无效。

不同的处理器有着不同的方法来对 TLB 进行管理,本节以 ARM 和 MIPS 处理器为例进行说明。在 ARM 处理器中,使用系统控制协处理器(ARM 称之为 CP15)中的寄存器对 TLB 进行控制,因此处理器只需要使用访问协处理器的指令(MCR 和 MRC)来向 CP15 中对应的寄存器写入相应的值,就可以对 TLB 进行操作;而在 MIPS 中,则直接提供了对 TLB 进行操作的指令,软件直接使用这些指令对 TLB 进行管理。这两种风格最后都可以得到同样的效果,下面分别对其进行介绍,当然,限于篇幅,本书不会对这两个处理器中相关的所有寄存器都涉及到,关于它们更详细的内容需要参考各自处理器的参考手册。

1) ARM 风格的 TLB 管理[12]

为了实现上面规定的对 TLB 管理的功能,ARM 在协处理器 CP15 中提供了如下的控制寄存器(以 I-TLB 和 D-TLB 分开的架构为例)。

(1) 用来管理 I-TLB 的控制寄存器,主要包括以下几种。

① 将 TLB 中 VPN 匹配的表项(entry)置为无效的控制寄存器,但是 VPN 相等并不是唯一的条件,还需要需要满足下面两个条件。

• 如果 TLB 中一个表项的 Global 位无效,则需要 ASID 也相等;

• 如果 TLB 中一个表项的 Global 位有效,则不需要进行 ASID 比较。

这个控制寄存器如图 3.22 所示。

31　　　　　　　　　　　　　　　　12	11　　　8	7　　　　　　　0
VPN	保留	ASID

图 3.22 控制 TLB 的寄存器——使用 VPN

当一个进程中某些地址的映射信息被改变时,例如进行了重映射(remap),此时该进程中的这些地址在物理内存中的位置也就改变了,需要将 TLB 中对应的表项也随之置为无效,这就需要使用图 3.22 所示的控制寄存器了。

② 将 TLB 中 ASID 匹配的所有表项(entry)置为无效的控制寄存器,但是 TLB 中那些 Global 位有效的表项不会受到影响,这个控制寄存器如图 3.23 所示。

当一个进程退出时,例如进行进程切换,需要将当前进程在 TLB 中的所有内容都置为无效,此时就需要使用这个控制寄存器了。

③ 将 TLB 中所有未锁定(unlocked)状态的表项(entry)置为无效,那些锁定(locked)状态的表项则不会受到影响。为了加快处理器中某些关键程序的执行时间,可以 TLB 中的某些表项设为锁定状态,这些内容将不会被替换掉,这样保证了快速的地址转换。

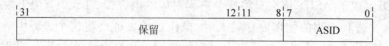

图 3.23　控制 TLB 的寄存器——使用 ASID

(2) 用来管理 D-TLB 的控制寄存器,它们和 I-TLB 控制寄存器的工作原理是一样的,也可以通过 VPN 和 ASID 对 TLB 进行控制,此处不再赘述。

(3) 为了便于对 TLB 中的内容进行控制和观察,还需要能够将 TLB 中的内容进行读出和写入,如图 3.24 所示。

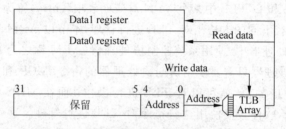

图 3.24　读取 TLB 和写入 TLB

由于 TLB 中一个表项(entry)的内容大于 32 位,所以使用两个寄存器来对应一个表项,如图 3.24 中的 data0 寄存器和 data1 寄存器,在 ARM 的 Cortex A8 处理器中,这两个寄存器位于协处理器 CP15 中。当读取 TLB 时,被读取表项的内容会放到这两个寄存器中;而在写 TLB 时,这两个寄存器中的内容会写到 TLB 中,当然,要完成这个过程,还需要给出寻址 TLB 的地址,例如一个表项个数是 32 的 TLB,需要 5 位的地址来寻址,这个地址放在指令中指定的一个通用寄存器中。一般在调试处理器的时候,需要使用图 3.24 所示的功能。

总结来说,在 ARM 处理器中对 TLB 的控制是通过协处理器来实现的,因此只需要使用访问协处理器的指令(MCR 和 MRC)就可以了,其实不仅是对于 TLB,在 ARM 处理器中对于存储器的管理,例如 Cache 和 BTB 等部件,都是通过协处理器来实现的,这种方式虽然比较灵活,但是却不容易使用,在没有用户手册的情况下,很难记住协处理器中每个寄存器的用处,不过考虑到 ARM 采用了硬件方式来解决 TLB 缺失,一般情况下并不需要直接使用指令对 TLB 进行操作,因此这种协处理器的控制风格也是无可厚非的。

2) MIPS 风格的 TLB 管理[14]

在 ARM 处理器中,发生 TLB 缺失时,查找页表并将 PTE 写回到 TLB 的过程使用硬件来实现,但是在 MIPS 的架构定义中,TLB 缺失的解决过程是由软件完成的,为了支持这样的操作,MIPS 中定义了专门操作 TLB 的指令,使用这些指令可以直接对 TLB 进行控制,这些指令如表 3.4 所示(假设 TLB 中表项的个数是 64 个,全相连结构,因此需要 6 位的地址进行寻址)。

表 3.4 MIPS 中对 TLB 进行控制的指令

指令	描 述	需要使用的寄存器
TLBP	Probe TLB for matching entry，使用虚拟地址 VA 来查找 TLB 中是否存在它的映射关系，如果存在，将对应 entry 的地址放到 Index 寄存器中	EntryHi：用来存储寻址 TLB 需要使用的 VPN，这个寄存器也包括了 ASID 部分 Index：将 TLB 中被寻址到的 entry 的地址放到这个寄存器中，如果在 TLB 中找到对应的映射关系，则 Index 寄存器的[32]置为 0，[5:0]存储地址；如果没有在 TLB 中找到，则将 Index 寄存器的[32]置为 1
TLBR	Read indexed TLB entry，从 TLB 中将 Index 寄存器指定 entry 的内容读出来，放到寄存器 EntryHi 和 EntryLo 中	Index：用来存储寻址 TLB 的地址，会使用这个寄存器的[5:0]来寻址 TLB EntryHi：被 Index 寄存器寻址到的 TLB entry 中的 VPN 部分会放到这个寄存器中 EntryLo：被 Index 寄存器寻址到的 TLB entry 中的其他内容会被放到这个寄存器中
TLBWI	Write Indexed TLB entry，向 Index 寄存器寻址到的 TLB entry 中写入 EntryHi 和 EntryLo 的内容	Index：用来存储寻址 TLB 的地址，使用[5:0]来寻址 TLB EntryHi：用来存储写入到 TLB entry 中的 VPN EntryLo：用来存储写入到 TLB entry 的其他内容
TLBWR	Write Random TLB entry，使用 Random 寄存器来寻址 TLB，向被寻址的 entry 中写入 EntryHi 和 EntryLo 的内容	Random：一个用来产生随机值的寄存器，只有[5:0]有效，用来寻址 TLB，多使用一个计数器来模拟随机的过程 EntryHi：用来存储写入到 TLB entry 中的 VPN EntryLo：用来存储写入到 TLB entry 的其他内容

为了实现对 TLB 的完全控制，在 MIPS 中设计了四条指令 TLBP、TLBR、TLBWI 和 TLBWR，以及四个寄存器 Index、EntryHi、EntryLo 和 Random，使用这四条指令和四个寄存器，可以实现对 TLB 的控制，尤其是在 TLB 缺失对应的异常处理程序中，TLBWR 这条指令使用的频率最高，它可以实现 TLB 中随机的替换策略，一个典型的 TLB 缺失的异常处理程序如图 3.25 所示。。

```
mfc0   $k1, context   //将寻址PT的地址放到寄存器$k1中
lw     $k1, 0($k1)    //寻址PT，将得到的PTE放到寄存器$k1中
mtc0   $k1, EntryLo   //将PTE放到寄存器EntryLo中
tlbwr                 //将EntryLo和EntryHi寄存器的内容随机写到TLB中
eret                  //从TLB异常处理程序中退出
```

图 3.25 MIPS 中，一个典型的 TLB miss 的异常处理程序

前文说过，要寻址页表，需要两部分内容，即页表的基地址（例如 PTR 寄存器）和页表内的偏移（例如虚拟地址 VA[31:12]）。在 MIPS 处理器中，为了加快寻址页表的过程，硬件会自动将这两部分内容放到一个寄存器中，它就是上面程序中的 context 寄存器，它位于协处理器 CP0 中，软件可以直接使用 context 寄存器中的内容作为寻址页表的地址。当然，由于 load 指令无法直接使用 CP0 中的寄存器，所以首先要把 context 寄存器放到通用寄存器 $k1 中，注意在 MIPS 架构中约定，通用寄存器中的 R26 和 R27 只用在中断和异常的处理

程序中,它们被称为 $k0 和 $k1。TLBWR 指令将 EntryHi 和 EntryLo 两个寄存器的内容写到 TLB 内随机指定的一个表项中,不过在发生 TLB 缺失的异常时,硬件会自动将当前未能转换的虚拟地址的 VPN,以及当前进程的 ASID,写到 EntryHi 寄存器中,不需要软件再去组织 EntryHi 寄存器的内容,因此软件只需要组织 EntryLo 寄存器的内容即可。其实,这个寄存器存储的就是页表中被寻址到的 PTE 的内容。当然,如果要使用 TLBP 指令,那么仍旧需要软件来组织 EntryHi 寄存器的内容。

3.4.2 Cache 的设计

1. Virtual Cache

TLB 只是加速了从虚拟地址到物理地址的转换,可以很快地得到所需的数据(或指令)在物理内存中的位置,也就是得到了物理地址,但是,如果直接从物理内存中取数据(或指令),显然也是很慢的,因此可以使用在以前章节提到的 Cache 来缓存物理地址到数据的转换过程。实际上,从虚拟地址转化为物理地址之后,后续的过程就和前文讲述的内容是一样的了。因为这种 Cache 使用物理地址进行寻址,因此称为物理 Cache(Physical Cache),使用 TLB 和物理 Cache 一起进行工作的过程如图 3.26 所示。

图 3.26 Physical Cache

很显然,如果不使用虚拟存储器,处理器送出的地址会直接访问物理 Cache,而现在需要先经过 TLB 才能再访问物理 Cache,因此必然会增加流水线的延迟,如果还想获得和以前一样的运行频率,就需要将访问 TLB 的过程单独使用一级流水线,但是这样就增加了分支预测失败时的惩罚(penaly),也增加了 load 指令的延迟,不是一个很好的做法。

既然图 3.26 所示的过程,最终要从虚拟地址得到对应的数据,那么为什么不使用 Cache 来直接缓存从虚拟地址到数据的关系呢?

当然是可以的,因为这个 Cache 使用虚拟地址来寻址,称之为虚拟 Cache(Virtual Cache),用来和前面的物理 Cache 相对应。既然使用虚拟 Cache,可以直接从虚拟地址得到对应的数据,那么是不是就可以不使用 TLB 了呢? 当然不是这样,因为一旦虚拟 Cache 发生了缺失,仍旧需要将对应的虚拟地址转换为物理地址,然后再去物理内存中获得对应的数据,因此还需要 TLB 来加速从虚拟地址到物理地址的转换过程。在使用虚拟 Cache 的这种方法中,如果能够从中得到数据,那么是最好的情况,否则仍旧需要经过 TLB 并访问物理内存,这个过程如图 3.27 所示。

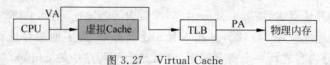

图 3.27 Virtual Cache

在图 3.27 中,如果使用虚拟地址,从虚拟 Cache 中找到了需要的数据,那么就不需要再访问 TLB 和物理内存,在流水线中使用这种虚拟 Cache,不会对处理器的时钟周期产生明显的负面影响,不过它会引入一些新的问题,需要耗费额外的硬件进行解决,这是由于虚拟地址的属性和物理地址是不同的,每个物理地址总是有且只有一个物理内存中的位置和它对应,两个不同的物理地址必然对应物理内存中两个不同的位置,因此,在前文中使用物理Cache时,不会有任何的问题,但是,直接使用虚拟Cache则会引入新的问题,主要可以概括为两方面。

同义问题(synonyms),也称做重名(aliasing),即多个不同的名字对应相同的物理位置,在虚拟存储器的系统中,一个进程内或者不同的进程之间,不同的虚拟地址可以对应同一个物理内存中的位置,例如前文中提到的位于操作系统中的printf函数,许多进程都可以使用它。如果使用了虚拟Cache,由于直接使用虚拟地址进行寻址,则不同的虚拟地址会占用Cache中不同的地方,那么当很多虚拟地址都对应着一个物理地址时,就会导致在虚拟Cache中,这些虚拟地址虽然占据了不同的地方,但是它们实际上就是对应着同一个物理内存中的位置,这样会引起两方面的问题,一是浪费了宝贵的Cache空间,造成了Cache等效容量的减少,降低了整体的性能;二是当执行一条store指令而写数据到虚拟Cache中时,只会将这个虚拟地址在Cache中对应的内容进行修改,而实际上,Cache中其他有着相同物理地址的地方都需要被修改(这些位置的虚拟地址不同,但是都对应着同一个物理地址),否则,其他的虚拟地址读取Cache时,就无法得到刚才更新过的正确值了,上面描述的问题如图3.28所示。

虚拟Cache

Tag	Data
VA1	1st Copy of Data at PA
VA2	2nd Copy of Data at PA

图 3.28 存在重名问题的 Virtual Cache

在图 3.28 中,当执行一条 store 指令而向虚拟地址 VA1 写入数据时,虚拟 Cache 中 VA1 对应的内容会被修改,但是在 Cache 中,还存在虚拟地址 VA2 也映射到同一个物理地址 PA,这样一个物理地址在虚拟 Cache 中有两份数据,当一条 load 指令使用虚拟地址 VA2 读取虚拟 Cache 时,就会得到过时的数据了。

并不是所有的虚拟 Cache 都会发生同义问题,这取决于页的大小和 Cache 的大小,而前面说过,虚拟地址转化为物理地址的时候,页内的偏移是不变的,也就是说,对于大小为 4KB 的页来说,虚拟地址的低 12 位不会发生变化,如果此时有一个直接相连(direct-mapped)结构的虚拟 Cache,而这个 Cache 的容量小于 4KB,那么寻址 Cache 的地址就不会大于 12 位,此时即使两个不同的虚拟地址对应同一个物理位置,它们寻址虚拟 Cache 的地址也是相同的,因此会占用虚拟 Cache 中的同一个地方,不会存在不同的虚拟地址占用 Cache 中不同位置的情况。相反,只有 Cache 的容量大于 4KB 时,才会导致寻址 Cache 的地址大于 12 位,此时映射到同一个物理位置的两个不同的虚拟地址,寻址虚拟 Cache 使用的地址也是不同的。它们会占用 Cache 内不同的地方,这样就会出现同义问题,如图 3.29 所示为在大小为 8KB、直接相连结构的 Cache 中出现同义问题的示意图。

由于在虚拟地址到物理地址的转换过程中,只有页内偏移保持不变,所以在图 3.29 中,当两个虚拟地址映射到同一个物理地址时,两个虚拟地址的第 12 位可能是 0、也可能是 1。也就是说,此时在虚拟 Cache 中会有两个不同的地方存储着同一个物理地址的值,此时最简单的方法就是当一个虚拟地址写 Cache 时,将 Cache 中可能出现同义问题的两个位置都进行更新,这就相当于将它们作为一个位置来看待,要实现这样的功能,就需要使用物理地址作为 Cache 的 Tag 部分,并且能够同时将虚拟 Cache 中两个可能重名的位置都读取出来,这就要在 Cache 中使用 bank 的结构,例如图 3.29 所示的大小为 8KB、直接相连结构的 Cache 就需要两个 bank,使用虚拟地址 VA[11:0] 进行寻址。在写 Cache 时,两个 bank 中对应的位置都需要更新,这样在读取 Cache 时,也就会从两个 bank 中得到同一个值了,但是这样的方法相当于将 Cache 的容量减少了一半,显然无法在实际当中使用。其实,利用这种 bank 结构的 Cache,可以在不减少 Cache 容量的前提下解决同义问题,这种方法如图 3.30 所示。

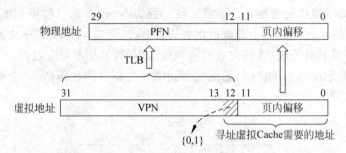

图 3.29　一个物理地址可以有两个虚拟地址与之对应

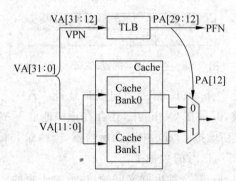

图 3.30　使用 bank 的方法解决重名问题

在图 3.30 中,一个大小为 8KB、直接相连结构的 Cache,内部被分为了两个 4KB 的bank,使用 VA[11:0] 作为两个 bank 公用的地址,需要注意的是,在 Cache 中的数据部分和Tag 部分都使用了图 3.30 所示的 bank 结构,这种 Cache 的读写过程如下。

① 读取 Cache 时,两个 bank 都会被 VA[11:0] 寻址而得到对应的内容,这两个 bank的输出被送到一个由物理地址 PA[12] 控制的多路选择器上,当物理地址 PA[12] 为 0 时,选择 bank0 输出的值,当物理地址 PA[12] 为 1 时,选择 bank1 输出的值。由于物理地址需要经过 TLB 才可以得到,所以当 Cache 中两个 bank 输出的值送到多路选择器的时候,物理地址可能还没有从 TLB 中得到,这样在一定程度上增加了处理器的周期时间。需要注意的是,由于 Cache 中的 Tag 部分也采用了这种 bank 结构,所以使用图 3.30 所示的方法可以

得到 Cache 最终输出的 Tag 值,这个值会和 TLB 输出的 PFN 值进行比较,从而判断 Cache 是否命中。

② 写 Cache 的时候,由于一条指令只有退休(retire)的时候,才会真正地写 Cache,此时的物理地址已经得到了,所以在写 Cache 时可以根据物理地址 PA[12] 的值,将数据写到对应的 bank 中。

这种方法相当于将 PFN 为偶数(PA[12] 为 0)的所有地址写到了 Cache 的 bank0 中,将 PFN 为奇数(PA[12] 为 1)的所有地址写到了 bank1 中,这样不会造成 Cache 存储空间的浪费。当然缺点是增加了一些硬件复杂度,并且在 Cache 中 way 的个数不增加的前提下,随着 Cache 容量的增大,需要使用的硬件也越来越多,例如使用大小为 16KB、直接相连结构的 Cache 时,就需要使用四个 bank,采用 PA[13:12] 来控制多路选择器。由于采用了 bank 结构,Cache 的输入需要送到所有的 bank,造成输入端的负载变得更大,而且每次读取 Cache 时所有的 bank 都会参与动作,所以功耗相比普通的 Cache 也会增大,这些都是采用 bank 结构的虚拟 Cache 需要面临的缺点。

(2) 同名问题(homonyms),即相同的名字对应不同的物理位置,在虚拟存储器中,因为每个进程都可以占用整个虚拟存储器的空间,因此不同的进程之间会存在很多相同的虚拟地址。而实际上,这些虚拟地址经过每个进程的页表转化后,会对应不同的物理地址,这就产生了同名问题:很多相同的虚拟地址对应着不同的物理地址。当从一个进程切换到另一个进程时,新的进程使用虚拟地址来访问虚拟 Cache 的话(假设使用虚拟地址作为 Cache 中的 Tag 部分),从 Cache 中可能得到上一个进程的虚拟地址对应的数据,这样就产生了错误。为了避免这种情况发生,最简单的方法就是在进程切换的时候将虚拟 Cache 中所有的内容都置为无效,这样就保证了一个进程在开始执行的时候,使用的虚拟 Cache 是干净的。同理,对于 TLB 也是一样的,在进程切换之后,新的进程在使用虚拟地址访问 TLB 时,可能会得到上一个进程中虚拟地址的映射关系,这样显然也会产生错误,因此在进程切换的时候,也需要将 TLB 的内容清空,保证新的进程使用的 TLB 是干净的。当进程切换很频繁时,就需要经常将 TLB 和虚拟 Cache 的内容清空,这样可能浪费了大量有用的值,降低了处理器的执行效率。

既然无法直接从虚拟地址中判断它属于哪个进程,那么就为每个进程赋一个编号,每个进程中产生的虚拟地址都附上这个编号,这个编号就相当于是虚拟地址的一部分,这样不同进程的虚拟地址就肯定是不一样了。这个编号称为 PID(Process ID),当然更通用的叫法是 ASID(Address Space IDentifier),使用 ASID 相当于扩展了虚拟存储器的空间,此时仍然是每个进程可以看到整个的 4GB 的虚拟存储器空间,而且每个进程的 4GB 都互相不交叠,如图 3.31 所示。

例如,当使用 8 位的 ASID 时,那么虚拟存储器就有 $2^8 = 256$ 个 4GB 的空间,就相当于此时虚拟存储器的空间为 $256 \times 4GB = 1024GB$,也就是说,使用 ASID 就等于扩大了虚拟存储器的空间。

但是,使用 ASID 也引入了一个新的问题,当多个进程想要共享同一个页时,如何实现这个功能呢?这就需要在 ASID 之外再增加一个标志位,称之为 Global 位,或简称为 G 位。当一个页不只是属于某一个进程,而是被所有的进程共享时,就可以将这个 Global 位置为 1,这样在查找页表的时候,如果发现 G 位是 1,那么就不需要再理会 ASID 的值,这样就实

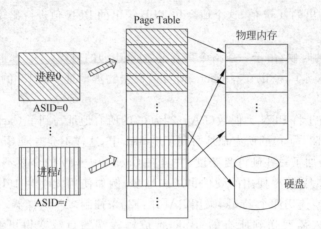

图 3.31 使用 ASID 之后的地址转换

现了一个页被所有进程共享的功能。

　　ASID 和原来的虚拟地址一起组成了新的虚拟地址,这就相当于使虚拟地址的位数增加了,例如在 32 位的处理器中采用 8 位的 ASID,则相当于虚拟地址是 40 位,此时还可以使用两级的页表,将这 40 位的虚拟地址进行划分,假设仍旧使用大小为 4KB 的页,查找第一级页表使用 14 位,查找第二级页表使用 14 位,那么此时第一级页表和第二级页表的大小都是 $2^{14} \times 4B = 64KB$,过大的页表可能导致其内部出现碎片,降低页表的利用效率。

　　为了解决这个问题,可以采取三级页表的方式。增加一个额外的页表,它使用 ASID 进行寻址,这个页表中的每个 PTE 都存放着第二级页表的基地址,如图 3.32 所示,此时仍旧需要使用 PTR 寄存器存放第一级页表的基地址。

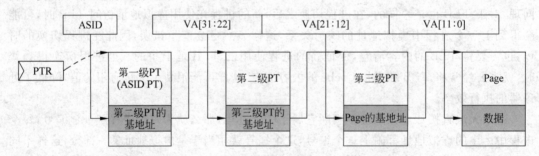

图 3.32 使用多级页表来解决 ASID 加入之后引起的问题

　　当然,使用这样的方式,要从虚拟地址中得到需要的数据,相比于两级页表,需要多一次物理内存的访问,这会造成 TLB 缺失的处理时间变长,是使用 ASID 带来的一个负面影响,尤其是 TLB 缺失发生的频率很高时,这种负面影响更为严重。

　　在使用多级页表的系统中,只有第一级页表才会常驻物理内存中,第一级页表的基地址由处理器当中专用的寄存器指定,例如图 3.32 中的 PTR 寄存器。支持 ASID 的处理器中还会有一个寄存器来保存当前进程的 ASID 值,每次操作系统创建一个进程时,就会给当前的进程分配 ASID 值,并将其写到 ASID 寄存器中,这个进程中所有的虚拟地址都会在前面被附上这个 ASID 的值,在 TLB 中,ASID 和 VPN 一起组成了新的虚拟地址,参与地址的比较,这样就在 TLB 中对不同的进程进行了区分。

当系统中运行的进程个数超过 ASID 能够表示的最大范围时,例如有多于 256 个进程存在于 8 位 ASID 的系统中,此时就需要操作系统从已经存在的 256 个 ASID 中挑出一个不经常使用的值,将它在 TLB 中对应的内容清空,并将这个 ASID 分配给新的进程。由于此时新的进程会更新 PTR 寄存器,为了能够对旧的进程进行恢复,操作系统需要将被覆盖的 PTR 寄存器的值保存起来,这样等到这个旧的进程再次被执行时,就可以知道它存在于物理内存的哪个位置了。总结起来就是说,如果使用了 ASID,那么操作系统就需要管理 ASID 的使用,尤其是对于那些已经退出的进程,要及时地回收它的 ASID 值,以供新的进程使用。

2. 对 Cache 进行控制

采用哈佛结构的处理器中,Cache 分别被指令(I-Cache)和数据(D-Cache)使用,在 Cache 中缓存着物理内存的内容,因此 Cache 中的内容都是物理内存的子集。但是,要保持这种关系,需要对下列情况进行特殊处理。

(1) 当 DMA 需要将物理内存中的数据搬移到其他地方,但此时物理内存中最新的数据还存在于 D-Cache 中,因此在进行 DMA 搬移之前,需要将 D-Cache 中所有脏状态(dirty)的内容写回到物理内存中。

(2) 当 DMA 从外界搬移数据到物理内存的一个地址上,而这个地址又在 D-Cache 中被缓存,那么此时就需要将 D-Cache 中这个地址的内容置为无效。

(3) 当发生 Page Fault 时,需要从硬盘中读取一个页并写到物理内存中,如果物理内存中被覆盖的页是脏的状态,并且这个页内的部分内容还存在于 D-Cache 中,那么就需要先将 D-Cache 中的内容写回到物理内存,然后才能将这个页写回到硬盘中,此时就可以对物理内存中的这个页进行覆盖了。

(4) 处理器有可能执行一些"自修改"的指令,将处理器后续要执行的一些指令进行修改,这些新的指令会先作为数据写到 D-Cache 中,如果想要处理器能够正确地执行这些被修改过的指令,需要将 D-Cache 中的这些内容都写回到物理内存中,同时需要将 I-Cache 中的所有内容都清空,这样才能够保证处理器能够执行到最新的指令。在处理器中,D-Cache 和 I-Cache 之间没有直接的通路,只能通过物理内存进行交互。

将上面的所有操作进行抽象,得出需要对 Cache 进行的操作有如下几种。

(1) 能够将 I-Cache 内的所有 Cache Line 都置为无效;

(2) 能够将 I-Cache 内的某个 Cache Line 置为无效;

(3) 能够将 D-Cache 内的所有 Cache Line 进行 clean;

(4) 能够将 D-Cache 内的某个 Cache Line 进行 clean;

(5) 能够将 D-Cache 内的所有 Cache Line 进行 clean,并置为无效;

(6) 能够将 D-Cache 内的某个 Cache Line 进行 clean,并置为无效。

在上面的描述中,Cache 的 clean 操作指的是将脏状态(dirty)的 Cache line 写回到物理内存的过程。

和 TLB 多采用全相连的结构不同,Cache 一般采用组相连的结构,为了能够找到 Cache 中的某个 Cache line,可以使用的寻址手段有以下两种。

(1) Set/Way,通过提供 set 和 way 的信息,可以定位到 Cache 中的一个 Cache line。

(2) 地址,在 Cache 真正工作的时候,是通过地址来查找 Cache 的。这个地址可以是虚拟地址,也可以是物理地址,这取决于采用物理 Cache 还是虚拟 Cache。这个地址的 Index

部分用来找到 Cache 中的某个 Cache set，Tag 部分用来从不同的 way 中选出匹配的 Cache line（如果 Cache 中使用物理地址作为 Tag，还需要先将虚拟地址转化为物理地址）。

和 TLB 的管理类似，Cache 的管理也有不同的风格，比较典型的两个例子就是 ARM 处理器和 MIPS 处理器，在 ARM 处理器中，仍旧使用系统协处理器（即 CP15）中的寄存器来管理 Cache，通过管理 CP15 中对应的寄存器，就可以实现对 Cache 的控制；而在 MIPS 处理器中，则直接使用专用的指令来管理 Cache。从易用性方面来看，MIPS 处理器使用的方法无疑要占据优势，更容易被程序员使用，不过从执行效率来看，两者并没有明显的区别，都在现实世界中被广泛地使用。

1）ARM 风格的 Cache 管理[12]

在 ARM 处理器中，对 Cache 的管理主要依靠系统协处理器 CP15 中的寄存器来实现，通过访问协处理器的指令（MRC 和 MCR），可以将指定的值送到对应功能的协处理器寄存器中，这些寄存器主要用来对 I-Cache 和 D-Cache 进行控制，它们主要包括下面的内容，如表 3.5 所示。

表 3.5　ARM 中对 Cache 进行管理的协处理器

	CRn	Op1	CRm	Op2	Data	功　能
操作 I-Cache	c7	0	c5	0	0	将 I-Cache 全部置为无效
			c5	1	VA	根据地址将某个 I-Cache line 置为无效
操作 D-Cache			c6	0	0	将 D-Cache 全部置为无效
			c6	1	VA	根据地址将某个 D-Cache line 置为无效
			c6	2	Set/way	根据 set/way 将某个 D-Cache line 置为无效
			c10	1	VA	根据地址将某个 D-Cache line 进行 clean
			c10	2	Set/way	根据 set/way 将某个 D-Cache line 进行 clean
			c14	1	VA	根据地址将某个 D-Cache line 进行 clean，并置为无效
			c14	2	Set/way	根据 set/way 将某个 D-Cache line 进行 clean，并置为无效

在表 3.5 所示中，CRn、Op1、CRm、Op2 和 Data 都是指令 MRC 和 MCR 中携带的内容，MRC 和 MCR 指令的格式如下。

```
MRC{<cond>}<coproc>, <Op1>, <Rt>, <CRn>, <CRm>{, <Op2>}
MCR{<cond>}<coproc>, <Op1>, <Rt>, <CRn>, <CRm>{, <Op2>}
```

MRC 指令将协处理器中某个寄存器的内容放到处理器内部指定的通用寄存器中，MCR 指令将处理器内部某个通用寄存器的内容放到协处理器内部指定的寄存器中，这两条指令都可以条件执行，在 ARM 的体系结构中定义了 CP0～CP15 共 16 个协处理器，但是最常用的就是 CP15 协处理器，在其中定义了各种控制寄存器，用来对处理器的工作状态进行控制，从本质上来说，Op1、CRn、CRm 和 Op2 共同决定了协处理器中的某个寄存器，而 Rt 指定了处理器内部的某个通用寄存器，其中存放的内容即是表 3.5 中的 Data 部分。举例来说，MCR 指令的用法如图 3.33 所示。

不管使用 VA 还是 set/way 信息来查找 Cache line，都需要将 VA 和 set/way 的信息放到通用寄存器 Rt 中，在 ARM 中定义了它们的格式。使用这种方式，可以对 Cache 完成指定的操作，例如可以使用 set/way 的信息对整个 D-Cache 进行 clean 操作，只需要使用一段程序，逐步地增加 Rt 寄存器中 set/way 的值，从而遍历到整个 D-Cache 就可以了。在前文说过，发生 Page Fault 并需要将某个页的内容进行替换时，就会使用到这个功能，通过控制 set/way 从而将整个 D-Cache 进行 clean 操作，可以保证将最新的内容更新回到物理内存中，从而保证程序的正确执行。

MCR p15, 0, <Rt>, c7, c5, 0 ; 将I-Cache的内容全部置为无效，Rt寄存器中存放的内容应该是0

MCR p15, 0, <Rt>, c7, c6, 1 ; 根据地址VA，将D-Cache的某个line置为无效，Rt寄存器中存放的内容应该是VA

MCR p15, 0, <Rt>, c7, c6, 2 ; 根据set/way，将D-Cache的某个line置为无效，Rt寄存器中存放的内容应该是set/way

图 3.33 使用 MCR 指令对 Cache 进行控制

对于 I-Cache 来说，程序是无法直接向其中写入内容的，所以对于它来说，不存在数据是否脏(dirty)的问题，也就不需要进行 clean 操作。但是在某些情况下，程序可能会有自修改(self-modifying)的功能，也就是说，程序自己改变后面要执行的内容，修改后面的某些指令，在使用 Cache 的系统中，要实现这样的功能，是没有办法通过 I-Cache 来实现的，而是必须借助于 D-Cache，将新的指令作为普通的数据，使用 store 类型的指令，将其写到 D-Cache 中，然后将 D-Cache 进行 clean 操作，使这些被修改的指令可以真正更新到 L2 Cache 中(假设 L2 Cache 已经可以被 I-Cache 和 D-Cache 共享)，然后再将整个 I-Cache 中的内容置为无效，这样就可以保证程序在继续执行时，可以取到最新的指令来执行，如果没有将 D-Cache 进行 clean 操作，那么程序仍然有可能从 I-Cache 中执行到旧的指令，从而使自修改的功能无法得到正确的执行。

当然，在 ARM 处理器中，对 Cache 的控制还有很多其他的功能，例如可以将某个 Cache line 进行锁定，用来保证这个 Cache line 不会被替换；可以读取/写入 Cache 中某个指定的 Cache line；可以控制 I-Cache 和 D-Cache 是否被使用(事实上，处理器刚上电的时候都不会开启 Cache，而是从一段不可映射、不可 Cache 的地址区域开始执行指令，等到将 Cache 初始化之后才会进行开启)等，具体的功能参见 ARM 处理器的架构参考手册。

2) MIPS 风格的 Cache 管理[14]

在 MIPS 处理器中，直接使用指令来完成对 Cache 的控制，这条指令就是 CACHE 指令，它的格式如图 3.34 所示。

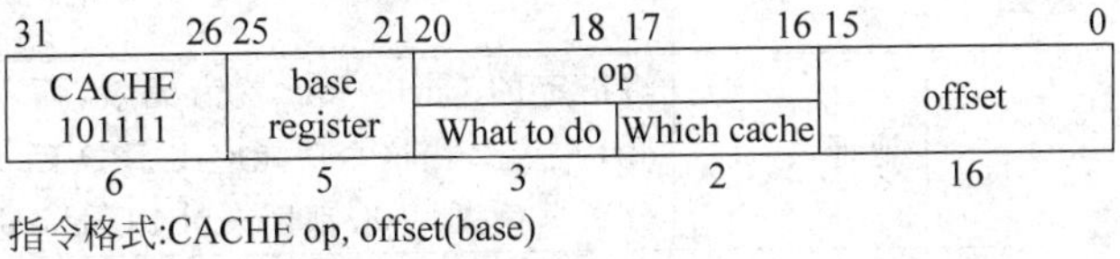

31 26	25 21	20 18	17 16	15 0
CACHE 101111	base register	op: What to do	Which cache	offset
6	5	3		16

指令格式:CACHE op, offset(base)

图 3.34 MIPS 中的 CACHE 指令

这条指令和普通 load/store 指令的格式是类似的，都是由指令中指定的寄存器加上 16 位的立即数来共同产生一个地址，这个地址被 MIPS 称为 EA(Effective Address)，即 EA＝GPR[base]＋offset。这个地址可以用作普通的虚拟地址从而直接寻址 Cache，当然在

MIPS 处理器中,也可以使用 set/way 的信息来直接寻址 Cache,set/way 的信息在这个地址 EA 中直接指定,总结起来,这个有效地址 EA 的用处如表 3.6 所示。

表 3.6　MIPS 中,CACHE 指令所携带 EA 的用处

EA 的用处	Cache 的类型	解　释
地址	虚拟 Cache	EA 被用作虚拟地址,对 Cache 进行寻址
地址	物理 Cache	EA 被用作物理地址,对 Cache 进行寻址
Set/way	虚拟 Cache/物理 Cache	EA 中包含了 set/way 的信息,使用它直接对 Cache 进行寻址,此时 EA 的内容如下所示: 31　　　　　　　　　　　　　　　　　　　　0 | 未使用 | Way | Set | Byte-within-line |

在 MIPS 处理器中对 Cache 的管理完全通过 CACHE 指令来实现,指令中的 op 部分 (位于指令[20:16])指定了操作的类型,这明显不同于 ARM 中使用协处理器中的寄存器对 Cache 进行控制的方法,从易用性方面来说,MIPS 的这种做法更容易被接受。在 5 位的 op 部分中,后 2 位(即指令[17:16])用来指定对何种 Cache 进行操作,它的内容如下所示。

```
2'b00 = L1 I - Cache
2'b01 = L1 D - Cache
2'b10 = L3 Cache,如果存在的话
2'b11 = L2 Cache,如果存在的话
```

指令中 op 部分的高 3 位(即指令[20:18])用来指定操作的类型,前面提到的对 Cache 控制的功能都可以在这部分找到,如表 3.7 所示。

表 3.7　MIPS 对 Cache 的控制

指令[20:18]	命　令	EA 的功能	解　释
3'b000	Index Write back invalidate	Set/way	将指定的 Cache line 置为无效,对于 D-Cache 来说,如果被找到的 line 是 dirty 状态,那么首先应该将其写回到下级存储器中(即 clean 操作),然后才能置为无效
3'b001	Index Load Tag	Set/way	将指定的 Cache line 中的 Tag 部分放到 CP0 的 TagLo 和 TagHi 寄存器中,将 line 中被寻址到的两个字放到 CP0 的 DataLo 和 DataHi 寄存器中
3'b010	Index Store Tag		将 CP0 中的 TagLo 和 TagHi 寄存器的内容写到指定 Cache line 的 Tag 部分,它可以用来初始化 Cache
3'b011	保留		
3'b100	Hit invalidate	地址	将指定的 Cache line 置为无效,而不管这个 line 是否是 dirty 状态,当这个功能应用于 D-Cache 时,可能会导致部分数据丢失,一般都用来对 I-Cache 进行操作
3'b101	Hit Write back invalidate	地址	对指定的 Cache line 进行 clean 操作,然后将这个 line 置为无效
3'b110	Hit Write back	地址	对指定的 Cache line 进行 clean 操作,当 DMA 或者其他 CPU 要读取物理内存中的数据时,需要首先将 D-Cache 中的数据更新回到物理内存中

续表

指令[20:18]	命 令	EA 的功能	解 释
3'b111	Fetch and Lock	地址	从指定的 Cache line 中读取想要的数据，如果这个数据不在 Cache 中，那么就从下级存储器中将其取出来并写到这个 line 中，如果这个 line 是 dirty 状态，还需要首先将它的数据写回到下级存储器中。从 Cache line 中得到需要的数据后，就将这个 line 置为锁定的状态，当以后发生 Cache miss 时，这个 line 将不会被替换掉 要想解除这个 line 的锁定状态，需要使用 CACHE 指令将这个 line 置为无效，这可以通过命令 Index Writeback invalidate、Hit invalidate 或 Hit Write back invalidate 来实现

由表 3.7 可以看出，在 MIPS 处理器中使用 CACHE 指令，可以完成对 Cache 的控制，相比于 ARM 使用协处理器中的寄存器进行控制的方式，MIPS 的这种做法更容易被程序员使用，这也符合 MIPS 一贯简洁的风格。

3.4.3 将 TLB 和 Cache 放入流水线

1. Physically-Indexed，Physically-Tagged

在使用虚拟存储器的系统中，仍旧可以使用物理 Cache，这是最保守的一种做法，因为处理器送出的虚拟地址（VA）会首先被 TLB 转换为对应的物理地址（PA），然后使用物理地址来寻址 Cache，此时就像是没有使用虚拟存储器一样，直接使用了物理 Cache，并且使用物理地址的一部分作为 Tag，因此将其称为 physically-indexed，physically-tagged Cache，这种设计的示意图如图 3.35 所示。

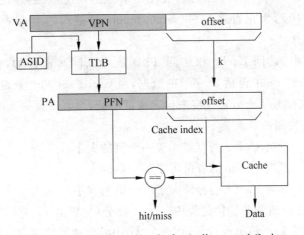

图 3.35 physically-indexed，physically-tagged Cache

由于寻址 TLB 的过程也需要消耗一定的时间，为了不至于对处理器的周期时间造成太大的负面影响，可能需要将访问 TLB 的过程单独作为一个流水段，这样相当于增加了流水线的级数，对于 I-Cache 来说，增加一级流水线会导致分支预测失败时有更大的惩罚（penalty）；而对于 D-Cache 来说，增加一级流水线会造成 load 指令的延迟（latency）变大。

由于 load 指令一般都是在相关性的顶端,因此这种方法会对其他相关指令的唤醒(wake-up)造成一定的负面影响。这种设计方法在理论上是完全没有问题的,但是在真实的处理器中很少被采用,因为它完全串行了 TLB 和 Cache 的访问。而实际上,这是没有必要的,因为从虚拟地址到物理地址的转换过程中,低位的 offset 部分是保持不变的,在图 3.35 所示的设计中,如果物理地址中寻址 Cache 的部分使用 offset 就足够的话,那么就不需要等到从 TLB 中得到物理地址之后才去寻址 Cache,而是直接可以使用虚拟地址的 offset 部分,这样访问 TLB 和访问 Cache 的过程是同时进行的,如图 3.36 所示。

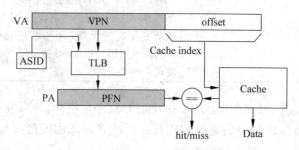

图 3.36　同时访问 Cache 和 TLB

这种设计在不影响流水线深度的情况下获得很好的性能,但是对 Cache 的大小有了限制,实际上,图 3.36 是 virtually-indexed,physically-tagged Cache 的一种情况,下面会对其进行介绍。

2. Virtually-Indexed,Physically-Tagged

这种方式使用了虚拟 Cache,根据 Cache 的大小,直接使用虚拟地址的一部分来寻址这个 Cache(这就是 virtually-indexed),而在 Cache 中的 Tag 则使用物理地址中的 PFN(这就是 physically-tagged),这种 Cache 是目前被使用最多的,大多数的现代处理器都使用了这种方式,如图 3.37 所示为在直接映射(direct-mapped)结构的 Cache 中使用这种方式的设计。

在这样的方法中,访问 Cache 和访问 TLB 是可以同时进行的,假设在直接映射的 Cache 中,每个 Cache line 中包括 2^b 字节的数据,而 Cache set 的个数是 2^L,也就是说,寻址 Cache 需要的地址长度是 $L+b$,它直接来自于虚拟地址,再假设页的大小是 2^k 字节,因此就有了图 3.37 中的三种情况。

(1) $k > L + b$,此时 Cache 的容量小于一个页的大小;

(2) $k = L + b$,此时 Cache 的容量等于一个页的大小;

(3) $k < L + b$,此时 Cache 的容量大于一个页的大小。

从虚拟地址到物理地址的转换过程中,offset 部分(由图 3.37 中的 k 给出)是保持不变的,而在虚拟存储器中最小的单位就是页,图 3.37 中的前两种情况,也就是"$k > L + b$"和"$k = L + b$"实际对应着一种情况,寻址 Cache 的地址此时虽然直接来自于虚拟地址,但是这个地址并没有超过 offset 部分,所以寻址 Cache 的地址在虚拟地址到物理地址的转换过程中是不会发生变化的,这个地址也可以认为是来自于物理地址,只不过它并行访问了 TLB 和 Cache,提高了处理器的执行效率。总结来看,图 3.37 所示本质上对应着两种情况,需要相应地采取不同的设计方法。

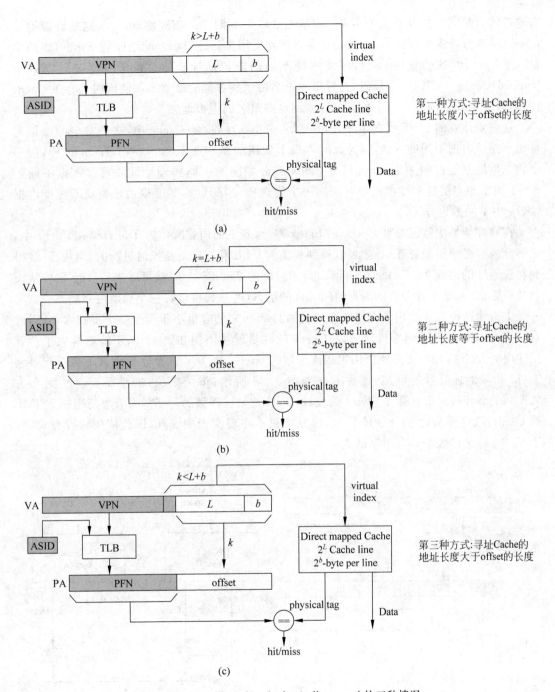

图 3.37 virtually-indexed,physically-tagged 的三种情况

（1）情况 1：$k = L + b$ 或 $k > L + b$

此时 Cache 容量小于或等于一个页的大小，直接使用虚拟地址中的 $[L+b-1:0]$ 部分来寻址 Cache，找到对应 Cache line 中的数据，并将这个 Cache line 的 Tag 部分和 TLB 转换得到的 PFN 进行比较，用来判断 Cache 是否命中。这种设计可以避免虚拟 Cache 中的重名问题，因为它本质上使用物理地址来寻址 Cache，相当于直接使用了物理 Cache。为什么会

有这样的效果呢？假设有几个不同的虚拟地址映射到同一个物理地址,那么这些虚拟地址的 offset 部分肯定是相同的,也就是这些虚拟地址用来寻址 Cache 的地址是一样的(虚拟地址[$L+b-1:0$]来自 offset),因此这些不同的虚拟地址必然会位于直接映射(direct-mapped)Cache 中的同一个位置,这样出现重名的这些虚拟地址就不可能同时共存于 Cache 中了,因为 Cache 内只有一个位置可以容纳这些重名的虚拟地址。

还需要注意的是,即使在组相连(set-associative)结构的 Cache 中,这些重名的虚拟地址也不能够占据不同的 way,因为此时本质上使用的是物理 Cache,在物理 Cache 中,同一个物理地址只能占据一个 way,只有 index 部分相同的不同物理地址才可以占据不同的 way。由于重名的这些虚拟地址对应同一个物理地址,所以这些虚拟地址也就不可能占据 Cache 中不同的地方了。

在物理地址中除了寻址 Cache 的 index 部分,剩下的内容就作为 Tag 存储在 Cache 中,这部分内容必须要经过 TLB 才可以得到。访问 TLB 和 Cache 是同时进行的,当从 TLB 得到物理地址的时候,从 Cache 中也读取到了对应的 Tag 值,此时就可以进行 Tag 比较从而判断是否命中,如果处理器的周期时间允许的话,这些过程可以在一个周期内完成。

上面的这种方法使用了直接映射结构的 Cache,它的容量小于等于一个页的大小,因此对于页大小为 4KB 的典型设计来说,Cache 的容量就被限制在了 4KB,不能够再大了。要想使用更大的 Cache,就需要使用组相连结构的 Cache,因为增加 way 的个数不会引起寻址 Cache 所需地址位数的增加,这种方法如图 3.38 所示,举例来说,如果需要一个大小为 32KB 的 Cache,那么就需要 8-way 的设计,Intel 就是这样做的。那如果需要使用一个 4MB 的 Cache,就需要 way 的个数是 1024,这显然很难在现实当中实现,因此使用这种方式,对于 Cache 容量的大小是有限制的。

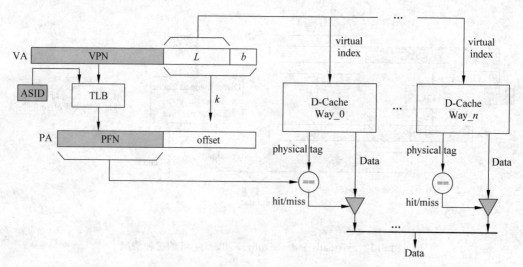

图 3.38　使用更多的 way 数来增加 Cache 的容量

(2) 情况 2: $k < L + b$

在上面的情况下想要使用容量比较大的 Cache,考虑到速度的限制,不可能在组相连结构的 Cache 中无限制地增加 way 的个数,因此只能够增加每个 way 的容量,此时就会导致虚拟地址中寻址 Cache 的 index 位数的增加,这就变成了 $L+b$ 的值已经大于 offset 的位数

k 的情况,这种设计就是真正的 virtually-indexed,虽然这样可以在不增加 way 个数的情况下获得容量比较大的 Cache,但是会面临重名的问题:不同的虚拟地址会对应同一个物理地址。举例来说,在页大小为 4KB 的系统中,有两个不同虚拟地址 VA1 和 VA2,映射到同一个物理地址 PA,有一个直接映射结构的 Cache,容量为 8KB,需要 13 位的 index 才可以对其进行寻址,如图 3.39 所示。

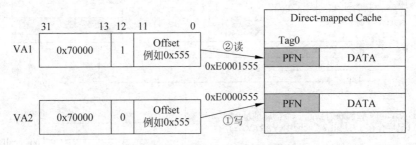

图 3.39 重名问题的一个例子

此时不能保证 VA1 和 VA2 寻址 Cache 的 index 是相同的,因为它们的位[12]有可能不相同,如图 3.39 所示,此时的位[12]已经属于 VPN 了,正因为如此,才造成 VA1 和 VA2 寻址 Cache 的 index 不同,它们会被放到不同的 Cache set 上,这时候问题就出现了:Cache 中两个不同的位置对应着物理存储器中同一个物理位置,这样不但造成了 Cache 空间的浪费,而且当 Cache 中 VA2 对应数据被改变时(例如执行 store 指令向 VA2 中写入值),VA1 的数据不会随着变化,因此就造成了一个物理地址在 Cache 中有两个不同的值,当后续的 load 指令从地址 VA1 读取数据时,就不会从 Cache 中读取到正确的值了。

如何解决这个问题呢? 在前面讲述虚拟 Cache 时,介绍了使用 bank 结构的 Cache 来解决这种重名的问题,将所有重名的虚拟地址都分门别类地放到 Cache 中指定的地方,当然方法不止这一种,还可以让这些重名的虚拟地址只有一个存在于 Cache 中,其他的都不允许在 Cache 中存在,这样也可以避免上述的问题,如何实现这种方法呢?

可以使用 L2 Cache 来实现这个功能,使 L2 Cache 中包括所有 L1 Cache 的内容,也就是采用之前介绍的 inclusive 的方式,如图 3.40 所示。

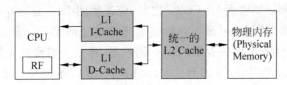

图 3.40 采用统一的 L2 Cache

对第一级的 I-Cache 和 D-Cache 使用一个统一的 L2 Cache,L1 Cache 中的内容是 L2 Cache 的子集。当 L1 Cache 发生缺失时,如果数据(或指令)也不在 L2 Cache 中,则会去物理内存中寻找这个数据(或指令),并将其放到 L1 Cache 的同时,也会放到 L2 Cache 中;当 L1 Cache 中的脏状态(dirty)数据被替换掉之前,会被首先写到 L2 Cache 中。其实,只要保证从物理内存中读取的数据(或指令)在写到 L1 Cache 的同时也写到 L2 Cache 中,就能够保证 L2 Cache 包括所有 L1 Cache 的内容了,当然必须保证 L2 Cache 的容量大于 I-Cache 和 D-Cache 之和。

利用 L2 Cache 解决上述重名的问题的方法如图 3.41 所示。

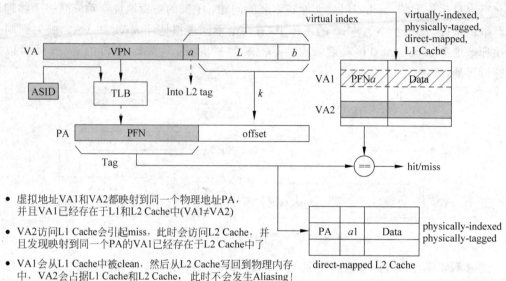

- 虚拟地址VA1和VA2都映射到同一个物理地址PA，并且VA1已经存在于L1和L2 Cache中(VA1≠VA2)
- VA2访问L1 Cache会引起miss，此时会访问L2 Cache，并且发现映射到同一个PA的VA1已经存在于L2 Cache中了
- VA1会从L1 Cache中被clean，然后从L2 Cache写回到物理内存中，VA2会占据L1 Cache和L2 Cache，此时不会发生Aliasing！

图 3.41　使用 L2 Cache 解决重名问题

假设最开始时，虚拟地址 VA1 已经存在于 L1 Cache 和 L2 Cache 当中，当虚拟地址 VA2 访问 L1 Cache 时，会发生缺失，于是就去 L2 Cache 中寻找数据。在大多数处理器中，L2 Cache 都是纯粹的物理 Cache，也就是采用 physically-indexed，physically-tagged 的方式，此时会直接使用经过 TLB 转化的物理地址（PA）来寻址 L2 Cache，而这个物理地址已经存在于 L2 Cache 中了（因为 VA1 存在于 L2 Cache 中），所以此时 VA2 发现它要找的数据存在于 L2 Cache 当中，但是此时还应该告诉 VA2，在 L2 Cache 中，PA 的数据其实是属于 VA1 的，因此需要在 L2 Cache 的每个 Cache line 中加以标记。如图 3.41 所示的那样，在 L2 Cache 的每个 Cache line 中存储虚拟地址的 a 部分，这样当 VA2 被转换为 PA 并访问 L2 Cache 时，如果发现这个 PA 已经存在于 L2 Cache 中，并且这个 PA 对应的 a 不等于 VA2 中的 a，那么就表明此时存在和 VA2 重名的虚拟地址（图 3.41 中即是 VA1），在将 VA2 的数据从 L2 Cache 读取到 L1 Cache 之前，应该使用 L2 Cache 中这个 PA 对应的 a 来寻址 L1 Cache，找到 L1 Cache 中那个存放重名虚拟地址的 Cache line，将其置为无效。当然，如果发现此时这个 Cache line 是脏（dirty）的状态，那么还需要首先将它进行 clean 操作，也就是将这个脏的 Cache line 写回到 L2 Cache 中，然后才能将它置为无效，这样在 L1 Cache 中就不会存在重名的虚拟地址，此时就可以将 VA2 的数据从 L2 Cache 读取到 L1 Cache 中，而且能够保证在 L1 Cache 中不存在和 VA2 重名的情况。

如何使用 L2 Cache 中存储的 a 部分来寻址 L1 Cache 呢？其实是使用 a 和 offset 共同组成的地址来寻址 L1 Cache 的，这从图 3.41 就可以看出来。前面说过，重名的虚拟地址由于都对应同一个物理地址，所以这些虚拟地址的 offset 部分其实都是一样的。在图 3.41 中，VA2 从 L2 Cache 中发现了 VA1 所占据的 Cache line，那么就使用这个 Cache line 中存储的 a，和 VA2 的 offset 组成一个新的地址，也就是 $\{a, \text{offset}\}$，这个地址其实就是 VA1 用来寻址 Cache 的地址部分（再次强调，VA1 和 VA2 是重名的，所以它们寻址 L1 Cache 的地址除了 a 部分不同之外，其他的部分都是一样的），这样就可以从 L1 Cache 中找到 VA1 所占据的 Cache line,并将其进行 clean 和置为无效的操作。从这个过程可以看出,只要在 L2 Cache 中存储了虚拟地址中的 a 部分,就可以通过它来消除 L1 Cache 内的重名问题了。

3. Virtually-Indexed,Virtually-Tagged

在这种方式中,直接缓存了从虚拟地址到数据的过程,它会使用虚拟地址来寻址 Cache (也就是 virtually-indexed),并使用虚拟地址作为 Tag(也就是 virtually-tagged),因此这种 Cache 可以称得上是名副其实的 Virtual Cache 了。如果 Cache 命中,那么直接就可以从 Cache 中获得数据,都不需要访问 TLB;如果 Cache 缺失,那么就仍旧需要使用 TLB 来将虚拟地址转换为物理地址,然后使用物理地址去寻址 L2 Cache,从而得到缺失的数据(在现代的处理器中,L2 及其更下层的 Cache 都是物理 Cache),这个过程如图 3.42 所示。

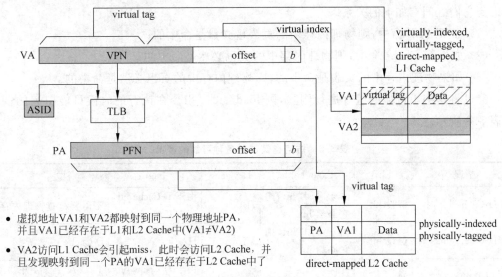

- 虚拟地址VA1和VA2都映射到同一个物理地址PA,并且VA1已经存在于L1和L2 Cache中(VA1≠VA2)
- VA2访问L1 Cache会引起miss,此时会访问L2 Cache,并且发现映射到同一个PA的VA1已经存在于L2 Cache中
- VA1会从L1 Cache中被clean,然后从L2 Cache写回到物理内存中,VA2会占据L1 Cache和L2 Cache,此时不会发生Aliasing!

图 3.42 在 Virtual Cache 中,仍旧使用 L2 Cache 解决重名问题

当然,使用这种方法,仍旧会遇到重名的问题,当存在多个虚拟地址对应同一个物理地址的情况时,L1 Cache 中也可能出现一个物理地址占据多个 Cache line 的问题,解决它的方法还可以和上一节一样,让那些重名的虚拟地址只有一个可以存在于 L1 Cache 中,只是此时不能在 L2 Cache 中只存储虚拟地址的 a 部分了,而是应该存储整个的虚拟地址。回想上一节的内容,其实只需要存储虚拟地址的 a 部分就可以在 L1 Cache 中分辨出不同的虚拟地址了,而在本节的设计中,只有将整个虚拟地址都存储在 L2 Cache 中才可以分辨出 L1 Cache 中不同的虚拟地址,因为 L1 Cache 是 virtually-tagged 的结构,会使用虚拟地址的一部分作为 Tag。举例来说,当虚拟地址 VA1 已经存在于 L1 Cache 和 L2 Cache 之中时,和 VA1 重名的 VA2 访问 L1 Cache 时,会引起缺失,此时需要将 VA2 经过 TLB 转化为物理地址(PA),然后访问 L2 Cache,此时发现这个物理地址已经存在于 L2 Cache 当中,而且对应的 Cache line 中存储着 VA1,这就表示一个和 VA2 重名的 VA1 已经存在于 L1 Cache 中。因此,在将 VA2 对应的数据放到 L1 Cache 之前,首先需要将 L1 Cache 中 VA1 对应的那个 Cache line 置为无效,当然,如果它是脏(dirty)的状态,那么首先需要进行 clean 操作,

通过使用这种方法，就能够保证所有重名的虚拟地址只有一个存在于 L1 Cache 中。

4. 小结

到目前为止可以知道，对于访问存储器的指令来说（主要是 load/store 指令），它在执行的时候，涉及到如下四种部件的访问（暂不考虑硬盘）。

- TLB；
- 物理内存中的页表（Page Table）；
- D-Cache；
- 物理内存中的页（Page）。

每种部件都可能是命中或者缺失的，因此总共有 $2\times2\times2\times2=16$ 种可能的组合，但是考虑到它们之间有如下的关系。

（1）如果 TLB 命中，则物理内存中的页表也必然是命中的；

（2）如果 D-Cache 命中，则物理内存中的页也必然是命中的；

（3）如果物理内存中的页表是命中的，则物理内存中的页也必然是命中的。

经过将这些不可能的组合进行删除，则 load/store 指令在执行的时候可能引起的情况如表 3.8 所示。

表 3.8　访问存储器时各种可能的情况

情况	TLB	Page Table	D-Cache	Page	注　释
当 D-Cache hit 时	假设 hit	由于 TLB hit，则它必然 hit	Hit	由于 D-Cache hit，则它必然 hit	不需要检查物理内存
当 D-Cache miss 时	假设 hit	由于 TLB hit，则它必然 hit	Miss	Hit	D-Cache 被更新
当 TLB miss 时	Miss	Hit	假设 hit	由于 D-Cache hit，则它必然 hit	TLB 被更新，并重新访问 TLB
当 TLB + D-Cache miss 时	Miss	Hit	Miss	Hit	TLB 和 D-Cache 都会被更新，并重新访问 TLB
当 Page Fault 时	必然 miss	必然 miss	必然 miss	必然 miss	进行 Page Fault 的处理

通过表 3.8 所示可以看出，最好的情况发生在 TLB 和 Cache 同时命中的时候，此时 load/store 指令在执行的时候需要经历的流水线最短，并不需要访问物理内存，这种情况也是最希望看到的。如果 TLB 或 Cache 中的某个发生了缺失，则都需要访问物理内存，如果能够在物理内存中找到需要的内容，那么会耽误十几个周期，发生缺失的 load/store 指令会重新被执行。最坏的情况发生在 TLB 和 Cache 都缺失的时候，而且，还伴随着 Page Fault（也就是在物理内存中找不到需要的数据），这时候就需要通知操作系统来处理这个情况了，操作系统会从物理内存的下一级存储器中（一般是硬盘或者闪存）将这个缺失的页搬移到物理内存中，设置好 Page Table 对应的 PTE，并将 TLB 和 Cache 也进行更新，然后才可以重新执行这条发生 Page Fault 的 load/store 指令。访问最下层存储器，例如硬盘，这个过程是以 ms 为单位的，可以想象，对于以 ns 为单位的处理器来说，这个过程会是多么的漫长。为

了提高整体的执行效率,操作系统此时会保存当前进程的状态,转而执行其他的进程,等到从硬盘中读取到了需要的页,并将 Page Fault 处理完毕后,才会继续执行这个被"雪藏"的进程。

总体来看,使用虚拟存储器之后,会给整个处理器的设计带来很多额外的麻烦,但是现代的操作系统对虚拟存储器有着先天的渴求,所以在处理器中必须要支持这种特性,这中间需要很多的折中(trade off),才可以在芯片的成本、功耗和性能方面得到一个比较合适的结果。

第 4 章

分 支 预 测

4.1 概述

在处理器中,除了 Cache 之外,另一个重要的内容就是分支预测(branch prediction),它和 Cache 一起左右着处理器的性能,一个准确度很高的分支预测器(branch predictor)是提高处理器性能的关键部件。但是在现实世界中,准确度高意味着更复杂的算法,也就是占用更多的硅片面积和消耗更多的功耗,同时,还会影响处理器的周期时间。更不幸的是,不同的程序会呈现不同的特性,因此很难找到一种放之四海而皆准的分支预测算法,一种分支预测算法对某个程序有着很高的预测准确度,但是对另一个程序的分支预测却可能很难如意,这也给分支预测的实现带来了一定的难度。

对于超标量处理器来说,准确度高的分支预测更为重要,在取指令阶段,除了需要从 I-Cache 中取出多条指令,同时还需要决定下个周期取指令的地址,如果这个阶段只是简单地顺序取指令,也就是预测所有的分支指令都是不执行的,那么等到在流水线的后续阶段,例如执行阶段,发现了一条可以执行的分支指令时,就需要将流水线中,执行阶段之前的全部指令都从流水线中清除,并重新从正确的地址开始取指令。这些从流水线中被抹掉的指令都做了无用功,浪费了处理器的功耗,并且降低了执行效率。如果能够在取指令阶段,就可以"预知"本周期所取出的指令中是否存在分支指令,并且可以知道它的方向(跳转或者不跳转),以及目标地址(target address)的话,那么就可以在下个周期从分支指令的目标地址开始取指令,这样就不会对流水线产生影响,也就避免了做无用功,提高了处理器的执行效率。这种不用等到分支指令的结果真的被计算出来,而是提前就预测结果的过程就是分支预测。分支预测之所以能够实现,是由分支指令的特性决定的,因为分支预测本质上是对分支指令的结果进行预测,而在一般的 RISC 指令集中,分支指令包含两个要素。

(1)方向,对于一个分支指令来说,它的方向只可能有两种,一种是发生跳转(这称为 taken),另一种是不发生跳转(称为 not taken)。有些分支指令是无条件执行的,例如 MIPS 中的 jump 指令,它的方向总是发生跳转的,而对于其他的分支指令,则需要根据指令中携带的条件是否成立来决定是不是发生跳转,例如 MIPS 中的 BEQ 指令,只有当指定的两个值相等的时候,才会发生跳转。

(2)目标地址,如果分支指令的方向是发生跳转,就需要知道它跳到哪里,也就是它跳转的目标地址,这个目标地址也是携带在指令中,一般来说,对于 RISC 指令集来说,目标地址在指令中可以有两种存在形式。

① PC relative,也称做直接跳转(direct)。在指令中直接以立即数的形式给出一个相对于 PC 的偏移值(offset),当前分支指令的 PC 值(或者分支指令的下一条指令的 PC 值)加上这个偏移值就可以得到分支指令的目标地址。由于指令的长度只有 32 位,它限制了立即数的大小范围,因此这种类型的分支指令,它的跳转范围一般不大,但是由于需要的信息直接携带在指令中,这样就很容易计算它的目标地址,例如在流水线的解码(decode)阶段就可以将指令中的立即数分离出来,进而计算出分支指令的目标地址。而且,由于指令所携带的立即数一般是不会变化的,因此这种类型的分支指令是容易进行分支预测的,很多处理器的技术手册上都会建议尽量使用这种类型的分支指令,就是为了提高分支预测的正确率,从而提高处理器的性能。

② Absolute,也称做间接跳转(indirect)。分支指令的目标地址来自于一个通用寄存器的值,这个寄存器的编号由指令给出,这就是说,它的目标地址是 32 位的值,因此可以跳转到处理器程序空间中的任意地方。但是,这个通用寄存器的值一般来自于其他指令的结果,因此对于分支指令来说,可能需要等待一段时间才可以得到这个目标地址,例如需要等到流水线的执行(execute)阶段,在这段时间内进入到流水线中的指令都是有可能不正确的,这就增大了分支预测失败时的惩罚(misprediction penalty)。而且,由于寄存器的值是会经常变化的,因此这种类型的分支指令很难对目标地址进行预测,但是庆幸的是,程序当中大部分间接跳转的分支指令都是用来调用子程序的 CALL/Return 类型的指令,而这种类型的指令由于有着很强的规律性,是容易被预测的。除了 CALL/Return 指令之外,一般的处理器都不会推荐使用间接跳转类型的分支指令。

由于分支指令有着上述两方面的特性,要对一条分支指令进行预测,就需要对它的方向和目标地址都进行预测。对于方向预测来说,需要预测这条分支指令是否会发生跳转;对于目标地址的预测来说,需要预测这条分支指令在发生跳转时的目标地址。对于普通的处理器来说,由于它的流水线深度并不深,一般都是使用静态的分支预测方式,预测分支指令总是不执行,处理器总是顺序地取指令,在流水线的后续阶段,例如执行(execute)阶段,得到了分支指令实际的方向和目标地址后,再进行判断。如果分支指令需要发生跳转,则抛弃在分支指令之后进入到流水线的所有指令(或者在 MIPS 中,在这些流水段放上不相关的指令,即 branch delay slot);如果分支指令不需要发生跳转,则继续顺序地取指令来执行,就好像这条分支指令从来都没有发生过一样。

对于流水线比较短的简单处理器,分支预测失败时并不会引起流水线中过多的指令被抛弃,例如 MIPS R3000 使用了一个五级的流水线,在流水线的第二个阶段,即解码(decode)阶段,就可以得到分支指令的结果,此时即使分支指令需要发生跳转(因为在取指令阶段都认为分支指令是不发生跳转的,此时发现它要发生跳转,这也就是分支预测失败了),流水线中只有取指令(fetch)阶段的一条指令需要被抛弃,如图 4.1 所示。

而且,MIPS 处理器为了减少这一个周期的浪费,在分支指令之后会放置一条不相关的指令,这条指令总是会被执行,而不管分支指令是否发生跳转,分支指令之后的那个位置就被 MIPS 称为分支延迟槽(branch delay slot),需要编译器(compiler)或者程序员从分支指令之前的程序中找到不相关的指令放到延迟槽的位置。由于这里只需要一条指令,而从程序中找到一条不相关的指令还是比较容易的。后来随着处理器并行度的提高以及流水线的加深,当发现分支指令预测失败的时候,流水线中有很多的指令都错误地进入了流水线中,它们需要被抛弃,此时即使采用延迟槽的方法,也很难得到满意的结果,因为已经无法从分支指令之前的程序中找到这么多的不相关指令了。很明显,这种只是预测分支指令不发生跳转的静态分支预测算法已经不能够满足复杂处理器对性能的要求,需要更准确的分支预测方法,能够根据处理器实际的执行情况,动态地对分支指令进行预测,这就是动态的分支预测。动态分支预测并不会简单地预测分支指令一直发生跳转或者不跳转,而是会根据分支指令在过去一段时间的执行情况来决定预测的结果,这也是为什么将它称为"动态"的原因。动态分支预测需要消耗不菲的硬件资源,在早期处理器所处的那个年代,由于硅片的面积很昂贵,所以一般不会使用硬件来实现动态分支预测算法。随着晶体管尺寸的缩小,越来越多的功能可以在硅片上实现,这样才使处理器使用动态分支预测的方法成为了可能。如果没有特殊说明,后文中讲述的分支预测算法都是指动态分支预测,"分支预测"和"动态分支预测"这两种称呼是同义的。

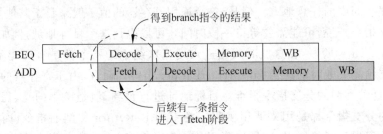

图 4.1　在 MIPS 经典的五级流水线中,分支指令只会影响它后面的一条指令

要进行分支预测,首先需要知道从 I-Cache 取出来的指令中,哪条指令是分支指令,这对于每周期取出多条指令的超标量处理器来说,更为不容易,需要从指令组(fetch group)中找出分支指令,如图 4.2 所示。

图 4.2　如何才能知道哪条指令是分支指令

最容易想到的方法就是将指令组中的指令从 I-Cache 取出来之后,进行快速的解码,之所以称为快速,是因为只需要辨别解码指令是否是分支指令,然后将找到的分支指令对应的PC 值送到分支预测器(branch predictor)中,就可以对分支指令进行预测了,如图 4.3 所示表示了这个过程。

当处理器的周期时间比较小时,I-Cache 的访问可能需要多个周期才可以完成,采用图 4.3 所示的方式进行分支预测,从开始取指令直到分支预测得到结果,中间需要间隔好几个周期,在这些周期内无法得到准确的预测结果,只能够顺序地取指令,也就相当于这些周期都是预测分支指令不发生跳转,这样就降低了分支预测的准确度,造成了处理器性能的降低。而且图 4.3 中,指令快速解码(fast decode)和分支预测的过程都放在了同一个周期,严重影响了处理器的周期时间。为了解决这个问题,可以在指令从 L2 Cache 写入到 I-Cache 之前进行快速解码,这也被称为预解码(pre-decode),然后将指令是否是分支指令的信息和指令一起写到 I-Cache 中,这样虽然会使 I-Cache 占用更多的面积,但是可以省掉图 4.3 中的快速解码电路,在一定程度上缓解对处理器周期时间的影响,但是,取指令直到分支预测得到结果这两个阶段的间隔时间仍然是过长的,无法得到解决。

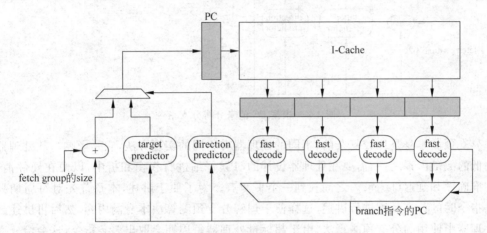

图 4.3　使用快速解码的方式来分辨分支指令

在流水线中,分支预测是越靠前越好的,如果指令从 I-Cache 取出来之后才进行分支预测,如图 4.3 所示,那么由于 I-Cache 中取出指令的过程可能需要多于一个周期才能够完成,当得到分支预测结果时,已经有很多后续的指令进入了流水线,当得到的预测值是要发生跳转时,这些指令都需要从流水线中被抹掉(flush),这样就降低了处理器的执行效率。因此分支预测的最好时机就是在当前周期得到取指令地址的时候,在取指令的同时进行分支预测,这样在下个周期就可以根据预测的结果继续取指令。对于一条指令来说,它的物理地址是会变化的(这取决于操作系统将它放到物理内存的位置),而它的虚拟地址,也就是 PC 值,是不会变化的。因为在一个进程内,每一个 PC 值对应的指令是固定的,不可能出现一个 PC 值对应多条指令的情况,所以使用 PC 值进行分支预测,只不过在进行进程切换之后,需要将分支预测器中的内容进行清空,这样可以保证不同进程之间的分支预测不会互相干扰。如果使用了 ASID,那么可以将它和 PC 值一起进行分支预测,此时就不需要在进程切换时清空分支预测器了。

在 PC 值刚刚产生的那个周期,根据这个 PC 值来预测本周期的指令组(fetch group)中是否存在分支指令,以及分支指令的方向和目标地址,这个过程如图 4.4 所示。

基于取指令的地址(也就是取指令的 PC 值)进行分支预测是有根据的,因为一旦程序开始执行,每条指令对应的取指令地址也就固定好了,因此完全可以根据一条指令的 PC 值来判断这条指令是否是分支指令。只要这条分支指令第一次被执行完之后,当后面再次遇到这个 PC 值,就可以知道当前要取的指令是分支指令。即使发生了自修改(self-modifying)的情况,也会将分支预测器清空,重新开始进行分支预测,并不会影响分支预测的过程。当然,这仅仅是能够识别出它是分支指令,对于它的方向和目标地址,还需要其他的预测方法,这就是本章要重点讲述的内容。

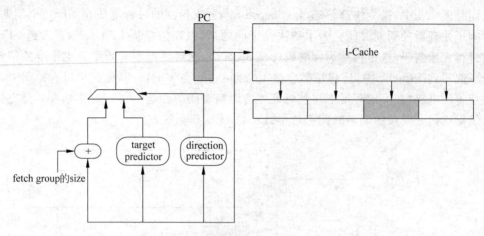

图 4.4　根据 PC 值来分辨分支指令

　　分支预测本身是比较复杂的,不同的处理器有不同的实现方法,它是影响一款处理器性能高低的关键因素之一,需要在处理器设计的时候仔细进行权衡和折中,以便在硬件消耗、预测准确度和延迟(latency)之间找到一个平衡点。为了便于讲述,本章首先对每周期只取一条指令时的分支预测进行讲述,这样便于理解分支预测算法本身的内容,然后再讲述超标量处理器中使用的分支预测算法,由于超标量处理器每周期会取出多条指令,这会给分支预测带来一些挑战,不同的处理方法会导致不同的硬件消耗和性能表现,这些内容都会在本章进行讲述。

4.2　分支指令的方向预测

　　对于分支指令来说,它的方向只有两个:发生跳转(taken)和不发生跳转(not taken),因此可以用 1 和 0 来表示。而且,很多分支指令的方向是有规律可循的,考虑下面的一个例子。

```
for ( i = 0; i < 1000; i++)
{循环体}
```

　　上面这个 for 语句,会执行 1000 次循环体的内容,这个 for 语句会被编译器变成一条分支指令,这个分支指令会向同一个方向执行 1000 次(例如执行 1000 次跳转,最后一次是不跳转),因此对于这条分支指令来说,它的方向是有规律的。

　　动态分支预测的一个主要方面就是对分支指令的方向进行预测,使用的方法可繁可简,最简单的动态预测方法是直接使用上次分支的结果,这种方法也称为根据最后一次的结果进行预测(last-outcome prediction),这种方法如图 4.5 所示。

　　如图 4.5 所示的方法相比于静态分支预测,在很多情况下都可以获得更优的结果,但是当分支指令的方向发生变化时,仍旧会引起分支预测失败(mis-prediction),如图 4.6 所示。

　　在图 4.6 所示中,分支指令每执行 10000 次,就会发生两次分支预测失败,因此分支预测的失败率是 $2/10000 = 0.002\%$,看起来似乎已经很不错了,但是一条分支指令有着如图 4.7 所示的执行情况时呢?

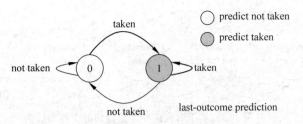

图 4.5 根据分支指令最后一次的结果进行预测

图 4.6 当分支指令的方向发生变化时,就会预测错误

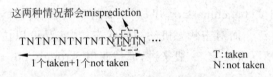

图 4.7 方向变化比较频繁的分支指令

由于图 4.7 中的分支指令的方向每次都发生变化,则使用最后一次执行的结果进行分支预测的方法,它的失败率将是 100%! 此时预测准确度反而比不上静态分支预测的方法,因为对于图 4.7 所示的例子来说,静态分支预测的方法是 50% 的失败率,很显然,这种使用最后一次结果进行分支预测的方法,它的准确度是无法接受的,因此它并没有在现代处理器中被采纳。现代处理器中应用最广泛的分支预测方法都是基于两位饱和计数器(2-bit saturating counter),并以之为基础,引申出的各种分支预测的方法。

4.2.1 基于两位饱和计数器的分支预测

基于两位饱和计数器的分支预测方法并不会马上使用分支指令上一次的结果,而是根据一条分支指令前两次执行的结果来预测本次的方向,这种方法可以用一个有着 4 个状态的状态机来表示,这四个状态分别如下。

(1) Strongly taken:计数器处于饱和状态,分支指令本次会被预测发生跳转(taken),编码为 11;

(2) Weakly taken:计数器处于不饱和状态,分支指令本次会被预测发生跳转(taken),编码为 10;

(3) Weakly not taken:计数器处于不饱和状态,分支指令本次会被预测不发生跳转(not taken),编码为 01;

(4) Strongly not taken:计数器处于饱和状态,分支指令本次会被预测不发生跳转(not taken),编码为 00。

整个状态机如图 4.8 所示。

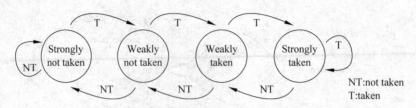

图 4.8   基于两位饱和计数器的分支预测

状态机处于饱和状态时,只有两次预测失败才会改变预测的结果。当分支指令的方向总是朝着同一个方向时,例如总是发生跳转或者总是不发生跳转,状态机就会处于饱和状态,此时预测的正确率就是比较高的;但是当分支指令的方向总是变化时,状态机就无法处于饱和状态,此时预测正确率就会比较低。

如图 4.8 所示的状态机只是基于两位饱和计数器的众多预测方法中的一种,这种实现方式是应用最广泛的。事实上,这个状态机有其他的很多种实现方式,下面给出了其他两种可能的方式。

对于一般的基准测试(benchmark)程序,图 4.9 所示的状态机并不会取得更优的结果,因此它们的使用并不广泛。而对于状态机的初始状态,其实是可以位于四个状态中的任意一个,需要根据实际的情况来决定,一般来讲,都是使用 Strongly not taken 或者 Weakly not taken 作为初始态。

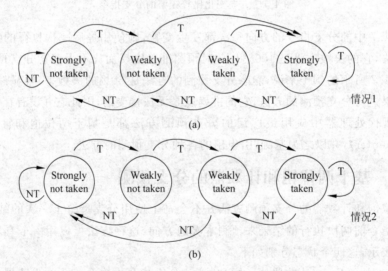

图 4.9   基于两位饱和计数器的另外两种预测方法

可以使用格雷码对状态机进行编码,保证在状态转换时每次只有一位发生变化,这样可以减少出错的概率,并降低功耗。在两个饱和的状态(Strongly not taken 或者 Strongly taken),计数器达到了最大值或最小值,此时分支指令的方向如果继续保持不变时,就会使状态停留在原地,不会再发生变化,相当于"饱和"了,这也是饱和计数器名称的由来。基于两位饱和计数器的预测方法,它的正确率要优于之前讲述的基于上一次结果的分支预测方法,例如,仍旧考虑下面的 C 代码。

```
for( i = 0; i < m; i++)
```

{循环体}

当这个 for 循环第一次执行时,状态机处于 Weakly not taken 状态(假设状态机复位时处于此状态),因此会预测分支指令是不发生跳转的,显然这个预测是错误的,因此 for 循环的第一次会发生预测失败,这会使状态机跳转到 Weakly taken 状态(最后会稳定在 Strongly taken 状态),因此在 for 循环的第二次直到第 $m-1$ 次,分支预测都是正确的。在 for 循环的最后一次会产生一次错误的预测,因为此时应该不发生跳转了,而状态机会预测发生跳转(此时状态机处于饱和的 Strongly taken 状态),这会使状态机跳转到 Weakly taken 状态。因此,在第一次执行整个 for 循环时,产生了两次预测错误,出错的概率为 $2/m$,如果 m 值很大,则两次的出错是可以忍受的。

当再次执行这个 for 循环体时,for 循环的第一次执行就会预测正确了,因为此时的状态机处于 Weakly taken 状态,仍旧是预测发生跳转的,这会使状态机跳转到饱和的 Strongly taken 状态,故 for 循环体的第二次到第 $m-1$ 次也仍旧是预测正确的,只有 for 循环的最后一次才发生了预测错误,此时出错的概率降为 $1/m$。

由上面的执行过程可以看出,使用基于两位饱和计数器的分支预测,核心的理念就是当一条分支指令连续两次执行的方向都一样时,那么该分支指令在第三次执行时也会有同样的方向;如果一条分支指令只是偶尔发生了一次方向的改变,那么这条分支指令的预测值不会马上跟着改变,因此这种方式的分支预测就好像是有一定时间的延迟一样,分支方向偶尔的变化将会被过滤掉。

对于绝大多数程序来说,使用这种基于两位饱和计数器的分支预测方法,就已经可以获得比较高的正确率了,增加计数器的位宽(例如使用三位的计数器)会引起复杂度的上升和更多存储资源的需求,这些额外开销所带来的负面影响要大于实际可以获得的预测精度的提高,因此主流的处理器一般都是基于两位的饱和计数器来实现分支预测的。

在前面说过,分支预测都是以 PC 值为基础进行的,正常来说,每一个 PC 值都应该对应一个两位的饱和计数器(也就是每条指令都对应一个饱和计数器)。因此,对于 32 位的 PC 值来说,共需要 $2^{30} \times 2\mathrm{b}$ 大小的存储器来存储这些计数器的值(指令是字对齐,所以不考虑 PC 值的最低两位),显然实际芯片当中无法使用这样大的存储器。考虑到并不是所有的指令都是分支指令,一般使用图 4.10 所示的方法来存储两位饱和计数器的值[15]。

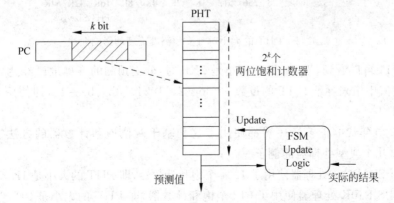

图 4.10 使用 PC 值的一部分来寻址饱和计数器

在图 4.10 中,PHT(Pattern History Table)是一个表格,在其中存放着所有 PC 值(此处是 PC 值的一部分)对应的两位饱和计数器的值,这个 PHT 使用 PC 值的一部分来寻址,例如图 4.10 中使用 PC 值当中的 k 位来寻址 PHT,因此 PHT 的大小就是 $2^k \times 2\text{bit}$,k 值越大,PHT 就可以记录更多 PC 值对应的饱和计数器的值,PHT 所占用的存储空间也就更大。但是,使用这种方式来寻址 PHT,必然就导致了 k 部分相同的所有 PC 值都使用同一个两位饱和计数器的值,如果这些 PC 值对应的指令中不止有一条分支指令,那么相互之间肯定会产生干扰,这种情况称为别名(aliasing)。别名的存在会对分支预测的准确度产生影响,如果两条别名的分支指令的方向是相同的,例如都会发生跳转,那么它们对应的两位饱和计数器就会保持在饱和状态,此时不会对这两条分支指令的预测准确度产生负面的影响,这种情况称为中立的别名(neutral aliasing);如果两条别名的分支指令的方向不同,那么它们对应的两位饱和计数器就会一直无法处于饱和状态,当然就降低了分支预测的准确度,这种情况称为破坏性的别名(destructive aliasing)。虽然图 4.10 所示的这种截取 PC 值的一部分来寻址 PHT 的方法存在别名的问题,从而可能会导致分支预测准确度的降低,但是考虑到这个方法实现起来比较容易,而且占用的存储器资源也不大,因此轻微的预测准确度降低也是能够接受的。图 4.10 中所示的方法就是基于两位饱和计数器的分支预测方法,也称为双峰分支预测器(bimodal predictor),因为这种方法有两个饱和的状态,在这种方法中,饱和计数器的多少(也就是 PHT 的大小)直接影响着分支预测的准确度,根据参考文献[16],PHT 的大小对分支预测准确度的影响如图 4.11 所示。

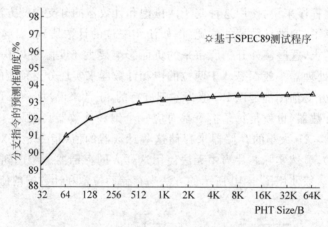

图 4.11 PHT 的大小对分支预测准确度的影响曲线

从图 4.11 可以看到,当 PHT 的大小是 2KB 时,分支预测的准确度已经达到了 93% 以上,此时 PC 值中用来寻址 PHT 的位数 $k = \log(2 \times 1024 \times 8\text{b}/2\text{b}) = 13$,即使用 PC 中的 13 位来寻址 PHT。

20 世纪 90 年代的很多处理器都使用了这种基于两位饱和计数器的方法进行分支预测,下面给出几个典型处理器的例子。

(1) Sun SPARC64 处理器使用了 1024 个饱和计数器,即 PHT 的大小是 $1\text{K} \times 2\text{b} = 2\text{Kb}$。

(2) MIPS R10K 处理器使用了 512 个饱和计数器,即 PHT 的大小是 $512 \times 2\text{b} = 1\text{Kb}$。

(3) IBM PowerPC 620 处理器使用了 2048 个饱和计数器,即 PHT 的大小是 $2\text{K} \times 2\text{b} = 4\text{Kb}$。

（4）Intel Pentium 处理器使用了 512 个饱和计数器，不过它将 PHT 和 BTB 集成在了一起，因此需要使用 Cache 的模型来实现 PHT，这对 PHT 的预测准确度会有影响，关于 BTB 的内容会在本章的后面进行介绍。

在基于两位饱和计数器的分支预测方法中，别名（aliasing）会降低分支预测的准确度，可以采用一些更高级的方法来避免别名情况的发生，比较典型的方法就是使用哈希（Hash），对 PC 值进行处理之后再去寻址 PHT，如图 4.12 所示。

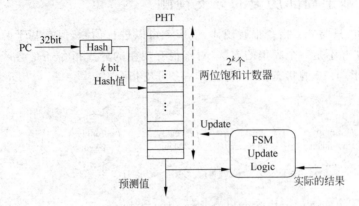

图 4.12　对 PC 值进行处理之后，再去寻址 PHT

使用这种方法，可以避免直接使用 PC 值中的一部分来寻址 PHT 而引起的别名问题，图 4.12 中的哈希（Hash）算法能够将 32 位的 PC 值压缩为固定长度的较小的值，这个小的值称为哈希值，在计算机算法领域中，哈希指的就是把任意长度的输入值，通过哈希算法，变为固定长度的输出，一般输出值的长度远小于输入值的长度。哈希算法的实现可以很简单，例如使用普通的异或逻辑，当然为了得到好的效果，也可以做得很复杂，不同的公司、不同的处理器会有不同的实现策略，这部分内容本书不作讨论。

两位的饱和计数器需要根据分支指令的结果（发生跳转或者不发生跳转）进行更新，有三个时间点可以对 PHT 进行更新。

（1）在流水线的取指令阶段，进行分支预测时，根据预测的结果来更新 PHT；

（2）在流水线的执行阶段，当分支指令的方向被实际计算出来时，更新 PHT；

（3）在流水线的提交（Commit）阶段，当分支指令要离开流水线时，更新 PHT。

第（1）种方法对基于两位饱和计数器的分支预测方法是不适用的，因为此时分支预测的结果可能是错误的，使用错误的结果来更新 PHT 是不可靠的。后两种方法在流水线的执行阶段和提交阶段更新 PHT，但是因为超标量处理器有着很深的流水线和每周期执行好几条指令的这两个特点，导致一条分支指令可能在 PHT 更新之前就被取过很多次了（例如 for 循环体很短的代码），这条分支指令在进行分支预测的时候，并没有利用到它之前执行的分支结果。但是考虑到这种饱和计数器的特点，只要计数器处于饱和状态，它的预测值就会比较固定，即使更新 PHT 的时间晚一些，也不会改变计数器的饱和状态，所以并不会对分支预测的精度产生太大的负面影响。虽然第（2）种方法更新 PHT 的时间早于第（3）种方法，但是在超标量处理器中，如果对分支指令采用了乱序执行（out-of-order）的方式，那么即使在执行阶段得到了一条分支指令的结果，也不能够保证这个结果是正确的，因为这条分支指令可能处于分支预测失败（mis-prediction）的路径上。也就是说，它之前有分支指令预测失败了,这会导致它从流水线中被抹掉,因此不能够利用分支指令在执行阶段的结果来更新PHT,也就是说,在执行阶段更新PHT此时也是不靠谱的。所以只有第(3)种方法,在分支指令被确认已经正确执行的时候,更新PHT才是万无一失的。

这种基于两位饱和计数器的分支预测方法,它的预测正确率有一个极限值,很难达到98%以上的正确率,因此现代的处理器都不会直接使用这种方法了。

4.2.2 基于局部历史的分支预测

理论上来讲,只要分支指令很有规律,就应该可以进行预测,但是基于两位饱和计数器的分支预测方法并不是一个完美的方法,对于很有规律的分支指令还是会产生预测错误的情况,考虑采用图 4.13 的状态机时,有这样一条分支指令。

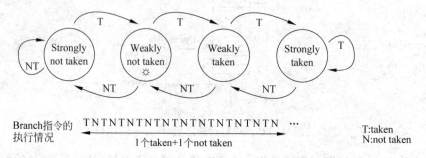

图 4.13 对于一些很有规律的分支指令,使用两位饱和计数器却不会有很高的准确度

这条分支指令有如下的执行顺序:taken→not taken→taken→not taken→taken…,如果图 4.13 所示的两位饱和计数器的初始态位于 Weakly not taken 的状态,则会有下面的执行结果。

第一次执行,预测不跳转,实际结果是发生跳转,预测失败,状态转为 Weakly taken;

第二次执行,预测发生跳转,实际结果是不发生跳转,预测失败,状态转为 Weakly not taken;

第三次执行,预测不跳转,实际结果是发生跳转,预测失败,状态转为 Weakly taken;

第四次执行,预测发生跳转,实际结果是不发生跳转,预测失败,状态转为 Weakly not taken;

……

由此可以看出,这个两位饱和计数器一直在中间的两个不饱和状态进行切换,始终无法到达饱和状态,此时分支预测的正确率是 0!

上面的例子列举出了一种最坏的情况,对于图 4.13 所给出的分支指令,产生这种最坏情况的根源就是两位饱和计数器初始状态的位置,如果状态机的初始状态位于 Strongly not taken 状态时,分支预测的正确率为 50%;又或者状态机的初始状态仍在 Weakly not taken 这个状态,但是分支指令的执行情况是 NTNTNTNT…,则此时分支预测的正确率也可以达到 50%。

不管正确率是 0 还是 50%,这种预测的准确度都是不可以接受的,从理论上来讲,任何有规律的事情都可以预测,上面例子所提到的分支指令也是有规律的(即 taken→not taken→taken→not taken→taken…),因此它肯定可以被预测。如何对它进行预测呢? 可以使用一个寄存器来记录一条分支指令在过去的历史状态,当这个历史状态很有规律时,就可以为分支预测提供了一个可以利用的工具,这样的寄存器称为分支历史寄存器(Branch History Register,BHR),这种预测方法称为基于局部历史(Local History)的预测方法。对一条分支指令来说,通过将它每次的结果(发生跳转或者不发生跳转,用 1 或 0 表示)移入 BHR 寄存器,就可以记录这条分支指令的历史状态了,如果这条分支指令很有规律,那么就可以使用 BHR 寄存器对这条分支指令进行预测,这种分支预测方法的工作机制如图 4.14 所示。

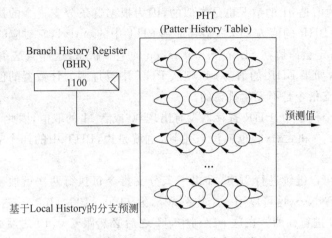

图 4.14　基于局部历史的分支预测

这种方法也称为自适应的两级分支预测(Adaptive Two-level Predictor),一个位宽为 n 位的 BHR 寄存器可以记录一条分支指令过去 n 次的结果(即发生跳转或不发生跳转),对 BHR 使用一个两位的饱和计数器来捕捉它的规律,因此需要使用 BHR 去寻址 PHT (Pattern History Table),此处的 PHT 仍旧是一个表格,它的大小为 $2^n \times 2$bit,PHT 当中存有 BHR 的每种取值对应的两位饱和计数器的值。虽然在图 4.14 中,PHT 中的每个表项 (entry)都似乎有一个两位计数器,其实不是这样的,在其中只是存储了饱和计数器的值,计数器的更新独立于 PHT,这和上一节讲过的内容是一样的,只需要对整个 PHT 使用一个对饱和计数器进行更新的硬件就可以了。当一条分支指令得到结果时,就将 PHT 中对应的计数器值读出来,并根据分支结果对其进行更新,然后将这个结果写回到 PHT 中即可,这样就相当于 PHT 当中的每个表项都有一个饱和计数器,如图 4.14 所示的那样。PHT 当中的两位饱和计数器试图寻找出 BHR 的规律,如果一条分支指令过去的行为很有规律,即 BHR 中的值很有规律的话,用 PHT 当中的两位饱和计数器就能很好地捕捉到这种规律。理论上来讲,每条分支指令都有一个 BHR 寄存器和一个 PHT,下面通过例子来说明图 4.14 是如何工作的。

假设有一条分支指令,它的 BHR 寄存器的宽度是两位,意味着这条分支指令前两次的结果会被保存在 BHR 寄存器中。BHR 有四种不同的值 00、01、10 和 11,其中 0 表示没有发生跳转,1 表示发生了跳转,这时需要一个有着 4 个表项(entry)的 PHT,用来和 BHR 的四种取值一一对应,称为 entry0、entry1、entry2 和 entry3。假设这条分支指令有如下的执行顺序 taken→not taken→taken→not taken→taken…,这可以表示为 10_01_10…,分支指令的执行结果从 BHR 寄存器右边移入,则在 BHR 寄存器中会交替出现 10 和 01,即 BHR

中的值是 10 时,下次移入的值肯定是 1,也就是这条分支指令肯定下次是要跳转的。同理, BHR 中的值是 01 时,之后肯定会移入 0,也就是这条分支指令下次肯定不会发生跳转; BHR 当中的值是 10 时,会寻址到 PHT 当中的 entry2,对于这个表项中的饱和计数器来说, 因为每次都会发生跳转,所以这个计数器会到达 Strongly taken 的饱和状态,这样当这条分 支指令进行分支预测时,如果发现它的 BHR 值为 10,从 PHT 中寻址到的计数器值就是 11,也就可以预测出这条分支指令会发生跳转。

对于 BHR 的值是 01 的情况也是类似的,因为根据这条分支指令的执行情况,01 之后 肯定会跟着 0,而 BHR 的值为 01 时,会寻址到 PHT 中的 entry1,它对应的计数器因为总是 不发生跳转,则肯定会停留在 Strongly not taken 的饱和状态,这样当这条分支指令在进行 分支预测的时候,如果 BHR 的值为 01,则从 PHT 中寻址到的计数器的值就是 00,也就可 以预测到这条分支指令是不发生跳转的。

在上面的这个例子中,BHR 寄存器没有出现 00 或者 11 的取值,因此 PHT 当中对应的 表项(也就是 entry0 和 entry3)也就没有用到,也就是说,PHT 中的四个表项,只有两个是 实际起作用的。

上面的例子可以继续进行引申,如果一条分支指令每执行两次就改变分支的方向,即 TTNNTTNNTTNN…,这可以用一个序列表示为 1100_1100_1100…,这种方式仍可以用 上面两位的 BHR 进行预测。在这个序列中,11 之后必然跟着 0,10 之后必然跟着 0,00 之 后必然跟着 1,01 之后必然跟着 1。也就是说,序列当中每两位的数后面跟着的数值都是唯 一的,称这个序列的循环周期为 2,经过一段时间之后,PHT 就可以捕捉到这条分支指令的 规律,entry0 和 entry1 中的两个计数器由于输入总是 1,会停留在饱和的 Strongly taken 状 态;entry2 和 entry3 中的两个计数器由于输入总是 0,会停留在饱和的 Strongly not taken 状态。使 PHT 中的饱和计数器到达饱和状态的这段时间称为训练时间(training time),在 这段时间内,由于计数器没有到达饱和状态,因此分支预测的准确度是比较低的,训练时间 的长短取决于 BHR 寄存器的位宽,一个位宽很大的 BHR 寄存器需要更多的时间来找出规 律,因此它的训练时间也就比较长,这对于分支预测的准确度是有负面影响的,同时更宽的 BHR 需要 PHT 中有更多的饱和计数器,也就是增加了存储器的占用。但是,更宽的 BHR 可以记录到分支指令更多的历史信息,这可以提高分支预测的准确度,因此 BHR 的位宽究 竟要多少位,是需要根据实际的设计进行权衡和折中的。

以上所列举的两条分支指令的执行情况是 TNTNTN…和 TTNNTTNN…,使用两位 的 BHR 就可以很成功地对其进行分支预测,如果使用更宽的 BHR 来预测就更没有问题 了。其实,对于一个最小循环周期为 n 的序列来说,任何大于 n 的值都可以作为这个序列的 循环周期。举例来说,序列“110011001100…”中,每相邻的两位(11、10、00 和 01),它们后面 都跟着不同的值,故这个序列的循环周期为 2,那么这个序列每相邻的三位(110、100、001 和 011)后面也会跟着不同的值,此时也可以称它的循环周期为 3,所以对于循环周期为 1 或者 2 的序列来说,如果使用三位或者更宽的 BHR,仍可以准确地进行分支预测,更不用提更宽 的 BHR 了。

但是,如果使用的 BHR 寄存器的宽度,小于分支指令序列的循环周期,例如使用两位 的 BHR 去预测序列“000100010001…”就不会那么准确了。因为在序列中,相邻的两位数, 例如 00,后面既可能跟着 0,也可能跟着 1,所以在 entry0 中的计数器不能学到一个固定的规律,也就无法停留在一个固定的饱和状态,此时当然就无法提供准确的预测值了。其实,上面的这个序列的循环周期是 3,因此可以使用宽度不小于三位的 BHR 对其进行分支预测。

通过以上的这些例子,可以总结出一个一般性的规律:如果一个序列中,连续相同的数最多有 p 位,那么这个序列的循环周期就为 p,例如序列"11000_11000_11000…",因为有两个连续的 1,三个连续的 0,故循环周期为 3,而不是 2;序列"00000111_00000111…"中,有五个连续的 0,三个连续的 1,故循环周期为 5,而不是 3;只要分支历史寄存器 BHR 的宽度 n 不小于序列的循环周期 p,那么就可以对该序列进行完美的预测。

下面再用一个例子来加深对上面内容的理解。

例如,如果一个 for 循环的循环次数很小,称为 loop closing,假设 for 循环的循环次数为 4,则这个 for 循环被编译成汇编指令之后,肯定会有一条分支指令,这条分支指令就会有类似于 TTTNTTTN… 这样的行为,可以用序列"1110_1110_1110…"来表示,1 表示发生了跳转(taken),0 表示没有发生跳转(not taken)。上面这个序列的循环周期是 3,则任何宽度不小于 3 的 BHR 都可以对其进行预测,现在使用一个四位的 BHR,则 PHT 中有 16 个饱和计数器,其预测过程如图 4.15 所示。

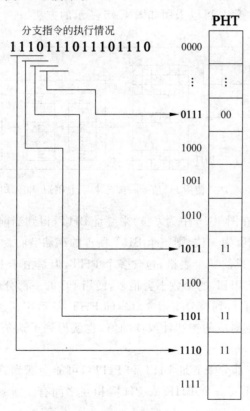

图 4.15　使用基于局部历史的预测算法进行分支预测的一个例子

使用四位的 BHR 记录这个序列之后,这个序列会重复地出现 1110、1101、1011 和 0111,并且规律如下。

1110 之后必然跟着 1,故 PHT 当中 1110 对应的计数器会停在 Strongly taken 的饱和

状态(即 11);

1101 之后必然跟着 1,故 PHT 当中 1101 对应的计数器会停在 Strongly taken 的饱和状态(即 11);

1011 之后必然跟着 1,故 PHT 当中 1011 对应的计数器会停在 Strongly taken 的饱和状态(即 11);

0111 之后必然跟着 0,故 PHT 当中 0111 对应的计数器会停在 Strongly not taken 的饱和状态(即 00)。

通过上述规律可以看出,这条分支指令只使用了 PHT 当中的四个计数器,并没有使用到其他的,因此对于这条分支指令来说,PHT 当中的其他 12 个计数器都是浪费的。

到目前为止,以上讲述的分支预测方法有一个大前提,那就是每条分支指令都有自己对应的 BHR 和 PHT,其中 PHT 的大小是和 BHR 的宽度成指数的关系,一个 n 位的 BHR 需要 PHT 的大小为 $2^n \times 2\text{bit}$。如果为每条分支指令都配一个 BHR 和 PHT,这样需要很大的存储空间,将所有分支指令的 BHR 组合在一起称为分支历史寄存器表(Branch History Register Table,BHRT 或 BHT),在实际当中,BHT 不可能照顾到每个 PC,一般都是使用 PC 的一部分来寻址 BHT,这就相当于一些 PC 会共用一个 BHR,同时,PHT 由于要占用大量的存储空间,更需要被复用,可以采用如图 4.16 所示的方法。

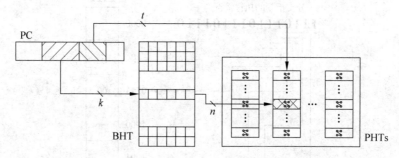

图 4.16 使用 PC 值的一部分来寻址 BHT 和 PHT

使用 PC 的一部分(在图 4.16 中为 k 位)来寻址 BHT,得到当前指令对应的分支历史寄存器 BHR,设 BHR 的宽度为 n 位,则整个 BHT 所占的存储空间为 $2^k \times n\text{bit}$。图 4.16 中的 PHTs 表示由 PHT 所组成的一个表格,包含多个 PHT,但是由于 PHT 所占用的存储空间很大,所以 PHTs 中含有 PHT 的个数不会很多,使用 PC 的一部分(图 4.16 中为 t 位,一般来说,$t < k$)来寻址 PHTs,得到该分支指令对应的 PHT,然后用这条分支指令的 BHR 去寻址这个 PHT,就可以得到对应的饱和计数器的值,也就得到了这条分支指令对于方向的预测值了。

由于使用了 PC 的一部分来寻址 BHT 和 PHTs,可能会遇到重名(aliasing)的情况,这些重名的分支指令会使用同一个 BHR 或 PHT,相互之间有了干扰,这样就会使分支预测准确度有所下降了。

在图 4.17 中,PHT 占用的存储空间是比较大的,为了更大限度节约 PHTs 所占用的存储空间,一个极端情况是 PHTs 中只含有一个 PHT,如图 4.17 所示。

由于只有一个 PHT,不需要 PC 来寻址 PHT 了,BHT 中的所有 BHR 都寻址这一个 PHT,这样肯定是会有冲突的情况发生的,例如两条不同的分支指令对应两个不同的

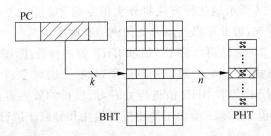

图 4.17　为所有分支指令只使用一个 PHT

BHR,但是 BHR 的内容相同,则此时会对应到 PHT 的同一个计数器,它们之间就产生了干扰,有可能使饱和计数器无法达到饱和的状态,从而影响分支预测的准确度。但是通过上面的例子可以知道,对于一个 BHR 来说,只会用到 PHT 的少部分内容,这样多个 BHR 就可能分别使用 PHT 中不同的部分,可以最大限度地利用 PHT 中的计数器,避免了 PHT 存在过多用不到的内容从而浪费存储空间的情况,但是不可避免的,会存在下面两种冲突的情况。

情况一:两条分支指令的 PC 值对应的 k 部分相同,此时这两条分支指令就会对应到同一个 BHR 寄存器,也就对应到了 PHT 中的同一个饱和计数器,这样,两条分支指令的结果就会互相干扰,降低了分支预测的准确度。

情况二:两条分支指令虽然对应着两个不同的 BHR,但是这两个 BHR 中的内容是一样的,这样两条分支指令也会共用 PHT 当中的同一个饱和计数器,也会降低分支预测的准确度。

为了避免上述两种情况,可以将 PC 值和对应的 BHR 值进行一定的处理,使用处理之后的值来寻址 PHT,如图 4.18 所示。

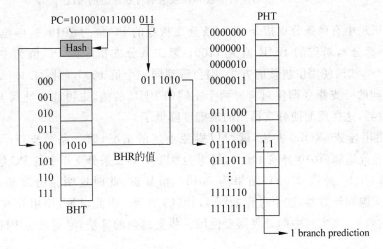

图 4.18　将 PC 值和 BHR 值进行一定的处理

将 PC 值进行哈希处理之后,得到一个固定长度的值,再用此值来寻址 BHT,这样可以解决上面提到的情况一当中遇到的问题。从 BHT 中可以得到这条分支指令对应的 BHR 值,再将该 BHR 的值和 PC 值的一部分进行拼接,用得到的新值来寻址 PHT,从而得到饱和计数器的值,也就是得到了分支预测的结果,这样可以解决上面提到的情况二当中遇到的问题。综合来看,图 4.18 所示的这种方法将分支指令的 PC 值也考虑进来,一定程度上避免了上述两种冲突的情况,因此可以提高分支预测的准确度。

需要注意的是,有多种方法可以将 PC 值和 BHR 值进行处理,图 4.18 所示的这种位拼接的方式是最简单的方式,但是它的效果并不是很理想,有时候会引入新的冲突,其实还有很多其他的方式可以对 PC 值和 BHR 值进行处理,所获得的效果也会更好一些,例如使用异或(XOR)法,举例来说,图 4.19 给出了使用位拼接法和异或法进行处理时的情况。

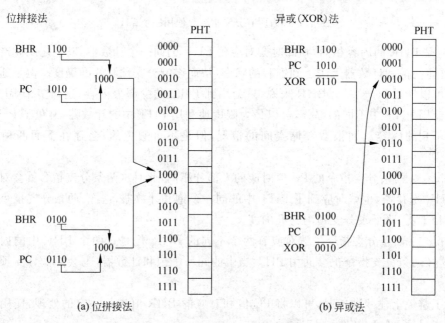

图 4.19　使用位拼接法和异或法进行处理时的情况

图 4.19 所示中有两条分支指令,第一条分支指令的 PC 值为 1010(这四位其实是来自于 PC 值的一部分),对应的 BHR 值为 1100;第二条分支指令的 PC 值为 0110,对应的 BHR 值为 0100,如果使用位拼接的方式,则会得到同一个值 1000,如图 4.19(a)所示,也就是说,两条不同的分支指令即使对应着两个不同的 BHR 的值,也可能寻址到 PHT 中的同一个饱和计数器,这样反而使分支预测的准确度降低了。

而如果使用异或(XOR)方法,就可以避免上述的情况,第一条分支指令的 PC 值和 BHR 值进行异或运算(1010 异或 1100),结果为 0110;第二条分支指令的 PC 值和 BHR 值进行异或运算(0110 异或 0100),结果为 0010。很显然,此时这两条分支指令会寻址到 PHT 中的不同饱和计数器,这个过程如图 4.19(b)所示。由此可见,使用异或方法会获得相对好一些的效果,现实当中的处理器会使用一些更复杂的算法,尽量避免 PHT 冲突的情况发生。

本节所述基于 BHR 的分支预测方法,由于只考虑被预测的分支指令自身在过去的执行情况,所以称之为基于局部历史(Local History)的分支预测法。理论上来讲,任何一条分支指令,只要它的执行是有规律的,都可以使用这种方法进行分支预测,但是现实的情况并没有那么乐观:当一条分支指令的循环周期太大时,就需要一个宽度很大的 BHR 寄存器,这会导致过长的训练时间(training time),并且 PHT 也会随之占用更多的存储器资源,这在现实的处理器中都是没有办法接受的。现实世界的处理器只能够使用有限位宽的BHR,这样就会导致,即使对很有规律的分支指令,例如 999 次跳转加 1 次不跳转,也无法获得最完美的分支预测准确度,但是这种方法相比基于两位饱和计数器进行分支预测的方法来说,已经是一个很大的进步了,其实从本质上来说,基于两位饱和计数器的分支预测方法也可以称为基于局部历史的预测方法,因为它们都是根据分支指令自身在过去的执行情况来进行预测的,也就是说,它们并没有考虑到一条分支指令之前的其他分支指令对自身预测结果的影响。而有些时候,一条分支指令的结果并不取决于自身在过去的执行情况,而是和它前面的分支指令的结果是息息相关的,这就是 4.2.3 节要讲述的内容。

4.2.3 基于全局历史的分支预测

如果对一条分支指令进行分支预测时,考虑到它前面的分支指令的执行结果,则称这种预测方法为基于全局历史(Global History)的分支预测。一条分支指令的结果什么时候会和它之前的分支指令相关呢?以 SPEC 程序当中的一段代码为例。

```
if(aa==2)  /b1/
  aa = 0;
if(bb==2)  /b2/
  bb = 0;
if(aa!= bb)  /b3/
  { … }
```

通过观察上面的代码,很容易发现,如果分支 b1 和 b2 都执行了,那么分支 b3 就不会执行,只依靠分支 b3 的局部历史进行分支预测,是永远不会发现这个规律的,因此需要在预测分支 b3 的时候将前面的分支 b1 和 b2 的结果也考虑进去,这就是基于全局历史(Global History)的分支预测法,也称为全局相关的分支预测。

在 4.2.2 节讲述的基于局部历史(Local History)的分支预测方法中,每一条分支指令都会有自己对应的 BHR 寄存器(或者为了成本的考虑,某几条分支指令对应一个 BHR 寄存器),每个 BHR 寄存器只是记录与它相对应的分支指令在过去的执行情况;而在基于全局历史的分支预测方法中,也需要一个寄存器,来记录程序中所有的分支指令在过去的执行情况,这个寄存器被称为全局历史寄存器(Global History Register,GHR)。当然在现实当中,GHR 寄存器不可能记录下所有分支指令的执行结果,因为 GHR 寄存器的宽度是不能无限大的。一般都是使用一个有限位宽的 GHR,来记录最近执行的所有分支指令的结果,每当遇到一条分支指令时,就将这条分支指令的结果插入到 GHR 寄存器的右边,1 表示发生了跳转(taken),0 表示没有发生跳转(not taken),GHR 寄存器最左边被移出的位会被抛弃掉。

在使用基于全局历史进行分支预测的方法时,每当要对一条分支指令进行分支预测,就会根据当前 GHR 寄存器的值来预测,此时仍然需要借助于 PHT(也就是使用两位饱和计数器),使用 GHR 来寻址 PHT,PHT 仍然是由饱和计数器组成的,使用饱和计数器来捕捉 GHR 寄存器的规律。例如上面的例子,在对分支指令 b3 进行预测时,如果 GHR 寄存器的最低两位是 11,即 b3 之前的分支 b2 和 b1 都执行了,那么 b3 就会预测不发生跳转(也就是预测值为 0),最低两位是 11 的 GHR 值在 PHT 中对应的所有饱和计数器,经过一段训练时间(training time)之后,都可以捕捉到这个规律,这些计数器就处于饱和状态了,之后就能进行正确分支预测。而如果在对分支指令 b3 进行预测时,GHR 最低两位的值并不是 11,那么 b3 就有可能发生跳转,也可能不跳转,这种并没有规律的情况,饱和计数器也无能为力,此时分支预测的准确度就不能保证了。

　　基于全局历史的分支预测方法,最理想的情况是对每条分支指令都使用一个 PHT,这样每条分支指令都会使用当前的 GHR 来寻址自身对应的 PHT,这种预测方法的示意图如图 4.20 所示。

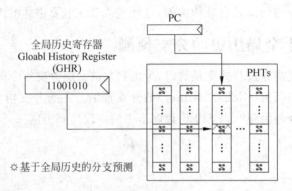

图 4.20　基于全局历史的分支预测算法中,对每条分支指令都使用一个 PHT

　　在图 4.20 所示的这种分支预测方法中,只使用一个 GHR 寄存器,用来记录最近执行的所有分支指令的结果,同时为每个 PC 都设置一个 PHT,所有的 PHT 组成的表格称为PHTs。这样每条分支指令都可以在分支预测时,使用此时的 GHR 来寻址这条分支指令对应的 PHT,得到对应的分支预测结果,因为不同的分支指令有着不同的 PHT,所以即使两条分支指令对应的 GHR 相同,也不会寻址到同一个饱和计数器,因此也就不会产生冲突了。但是很显然,这种方法在实际当中是无法使用的,为每个 PC 值都使用一个 PHT 会占据非常大的存储空间,因此一般都会使用哈希(hash)法将 PC 进行处理,得到位宽很小的值,这样 PHTs 就可以包含少量的 PHT 了,如图 4.21 所示。

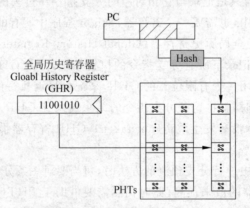

图 4.21　将 PC 值进行处理,从而减少 PHT 的个数

　　如图 4.21 所示的这种方法实际是 4.2.2 节中基于局部历史的分支预测方法的一种特殊情况,BHT 中只有一个 BHR 寄存器,此时这个 BHR 寄存器就对所有分支指令的执行结

果进行记录,也就是说,这个 BHR 寄存器成了本节所讲述的 GHR 寄存器,这就是由量变到质变的一个过程。当 BHT 减少到只有一个 BHR 寄存器时,就由基于局部历史的分支预测方法变为了基于全局历史的分支预测方法。

考虑到上面方法中,PHT 中有很多饱和计数器都没有被使用,因此可以采用一种更简单的方式,即只使用一个 PHT,如图 4.22 所示。

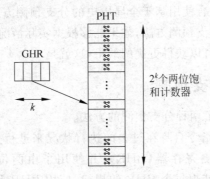

图 4.22　在基于全局历史的分支预测算法中,只使用一个 PHT

如图 4.22 所示的分支预测方法的缺点是如果两条不同的分支指令所对应的 GHR 值恰好相同的话,那么这两条分支指令就会共用 PHT 中的同一个饱和计数器,这样就造成了冲突。如果这两条分支指令朝着同一个分支方向(都发生跳转或者都不发生跳转),那么就对彼此的预测结果没有负面的影响;如果是朝着相反的分支方向,那么就会对彼此的预测结果造成负面影响了。

为了解决这个问题,仍旧可以考虑 4.2.2 节使用的方法,因为两条不同的分支指令的PC 值是不一样的,可以将 PC 值和 GHR 做一定的处理,这个处理方法在基于局部历史的分支预测时已经使用过了,可以采用位拼接的方法,也可以采用异或(XOR)的方法,使用处理之后的结果来寻址 PHT,这样即使两条不同的分支指令对应同样的 GHR 的值,也不会对应到 PHT 中的同一个饱和计数器,避免了冲突的问题,如图 4.23 所示为这两种方法的示意图。

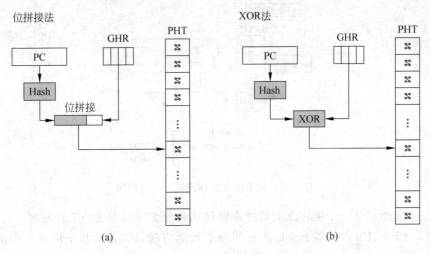

图 4.23　在基于全局历史的分支预测方法中使用位拼接法和异或法

从以前的例子可以看出来,使用异或(XOR)的方式可以避免很多冲突情况的发生,但是也会引入一些新的冲突,现实当中的处理器会使用一些更复杂的算法来避免冲突。基于全局历史的分支预测算法不能够保证对 4.2.2 节讲述的如 TNTNTN…的分支指令进行完美的预测,因为此时可能受其他的分支指令结果的干扰,而且每次遇到这条分支指令,都需要重新对 PHT 进行训练(training),这样也降低了分支预测的准确度。造成这种现象的本质原因就是有些分支指令适合使用基于全局历史的分支预测方法,而另外一些分支指令则适合使用基于局部历史的分支预测方法,如果能够根据实际情况,对不同的分支指令使用不同的预测方法,那么这样就可以获得更优的效果,这就是 4.2.4 节要讲述的内容。

4.2.4　竞争的分支预测

到目前为止,主要介绍了两种分支预测的方法。

(1)方法一:基于分支指令自身在过去的执行状况来进行分支预测,这种方法对每条分支指令都使用了分支历史寄存器(BHR),并使用了由两位饱和计数器组成的 PHT (Pattern History Table)来捕捉每个 BHR 的规律,使用 BHR 和 PHT 配合来进行分支预测,这种方法称为基于局部历史(Local History)的分支预测法。

(2)方法二:基于一条分支指令之前的一些分支指令的执行状况来进行分支预测,使用了全局历史寄存器(GHR)来记录所有分支指令的执行情况,并使用了由两位饱和计数器组成的 PHT 来捕捉 GHR 的规律,使用 GHR 和 PHT 配合来进行分支预测,这种方法称为基于全局历史(Global History)的分支预测法。

这两种分支预测的方法各有优缺点,都有自身的局限性,有些分支指令使用基于局部历史的预测方法会有不错的效果,而有些分支指令则更适合使用基于全局历史的预测方法。可以设计一种自适应的分支预测方法,根据不同的分支指令的执行情况自动地选择这两种分支预测方法,Alpha 21264 处理器就使用了这样的预测方法[47],称为竞争的分支预测(Tournament Predictor),就像是两种分支预测方法在进行竞争一样,如图 4.24 所示为这种分支预测方法的原理图。

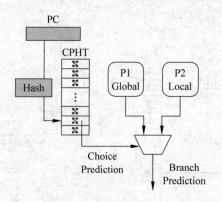

图 4.24　竞争的分支预测法——原理图

如图 4.25 所示从一个更详细的角度来解释这种分支预测方法的工作原理。

在图 4.25 中,P1 表示基于全局历史的分支预测方法,P2 表示基于局部历史的分支预测方法,对于不同的分支指令会选择不同的预测方法。CPHT(Choice PHT)是由分支指令

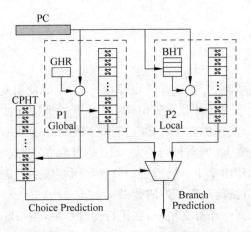

图 4.25　竞争的分支预测法——更详细的结构图

的 PC 值来寻址的一个表格,类似于 PHT,它仍是由两位的饱和计数器组成的,当其中一种分支预测方法(例如 P1)两次预测失败,而同时另外一种分支预测方法(例如 P2)两次预测成功时,会使状态机转到使用另一个分支预测方法的状态,CPHT 中每个饱和计数器的状态机如图 4.26 所示。

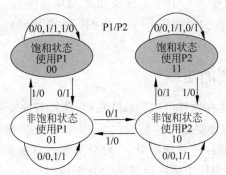

图 4.26　CPHT 中的两位饱和计数器

该状态机的转换机制如下。

① 当 P1 预测正确,P2 预测错误时(1/0),计数器减 1;

② 当 P1 预测错误,P2 预测正确时(0/1),计数器加 1;

③ 当 P1 和 P2 预测的结果一样时(1/1 或 0/0),不管预测正确与否,计数器都保持不变。

当计数器位于饱和的 00 状态时,会使用 P1 进行分支预测;位于饱和的 11 状态时,会使用 P2 进行分支预测,此时的预测准确度是比较高的。对于这种竞争的分支预测,每条分支指令经过一段训练时间(training time),都会根据两种分支预测方法的执行情况,选择 P1 或者 P2 作为自身的分支预测的结果。但是,这个选择并不是固定的,也就是说,对于一条特定的分支指令来说,可能有时候适合使用基于全局历史的分支预测,有时候适合使用基于局部历史的分支预测,例如,考虑下面的程序的执行情况。

```
if(aa == 0) / b1 /
  a = 0;
```

```
if(bb == 0) / b2 /
  b = 1;
if(aa == bb)/ b3 /
  c = 3
```

当分支 b1 和 b2 都执行时,分支 b3 肯定是执行的,此时使用基于全局历史的分支预测方法对 b3 进行预测是合适的;而当分支 b1 和 b2 只有一个执行时,分支 b3 肯定不执行,此时使用基于全局历史的分支预测方法对 b3 进行预测也是合适的;而当分支 b1 和 b2 都不执行时,此时无法判断分支 b3 的条件(aa == bb)是否成立,也就无法确定分支 b3 是否执行,此时对分支 b3 来说,使用基于全局历史的分支预测方法并不是最合适的,有可能使用基于局部历史的分支预测方法能取得更好的效果。

由此可见,即使对于同一条分支指令,在执行的过程中,当 GHR 的内容不同时,可能会导致使用不同的分支预测方法,故将 PC 值和 GHR 寄存器进行一定的运算处理(例如进行异或),将运算的结果作为寻址 CPHT 的地址。同时从图 4.25 可以看出,该值也用来寻址 P1 分支预测方法中的 PHT,这样在进行分支预测时就将分支指令的地址和 GHR 寄存器都进行了考虑,可以对不同的分支指令在不同的执行情况下,采取最合适的分支预测方法。

从参考资料来看,Alpha 21264 处理器只使用了全局历史寄存器(GHR)作为寻址 CPHT 的地址,这样就相当于丢失了每条分支指令的地址信息,当两条不同的分支指令恰好对应的 GHR 值相同时,就会使用到 CPHT 中的同一个饱和计数器,这样就造成了冲突,降低了分支预测的准确度。

4.2.5　分支预测的更新

理想的分支预测方法遵循这样的顺序:根据 PC 值进行分支预测,使用预测的结果来继续执行,等到真正得到一条分支指令的结果之后,更新分支预测器(branch predictor)中的相关内容。但是在实际的超标量处理器当中,对分支预测器的更新需要考虑到流水线的影响,对于基于局部历史和全局历史的两种类型的分支预测方法,什么时候更新分支预测器,对分支预测的准确度是有影响的。对于分支指令的方向预测来说,需要更新的内容包括两个方面。

(1) 历史寄存器,在基于全局历史的分支预测方法中是 GHR,在基于局部历史的分支预测方法中是 BHR。

(2) 两位饱和计数器,不管是基于全局历史还是局部历史的分支预测方法,都需要在 PHT 中使用饱和计数器来捕捉历史寄存器的规律,因此也需要对饱和计数器进行更新。

1. 更新历史寄存器

在基于全局历史(Global History)进行分支预测的方法中,有三个时间点可以更新 GHR。

(1) 方法一:在流水线的取指令阶段,进行分支预测时,根据预测的结果更新 GHR;

(2) 方法二:当分支指令的方向被实际计算出来时,例如在流水线的执行阶段,更新 GHR;

(3) 方法三:当分支指令到达流水线最后的提交(Commit)阶段,要离开流水线而退休(retire)时,更新 GHR。

第三种方法显然是最保守的,当然最保守的方法也就意味着它是最安全的,当一条分支指令到达流水线的提交阶段,要离开流水线时(也称做这条分支指令要退休),该指令执行的所有状态都是确定的了,此时更新 GHR 肯定是万无一失的。但是考虑到现代的超标量处理器每周期要同时执行多条指令,并且有着很深的流水线,当一条分支指令退休时,该指令后面的很多条指令都已经进入流水线中,如果这些指令中存在分支指令,那么它们在进行分支预测时,都没有享受到这条分支指令的结果。仍旧考虑上一节的例子,当分支 b1 从流水线中退休时,分支 b2 和 b3 可能已经进入流水线中了,也就是说,分支 b3 在进行分支预测的时候,并没有使用到分支 b1 和 b2 的结果,因此就无法获得理论分析所能得到的预测准确度了。

更概括地来说,一条分支指令 b 在时间 t 被分支预测,在时间 $t+\Delta t$ 从流水线中退休并更新 GHR,任何在 Δt 时间段之内被预测的分支指令,都不会从分支指令 b 的结果中获益(因为此时分支指令 b 的结果还没有写入到 GHR 当中)。尤其是当分支指令 b 前面存在产生 D-Cache 缺失的 load 指令时,会使分支指令 b 到达退休阶段所需要的时间变得更长,后续很多的分支指令在进行分支预测的时候,都无法使用分支指令 b 的结果,这就降低了分支预测的准确度,如图 4.27 所示给出了流水线处理器中,在分支指令退休的时候更新 GHR 所带来的问题。

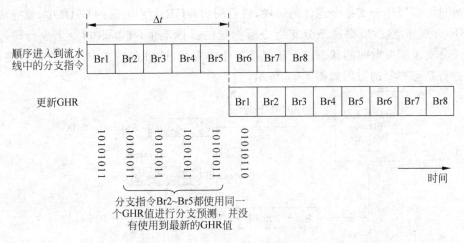

图 4.27 在流水线的 Commit 阶段更新 GHR 所遇到的问题

在图 4.27 中,分支指令 Br2~Br5 在进行分支预测的时候,都使用了同样的 GHR 值,这个 GHR 值在这段时间内并没有被更新,直到分支指令 Br1 退休的时候才会更新 GHR,在这种情况下,基于全局历史的分支预测方法形同虚设,分支预测的准确度也不会很高了。

使用方法二来更新 GHR 的时间要提前了很多,对于普通的处理器来说,流水线的执行阶段和取指令阶段的间隔只有几个周期(考虑经典的 IF、DC、EX、MEM 和 WB 流水线,EX 和 IF 之间只相差两个周期),所以在执行阶段更新 GHR,不会对后续的分支指令使用 GHR 进行分支预测产生太大的负面影响。而对于超标量处理器来说,流水线的执行阶段和取指令阶段之间存在的指令个数会很多,如果对分支指令采用了乱序执行的方式,在执行阶段的分支指令可能处于分支预测失败(mis-prediction)的错误路径中,即使是顺序执行分支指令的处理器,由于异常(exception)的处理需要清空流水线,分支指令在执行阶段的结果未必一定会写到 GHR 中,因此在执行阶段更新 GHR 也并不一定是正确的。在计算机的术语中,这样的更新称为推测的(speculative),因为并不能保证此时 GHR 的更新是完全正确的,同时也会存在 GHR 无法及时更新的问题。

所以综合看起来,使用方法一,在取指令阶段,根据分支预测的结果对 GHR 进行更新是一个不错的做法,可以使后续的分支指令使用到最新的 GHR,而且,当一条分支指令的分支预测失败时,即使后续的分支指令都使用了错误的 GHR,其实也是没关系的,因为后续的这些分支指令都处在分支预测失败(mis-prediction)的路径上,都会被从流水线中抹掉,因此这些分支指令使用的 GHR 正确与否已经没有关系了。在取指令阶段更新 GHR 也是推测的(speculative),这种更新 GHR 的方式在分支预测失败时,需要一种机制对 GHR 进行修复,使 GHR 能够恢复到正确的值,下面介绍两种修复方法。

方法一:提交(Commit)阶段修复法。在流水线的提交阶段也放置一个 GHR,每当一条分支指令退休的时候,就会将它的结果更新到这个 GHR 中,这个 GHR 称做 Retired GHR,这样处理器中就有了两个 GHR:在前端取指令阶段的 GHR(称为 Speculative GHR),它用来进行分支预测,采用了推测(speculative)的方式进行更新;在后端提交阶段的 GHR,每当一条分支指令退休的时候才会更新它,因此这个 GHR 肯定是正确的。当一条分支指令发现分支预测失败的时候,表明此时前端的 GHR 肯定是错误的,需要进行修复,此时只需要等待分支指令退休的时候,将后端的 GHR 写到前端的 GHR 中,就完成了前端 GHR 的修复,然后根据这条分支指令所指定的目标地址,重新取指令来执行即可。当然,对于分支预测失败时的状态修复还包括其他的内容,这将在后文中逐步进行介绍,对于 GHR 进行状态修复的过程如图 4.28 所示。

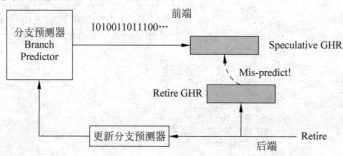

图 4.28 利用 Commit 阶段的 GHR,对分支预测器中使用的 GHR 进行恢复

使用图 4.28 所示的这种方法对 GHR 进行修复,缺点是会造成分支预测失败时惩罚(mis-prediction penalty)的增大,尤其是当分支指令前面有 D-Cache 缺失的 load 指令时,这种惩罚尤为明显,会严重降低处理器的性能。

方法二:Checkpoint 修复法。上面的方法在取指令阶段就可以对 GHR 进行更新,但是一旦发现分支预测失败时,只有等到分支指令退休的时候才可以对 GHR 进行状态修复,这中间间隔的时间过长,使流水线不能尽早地执行正确路径上的指令。其实,在取指令阶段对前端的 GHR 进行更新的同时,可以将旧的 GHR 值保存起来,这个保存的内容就称为 Checkpoint GHR。一旦这条分支指令的结果在流水线中被计算出来(例如在执行阶段),就可以对这条分支指令的分支预测是否正确进行检查了,如果发现分支预测正确,说明此时前端 GHR 中的值是正确的,那么继续执行就可以了;如果发现其分支预测失败,那么就将这条分支指令对应的 Checkpoint GHR 恢复到前端的 GHR 中,并从这条分支指令正确的目标地址开始取指令来执行,这个过程如图 4.29 所示。

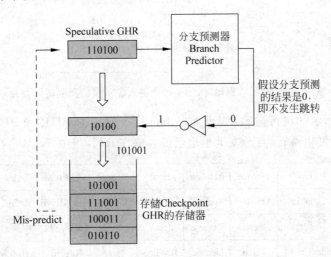

图 4.29 利用 Checkpoint 的方法对 GHR 进行恢复

在图 4.29 中,有一个存储器,专门用来保存所有 Checkpoint GHR 的值,由于新的分支指令的结果会从 GHR 的右边移入,此处将分支预测结果相反的值移入到 GHR,当发生分支预测失败时,就可以直接将这个值写到前端的 GHR 中,这样就完成了恢复。由于分支预测发生在取指令阶段,此时指令之间仍然保持着顺序(in-order)的方式,所以存储 Checkpoint GHR 的存储器只需要按照 FIFO 的方式进行写入就可以了;如果后续的流水线采用顺序的方式来执行分支指令,那么读取上述存储器也只需要按照 FIFO 的方式即可。但是,如果采用乱序(out-of-order)的方式来执行分支指令,那么读取这个存储器的顺序就不会按照顺序的方式了,这样增大了这个存储器的设计难度。

对于乱序执行分支指令的流水线来说,在执行阶段得到的分支指令的结果仍旧有可能是错误的,因为这条分支指令可能处于分支预测失败(mis-prediction)的路径上,也可能处于异常(exception)的路径上,所以仍旧需要在流水线的提交(Commit)阶段对分支指令的预测是否正确进行检查。正因为有这种需求,在提交阶段仍需要放置一个 Retired GHR,当分支指令退休的时候发现分支预测失败了,或者一条普通的指令发现了异常,都可以将此时的 Retired GHR 写回到前端的 GHR 中,这样就对 GHR 值进行了恢复。因此,从本质上来看,这种 Checkpoint 方法就相当于对方法一进行了补充,除了在流水线的提交阶段可以对 GHR 进行恢复,还可以在流水线的执行阶段对它进行恢复,这样就可以加快分支指令在分支预测失败时的修复时间,使处理器的执行效率得到提高。

而在基于局部历史的分支预测方法中,何时对 BHR 进行更新呢?这其实和基于全局历史的分支预测方法中遇到的情况是一样的,BHR 的更新可以是推测的(speculative),也可以是不推测的,不过和 GHR 有所不同,BHR 中存储的是当前的分支指令自身在过去的执行情况。一般情况下,只有循环体很短的情况,才可能出现一条分支指令在流水线的提交阶段更新 BHR 时,流水线中已经又出现了这条分支指令使用 BHR 进行分支预测的情况,例如图 4.30 所示的例子。

由于图 4.30 中的循环体只有三条指令(addi,addi,bne),在一个 3-way 的超标量处理器

汇编代码
C代码
For (i=0; i<5; i++)
{a++}
编译
add r2, r2, #5 ; 假设r2的初值为0，这句话将r2置为5
Loop:
addi r1, r1, #1 ; 假设r1即为a
addi r3, r3, #1 ; 假设r3即为i，且初值为0
bne r3, r2, Loop ;
…

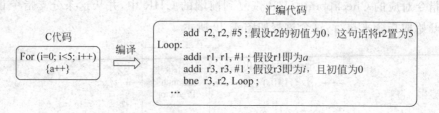

图 4.30 循环体很短时，分支指令进入流水线的间隔时间很短

中，有如图 4.31 所示的执行过程（假设此时 bne 指令对应的 BHR 和 PHT 都已经训练好了，即现在是预测发生跳转，且分支地址也已经存储在 BTB 当中，BTB 会在后文介绍）。

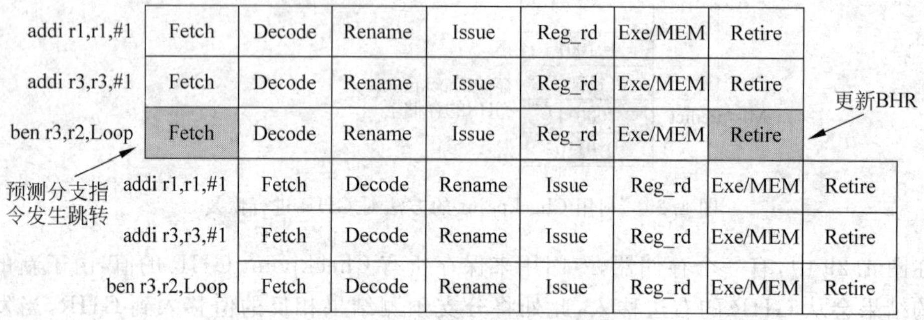

addi r1,r1,#1 Fetch Decode Rename Issue Reg_rd Exe/MEM Retire
addi r3,r3,#1 Fetch Decode Rename Issue Reg_rd Exe/MEM Retire
ben r3,r2,Loop Fetch Decode Rename Issue Reg_rd Exe/MEM Retire
更新BHR
预测分支指令发生跳转
addi r1,r1,#1 Fetch Decode Rename Issue Reg_rd Exe/MEM Retire
addi r3,r3,#1 Fetch Decode Rename Issue Reg_rd Exe/MEM Retire
ben r3,r2,Loop Fetch Decode Rename Issue Reg_rd Exe/MEM Retire

图 4.31 循环体很短时，流水线的执行情况

图 4.31 表示了流水线执行上述程序的情况，在第一个 bne 指令更新 BHR 之前，流水线中后续的所有 bne 指令都使用不到第一个 bne 指令的结果，但是这并不会对性能造成太大的影响，因为经过了一段训练时间（training time）之后，分支预测器会预测这个 bne 指令是发生跳转的，这样除了 for 循环的最后一次会发生预测失败之外，其他的时候都是预测正确的，这和基于全局历史的分支预测方法中对 GHR 的更新是有区别的。

总结起来就是，在基于全局历史的分支预测方法中，在取指令阶段根据分支预测的结果来更新 GHR 是最合适的，它利用了分支指令之间存在的相关性；而在基于局部历史的分支预测方法中，可以在分支指令退休的时候更新 BHR，这样可以简化设计，也不会对处理器的性能产生太大的负面影响。

2. 更新饱和计数器

不管是在基于全局历史的分支预测方法中，还是在基于局部历史的分支预测方法中，都需要对 PHT 中的饱和计数器进行更新，当一条分支指令比较有规律时，它对应的饱和计数器总是处于饱和状态，因此即使在分支指令退休的时候对 PHT 中的饱和计数器进行更新，也不会对分支预测的准确度产生很大的负面影响，所以在这两种分支预测方法中，一般都是在分支指令退休的时候对 PHT 中的饱和计数器进行更新。

4.3 分支指令的目标地址预测

在前面已经说过，分支指令的目标地址（target address）可以分为两种，即直接跳转（PC-relative）和间接跳转（absolute）。对于直接跳转的分支指令，由于它的偏移值（offset）

是以立即数的形式固定在指令当中,所以它的目标地址也是固定的,只要记录下这条分支指令的目标地址就可以了,当再次遇到这条分支指令时,如果方向预测的结果是发生跳转,那么它的目标地址就可以使用以前记录下的那个值;而对于间接跳转的分支指令来说,由于它的目标地址来自于通用寄存器,而通用寄存器的值是会经常变化的,所以对这种类型的分支指令来说,进行目标地址的预测并不是一件很容易的事情,但是庆幸的是,程序中大部分间接跳转类型的分支指令是用来处理子程序调用的 CALL 和 Return 指令,而这两种指令的目标地址是有规律可循的,因此可以对其进行预测。大部分超标量处理器都会推荐编译器的设计者,除了使用 CALL/Return 指令之外,尽量减少使用其他间接跳转类型的分支指令,而多使用直接跳转类型的分支指令,这样有助于处理器提高分支预测的准确度,从而提高处理器的性能。

4.3.1 直接跳转类型的分支预测

1. BTB

对于直接跳转(PC-relative)类型的分支指令来说,它的目标地址有两种情况。

(1) 当分支指令不发生跳转时,

目标地址 = 当前分支指令的 PC 值 + Sizeof(fetch group)。

(2) 当分支指令发生跳转时,

目标地址 = 当前分支指令的 PC 值 + Sign_extend(offset)。

分支预测器(branch predictor)除了需要对分支指令的方向进行预测之外,还需要对目标地址也进行预测。对于 RISC 指令集来说,由于计算地址所需要的偏移值(offset)是在指令中以立即数的形式进行的携带,所以这个偏移值是不会发生变化的,因此对于一条特定的直接跳转类型的分支指令来说,由上面的表达式可以得知,它的目标地址是不会随着程序的执行而变化的(此处不考虑代码自修改的情况,因为执行完这种代码之后,需要对分支预测器进行复位),因此对这种分支指令的目标地址进行预测是很容易的,只需要使用一个表格,记录下每条直接跳转类型的分支指令对应的目标地址,当再次对这条分支指令进行预测时,只需要查找这个表格就可以得到预测的目标地址了。

由于分支预测是基于 PC 值进行的,不可能对每一个 PC 值都记录下它的目标地址,所以一般都使用 Cache 的形式,使多个 PC 值共用一个空间来存储目标地址,这个 Cache 称为 BTB(Branch Target Buffer),图 4.32 表示了采用直接映射结构的 BTB 的示意图。

BTB 本质上是 Cache,所以它的结构和 Cache 也是一样的,使用 PC 值的一部分来寻址 BTB(这部分称为 index),PC 值的其他部分作为 Tag。BTB 中存放着分支指令的目标地址 (Branch Target Address,BTA),因为 Index 部分相同的多个 PC 值会查找到 BTB 中的同一个地方,所以使用 Tag 来进行区分,当这些 PC 值中存在多于一条的分支指令时,就产生了冲突,这样会造成 BTB 中对应的内容被频繁地替换,影响了分支预测的准确度。

为了解决这个问题,可以采用组相连结构的 BTB,当有多条分支指令都指向 BTB 的同一个地方时(也就是它们的 PC 值的 Index 部分相同),可以将它们的 BTA 放到不同的 way 中,如图 4.33 所示。

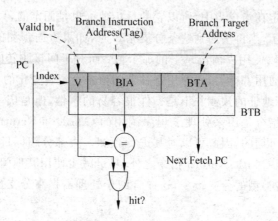

图 4.32　Direct-mapped BTB

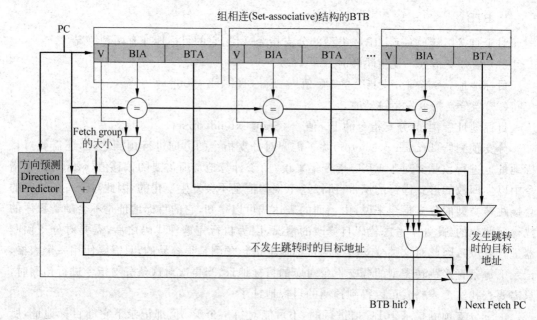

图 4.33　Set-associative BTB

当然,组相连结构的 BTB 增加了设计的复杂度,使 BTB 占用的硅片面积增大,同时降低了 BTB 的访问速度,因此在现实世界的处理器中,BTB 中 way 的个数一般都比较小。

以上所讲述的 BTB 的设计都是比较直接的方法,还可以采用一些其他的方法来对其进行优化,例如在直接映射结构的 BTB 中,最优的情况出现在映射到 BTB 中同一个地方的所有指令中,最多只有一条是分支指令,在这种最优的情况下,可以将 BTB 的 Tag 部分进行简化,只使用 PC 值的一小部分作为 Tag,如图 4.34 所示。

图 4.34 所示的这种方法称为 partial-tag BTB,它可以节省 Tag 所占据的存储空间,但是当 BTB 中的一个地方对应多条分支指令时,这种方法就有可能引起目标地址的预测失败,例如图 4.34 所示的 PC 值(beef9810)也对应着一条分支指令,那么就会错误地使用之前的 PC 值(cfff9810)对应的目标地址,造成目标地址预测的失败,从这一点来看,似乎这种方法并不是一个很好的选择,但是需要注意的是,即使不采用这种优化的方法,在普通的直接

映射结构 BTB 中,这种情况也会由于冲突而引起分支指令(beef9810)的目的地址预测的失败,所以从上面的这个例子来看,在直接映射结构的 BTB 中使用图 4.34 所示的这种减少 Tag 位数的方法,并不会降低目标地址预测的正确率。当然,如果 PC 值(beef9810)对应的指令并不是一条分支指令,此时也不会有任何问题,因为方向预测会得到这条指令是不发生跳转的,也就不会使用这个错误的目标地址了。因此综合来看,在直接映射结构的 BTB 中使用图 4.34 的这种减少 Tag 位数的方法,并不会引起分支预测正确率的降低,还可以节省 BTB 的存储空间,是一种行之有效的改进方法。

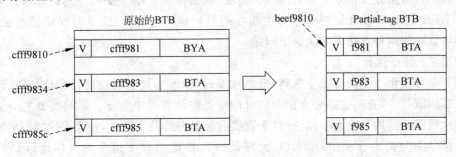

图 4.34 缩短 BTB 中 Tag 的位数,从而降低 BTB 的面积

还需要注意的是,分支预测失败并不会造成处理器运行的错误,因为在流水线的后续阶段还会对分支预测的正确与否进行检查,如果发现一条分支指令的分支预测不正确,那么会将这条分支指令之后进入到流水线的所有指令从流水线中抹掉,并从正确的地方开始取指令,当然,此时处理器做了一部分无用功,会浪费一些性能和功耗。

当然,partial-tag BTB 的这种方法直接将原来的 Tag 砍掉了一部分,这相当于丢失了原来的一部分信息,其实还可以采用之前使用过的方法,将原来的 Tag 进行一定的运算,从而得到一个位数比较小的值。举例来说,对于图 4.34 中 28 位的 Tag,对其每相邻的两个四位的值进行异或运算,这样就可以得到一个 14 位的新值作为 Tag,如图 4.35 所示。

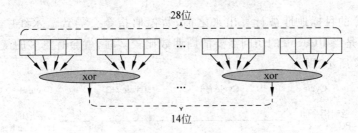

图 4.35 采用异或的方法降低 Tag 的位数

通过这种方式,可以减少 Tag 的位数,同时可以避免不同的 PC 值之间重名的情况,可以计算出,两个 PC 值 beef9810 和 cfff9810 经过上述的运算处理之后的值是不相同的。这种对 Tag 进行一定的运算处理的方法应用于组相连结构的 BTB 中,可以在面积较小的情况下,获得不错的性能。

一般情况下,为了最大限度地利用 BTB 中有限的存储资源,只将发生跳转的分支指令对应的目标地址放到 BTB 中,那些预测不发生跳转的分支指令,它们的目标地址其实就是顺序取指令的地址,因此并不需要进行预测。从本节的描述可以看出,对于直接跳转(PC-relative)类型的分支指令来说,使用 BTB 进行目标地址的预测是比较准确的,但是对于间接跳转(absolute)类型的分支指令,由于它的目标地址是经常变化的,所以使用 BTB 对目标地址进行预测,是无法得到满意结果的,需要采用一些其他的方式来解决,这在后文中会进行介绍。

2. BTB 缺失的处理

当一条分支指令的方向是预测发生跳转,而此时 BTB 发生了缺失,例如在直接映射结构的 BTB 中,多条分支指令对应着同一个表项,那么此时这条分支指令的目标地址就有可能不在 BTB 中,当然就无法对这条分支指令的目标地址进行预测,这时候应该怎么办呢?处理器可以采用两种方法来解决这个问题。

方法一:停止执行

当一条分支指令预测会发生跳转,但是在 BTB 中没有找到对应的目标地址时,可以暂停流水线的取指令,直到这条分支指令的目标地址被计算出来为止。不同类型的分支指令导致流水线停止的周期数是不同的,对于直接跳转类型的分支指令,在流水线的解码阶段就可以从指令中分离出偏移值(offset),此时就可以将这条分支指令的目标地址计算出来(PC+offset),这个过程的示意图如图 4.36 所示。

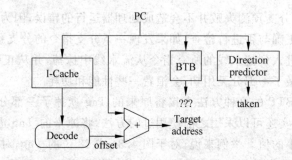

图 4.36　在流水线的解码阶段,计算得到分支指令的目标地址

在分支指令的目标地址被计算出来之前,暂停取指令会导致流水线中出现一些气泡(Bubble),尤其是当 I-Cache 的访问需要的周期数比较多时,就会有更多的气泡出现在流水线中,如图 4.37 所示。

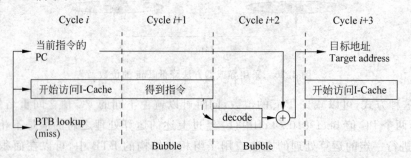

图 4.37　BTB miss 时,暂停流水线会引入气泡

图 4.37 所示中,在周期 i 的时候发现了预测跳转的分支指令,但是却没有在 BTB 中发现这条指令的目的地址,这时候就要停止取指令,并等待分支指令从 I-Cache 中取出来。在图 4.37 中表示的 I-Cache 需要两个周期才可以得到指令,因此在周期 $i+2$ 就可以对分支指

令进行解码而得到指令中的偏移值，进而就可以计算出分支指令的目标地址了，在周期 $i+3$ 可以使用这个计算出的地址进行取指令，通过图 4.37 所示可以看出，这种停顿造成流水线中引入了两个周期的气泡。

使用这种停止取指令的方法处理 BTB 的缺失，对于直接跳转（PC-relative）类型的分支指令是比较有效率的，因为这种类型的分支指令的目标地址可以很快地计算出来，但是对于间接跳转（absolute）类型的分支指令，它的目标地址需要等到通用寄存器的值被计算出来，这个过程的时间可能会很长（例如这个通用寄存器来自于发生 D-Cache 缺失的 load 指令），这会导致流水线中产生大量的气泡，降低了处理器的执行效率。

方法二：继续执行

对于方向预测会发生跳转的分支指令来说，如果发生了 BTB 的缺失，此时可以使流水线继续使用顺序的 PC 值来取指令。当在流水线的后续阶段，将它的目标地址计算出来之后，如果发现计算出的地址和原来顺序的 PC 值不一样（这个可能性是非常高的），那么就将流水线中分支指令之后进入到流水线的所有指令都抹掉，使用计算出的目标地址开始取指令。之所以这样做，是考虑到分支指令的方向可能会预测错误，也就是分支指令的实际结果可能是不发生跳转的，所以对于这些预测发生跳转的分支指令，当 BTB 发生缺失时，采用顺序的 PC 值来取指令，也存在正确的可能性。尤其是对于间接跳转（absolute）类型的分支指令，要等到它的目标地址被真正地计算出来，需要的时间可能会很长，顺序执行总比暂停流水线要更"聪明"一些，因为毕竟存在正确的可能性，"better later than never"。但是从功耗的观点来看，这样做是更浪费功耗的，因此采用这种方法可能需要经常从流水线中抹掉指令，这等于是在做无用功，所以如果是对功耗比较敏感的设计，这种方法可能并不是一个好的选择。

4.3.2　间接跳转类型的分支预测

对于间接跳转（absolute）类型的分支指令来说，它的目标地址来自于通用寄存器，是经常变化的，所以无法通过 BTB 对它的目标地址进行准确的预测，所幸的是，大部分间接跳转类型的分支指令都是用来进行子程序调用的 CALL/Return 指令，而这两种指令是有规律可循的，任何有规律的事情都可以进行预测。对于除了 CALL/Return 类型之外的其他间接跳转类型的分支指令，很多人也对其分支预测进行了研究，并提出了一些方法来提高其预测的准确度，本节将会进行介绍。

1. CALL/Return 指令的分支预测

在一般的程序中，CALL 指令用来调用子程序，使流水线从子程序中开始取指令执行，而在子程序中，Return 指令一般是最后一条指令，它将使流水线从子程序中退出，返回到主程序中的 CALL 指令之后，继续执行。对于很多 RISC 处理器来说，可能在指令集中并没有直接的 CALL/Return 指令，而是使用其他的指令来模拟这个功能，例如在 MIPS 处理器中，使用 JAL 指令作为 CALL 指令，而使用"JR \$31"指令作为 Return 指令。对于程序中的一条指定的 CALL 指令来说，它每次调用的子程序都是固定的，也就是说，一条 CALL 指令对应的目标地址是固定的，因此可以使用 BTB 对 CALL 指令的目标地址进行预测，如图 4.38 所示给出了一个例子。

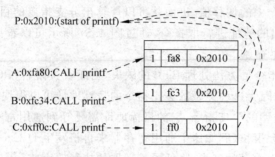

图 4.38　CALL 指令使用的目标地址都是固定的,可以使用 BTB 进行目标地址的预测

如图 4.38 所示中,printf 函数的起始地址是 0x2010,三条不同的 CALL 指令都调用了 printf 函数,因为这三条指令的 PC 值不同,所以它们占据了 BTB 中的不同地方,由于被调用的 printf 函数的地址是固定的,所以这三条 CALL 指令都可以使用 BTB 对目标地址进行正确的预测。

但是对于一个子函数来说,例如 printf 函数,有很多地方都可以调用它,因此 printf 函数执行到最后一条 Return 指令的时候,返回的地方是会变化的。例如图 4.38 中,CALL 指令 A 调用了 printf 函数,则 printf 函数中的 Return 指令会返回到指令 A 之后的那条指令;同理,CALL 指令 B 调用了 printf 函数的话,printf 函数中的 Return 指令就会返回到指令 B 之后的那条指令。正因为 Return 指令的目标地址是不确定的,因此无法使用 BTB 对它的目标地址进行预测,但是可以看出,Return 指令的目标地址总是等于最近一次执行的 CALL 指令的下一条指令的地址,如图 4.39 所示。

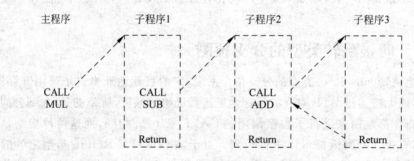

图 4.39　一个三级嵌套的子程序调用

如图 4.39 所示为一个三级嵌套的子程序调用,每个子程序中都调用了其他的子程序,当执行到子程序 3 的 Return 指令时,它的目标地址是最近一次执行的 CALL 指令(位于子程序 2 中)的下一条指令(ADD 指令)的地址;同理,当执行子程序 2 的 Return 指令时,它的目标地址是子程序 1 的 CALL 指令的下一条指令(SUB 指令)的地址,也就是说,Return 指令的目标地址,是按照 CALL 指令执行的相反顺序排列的。

根据 Return 指令的上述特点,可以设计一个存储器,保存最近执行的 CALL 指令的下一条指令的地址,这个存储器是后进先出的(Last In First Out, LIFO),即最后一次进入的数据将最先被使用,这符合上面讲述的 Return 指令和 CALL 指令的特点,这个存储器的工作原理和堆栈(stack)是一样的,称之为返回地址堆栈(Return Address Stack, RAS)。对于图 4.39 所示的例子,当执行完三条 CALL 指令之后,RAS 如图 4.40 所示。

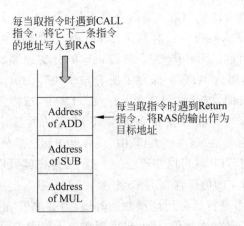

图 4.40 执行三条 CALL 指令之后，RAS 中的值

当对子程序 3 中的 Return 指令进行目标地址的预测时，会使用 RAS 最新进入的地址，也就是 ADD 指令的地址，这样就能够返回到子程序 2 中继续执行，同时 RAS 的读指针会指向下一个值；当对子程序 2 的 Return 指令进行目标地址的预测时，会使用此时 RAS 中的最新地址，也就是 SUB 指令的地址作为 Return 指令的目标地址，这样可以返回到子程序 1 中继续执行，同时 RAS 的读指针会指向下一个值；最后对子程序 1 的 Return 指令进行目标地址预测时，就会使用 RAS 中的 MUL 指令的地址作为目标地址了，这样就可以返回到主程序中继续执行。因此综合看起来，可以使用 BTB 对 CALL 指令的目标地址进行预测，而使用 RAS 对 Return 指令的目标地址进行预测，这个过程如图 4.41 所示。

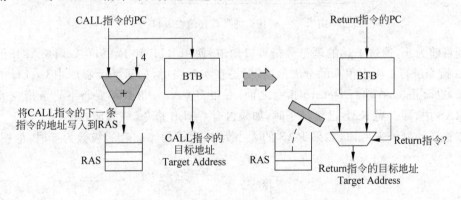

图 4.41 对 CALL/Return 指令进行分支预测

由图 4.41 可以看出，要使 RAS 能够正确工作，需要如下两个前提条件。

（1）当遇到 CALL 指令的时候，需要能够将 CALL 指令的下一条之类的地址放到 RAS 中，这需要识别出哪条指令是 CALL 指令，而正常情况下，只有到了流水线的解码阶段才可以知道指令是否是 CALL 指令，此时可以将 CALL 指令的 PC＋4 值保存到 RAS 中（假设 PC 值会和指令一起随着流水线而流动），但是现代的处理器都需要几个周期才可以从 I-Cache 中取出指令，因此当指令到达流水线的解码阶段的时候，在这条指令后面已经有很多条指令又进入了流水线中，如果在这些指令中存在 Return 指令（假设子函数很短），那么这条 Return 指令将无法从 RAS 中得到正确的目标地址，这样就造成了分支预测失败，降低了处理器的执行效率。

　　如果能够在分支预测阶段就知道一条指令是否是 CALL 指令（即通过 PC 值就可以知道是否是 CALL 指令），那么就可以及时地保存 PC＋4 的值，即使 CALL 指令后面马上跟着 Return 指令，也可以对这条 Return 指令进行正确的分支预测，这个功能要如何实现呢？这仍旧需要借助于 BTB，因为 BTB 中保存了所有发生跳转的分支指令，而 CALL/Return 指令都是永远会发生跳转的，因此它们都会保存在 BTB 中，这需要在 BTB 中增加一项，用来标记分支指令的类型，当一条分支指令被写到 BTB 的时候，也会将分支指令的类型（CALL、Return 或者其他类型）记录在 BTB 中，以后再遇到这条分支指令时（也就是再遇到这个 PC 值时），通过查询 BTB 就可以知道它的类型了，这样就可以在分支预测阶段识别出 CALL 指令，从而将 PC＋4 的值保存在 RAS 中。

　　（2）当对 Return 指令进行目标地址预测的时候，需要能够选择 RAS 的输出作为目标地址的值，而不是选择 BTB 的输出值，因此仍需要在分支预测阶段就可以知道指令的类型，这依然可以通过如上所述的方法，在 BTB 中存储分支指令的类型，这样在分支预测阶段访问 BTB 的同时，就可以知道当前的指令是否是 Return 指令了。

　　因此，在 BTB 中，除了存储目标地址和 Tag 值之外，还需要存储分支指令的类型，图 4.42 表示了这样的 BTB。

			2bit	
V	BIA(tag)	BTA	Br_type	
	⋮			
				BTB

图 4.42　将指令的类型存储在 BTB 中

　　到目前为止，通过上述的理论分析可以知道，使用 BTB 和 RAS，可以对 CALL 指令和 Return 指令进行正确率很高的分支预测，但是在实际当中，如果一个程序中 CALL 指令嵌套很深，也就是说，在执行 Return 指令之前，有很多 CALL 指令都要将下一条指令的地址放到 RAS 中，那么当 RAS 已经满了时，如果再有 CALL 指令，该如何处理？

　　以这样的例子来考虑，如果 RAS 的大小为 4，而子程序嵌套的级数为 5 时，如图 4.43 所示。

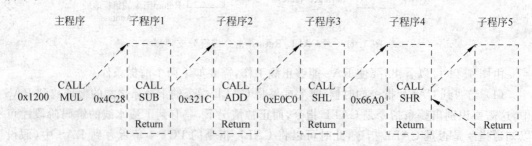

图 4.43　在 RAS 的大小为 4 的处理器中执行 5 级嵌套的子程序调用

　　在如图 4.43 所示的例子中，子程序 3 中的 CALL 指令被分支预测后，RAS 就已经被占满了，当子程序 4 中的 CALL 指令要进行分支预测时，RAS 中已经没有空余的地方来存储它的返回地址，如图 4.44 所示。

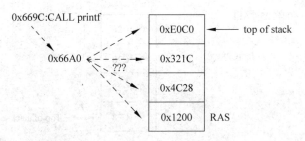

图 4.44 RAS 中已经没有空间来存储返回地址

有两种方法可以处理上述情况。

(1) 不对新的 CALL 指令进行处理,此时不修改 RAS,最后执行的这个 CALL 指令对应的返回地址(0x66A0)将会被抛弃掉,这样在下一次执行 Return 指令的时候肯定就会产生分支预测失败(mis-prediction),不仅如此,这种做法还要求 RAS 的指针不能够发生变化,否则就会引起后面的 Return 指令都无法对应到自己的返回地址,显然,这是一个比较差的做法。

(2) 继续按照顺序向 RAS 中写入,此时 RAS 中最旧的那个内容(存放着地址 0x1200)将会被覆盖掉,如图 4.45 所示。

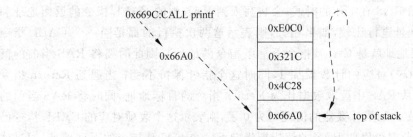

图 4.45 继续向 RAS 中写入,覆盖掉最旧的值

按照这样的处理方式,对子程序 5、4、3、2 中的 Return 指令都可以正确地预测其目标地址,但是对于子程序 1 中的 Return 指令,因为将它对应的返回地址进行了覆盖,此时将无法得到正确的目标地址,因此会引起不可避免的分支预测失败。

但是比较来说,这种方法要更好一些,因为它存在正确的可能性,考虑一个递归的 (recursive)函数调用:f()调用 f(),即自己调用自己,如图 4.46 所示。

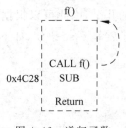

图 4.46 递归函数

如果 RAS 的容量仍旧只有 4 个,则在这个递归函数第 5 次调用的时候,RAS 的情况如图 4.47 所示。

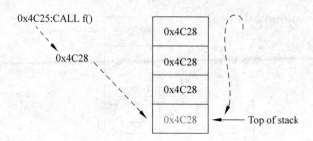

图 4.47　递归调用时,写入到 RAS 的值和被覆盖的值是一样的

由图 4.47 所示可以看出,RAS 中被覆盖的目标地址和写入的地址是一样的,这样即使进行了覆盖,RAS 仍能够给出正确的返回地址,这也是使用方法(2)的一个优点。

不过,像图 4.47 中这种递归的函数调用,RAS 都被同一个 CALL 指令的返回地址所占据了,RAS 中保存的都是同一个重复的值,这样对 RAS 空间来说,其实是浪费的。对于连续执行的同一个 CALL 指令来说(此处的连续是指,两次相邻执行的 CALL 指令是同一条指令),完全可以将它们的返回地址都放到 RAS 中的同一个地方,并用一个计数器来标记 CALL 指令执行的次数,例如使用一个 8 位的计数器就可以最多标记 256 级的递归调用了,这样相当于扩展了 RAS 的容量,增大了预测的准确度。

这种带计数器的 RAS 在工作的时候,会将写入到 RAS 中的 CALL 指令的返回地址和上一次写入的返回地址进行比较,如果相等,则表示这两次执行的都是同一个 CALL 指令(RAS 中保存的返回地址就是 CALL 指令下一条指令的地址),则此时要将 RAS 当前的读指针指向的表项(entry)对应的计数器加 1,同时这个指针保持不变;当遇到 Return 指令时,按照以前的方式从 RAS 中读取数据作为 Return 指令的目标地址,同时将 RAS 当前的这个表项的计数器减 1,如果计数器的值此时为 0 了,则表示这个表项对应的 CALL 指令已经结束了递归调用,此时可以使 RAS 的读指针指向下一个 CALL 指令的返回地址,通过这种工作方式,可以很好地对递归函数进行分支预测。

2. 其他预测方法

对于间接跳转(absolute)类型的分支指令,如果它既不是 CALL 指令,又不是 Return 指令时,该如何预测它的目标地址呢? 从理论上来讲,这种类型的分支指令,它的目标地址可能有很多,对于 32 位的处理器来说,这个目标地址有 2^{30} 种可能性,是没有办法进行预测的。但是这只是理论上的情况,在实际的程序中,对于一个间接跳转(absolute)类型的分支指令来说,它的目标地址只有固定的几个,因此可以根据分支指令在过去的执行情况,对目标地址进行预测,一个很明显的例子就是 case 语句,如下所示:

```
case(a)
  1:跳转到目标地址 1
  2:跳转到目标地址 2
  3:跳转到目标地址 3
        ⋮
  9:跳转到目标地址 9
```

如果这个 case 语句被编译器翻译成了间接跳转类型的分支指令,但是因为 case 语句的内容有限,分支指令的目标地址也是有限的几个,这就为目标地址的预测提供了可能性,很多人对这种类型的分支指令如何预测进行了研究,本节给出一种方法[17]。

对于间接跳转类型的分支指令来说,它的目标地址也可能是和过去的执行情况有关系的,因此可以利用基于局部历史的分支预测方法中使用的 BHR 对目标地址进行预测,如图 4.48 所示。

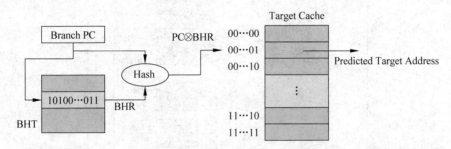

图 4.48 使用基于局部历史的分支预测方法对目标地址进行预测

如图 4.48 所示的方法已经在分支指令的方向预测中出现过,只是现在将 PHT 换成了 Target Cache。对于一条间接跳转类型的分支指令来说,每当它执行一次时,就按照图 4.48 所示的方式将目标地址写到 Target Cache 中。上面说过,一条间接跳转类型的分支指令,它的目标地址可能出现的值是有限的,所以使用 Target Cache 有可能覆盖到所有的情况。

因此,到目前为止,对于分支指令的目标地址的预测,有下面的三种方法。

(1) 使用 BTB 对直接跳转(PC-relative)类型的分支指令和 CALL 指令进行预测;

(2) 使用 RAS 对 Return 指令进行预测;

(3) 使用 Target Cache 对其他类型的分支指令进行预测。

尤其是对于 BTB 和 RAS,几乎是现代的超标量处理器必须要使用的。

4.3.3 小结

到目前为止,对于分支指令的方向和目标地址的预测方法都进行了讲述:使用 BHR、GHR 和饱和计数器配合来对分支指令的方向进行预测,并使用 BTB、RAS 和 Target Cache 对分支指令的目标地址进行预测,这些预测都是发生在取指令的阶段,基于 PC 值来进行的。将以上的方法进行汇总,就可以对分支指令进行完整的分支预测了,图 4.49 给出了一种典型的实现方法。

图 4.49 中使用了基于局部历史的方法对分支指令的方向进行预测,配合使用 BTB、RAS 和 Target Cache 对分支指令的目标地址进行预测,这种将分支指令的方向预测独立于 BTB 的做法称为 decoupled BTB,这样那些本来没有在 BTB 中记录的分支指令也会被进行分支方向的预测,由于 BTB 需要占用不菲的硬件资源,一般它的容量都不会很大,也就是无法记录很多条的指令信息,但是进行分支方向预测的 BHT 和 PHT 则可以记录很多条指令的信息,这样可以对更多的分支指令进行方向的预测。即使某些分支指令被预测为发生跳转,但是却发生了 BTB 缺失,仍可以通过将处理器暂停取指令来节约功耗,这也比发生分支预测失败的情况要好一些。举例来说,在 PowerPC 604 处理器中使用了一个 64-entry,全相连结构的 BTB,用来保存最近发生跳转的分支指令的目标地址,同时使用了一个 512-entry 的 PHT 来进行分支方向的预测[18],这就是典型的 decoupled BTB 的设计。

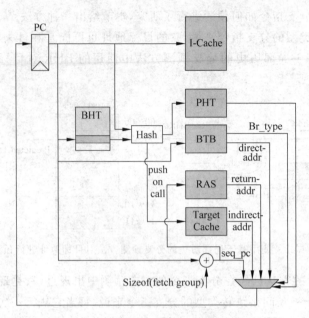

图 4.49 一种完整的分支预测方法

当然,任何预测技术都有可能出错,分支预测也不例外,因此就需要一套机制对分支预测的正确性进行检查,在超标量处理器的流水线中,很多阶段都可以得到分支指令的结果,例如最早在解码阶段就可以得到直接跳转类型(PC-relative)的分支指令的结果,而在执行阶段可以得到间接跳转类型(absolute)的分支指令的结果等。在流水线中得到一条分支指令的结果时,就可以对这条分支指令的分支预测是否正确进行检查,发现分支预测失败时,在这条分支指令后面进入到流水线的所有指令都处在了错误(mis-prediction)的路径上,这些指令都应该从流水线中被抹掉,这就造成了流水线中存在很多的气泡(bubble),降低了处理器的性能,这称为分支预测失败时的惩罚(mis-prediction penalty)。这些处在错误路径上的指令有可能已经将处理器中某些部件的内容进行了更改,例如寄存器重命名阶段的重命名映射表(mapping table),这个更改显然是不应该的,需要对这些操作进行撤销,这称为分支预测失败时的恢复(mis-prediction recovery),在 4.4 节将对这些内容进行介绍。

4.4 分支预测失败时的恢复

分支预测是一种预测技术,需要处理器中有对应的验证和恢复机制,在流水线的很多阶段都可以对分支预测是否正确进行检查,它们包括以下几点。

(1) 在解码阶段,可以得到一个 PC 值对应的指令是否是分支指令,以及这条分支指令的类型,如果这条指令是直接跳转(PC-relative)类型的分支指令,还可以在这个阶段得到它的目标地址,因此在解码阶段可以对一部分的分支指令是否预测正确进行检查,例如在这个阶段发现了一条直接跳转类型的无条件分支指令(例如 MIPS 中的 J 指令),则这条分支指令的方向(发生跳转)和目标地址(PC+offset)就可以得到了。如果发现这条分支指令在之前被预测为不发生跳转,则此时就发现了分支预测失败(mis-prediction),这条本来应该发生跳转的分支指令并没有起作用。不过对于分支预测失败来说,如果在解码阶段就发现它,那么是最好的事情了,因为此时可以马上进行恢复,这样所带来的惩罚(penalty)也是最小的。当然,很多时候即使在解码阶段发现方向预测不正确,可能也无法在这个阶段得到正确的目标地址,例如一条目标地址位于寄存器中的间接跳转指令(例如 MIPS 中的 JR 指令),如果它在之前被预测为不发生跳转,则此时在解码阶段就可以发现这个错误,但是在这个阶段却无法知道寄存器的内容,因为读取寄存器的过程发生在流水线的后续阶段,因此即使知道这条指令预测失败了,此时也没有办法告诉处理器取指令的正确地址,此时可以简单地停止流水线,避免以后从流水线中抹掉指令而造成的功耗浪费。

(2) 在读取物理寄存器的阶段(有可能在寄存器重命名阶段之后,也有可能在发射阶段之后,这取决于处理器的架构,在后文会有详细介绍),如果此时读取到了寄存器的值,那么就可以对间接跳转类型的分支指令所预测的目标地址进行检查,如果发现目标地址预测错误了,那么就可以使用正确的地址开始重新取指令,此时仍旧需要将分支指令之后进入到流水线的所有指令从流水线中抹掉,这样并不是很容易实现,因为这些指令很可能已经进入了发射队列(Issue Queue)中,当然在发射队列中还存在正确的指令,因此需要对其中的指令进行选择性的清除,这部分内容在后文中会进行详细介绍。

(3) 在执行阶段,不管什么类型的分支指令都可以被计算出结果,此时可以对分支预测是否正确进行检查。当然,如果一条分支指令到这个阶段才对预测是否正确进行检查,当发现预测失败时造成的惩罚(penalty)也是最大的。

在执行阶段发现一条分支指令的预测失败时,在这条分支指令后面进入到流水线的所有指令都需要从流水线中抹掉,但是需要注意的是,由于超标量处理器多采用乱序执行(out-of-order)的方式,在此时的流水线中,还有部分指令是在这条分支指令之前进入流水线中的,这些指令可能位于发射队列(Issue Queue)中,也可能位于执行阶段,它们不应该受到分支预测失败的影响,可以继续执行,如何才能实现这样的功能呢?其实,指令之间本来的顺序在流水线的重排序缓存(ROB)中进行了记录(ROB 将在后面章节专门介绍),因此可以利用重排序缓存对分支预测失败时的处理器进行状态恢复,这部分内容将在第 10 章进行详细的介绍,此处进行简要的说明。

当在执行阶段发现了一条分支指令预测失败时,将这个信息记录在这条分支指令在ROB 对应的表项(entry)中,并暂停流水线的取指令,但是让流水线继续执行,当这条分支指令变为流水线中最旧的指令时,表明在这条分支指令之前进入到流水线中的所有指令都已经离开了流水线,此时在流水线中的所有指令都处于分支预测失败(mis-prediction)的路径上了,可以将整个流水线中的指令全部抹掉,从正确的地址重新开始取指令来执行。这个方法最大的缺点就是需要分支指令在流水线中等待一段时间才能进行处理,并且在分支指令之前存在 D-Cache 缺失的 load 指令时,这个等待的时间就会很长,在这段时间内流水线都无法取新的指令来执行,这样就会造成分支预测失败时的惩罚(penalty)很大,降低了处理器的性能,这种使用 ROB 对处理器进行状态恢复的方法如图 4.50 所示。

虽然图 4.50 所示的方法在某些情况下会造成分支预测失败时的惩罚过大,但是这种方法很容易实现,是在硬件复杂度和执行效率之间的一个比较折中的方案,Intel 的很多处理器就采用了这种方法。

除了采用基于 ROB 的方法进行分支预测失败时的状态恢复,很多现代的处理器都采用了基于 Checkpoint 的方法进行状态恢复。所谓 Checkpoint,是指发现分支指令,并且在分支指令之后的指令更改处理器的状态之前,将处理器的状态保存起来,这里所要保存的处理器状态主要是指寄存器重命名中使用的映射表(mapping table),当然还包括其他的一些信息,例如预测跳转的分支指令对应的下一条指令的 PC 值等。一般来说,当分支指令进入流水线的寄存器重命名阶段的时候,就需要进行这个状态保存的过程,将此时的映射表保存起来,不同形式的映射表对于硬件需求也是不同的。总体看起来,相比使用 ROB 的方式,使用这种 Checkpoint 的方式进行分支预测失败时的状态恢复,需要消耗更多硬件资源,但是这种方法能够快速地将处理器的状态恢复,并马上开始从正确路径取指令来执行,因此这种方法的执行效率更高。

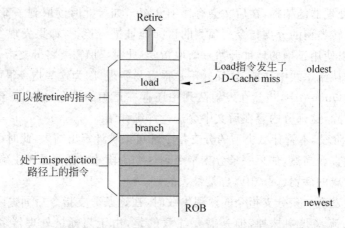

图 4.50　使用 ROB 对分支预测失败时的处理器进行状态恢复

相比于使用 ROB 的方法,使用 Checkpoint 方法进行状态恢复,还有一个重要的任务就是将流水线中所有处于分支预测失败(mis-prediction)路径上的指令都抹掉。但是,当分支指令到了执行阶段,发现分支预测失败的时候,此时流水线中仍有一部分指令并没有处于分支预测失败的路径上,这些指令不能够被抹掉,因此需要一种机制来正确地识别哪些指令处于这条错误的路径上,这可以通过对每一条分支指令进行编号来实现,所有在这条分支指令后面进入到流水线的指令都会得到这个编号,直到遇到下一条分支指令为止,这个过程如图 4.51 所示。

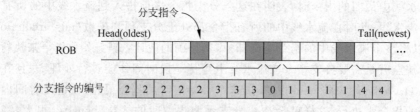

图 4.51　对每一条分支指令都使用一个编号

在图 4.51 中,为每条分支指令都分配一个编号,这样可以很方便地识别出哪些指令位于这条分支指令的后面,当发现分支预测失败时,就可以马上利用这个编号,对流水线中的指令有选择地进行抹掉,而不需要等到这条预测错误的分支指令变为流水线中最旧的指令。分支指令的编号个数决定了最多可以在流水线中存在的分支指令个数,这可以通过下面的方法进行估算:假设处理器最多支持 128 条指令存在于流水线中,按照每五条指令存在一条分支指令来计算,最多会有 128/5＝26 条分支指令存在于流水线中,也就是说,分支指令的编号需要 26 个,则这个编号的位数需要 5 位才可以满足要求($2^5＝32$)。

　　所有在流水线中的分支指令都会被分配一个编号值,这些编号值都会保存在一个 FIFO 中,这个 FIFO 称为编号列表(tag list),它的容量等于处理器最多支持的分支指令的个数,例如处理器最多支持 26 条分支指令存在于流水线中,则编号列表的容量就是 26 个,一旦这个列表满了,就不能再向流水线中送入分支指令。因此,如果再解码出分支指令,就会暂停解码阶段之前的流水线,直到编号列表中有空余的空间为止。

　　当然,上面的方法只是给出了一种设计的思路,在具体实现时,有很多种方法都可以对分支指令的编号进行分配和回收,下面给出一种一般性的设计方法。这种方法使用两个表格,一个表格用来存放所有没有被使用的编号值,这个表格称为空闲的编号列表(free tag list);另一个表格用来存储所有被使用的编号值,即上面所说的编号列表(tag list)。每次在解码阶段发现一条分支指令时,就从空闲的编号列表(free tag list)中送出一个编号值,这个编号值会被写到编号列表(tag list)中,在此之后被解码的所有指令都被附上这个编号值,直到遇到下一条分支指令被解码为止。

　　这两个编号列表(free tag list 和 tag list)本质上都是 FIFO,一旦在流水线的执行阶段发现一条分支指令预测错误了,就会使用编号列表中这条分支指令对应编号值,以及它之后的所有编号值,将流水线中对应的指令进行抹掉,同时编号列表中这些用来抹掉流水线的编号值会被放回到空闲的编号列表中,供后续进入流水线的分支指令使用,它们的工作流程可以用图 4.52 来表示。

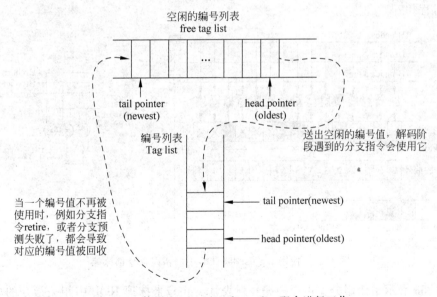

图 4.52　使用 free tag list 和 tag list 配合进行工作

　　前面说过,在解码阶段也会对分支指令的预测结果进行检查,如果在这个阶段发现了预测错误,此时流水线中处于解码阶段之前的所有指令都应该从流水线中抹掉,然后从正确地址开始取指令。当然,这条分支指令也仍然会被分配编号并写到编号列表中,因为此时并不确定它之前是否存在预测失败的分支指令,万一在随后的某个时间,在流水线的执行阶段发现了一条预测错误的分支指令,那么刚刚在解码阶段被纠正的分支指令也就处在了分支预测失败(mis-prediction)的路径上,因此也需要使用它的编号值对流水线中相关的指令进行抹掉。也就是说,要使用图 4.52 所示的方法,就要为解码阶段得到的每一条分支指令,都分配一个编号值。

当一条分支指令在执行阶段发现预测错误时,需要将在它后面进入到流水线的所有指令都抹掉,根据超标量处理器流水线的特点,这个过程实际上包括两个部分。

(1) 在流水线的发射(issue)阶段之前的所有指令都需要全部被抹掉,因为在发射阶段之前指令依然维持着程序中原始的顺序(in-order),而在流水线中,执行阶段位于发射阶段之后,因此,当在执行阶段发现了一条预测错误的分支指令时,流水线的发射阶段之前的所有指令必然全部处于分支预测失败(mis-prediction)的路径上,它们都可以从流水线中被无差别地抹掉,这个过程在一个周期内就可以完成。

(2) 在流水线的发射阶段以及之后的流水段中,指令将按照乱序(out-of-order)的方式来执行,一部分指令可能处于分支预测失败(mis-prediction)的路径上,这就需要使用编号列表(tag list)中的编号值将它们找出来并抹掉,这个过程会比较复杂,在一个周期内很有可能无法完成。

如何使用编号列表中的编号值来找到处于分支预测失败路径上的指令呢? 以 ROB 为例,当在流水线的执行阶段发现了一条预测错误的分支指令时,ROB 中位于这条分支指令后面的所有指令都应该被抹掉,如果在 ROB 中存储了每条指令对应的分支编号值,那么此时就可以将编号列表中相关的编号值进行广播,ROB 中所有的指令都将自身的编号值和这些广播的编号值进行比较,如果相等,那么就将 ROB 中对应的指令置为无效,图 4.53 表示了这个过程。

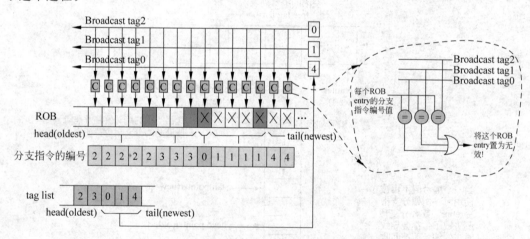

图 4.53   使用 tag list 将 ROB 中的错误指令都抹掉

图 4.53 表示了使用分支指令的编号列表(tag list)来抹掉 ROB 中相关指令的过程,很显然,如果想要在一个周期之内使用编号列表中所有的编号值来抹掉 ROB 中的指令,是不现实的。例如对于一个容量是 32 的编号列表来说,最坏情况下,编号列表中就会有 32 个编号值,要想在一个周期内完成上述过程,那么就需要在一个周期内对 32 个编号值进行广播,同时 ROB 中的每条指令都需要和 32 个编号值进行比较,从图 4.53 所示的电路可以看出,这会消耗大量的布线资源和比较器电路,增大了芯片面积和延迟,在实际的芯片设计中是无

法接受的。

使用分支指令的编号列表对流水线中的其他部件,例如发射队列(Issue Queue),进行处理的过程和图 4.53 是类似的,虽然指令在发射队列中的排布并没有什么顺序,但是仍然可以使用上述的方法对其中相关的指令进行抹掉。当然,对于处于流水线中发射(issue)阶段之后的指令,也仍然可以使用这种方法。

将流水线中相关的指令抹掉之后,就需要使用 Checkpoint 对处理器的状态进行恢复,主要是对寄存器重命名阶段的映射表(mapping table)进行恢复,关于这部分内容将在后文进行介绍。

其实,并不是一定需要在一个周期之内将重排序缓存(ROB)和发射队列(Issue Queue)中的相关指令都抹掉,因为在流水线的执行阶段发现一条分支指令预测错误时,需要从正确的地址开始取指令,这些新取出来的指令需要经过流水线的好几个阶段才可以到达发射阶段(在流水线的发射阶段需要使用重排序缓存和发射队列),只要在新指令到达这个阶段之前,重排序缓存和发射队列(还包括发射阶段之后的其他流水段)中的相关指令被抹掉,那么流水线就可以使用到正确的状态,不需要暂停了。正因为如此,可以采用一种折中的方法,每周期只从分支指令的编号列表(tag list)中广播一个(或几个)编号值,这样当编号列表中的编号值不是很多时(大部分时候都是如此),使用几个周期就可以将流水线中相关的指令抹掉,此时并不会影响流水线的执行;只有在少数情况下,当编号列表中的编号数量很多时,才会需要花费多个周期来抹掉流水线中的相关指令,此时就需要新指令在到达流水线的发射阶段的时候进行等待,直到发射阶段以及之后的流水段中,所有相关的指令都被抹掉了,并且完成了状态恢复,才允许新指令进入到流水线的发射阶段。

需要强调的是,上面的这种使用分支指令的编号来抹掉流水线中相关指令的方法,一定是需要对每一条分支指令都分配一个编号值,这样才能在分支指令预测正确时,将属于这个编号值的所有指令置为非推测(non-speculative)的状态,而在分支指令预测失败时,抹掉流水线中所有处于分支预测失败(mis-prediction)路径上的指令。如果对某条分支指令没有分配编号值,那么在执行阶段对这条分支指令是否预测正确进行检查时,就无法正确地识别出哪些指令处于这条分支指令的路径上,这样上述的方法就无法正常工作了。那么,什么时候对分支指令分配这个编号值呢? 如果在流水线的取指令阶段就进行这个编号的分配,由于此时只有 PC 值,所以对分支指令的识别是推测的(speculative),不能够保证将所有的分支指令都分配编号。只有在解码阶段,对分支指令进行编号值的分配是最合适的,因为在这个阶段可以确定地识别出哪些指令是分支指令,此时就可以确保对每一条分支指令都分配一个编号值。

在每周期执行多条指令的超标量处理器中,上述对分支指令分配编号值的过程会遇到新的问题。对于一个 N-way 的超标量处理器来说,最坏的情况是在一个周期内解码的 N 条指令都是分支指令,那么空闲的编号列表(free tag list)就需要在一个周期之内提供 N 个编号值,同时编号列表(tag list)也需要在一个周期内可以被写入 N 个编号值,这样就需要使用多端口的 FIFO,这对于芯片的面积和功耗是有负面影响的。但是在绝大部分情况下,每周期解码的指令中可能最多只有一两条分支指令,因此 FIFO 的大部分端口都是空置状态,并没有被有效地利用,为这种极少见的情况设置复杂的硬件,不是 RISC 处理器的风格。因此在处理器内部可以进行一个折中的约定,在流水线的解码阶段每周期最多只能处理一条分支指令,如果在解码阶段,发现从指令缓存(Instruction Buffer)中读出的 N 条指令中存在多于一条的分支指令(指令缓存是位于取指令和解码阶段之间的一个缓存,保存着取指令阶段取出的所有指令),那么第二条分支指令及其后面的所有指令在本周期就不能够进入解码阶段,它们会被延迟到下一个周期。对于大部分程序来说,分支指令都并不密集,因此这种方法不会对性能造成太大的负面影响。

对于分支预测结果的检查,还需要考虑一个问题:当分支指令到了执行阶段得到实际的结果,并对分支预测是否正确进行检查时,如何才能够知道这条分支指令在之前的预测值?

要想在流水线的后续阶段得到分支指令的预测值,就需要在流水线的解码阶段,将每条分支指令的预测值保存起来,例如,可以将每条分支指令的预测值写到一个缓存(buffer)中,每条分支指令在缓存中的地址都会随着分支指令在流水线中流动,这样当分支指令到达流水线的执行阶段,进行分支预测是否正确的检查时,就可以从缓存中读取到这条分支指令在之前的预测值了。这种设计理念在实际的处理器设计中可以再进行优化,只将那些方向预测是跳转的分支指令保存在缓存中,如图 4.54 所示。

用来保存分支预测信息的缓存
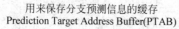

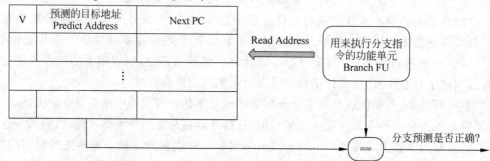

图 4.54 使用缓存来保存那些预测跳转的分支指令

在图 4.54 中,对方向预测是跳转(taken)的分支指令进行保存的地方称为 PTAB(Prediction Target Address Buffer),它主要由三部分组成。

(1) Valid,表示 PTAB 中某个表项(entry)是否被占用,当一条方向预测为跳转的分支指令写入到 PTAB 中时,会将这一位置为 1,表示这个表项被占用;当这条分支指令到达流水线的执行阶段,完成了分支预测是否正确的检查时,这个表项就可以被释放了,因此将这一位清零。

(2) Predict Address,分支指令被预测的目标地址。

(3) Next PC,方向预测为跳转的分支指令的下一条指令的 PC 值,如果发现这样的分支指令预测错误,直接使用这个值就可以作为正确的取指令地址。

一条分支指令如果被预测发生跳转,那么会将它的信息写到 PTAB 中,同时这条分支指令在 PTAB 中的地址也随着分支指令在流水线中流动,这样,当这条分支指令到达流水线的执行阶段时,就可以使用这个地址,直接从 PTAB 中找到对应的预测信息了。

由于在超标量处理器中,并不能保证对所有的分支指令都进行了分支预测,当然也不能保证所有预测的结果都是正确的,所以在流水线的执行阶段得到分支指令的实际结果时,会有下面的几种情况。

(1) 实际结果是不发生跳转，并且在 PTAB 中没有找到对应的内容，那么就表示一条分支指令被预测不发生跳转，实际也没有发生跳转，因此预测正确；

(2) 实际结果是不发生跳转，但是在 PTAB 中找到了对应的内容，那么就表示一条分支指令被预测发生跳转，实际却没有发生跳转，因此预测错误，需要使用 Next PC 的值作为正确的目标地址；

(3) 实际结果是发生了跳转，但是在 PTAB 中没有找到对应的内容，那么就表示一条分支指令被预测不发生跳转，实际结果却发生了跳转，因此预测错误，需要使用实际计算出来的目标地址；

(4) 实际结果是发生跳转，并且在 PTAB 中找到了对应的内容，那么就表示一条分支指令被预测发生跳转，实际也发生了跳转，此时需要将实际计算出来的目标地址和 PTAB 中记录的预测值进行比较，如果相等，则表示预测正确，如果不相等，则表示预测错误，需要使用实际计算出来的目标地址。

由于 PTAB 只需要保存所有预测跳转的分支指令，而不需要将全部分支指令的信息进行保存，因此这样可以减少 PTAB 的容量，在这种情况下，写 PTAB 的过程可以在流水线的取指令阶段完成，只要在取指令阶段预测到一条发生跳转的分支指令，就将其写到 PTAB 中。那么，采用这种方式后，有没有可能出现将一条非分支指令预测为发生跳转的情况呢？

如果在程序中存在自修改(self-modifying)的代码，可能会将一条分支指令修改为普通的计算指令，如果此时没有将分支预测器(branch predictor)中的内容清空，那么就有可能出现将这条计算指令预测为发生跳转的错误情况了。但是，这个错误在流水线的解码阶段就会被检查到，它所占据的 PTAB 中的内容也会被释放掉。其实在实际应用当中，程序中的自修改(self-modifying)代码执行完成后，都需要将分支预测器(branch predictor)、I-Cache 等部件中的内容都进行清空，这样才能够保证流水线可以正确地执行被修改过的指令。

更多关于分支预测失败时，处理器状态恢复的内容，可以参见参考文献中的论文[19][20]。

4.5　超标量处理器的分支预测

到目前为止，本章所讲述的分支预测都是对一条指令(也就是一个 PC 值)进行分支预测，对于普通的处理器(每周期只取一条指令)，这样是没有问题的，但是对于超标量处理器来说，在取指令时给出一个地址，会从 I-Cache 中取出多条指令，这些取出的指令组成了一个指令组(fetch group)，处理器会自动根据指令组中的指令个数，调整取指令的地址，用来进行下个周期的取指令。因此超标量处理器中的取指令地址并不是连续的，每次增加的值等于指令组的字长，送入到 I-Cache 中取指令的地址其实只是指令组中第一条指令的地址而已。如果此时仍旧只是使用取指令时的地址(也就是 PC 值)进行分支预测，那么就相当于只是对指令组中的第一条指令进行了分支预测，而指令组中后面的指令根本就没有顾及到，例如每周期取指令的个数为 4 时，就相当于只对 1/4 的指令进行了分支预测，这样显然降低了分支预测的准确度，使超标量处理器无法从分支预测中获得太大的好处。

当然，如果对取指令的过程进行限制，例如对于一个 4-way 的超标量处理器来说，使每周期取出的指令位于四字对齐的边界之内，那么这样就可以使用它们的公共地址(PC[31:

4])来寻址分支预测器,而对于分支预测器来说,它只需要记录下每组四字对齐的指令中,第一个预测跳转的分支指令的信息就可以了。因为在大多数情况下,每四字对齐的四条指令中最多也就存在一条分支指令,所以使用这种方法不会有什么问题,只不过需要注意的是,在 BTB 中需要记录下分支指令在四条指令中的位置,避免有些时候错误地使用它的结果,如图 4.55 所示。

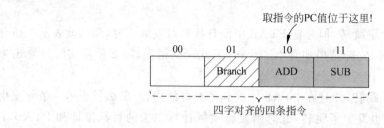

图 4.55 本周期取出的指令中不包括分支指令

在图 4.55 中,当前周期取出的指令中是不包括分支指令的,所以不应该使用这条分支指令的预测信息,这需要在 BTB 中记录下分支指令的偏移值。例如在图 4.55 中就需要记录下"01"这个偏移值,当进行分支预测时,如果发现分支指令不在当前取指令的范围之内,那么就不会使用它的预测值了。

不过,当四字对齐的四条指令中存在多于一条的分支指令时,它们就会互相干扰,从而影响分支预测的准确度,不过在大部分的程序中,分支指令出现的频率都不会这么高的。

如果对于一个 4-way 的超标量处理器来说,每周期取出的指令可以不局限于四字对齐的边界之内,那么要达到最理想的效果,就需要对一个周期内取出的所有指令都进行分支预测,将第一个预测跳转(taken)的分支指令的目标地址作为下个周期取指令的地址,如图 4.56 所示。

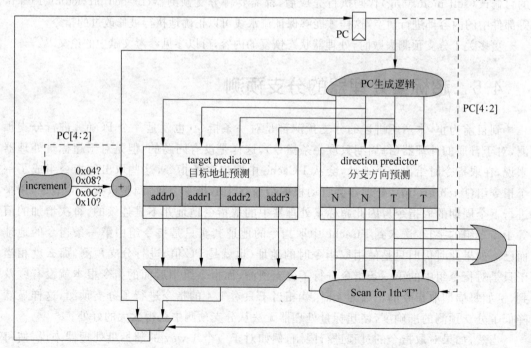

图 4.56 对一个周期内取出的所有指令都进行分支预测

要对指令组(fetch group)中所有的指令都进行分支预测,就需要得到所有指令的地址(也就是 PC 值),而取指令阶段使用的 PC 值只给出了指令组中第一条指令的 PC 值,需要使用三个加法器来实现 PC+4、PC+8 和 PC+12 的功能,这样就可以得到本次指令组中所有指令的 PC 值了。但是由于在一个周期中,取出的指令都在一个 Cache line 之内,例如对于 32B 的 Cache line 来说,一个周期取出的所有指令的 PC 值中,[31:5]是一样的,所以只需要对地址的[4:2]部分使用上述三个加法器即可。图 4.56 所示的这种对多条指令同时进行分支预测的方法,对分支指令的方向预测和目标地的预测是同时进行的,这样可以保证尽快地得到分支预测的结果,但是在实际当中却很难被接受,为什么呢?这是由于对目标地址的预测来说,需要在一个周期内提供四个 PC 值对应的目标地址,这就相当于需要 BTB 支持四个读端口,即使可以采用交叠(interleaving)的方式来避免真正的多端口,但是考虑到在使用过程中,最多只会使用其中的一个端口的值,所以这种方式对于硬件的利用效率是很低的。

如果可以在分支指令的方向预测完毕之后,利用它的结果信息再进行目标地址的预测,可以避免对 BTB 等部件的多端口需求了,这种方法对于方向预测和目标地址预测这两部分的访问是串行的,但是这样做之后,分支预测很可能就无法在一个周期内完成,这会导致流水线无法连续地"猜测"每周期取指令的地址,会造成处理器的性能有一些损失,但是却可以使硬件的复杂度得以降低,因此也不失为一种可以接受的折中方法。

其实,对于目标地址的预测,大部分情况下可能并不需要这样复杂。对于 RISC 指令集的处理器来说,例如 MIPS,程序中绝大部分时候出现的分支指令都是直接跳转(PC_relative)类型,它们的目标地址可以很快地被计算出来,因此对于这种类型的分支指令来说,其实可以不必进行目标地址的预测,而是直接在取指令阶段,只要指令被取出来,就马上进行目标地址的计算,这样虽然也不能使分支预测在一个周期内完成,但是它所耗费的时间不一定比上述串行访问所需要的时间要长,而且还可以得到一个正确的目标地址,因此比较来看,这种方法要更优一些。当然,要实现这样的功能,最好能够在指令进入 I-Cache 之前,进行预解码,例如可以将哪些指令是分支指令的这种信息标记出来,这样可以使指令从 I-Cache 取出来的时候,马上识别出分支指令,从而快速地进行目标地址的计算,MIPS 的74kf 处理器就采用了这样的方法,对分支指令的目标地址进行快速的计算。当然,如果遇到的分支指令是间接跳转类型的,而且不是 Return 指令,那么此时就没有办法对目标地址进行预测了。

对于分支指令的方向预测来说,在超标量处理器中,也需要每周期对多条指令进行方向预测,从而找到第一条预测跳转的指令。对基于局部历史的分支预测方法来说,需要 PHT和 BHT 都支持多个读端口,这可以通过交叠(interleaving)的方式来模拟实现多端口。但是对基于全局历史的分支预测方法来说,不是简单地将 PHT 扩展为多个读端口就可以的,因为在一个周期内进行分支预测的多条指令对应的 GHR 有可能是不一样的,例如一个周期中包括两条分支指令时,这两条分支指令对应的 GHR 就是不同的,这需要进行特殊的处理,参考文献中的论文给出了一些解决方法[21][22]。

交叠(interleaving)方式是在超标量处理器中经常使用的一种结构,这种结构其实和上文中讲述的多端口 Cache 是类似的,都可以利用单端口存储器来模拟多端口的结构,举例来说,对于 PHT 来说,可以采用图 4.57 所示的结构来实现四个读端口。

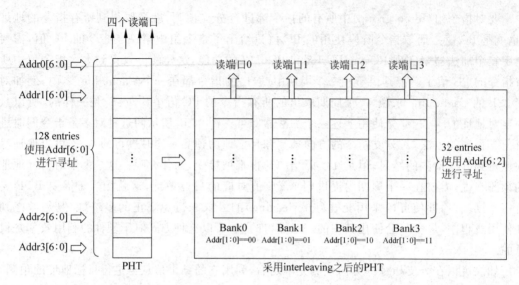

图 4.57   使用交叠(interleaving)方式来实现多端口 PHT

在图 4.57 中,原本的 PHT 的容量是 128,使用 7 位的地址 Addr[6:0]进行寻址,当采用交叠(interleaving)结构之后,PHT 由四个 bank 组成,每个 bank 都是一个单端口的存储器,它的容量是 32,此时可以根据地址 Addr[1:0]找到对应的 bank(也就是 Addr[1:0]可以作为每个 bank 的片选信号),然后使用其余的地址 Addr[6:2]来找到 bank 内相应的内容。举例来说,对于地址 Addr[6:0]=0011110,由于它的[1:0]是 10,会寻址到 bank2,地址中其余的部分[6:2]是 00111,用来查找 bank2 中的内容,这样就可以找到对应的值了。不过需要注意的是,由于寻址 PHT 的地址可能是由哈希(Hash)运算产生的,这种运算要保证每周期寻址 PHT 的四个地址会落在不同的 bank 上,这样才可以保证不出现 bank 冲突,从而造成在一个周期内不能够将四条指令全部的分支预测值进行读出,如何才能够使哈希运算保证这个功能呢? 其实最简单的方法就是将每条指令 PC 值中的[3:2](注意 PC 是需要字对齐的)作为寻址 PHT 地址的低位部分,这样就可以保证四个地址会寻址到 PHT 中的四个不同的 bank 了。

图 4.57 所示的这种交叠(interleaving)的设计方式,使用几个单端口的存储器组成了多端口的功能,避免了真正使用多端口存储器而对芯片的面积、功耗和延迟造成负面的影响,其实,在超标量处理器内部,这种交叠(interleaving)结构的存储器是经常被使用的,大部分多端口的功能部件都需要使用这种结构,例如重排序缓存(ROB)、发射队列(Issue Queue)和指令缓存(Instruction Buffer)等部件,这些部件将在后文进行详细的介绍。

第 5 章

指令集体系

指令集体系(Instruction Set Architecture, ISA)是规定处理器的外在行为的一系列内容的统称,它包括基本数据类型(data types)、指令(instructions)、寄存器(registers)、寻址模式(addressing modes)、存储体系(memory architecture)、中断(interrupt)、异常(exception)以及外部 I/O(external I/O)等内容[23],在指令集体系中规定了处理器的行为,它是处理器使用的语言。正如两个中国人使用汉语交谈的时候可以懂得对方表达的意思一样,使用同样指令集体系的不同处理器也可以"懂得彼此",在这种情况下,一个软件可以运行在任何支持同一个指令集体系的不同处理器上面。指令集体系是软件人员和处理器设计师之间的桥梁,软件人员可以不必关心处理器的硬件实现细节,只需要根据指令集体系就可以开发软件,而处理器设计人员则需要设计出符合指令集体系的处理器。对于同一个指令集体系来说,有很多的实现方式,可以做得很简单但是速度很慢,也可以做得很复杂但是速度很快。对一个指令集体系的硬件实现方式称为微架构(microarchitecture),不同的设计师、不同的市场需求都会导致不同的微架构,例如 Intel 的 P6 微架构[24](代表作品是 Pentium Ⅲ 处理器)和 AMD 的 K7 微架构(代表作品是 Athlon 处理器),两者都是基于 x86 指令集体系而设计的,但是它们在内部结构上并不相同,在性能表现上也是不同的,这可以用图 5.1 来表示。

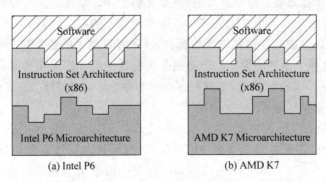

图 5.1　指令集体系、微架构和软件之间的关系

其实,本书主要关注的是 RISC 指令集,而图 5.1 给出的两家公司 Intel 和 AMD,它们的处理器产品都是基于 CISC 指令集的(起码在本书出版的时候是这样)。CISC 指令集有着悠久的历史,但是它的包袱过重,因此非常复杂,不是本书关注的重点,不过需要提一句的是,图 5.1 给出的 Intel P6 微架构和 AMD K7 微架构是非常有名气的。P6 微架构是 Intel 历史上最经典的架构,在 P6 微架构上诞生了 Pentium Pro、Pentium Ⅱ、Pentium Ⅲ 和 Pentium M 等经典的处理器,甚至于 Intel 现在的 Core 和 Core2 架构也是传承自 P6 架构,

它为 Intel 处理器的成功立下了汗马功劳。而 K7 微架构是 AMD 历史上最成功的处理器架构,它的很多设计思想正是来自于大名鼎鼎的 Alpha 21264 处理器。当年 Alpha 21264 处理器的架构设计师 Dirk Meyer 带领一个设计小组跳槽来到 AMD,领导 AMD 第 7 代处理器(也就是 K7)的设计工作,于是 K7 微架构也就顺理成章地继承了 Alpha 21264 处理器的很多优良的基因,由于 Alpha 指令集是 RISC 指令集,所以 K7 微架构在处理器内部首先将 CISC 指令集转化为 RISC 指令集,然后按照 RISC 处理器的处理方式来执行这些内部的 RISC 指令,这样就避免了 CISC 指令集难以被流水线实现的问题。使用 K7 微架构的 Athlon 处理器在发布的时候,性能超过了当时不可一世的 Intel Pentium Ⅲ 处理器,一直到现在,AMD 的处理器都可以看到 K7 的影子,这就像 Intel 现在主流处理器的架构都来自于经典的 P6 微架构一样。而 Dirk Meyer,他曾经一度是 AMD 公司的 CEO。

5.1　复杂指令集和精简指令集

指令集从本质上可以分为复杂指令集(Complex Instruction Set Computer,CISC)和精简指令集(Reduced Instruction Set Computer,RISC)两种,复杂指令集的特点是能够在一条指令内完成很多事情,在计算机发展的早期,编译器技术并不发达,很多程序都需要使用汇编语言(甚至是机器语言)来编写,为了方便程序员编写汇编程序,处理器设计师设计出了越来越复杂的指令,这些指令可以使编程人员的工作得到简化。在当时看来,硬件设计应该比编译器设计更容易一些,而且,在那个年代,内存的容量很有限,内存中的每一个字节都是宝贵的,于是业界就更倾向于使用高度编码、多操作数和长度不等的指令,能够使一条指令尽量做很多事情,并且减少内存的占用。同时,寄存器是一种更昂贵的东西,当时的处理器中无法放入数量比较多的通用寄存器,而且,随着通用寄存器个数的增多,会使指令当中需要更多的位数来对其进行编码,这样也会导致指令占用更多的位数,也就占用了更多的内存(这些原因在现在看起来似乎是很滑稽的,但是在那个年代却是真实存在的),这些原因都是导致处理器设计师会让一条指令中完成尽可能多的任务的原因,例如一条 CISC 指令"ADD [EAX],EBX",可以完成从存储器中取数据,然后和寄存器中的数据进行运算,并将运算的结果写回存储器这样一系列的操作。复杂指令集的这种设计方式在当时看起来是顺理成章的,只有在 RISC 的概念提出来之后,这种复杂的指令集才被人们称为 CISC,当前统治桌面 PC 领域的 x86 指令集就是 CISC 指令集。

经过 IBM 等公司的研究发现,尽管复杂指令集的很多特性让代码编写更加便捷,但是这些复杂特性的指令需要好几个周期才能够执行完,而且大部分复杂的指令都没有被程序使用(80% 的指令只在 20% 的时间被使用),同时复杂指令集中通用寄存器的个数太少,导致处理器需要经常访问存储器,而随着处理器和存储器之间速度代沟的加大,经常访问存储器会导致处理器执行效率降低。要克服这些缺点,就需要降低处理器设计的复杂度,以让出更多的硅片面积来放置寄存器,这就产生了精简指令集。它只包括程序中经常使用的指令,这样可以大大减少处理器的硅片面积,而且便于使用流水线来实现,使处理器的执行速度和功耗都得以降低,而那些复杂的操作则通过子程序的方式来实现。精简指令集使用了数量丰富的通用寄存器,所有的操作都是在通用寄存器之间完成的,要和存储器进行交互,就需要使用专门访问存储器的 load/store 指令,它们负责在寄存器和存储器之间交换数据。于是,在复杂指令集中的指令"ADD [EAX],EBX",在精简指令集中需要三条指令来实现,一条 load 指令从地址[EAX]中将数据取出来,放到寄存器中;一条 ADD 指令将两个寄存器中的数据相加,并保存到寄存器中;一条 store 指令将存储于寄存器中的加法运算结果写回到存储器中。RISC 指令的长度一般是等长的,这样大大简化了处理器中解码电路的设计,也便于流水线的实现,但是相比复杂指令集,精简指令集需要更多的指令来实现同样的功能,导致其占用更多的程序存储器,虽然现在的存储器很廉价,但是这会导致 Cache 缺失率的上升,在一定程度上使 RISC 处理器的执行效率有所降低。当前比较流行的精简指令集有 ARM、MIPS 和 PowerPC 等。

复杂指令集(CISC)和精简指令集(RISC)孰优孰劣并没有定论,但是这两者正在互相的学习,现在的精简指令集也可以达到上百条指令,而且执行周期也是不固定的;而复杂指令集,例如 x86 指令集,也在处理器内部将大部分指令转化为了 RISC 指令来执行,比较典型的就是 Intel 的 P6 微架构。本书将重点关注精简指令集处理器的设计,所以本章会对精简指令集做详细的介绍,最经典而且容易理解的精简指令集是 MIPS,但是不可否认的是,目前在商业上最成功的精简指令集却是 ARM,它和 MIPS 有很多共同的地方,也有一些明显的区别,本章以讲述 MIPS 指令集为主,同时也会涉及到 ARM 指令集的一些内容。

5.2 精简指令集概述

5.2.1 MIPS 指令集[14]

要想了解精简指令集,MIPS 是最合适不过的教材了,不同于 ARM,MIPS 是一个坚定的 RISC 主义者,MIPS 指令集是最简单纯粹的精简指令集,很容易被理解,在 MIPS 指令集中有下述三种基本的指令,如图 5.2 所示。

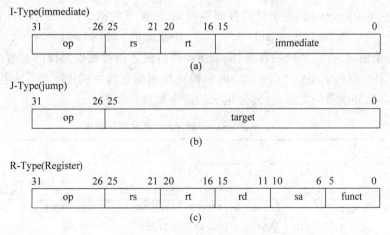

图 5.2 MIPS 的三种基本指令

MIPS 指令的长度都是 32 位(暂不考虑 16 位的 MIPS16e 指令,这些指令在处理器内部会被还原成普通的 32 位指令),它会被分为不同的区域,如图 5.2 所示。其中 op 称为操作码,用来给出指令的类型,在 MIPS 中,所有的指令可以划分为三种基本的类型 I-Type、

J-Type 和 R-Type，I-Type 格式的指令可以直接使用 16 位的立即数，即图 5.2 中的 immediate，rs 用作源寄存器、rt 用作目的寄存器；J-Tyte 格式的指令则使用了 26 位的立即数，即图 5.2 中的 target，它一般用于跳转类型的指令；而 R-Tyte 类型的指令对寄存器进行操作，rs 和 rt 用作源寄存器，rd 用作目的寄存器，由于 R-Type 类型中包括了数量众多的指令，所以需要使用 funct 对指令进行进一步的区分，而 sa 则专门用于移位指令。MIPS 指令集中的所有指令都属于这三种类型，它们使用 op 进行区分，op 位于指令中的 Bit[31:26]，它定义的操作如表 5.1 所示。

表 5.1 MIPS 指令集中，op 区域定义的操作

Bit[31:29] \ Bit[28:26]	000	001	010	011	100	101	110	111
000	Special	RegImm	J	JAL	BEQ	BNE	BLEZ	BGTZ
001	ADDI	ADDIU	SLTI	SLTIU	ANDI	ORI	XORI	LUI
010	COP0							
011						Special2		
100	LB	LH		LW	LBU	LHU		
101	SB	SH		SW				CACHE
110								
111								

通过表 5.1 所示，可以看出 MIPS 指令集的编码规律如下。

（1）op==000_xxx 时，表示分支和跳转指令（000000、000001 除外），这些指令都是直接跳转类型的（PC-relative）；

（2）op==001_xxx 时，表示含有立即数的算术操作指令；

（3）op==100_xxx 时，表示访问存储器的 load 类型的指令；

（4）op==101_xxx 时，表示访问存储器的 store 类型的指令；

（5）op==000_000（Special）、000_001（RegImm）、011_100（Special2）和 010_000（COP0）这四个值时，有着特殊的含义，需要进一步解码才能够知道操作的类型。

在 Special 区域（即 op==000_000 时），需要使用指令当中的 Bit[5:0]（也就是 funct）才可以进一步区分指令的类型，这部分定义的指令如表 5.2 所示。

表 5.2 当"op＝Special"时，funct 区域定义的指令

Bit[5:3] \ Bit[2:0]	000	001	010	011	100	101	110	111
000	SLL		SRL	SRA	SLLV		SRLV	SRAV
001	JR	JALR	MOVZ	MOVN	SYSCALL	BREAK		SYNC
010	MFHI	MTHI	MFLO	MTLO				
011	MULT	MULTU						
100	ADD	ADDU	SUB	SUBU	AND	OR	XOR	NOR
101			SLT	SLTU				
110	TGE	TGEU	TLT	TLTU	TEQ		TNE	
111								

从表 5.2 可以看出，Special 区域定义了大多数以寄存器为操作数的指令，这些指令将在后面进行详细介绍。

在 Special2 区域（即 op==011_100 时），也是需要使用指令当中的 Bit[5:0]（也就是 funct）才可以进一步区分指令的类型，这部分定义的指令如表 5.3 所示。

表 5.3　当"op=Special2"时，funct 区域定义的指令

Bit[5:3]		Bit[2:0]							
		000	001	010	011	100	101	110	111
	000	MADD	MADDU	MUL		MSUB	MSUBU		
	001								
	010								
	011								
	100	CLZ	CLO						
	101								
	110								
	111								

从表 5.3 可以看出，Special2 区域定义的指令已经少了很多，主要是乘累加相关的指令，以及两条特殊的指令 CLZ（Count Leading Zero）和 CLO（Count Leading One），其中 CLZ 指令用来找出一个指定寄存器的数据中，从高位开始连续的 0 的个数，而 CLO 指令则用来找出从高位开始连续的 1 的个数。

在 RegImm 区域（即 op==000_001 时），对分支指令进行了扩展，可以使分支指令更加灵活，而且顾名思义，RegImm 这个名字表示了这些操作是和立即数有关的，因为指令中的 Bit[5:0] 属于立即数的一部分，因此不能够使用这部分对指令进行编码，而是使用了 Bit[20:16] 来对指令进行编码，Bit[20:16] 本来用来表示 rt，而 rt 在 RegImm 类型的指令中没有用到，所以可以使用这部分对指令进行编码，这部分定义的指令如表 5.4 所示。

表 5.4　当"op=RegImm"时，rt 区域定义的指令

Bit[20:19]		Bit[18:16]							
		000	001	010	011	100	101	110	111
	00	BLTZ	BGEZ						
	01	TGEI	TGEIU	TLTI	TLTIU	TEQI		TNEI	
	10	BLTZAL	BGEZAL						
	11								

需要注意的是，在 MIPS 指令集中支持分支指令的延迟槽（branch delay slot），这是早期的 MIPS 处理器对流水线中位于分支指令之后的指令进行处理的方法。延迟槽（delay slot）位于分支指令的后面，通常由编译器来将一条比较独立的、不依赖于分支指令的指令放到延迟槽中，这条指令一般来自于分支指令的前面，不管分支指令是否跳转，它都会执行，这样即使分支指令发生了跳转，也不需要将延迟槽中的指令从流水线中抹掉（如果不使用延迟槽，这条指令在分支指令发生跳转时，应该从流水线中抹掉）。这种方法对于早期流水线很短的普通处理器是比较有效率的，但是在深流水线的超标量处理器中，延迟槽中包含的指令个数也随之增多，已经没有办法找到那么多的不相关指令放到延迟槽中了，所以只能向延

迟槽中填充空指令(NOP 指令),这样并不会增加处理器的执行效率。现代的超标量处理器主要依靠精确的分支预测技术来处理分支指令,延迟槽在这种处理器中已经失去了存在的意义。

在决定指令类型的 op 区域,还有一个 COP0,它是用来定义一些访问协处理器(Coprocessor)的特殊的指令,只不过 COP0 定义的所有指令都不能够使用 rs 寄存器,所以使用 rs 对指令进行编码,之所以不使用指令中的 Bit[5:0]进行编码,是因为这部分区域有着特殊的用途(例如选择哪个协处理器,或者选择协处理器中的哪个寄存器等),rs 位于指令中的 Bit[25:21],它定义的指令如表 5.5 所示。

表 5.5 当"op＝COP0"时,rs 区域定义的指令

		Bit[23:21]							
		000	001	010	011	100	101	110	111
Bit[25:24]	00	MFCO				MTCO			
	01								
	10								
	11								

这部分定义了两条指令：MTCO 和 MFCO,用来在协处理器的寄存器和处理器的寄存器之间传递数据,处理器无法直接操作协处理器中的寄存器,因为在指令的编码中已经没有办法对协处理器中的寄存器进行直接的编码,要对协处理器中的寄存器进行操作,只能够将它们先放到处理器内部的通用寄存器中,然后才能够对其进行操作,最后将操作完的数据再写回协处理器中对应的寄存器就可以了。处理器在指令中能够直接操作的寄存器只有在指令集里面定义的 32 个通用寄存器。

上面就是 MIPS 指令集所支持的基本指令,当然,它并不是全部,这其中并没有包括一些特殊的指令,例如调试相关的指令、数字信号处理相关的指令等。通过对上述的这些基本的指令进行组合,就可以完成任何任务了。不过有些时候存在效率不高的问题,这就需要增加特殊的指令来处理,例如,要对图像数据进行处理,但是图像数据一般都是 8 位的,直接使用上述普通的指令对其进行加减乘除的处理,虽然没问题,但是 32 位的数据只是使用了 8位,造成了性能的浪费,因此就产生了单指令多数据(SIMD)类型的扩展指令,能够在一个周期内完成四个 8 位数据的运算,通过这些特殊的指令,可以增加处理器对特定类型任务的处理能力,关于这些特殊指令的详细介绍,可以参见 MIPS 指令集的手册[14]。

5.2.2 ARM 指令集

ARM 指令集从本质上来讲,和 MIPS 指令集是类似的,它的指令都是 32 位的长度(不考虑 16 位的 thumb 指令,这些指令在处理器内部会被转换为标准的 32 位指令),采用了load/store 结构,处理器只能对寄存器进行操作,而且指令的类型和 MIPS 指令相比,也是大同小异。当然,由于这两者设计理念的不同,还是有一些区别的,ARM 指令集或多或少地借鉴了复杂指令集的一些特点,在一条指令中尽量做了很多的任务,这是有别于 MIPS 指令的一个显著特点。ARM 指令集概括来讲,也可以分为图 5.3 所示的三种类型 DP format(Data Processing)、DT format(Data Transfer)和 BR format(Branch),但是相比 MIPS 指令集,ARM 指令集的编码要更复杂和凌乱一些,图 5.3 中每个部分的含义如下。

	4bit	2bit	1bit	4bit	1bit	4bit	4bit	12bit
DP format	Cond	F	I	Opcode	S	Rn	Rd	Operand2
DT format	Cond	F		Opcode		Rn	Rd	Offset12

	4bit	2bit	2bit	24bit
BR format	Cond	F	Opcode	Signed 24bit immediate

图 5.3　ARM 指令集的三种格式

(1) Cond：condition，由于 ARM 指令集中，每条指令都可以条件执行，这部分就用来判断指令执行的条件是否成立；

(2) F：instruction format，用来区分指令的类型，如 DP 类型、DT 类型或者 BR 类型等；

(3) I：immediate，如果这一位是 0，则指令中的第二个操作数（operand2）是寄存器，否则第二个操作数（operand2）是立即数；

(4) Opcode：指令的基本操作类型；

(5) S：set condition code，当一条指令的这一位被置 1，表示该指令的操作会影响状态寄存器（CPSR）的值，通常将一条指令后面附加 S 来表示这个功能；

(6) Rn：指令中的第一个操作数，来自于寄存器；

(7) Operand2：指令中的第二个操作数，它有可能来自于寄存器，也有可能是立即数；

(8) Rd：目的寄存器，存放指令运算的结果。

在 ARM 指令集定义的三种基本指令类型中，DP 类型的指令主要用来对数据进行处理，这里需要重点说明一下的是第二个操作数（Operand2）。当第二个操作数是立即数时，并不是简单地将指令中 12 位的 Operand2 都用来表示一个 12 位的立即数，ARM 认为 12 位的立即数表示的范围太小，为了扩大立即数的表示范围，将指令中 12 位的 Operand2 分为了两部分，如图 5.4 所示。

图 5.4　ARM 指令中的立即数

在图 5.4 中包括 rotate_imm 和 immed_8 两部分，通过将 8 位的数据（immed_8）循环右移偶数位（rotate_imm×2），可以得到一个 32 位的立即数（immediate），可以用下面的式子来表示。

$$immediate = immed\_8 \text{ 循环右移（rotate\_imm} \times 2)$$

通过上面的式子可以看出，按照这种构造数据的方式，一个 8 位的数只能循环右移 0、2、4、… 30 位，这样得到的 32 位立即数显然不能够涵盖任意一个 32 位立即数，因此在 ARM 中，很多 32 位的立即数都是不合法的，不能够在指令中被直接编码，只有少部分 32 位立即数才是合法的，合法的 32 位立即数可以用图 5.5 来表示。

只有满足如图 5.5 所示条件的 32 位立即数，才可以使用"immed_8≫(rotate_imm×2)"的方式来得到，举例来说，立即数 0x10c 和 0xff0 都是合法的，它们用二进制表示如下。

① 0x10c：0000_0000_0000_0000_0000_0001_0000_1100（通过将 8′b01_0000_11 循环

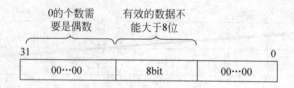

图 5.5　在 ARM 中,合法的 32 位立即数应该具有的条件

右移 30 位来得到,这个立即数在指令中编码为 1111_01000011);

② 0xff0:0000_0000_0000_0000_0000_1111_1111_0000(通过将 8′b1111_1111 循环右移 28 位来得到,这个立即数在指令中编码为 1110_11111111)。

相反,立即数 0x1010_0000 和 0x1020_0000 都是违法的,它们可以表示如下。

① 0x1010_0000:0001_0000_0001_0000_0000_0000_0000_0000(有效数据大于 8 位,并且不能通过移动偶数位获得);

② 0x1020_0000:0001_0000_0010_0000_0000_0000_0000_0000(不能通过移动偶数位获得)。

但是有时候会出现这种情况:一个立即数可以使用很多方式来获得,例如 0x3f0 这个立即数,可以通过下面两种方式得到。

方式一:将立即数 0x3f 循环右移 28 位来得到 0x3f0;

方式二:将立即数 0xfc 循环右移 30 位来得到 0x3f0。

面对这种情况,ARM 有如下规则。

(1) 当立即数的值是 0x00~0xFF 时,由于使用 8 位可以直接表示,因此不需要使用移位的方式,此时 rotate_imm=0;

(2) 其他情况下,选择使 rotate_imm 的数值最小的编码方式。

根据上面的两条规则可以看出,0x3f0 是通过方式一获得的,因为方式一循环移位的位数比较小。

很显然,ARM 规定的这种构造 32 位立即数的方法,只会保证很少部分的立即数是有效的,只有这些有效的立即数才可以直接在指令中进行编码。在 ARM 中,如果想要使用任意一个 32 位立即数,那么上面的这种方法显然是不够的。事实上,程序员完全没必要关心什么样的立即数是合法的,只需要在汇编程序中采用下述伪指令就可以了。

```
LDR Rd, =<immed_32>    //immed_32 是一个任意的 32 位立即数
```

如果这个 32 位的立即数是一个合法的立即数,那么可以直接在指令中进行编码,这条伪指令就可以变为一条普通的 MOV(或者 MVN)指令,将 32 位立即数直接放到一个通用寄存器中,举例来说,对于伪指令"LDR r1,=0xff00ffff",编译器会将其变为"MVN r1,♯0x00ff0000"。可以看出,0x00ff0000 是一个有效的立即数,可以通过将立即数 0xff 循环右移 16 位来获得,因此可以直接在指令中进行编码。

如果编译器发现 LDR 伪指令中的 32 位立即数是不合法的,就需要将这个 32 位的立即数放到文字池(literal pool)中,然后使用一条 PC 相关的 load 指令来获得这个立即数,这个过程可以用图 5.6 来表示。

PC 相关的 load 指令使用这条指令的 PC 值作为基址,偏移量(offset)也是在指令中直接以立即数的形式给出,这和 MIPS 指令集中的直接跳转类型(PC-relative)的分支指令是一样的。当然,由于流水线的原因,实际上这种类型的 load 指令在计算地址的时候,使用的

PC 值已经是 PC+8 了。在 ARM 的程序中,文字池(literal pool)是指在程序存储器中位于程序区后面、用来存放常数的一段空间,如果在伪指令"LDR Rd,=＜immed_32＞"中,32位的立即数不是合法的,那么编译器就会使用一条 PC 相关的 load 指令来替代这条伪指令,同时编译器会将这个 32 位立即数放到文字池中,然后计算出这个立即数的地址相对于当前指令 PC 值的偏移量(由于流水线的原因,实际计算的是相对于 PC+8 的偏移值),这条 PC 相关的 load 指令就可以通过这种方式从程序存储器的文字池中将 32 位的立即数取出来了。

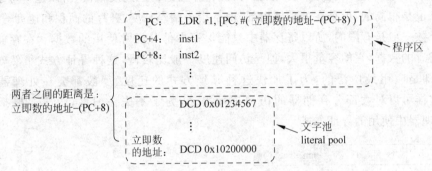

图 5.6　ARM 使用 PC 相关的 load 指令来获得 32 位的立即数

在 ARM 中,由于 PC 寄存器是指令集中定义的一个通用寄存器,所以可以直接在指令中使用,但是相比较之下,MIPS 指令集中,PC 寄存器并不是一个通用寄存器,没有办法在指令中直接使用,所以 MIPS 采用了完全不同的方法来处理 32 位立即数。在 MIPS 中,立即数是 16 位的,而且这 16 位的立即数直接被指令使用,不存在是否合法的问题,考虑到两个 16 位的立即数就可以拼成一个 32 位的立即数,所以 MIPS 使用 lui 和 addiu(或 ori)两条指令来完成将一个 32 位立即数放到寄存器的过程。其中 lui 指令可以将 16 位的立即数放到寄存器的高 16 位,同时将寄存器的低 16 位清零;而 addiu 指令将 16 位的立即数和寄存器的低 16 位相加,于是通过这两条指令就可以将一个 32 位立即数放到寄存器中了。举例来说,将 32 位的立即数＃5918a681 放到寄存器 r1 中,可以用下面两条指令实现。

```
lui     r1,  ＃5918  ;  r1 = ＃59180000
addiu   r1,  ＃a681  ;  r1 = ＃5918a681
```

为了便于程序的编写,MIPS 使用了伪指令 li 来加载一个立即数到寄存器中,根据立即数的不同情况,会采用不同的指令来替代伪指令 li,下面给出了几个例子。

```
li R5, 0x330000 →lui   R5, 0x33        //将 0x33 放到寄存器 R5 的高 16 位
li R3, −8       →addiu R3, R0, −8       //R0 寄存器中存储 0 值
li R2, 0x1234   →ori   R2, R0, 0x1234
li R2, 0x123456 →lui   R2, 0x12         //高位值 0x12 放到 R2 的高 16 位
                →ori R2, R2, 0x3456     //低位值 0x3456 放到 R2 的低 16 位
```

从上面的描述可以看出,ARM 和 MIPS 采用了完全不同的方法来处理 32 位立即数,对于 ARM 指令集来说,大部分的 32 位立即数都是不合法的,因此都需要访问程序存储器。在超标量处理器中,访问存储器需要经过 TLB 和 Cache 等一系列的部件,任何的缺失(miss)都会造成执行效率的降低。而 MIPS 的处理方式则更简洁高效,直接使用普通的两条指令来获得 32 位立即数,因此在超标量处理器中可以获得高效的执行,这一点是 ARM

无法比拟的。

在寻址模式方面,由于 MIPS 和 ARM 都是 RISC 处理器,所以没有本质的区别,一个操作数可以以立即数的形式存在于指令中,也可以存在于处理器内的通用寄存器中,还可以存在于存储器中,存在于指令中的立即数可以直接被处理器使用,因此这种寻址方式效率最高,但是由于立即数可以表示的范围有限,所以只有少部分数据可以使用立即数表示。处理器当中的寄存器可以存储任意一个数据,而且寄存器的访问速度很快,所以这种寻址方式的执行效率也是很高的,但是在处理器内部,由于指令编码长度、硅片的面积和速度等限制,寄存器的个数一般是有限的,所以寄存器中只能保存少部分经常使用的数据。在存储器中可以存储任意的数据,它的容量很大,但是访问速度一般比较慢,这种寻址方式虽然效率不是很高,但却是应用最广泛的,为了加快这种寻址方式的速度,一般都会在处理器中使用 Cache,这样可以对大部分存储器的访问进行提速,为了不失一般性,图 5.7 概括表示了 RISC 处理器中使用的寻址方式[2]。

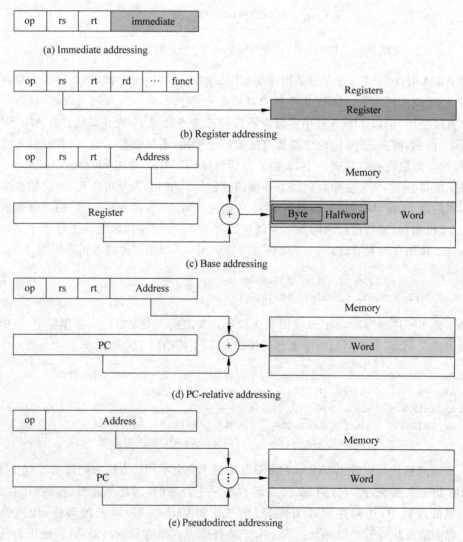

图 5.7 RISC 处理器中使用的寻址方式

在图 5.7 中,特别需要注意的是图(e)寻址方式,这种方式将 PC 和指令中的立即数(Address)进行了拼接,而不是进行加法操作,这种寻址方式是 MIPS 特有的,关于它的详细介绍将在后文展开。

下面根据指令的类型,对指令进行分类的介绍。

5.3 Load/Store 指令

5.3.1 Load 指令

在 MIPS 指令集中,基本的 Load 指令包括 LB、LBU、LH、LHU 和 LW 五条指令,它们的含义如表 5.6 所示。

表 5.6　MIPS 指令集中的 load 指令

Instruction	Description	Function
LB	Load Byte	Rt = sign_extend((byte)Mem[Rs+offset])
LBU	Unsigned Load Byte	Rt = zero_extend((byte)Mem[Rs+offset])
LH	Load Halfword	Rt = sign_extend((half)Mem[Rs+offset])
LHU	Unsigned Load Halfword	Rt = zero_extend((half)Mem[Rs+offset])
LW	Load Word	Rt = Mem[Rs+offset]

在表 5.6 中,各指令解释如下。

(1) LB 指令用来从存储器中读取一个字节的数据,将其符号扩展为 32 位,然后将其放到处理器内部的通用寄存器中,这条指令用来处理有符号数;

(2) LBU 指令用来从存储器中读取一个字节的数据,将其无符号扩展为 32 位(即高位扩展 0),然后将其放到处理器内部的通用寄存器中,这条指令用来处理无符号数;

(3) LH 指令用来从存储器中读取半个字,将其符号扩展为 32 位,然后将其放到处理器内部的通用寄存器中,这条指令用来处理有符号数;

(4) LHU 指令用来从存储器中读取半个字,将其无符号扩展为 32 位(即高位扩展 0),然后将其放到处理器内部的通用寄存器中,这条指令用来处理无符号数;

(5) LW 指令用来从存储器中读取一个字,然后将其放到处理器内部的通用寄存器中,因为一个字的长度已经是 32 位了,因此不需要对高位进行扩展,也就不存在 LWU 这样的指令了。

在 MIPS 中,所有的 load 指令使用的存储器地址来自于基址和偏移量的加和(Rs+offset),其中 Rs 是一个通用寄存器的值,offset 是来自于指令中 16 位的立即数。

5.3.2 Store 指令

在 MIPS 指令集中,基本的 Store 指令包括 SB、SH 和 SW 三条指令,它们的含义如表 5.7 所示。

表 5.7　MIPS 指令集中的 store 指令

Instruction	Description	Function
SB	Store Byte	(byte)Mem[Rs+offset] = Rt
SH	Store Halfword	(half)Mem[Rs+offset] = Rt
SW	Store Word	Mem[Rs+offset] = Rt

在表 5.7 中,各指令解释如下。

(1) SB 指令用来将 32 位通用寄存器的低 8 位放到存储器中;

(2) SH 指令用来将 32 位通用寄存器的低 16 位放到存储器中;

(3) SW 指令用来将整个 32 位通用寄存器放到存储器中。

可以看到,并没有 SBU(store byte unsigned)和 SHU(store halfword unsigned)这样的指令,因为对于向存储器中写数据来说,只要将寄存器指定的内容放到存储器指定的位置就可以了(存储器的最小单位是字节),不需要理会它是否是有符号数。

在 RISC 处理器中,load/store 指令在使用的时候需要注意大小端的问题,从一般意义上来讲,小端格式(little endian)更符合正常思维一些,大小端所引起的问题可以用图 5.8 来表示。

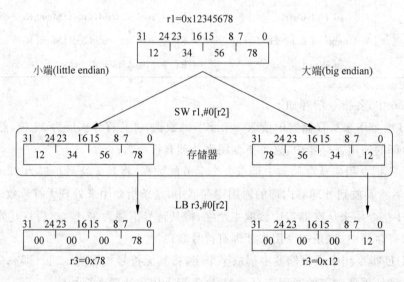

图 5.8　大小端格式

小端格式(little endian)将一个数据的低位字节放在存储器的低位地址,而大端格式(big endian)则将一个数据的低位字节放到存储器的高位地址。从图 5.8 中可以看到,当一个数据 0x12345678 以小端格式存储时,它的低位字节 0x78 将放到存储器的最低位,而以大端格式存储时,它的最高字节 0x12 将放到存储器的最低地址,这样在执行 LB 指令,从这个指定的存储器地址读取一个字节的数据时,就会得到不同的值了。

在 MIPS 指令集中,load/store 指令完成的任务比较简单,反观 ARM 中的 load/store 指令,则进行了更多的任务,这些功能主要借鉴了 CISC 和 DSP 指令集中的一些设计思路,和 MIPS 指令集比起来,主要有两大方面不同。

(1) 支持前/后变址(pre-indexed/post-indexed)的寻址方式,这种寻址方式概括起来完成了两个任务。

任务一:执行普通的 load/store 操作;

任务二:改变 load/store 指令中地址寄存器的值。

也就是说,使用这种前/后变址的寻址方式,一条 load/store 指令在执行完成后,可以自动将存放地址的寄存器进行自加/自减,通过这种方式,就可以对一片连续的地址空间进行操作,而在 MIPS 中,还需要使用加减法指令来控制地址寄存器的自加/自减,显然 ARM 指令集采用的前/后变址的 load/store 指令会更有效率,尤其是对于某些数字信号处理(DSP)的运算,需要运算的数据和系数都存放在存储器中,使用这种 load 指令可以方便地将它们取出来,然后进行乘累加运算,而使用 MIPS 指令集来实现这些功能,就需要更多的步骤了,既然这样,为什么 MIPS 不采用这种寻址方式呢?原因大概有二:一是这种前/后变址的寻址方式已经不符合 RISC 当初的理念了,在 RISC 的观点中,更多的事情丢给软件来处理,这样可以降低硬件设计的复杂度,从而获得更高的硬件性能,而 MIPS 作为坚定的 RISC 主义者,很显然不会采用这种方式;二是在 32 位的 MIPS 指令集的编码中,对于 load/store 类型的指令,已经没有空间再进行这种"前/后变址"功能的编码了。

这种前/后变址的寻址方式,在短流水线的普通处理器中是容易实现的,在性能上也占据了优势,但是在超标量处理器中,这种寻址方式会带来额外的麻烦,这部分内容将在第 10 章进行详细的说明。

(2) 多寄存器传送指令 LDM/STM,能够在一条指令中,将存储器中一片连续地址的数据放到多个寄存器中,或者将多个寄存器的内容放到存储器内一片连续的地址空间,同时还能够改变指令中地址寄存器的内容,这是一个非常 CISC 风格的指令,如果直接编写汇编程序,这种类型的指令简化了程序员的任务,例如可以使用一条 STM 指令完成压栈的工作。一条 LDM/STM 指令完成的工作,在 MIPS 处理器中可能需要很多条指令才可以完成,但是实际上在 ARM 处理器中,LDM/STM 这样的指令也是需要消耗多个周期才能够完成的,需要的周期数取决于要传送的寄存器的个数。因此从执行的效率方面来说,使用 LDM/STM 指令并不能占到太多的优势,但是却能够给程序员造成一种假象:在一条指令中完成了如此多的任务,而且还能够节省指令存储空间。虽然在现代处理器中,存储器已经很廉价了,但是节省程序存储空间也就意味着更低的 I-Cache 的缺失率(miss rate),这样也就提高了程序执行的效率。在短流水线的普通处理器中,LDM/STM 指令实现起来也不会带来太多的硬件消耗,但是到了超标量处理器中,LDM/STM 指令由于含有多个目的寄存器和源寄存器,很难直接进行处理,需要采取一些特殊的措施,这部分内容将在第 10 章进行介绍。

5.4 计算指令

MIPS 指令集中的计算指令的类型包括加减法、逻辑、移位和乘法,处理器使用这些指令完成运算的任务,这些指令如表 5.8 所示。

表 5.8　MIPS 指令集中的计算指令

Instruction		Description	Function
加减法	ADD	Integer Add	$Rd = Rs + Rt$
	ADDI	Integer Add Immediate	$Rd = Rs + sign\_extend(imm)$
	ADDU	Unsigned Integer Add	$Rd = Rs + Rt$
	ADDIU	Unsigned Integer Add Immediate	$Rd = Rs + zero\_extend(imm)$
	SUB	Integer Subtract	$Rd = Rs - Rt$
	SUBU	Unsigned Integer Subtract	$Rd = Rs - Rt$
逻辑	AND	Logical AND	$Rd = Rs \& Rt$
	ANDI	Logical AND Immediate	$Rd = Rs \& zero\_extend(imm)$
	OR	Logical OR	$Rd = Rs \mid Rt$
	ORI	Logical OR Immediate	$Rd = Rs \mid zero\_extend(imm)$
	XOR	Exclusive OR	$Rd = Rs \wedge Rt$
	XORI	Exclusive OR Immediate	$Rd = Rs \wedge zero\_extend(imm)$
	NOR	Logical NOT OR	$Rd = \sim(Rs \mid Rt)$
	LUI	Load Upper Immediate	$Rt = \{imm, 16'h0000\}$
移位	SLL	Shift Left Logical	$Rd = Rt << sa$
	SLLV	Shift Left Logical Variable	$Rd = Rt << Rs[4:0]$
	SRL	Shift Right Logical	$(uns)Rd = Rt >> sa$
	SRLV	Shift Right Logical Variable	$(uns)Rd = Rt >> Rs[4:0]$
	SRA	Shift Right Arithmetic	$(int)Rd = Rt >> sa$
	SRAV	Shift Right Arithmetic Variable	$(int)Rd = Rt >> Rs[4:0]$
特殊	CLO	Counting Leading Ones in word	$Rd = NumLeadingOnes(Rs)$
	CLZ	Counting Leading Zeros in word	$Rd = NumLeadingZeros(Rs)$
乘法	MUL	Multiply with Register Write	$Rd = Rs \times Rt$
	MULT	Integer Multiply	$\{Hi, Lo\} = (int)Rs \times (int)Rt$
	MULTU	Unsigned Multiply	$\{Hi, Lo\} = (uns)Rs \times (uns)Rt$
乘累加	MADD	Multiply-Add	$\{Hi, Lo\} = \{Hi, Lo\} + (int)Rs \times (int)Rt$
	MADDU	Multiply-Add Unsigned	$\{Hi, Lo\} = \{Hi, Lo\} + (uns)Rs \times (uns)Rt$
	MSUB	Multiply-Subtract	$\{Hi, Lo\} = \{Hi, Lo\} - (int)Rs \times (int)Rt$
	MSUBU	Multiply-Subtract Unsigned	$\{Hi, Lo\} = \{Hi, Lo\} - (uns)Rs \times (uns)Rt$

5.4.1　加减法

在 MIPS 中,加法指令分为有符号加法(ADD)和无符号加法(ADDU),ADD 和 ADDU 其实进行的运算是一样的,都是将两个 32 位的数相加,但是当加法发生溢出(overflow)时, 即两个 32 位的数相加的结果超过了 32 位,ADD 指令会产生一个异常(exception),此时计算的结果不会写到目的寄存器中;而 ADDU 指令则不会关注这个溢出,也不会产生异常, 仍旧会将结果写到目的寄存器中。当不需要考虑溢出时,就要采用 ADDU 指令,如计算地址等操作,而当需要考虑溢出时,就要采用 ADD 指令,此时会产生异常,MIPS 处理器在异常处理程序(exception handler)中对这个异常进行处理。流水线处理器中如果发生异常, 在这条发生异常的指令之后进入到流水线的指令都应该从流水线中抹掉,这些指令不应该更改处理器的状态,流水线会从异常处理程序对应的入口地址开始取新指令来执行,在短流水线的普通处理器中,这种操作不会引起太大的性能损失,但是对于流水线很深的超标量处理器,异常的处理需要等到产生异常的指令变为流水线中最旧的指令(也就是退休的时候),然后需要将整个流水线中的指令都抹掉,并且还要对处理器的状态进行恢复,例如要恢复寄存器重命名阶段的映射表(mapping table),这些操作浪费的周期数会更多,因此,在超标量处理器中使用异常的方式对加法运算的溢出进行处理,效率会很低,这也算是 MIPS 指令集到了超标量处理器中的一个缺点。

减法操作中的 SUB 和 SUBU 指令也是类似的,而且,处理器内部其实并没有减法器,而是使用加法器来实现的,因为在二进制补码的运算中,有这样的公式。

$$A - B = A + (\sim B) + 1$$

也就是说,要执行减法运算,只需要将减数取反,然后使用加法器就可以完成了,如果产生了溢出,SUB 指令会产生异常,而 SUBU 指令则不会产生异常。

相比较之下,ARM 对于加减运算指令产生溢出时的处理更有效率一些,ARM 处理器在进行加减运算,例如执行 ADD 指令时,可以选择将结果的状态(例如结果是否溢出,是否为零等信息)保存到状态寄存器中,在 ARM 中这个状态寄存器称为 CPSR,后面的指令可以直接利用这个状态寄存器的值,例如进行带进位的加法,或者根据状态寄存器 CPSR 的值来决定自身是否执行等,ARM 指令集的一个显著的特点就是每条指令都可以条件执行。

当然,ARM 指令这样做也是有代价的,由于每条指令都可以条件执行,则在每条指令中都需要包含 4 位的条件码(condition code),这就使指令中可以用来寻址寄存器的编码空间变小了,所以 ARM 当中的通用寄存器只有 16 个,而 MIPS 中有 32 个。通用寄存器个数比较多时,处理器就可以减少访问存储器的次数,这样也就增加了程序执行的效率。

还需要注意的是,MIPS 中没有带进位的加法这种类型的指令,带进位的加法指令一般用在使用 32 位加法模拟 64 位加法的时候使用,在 32 位的 MIPS 处理器中,要想实现 64 位的加法,就需要配合溢出的异常来实现了,这样效率肯定是很低的,例如要实现下面的运算。

$$\{r2,r1\} = \{r2,r1\} + \{r4,r3\}$$

在 MIPS 处理器中,需要先使用指令来计算 r1 = r1 + r3,如果产生了溢出,则在对应的异常处理程序(exception handler)中进行处理,此时需要进行 r2 = r2 + r4 + 1 的运算,并且还需要使用其他的指令才可以完成这个 64 位的加法,当然,如果 r1 = r1 + r3 的运算没有产生溢出,那么只需要再进行 r2 = r2 + r4 的运算就可以了。

在 ARM 指令集中则直接实现了带进位的加法(ADD with Carry,ADDC)这样的指令,可以很方便地实现更高位数的加法运算,例如上面的加法运算只需要使用下面的两条指令就可以实现。

```
ADDS R1, R1, R3 ; Add the least significant words
ADCS R2, R2, R4 ; Add the most significant words with carry
```

很显然,ARM 的这种方式会有更高的执行效率,而 MIPS 指令集则秉承了 RISC 的理念,把更多的事情尽量丢给软件来处理,而且 MIPS 指令集很早就实现了 64 位,根本就没有必要使用上述的方法来模拟 64 位的加法运算,而反观 ARM 指令集,直到最近的 ARMv8 指令集才实现了 64 位,当然,这是和产品的定位有关的。MIPS 处理器定位高性能的应用场合,例如工作站,所以需要实现 64 位的指令集来提高性能;而 ARM 指令集一直应用于对功耗敏感、对性能要求相对不高的嵌入式领域,所以 ARM 迟迟没有推出 64 位指令集,在 64 位运算方面,ARM 是一个迟到的来者。

5.4.2　移位指令

MIPS 的移位指令中,带 V 和不带 V 的指令(如 SLL 和 SLLV)的区别是不带 V 的指令 (如 SLL 指令)移位的位数由指令当中的 sa(即 Bit[10:6])直接给出,而带 V 的指令(如 SLLV 指令)移位的位数由寄存器 Rs 的低 5 位来决定。也就相当于,不带 V 的移位指令, 一个操作数是立即数,而带 V 的移位指令,两个操作数都是通用寄存器。

左移的指令会在低位部分补 0,而对于右移的操作,则分为逻辑右移和算术右移两种类 型,对于逻辑右移,高位空出的部分用 0 来填充;而算术右移,高位空出的部分用原来数据 的符号位来填充,因此,对有符号数进行右移,就需要使用算术右移,而对于无符号数右移就 使用逻辑右移。

在 ARM 中没有专门的移位指令,这是因为 ARM 中大部分运算指令都可以将操作数 在运算之前进行移位操作,这也是 ARM 指令集的一个特点,即将移位操作和运算操作集成 到了一条指令当中,如图 5.9 所示。

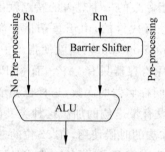

图 5.9　ARM 指令集将移位操作和算术操作集成在了一起

在一条指令中做更多的事情,这就是 ARM 指令集的特点,从这个角度来看,ARM 指令 集确实是一个有着 CISC 风格的 RISC 指令集。

5.4.3　逻辑指令

MIPS 中的逻辑指令主要完成与、或、非、异或等操作,这部分指令相对比较简单,在 ARM 中也有类似功能的指令,逻辑运算指令配合立即数,可以完成很多任务,例如下列 两种。

(1) 位屏蔽功能,有选择地屏蔽掉一个寄存器中的某些位,例如"ANDI R2,R1, 0x8000_0000"只是将 R1 寄存器的最高位写到了 R2 寄存器中,R1 寄存器中的其他位将被 忽略;而"ORI R2,R1,0x0000_FFFF"只考虑了 R1 寄存器的高 16 位,低 16 位将被忽略; 这种位屏蔽指令在配置寄存器的时候会经常使用。

(2) 计算余数的功能,正常情况下,余数是除法的一个结果,但是很多处理器中并没有 硬件除法指令,即使有,消耗的周期数也是很多的,要计算两个数相除的余数,在某些特定的 情况下,可以使用逻辑指令来完成。例如,要计算 R1/32 的余数,可以使用"ANDI R2,R1,

0x0000_001F"指令来实现,并将得到的余数放到寄存器 R2 中。当然,要使用这种方法,是有限制的,它要求除数必需要是 2 的整数次幂,例如上例中使用的 $32=2^5$,事实上,由于现代的处理器建立的基础就是二进制运算,所以在处理器中经常能够找到符合这种规律的数据。

5.4.4 乘法指令

MIPS 中的乘法指令可以将两个 32 位的数据进行相乘,并根据乘法指令的类型对乘法结果进行选取。MUL 指令将两个 32 位源寄存器相乘,并将乘法结果的低 32 位放到目的寄存器中,当乘法的结果大于 32 位时,肯定会导致乘法的结果不能够全部放到寄存器的情况,需要在编程时加以注意。

MULT 指令将两个 32 位的源寄存器相乘,并将乘法结果的低 32 位放到特殊寄存器 Lo 中,高 32 位放到特殊寄存器 Hi 中,这样就能够完整地保存一个乘法的结果了。寄存器 Hi 和 Lo 是在 MIPS 处理器中专门存放乘法结果的寄存器,但是指令并不能直接使用 Hi 寄存器和 Lo 寄存器进行运算,因为在指令中已经没有空间对这两个寄存器进行编码,需要将 Hi 寄存器和 Lo 寄存器的内容先放到通用寄存器中,然后才可以进行运算,这就需要使用 MFHI(Move From Hi)和 MFLO(Move From Lo)这两条指令,将 Hi/Lo 寄存器的内容放到通用寄存器中,然后才能够进行计算,并且将计算完的结果通过 MTHI(Move To Hi)和 MTLO(Move To Lo)指令放回到 Hi/Lo 寄存器中。MULT 指令将进行相乘的两个源操作数都按照有符号数看待,此时进行的乘法是有符号数的乘法。

MULTU 指令的运算过程和 MULT 指令是一样的,最后也将乘法结果保存到 Hi/Lo 寄存器中,但是,MULTU 指令进行的是无符号数的乘法运算,无符号数乘法和有符号数的乘法有什么区别呢? 下面通过一个例子来说明。

例如,计算 1001 × 0011(为了简化,假设数据是 4 位的)。

当使用 MULT 指令进行运算时,表示两个操作数都是有符号数,此时相当于是(−7)×3=−21(11101011);当使用 MULTU 指令进行运算时,表示两个操作数是无符号数,此时相当于是 9×3=27(00011011)。可见,对于同样的两个寄存器使用 MULT 和 MULTU 指令,得到的结果是不一样的。

在 MIPS 指令集中,乘法的结果保存在特殊寄存器 Hi 和 Lo 中,指令不能够直接操作这两个寄存器,但是,这两个寄存器在超标量处理器内部被认为是 32 个通用寄存器之外的第 33 和第 34 个通用寄存器,对它们也可以进行正常的寄存器重命名(register renaming)。在 MIPS 处理器中,要对乘法的结果进行操作,显然需要多费一番周折:先将 Hi 寄存器和 Lo 寄存器读取到通用寄存器中,然后进行运算,再将结果写回到 Hi 寄存器和 Lo 寄存器中,这样的执行效率显然不会很高。

在 ARM 指令集中,可以直接在指令中指定两个通用寄存器来存储乘法的结果,这样就可以直接对乘法的结果进行其他的运算,而不需要像 MIPS 那样,先将数据从 Hi 寄存器和 Lo 寄存器放到通用寄存器再进行计算,在这一点上,ARM 指令集的优势非常明显。其实,如果仔细观察 MIPS 指令集中,MULT 和 MULTU 这两条指令的编码,如图 5.10 所示。

31		26 25		21 20		16 15		6 5		0
Special 000000		rs		rt		00 0000 0000		MULT 011000		

31		26 25		21 20		16 15		6 5		0
Special 000000		rs		rt		00 0000 0000		MULTU 011001		

图 5.10   MIPS 指令集中,乘法指令的编码

通过图 5.10 会发现,其实这两条指令中的 Bit[15:6]部分都没有实际的意义,也就是没有被使用,这 10 位其实正好可以用来放置两个目的寄存器,这样就可以直接将乘法的 64 位结果放到两个通用寄存器中,后续的指令直接可以对这两个寄存器进行运算,也就不需要先将数据从 Hi 寄存器和 Lo 寄存器加载到通用寄存器,进行运算,然后还需要将处理完成的结果写回到 Hi 寄存器和 Lo 寄存器的过程了,因此,完全可以将 MULT 和 MULTU 这两条指令做成如下的编码,如图 5.11 所示。

31		26 25		21 20		16 15		11 10		6 5		0
Special 000000		rs		rt		RdHi		RdLo		MULT 011000		

31		26 25		21 20		16 15		11 10		6 5		0
Special 000000		rs		rt		RdHi		RdLo		MULTU 011001		

图 5.11   更改之后的乘法指令

这样就可以直接在指令中指定两个通用寄存器 RdHi 和 RdLo 作为乘法运算的目的寄存器,存放乘法的结果,RdHi 寄存器存放乘法结果的高 32 位,RdLo 寄存器存放乘法结果的低 32 位。既然 RdHi 和 RdLo 都是通用寄存器,因此后续的指令可以直接使用它们,这样可以提高一些执行效率。

5.4.5   乘累加指令

乘累加运算是数字信号处理中最基本的运算,在 MIPS 指令集中有四条基本的乘累加指令 MADD、MADDU、MSUB 和 MSUBU。乘累加指令 MADD 对两个操作数进行有符号的乘法,并将乘法的结果自动与 Hi/Lo 寄存器中的数据相加,然后再将相加之后的结果写到 Hi/Lo 寄存器中,这个过程可以用下面的式子来表示。

$$\{Hi, Lo\} = \{Hi, Lo\} + (GPR[rs] \times GPR[rt])$$

MADDU 也是乘累加指令,它的运算过程和 MADD 指令是一样的,只是将参与乘法运算的数据认为是无符号数,进行的乘法也就是无符号数的乘法,而对于累加运算,不管是有符号数还是无符号数,运算的过程都是一样的。这里需要说明的是,对于处理器内部来说,参与乘法和加法运算的所有数据都是以二进制补码的形式表示的,在当代计算机的世界里,二进制补码是唯一的数据表达方式。

乘累减指令 MSUB 也是将两个源操作数进行有符号乘法运算,然后从{Hi, Lo}寄存器中减去乘法的结果,从本质上来讲,这也是一种乘累加运算,可以用下面的式子来表示。

$$\{Hi, Lo\} = \{Hi, Lo\} - (GPR[rs] \times GPR[rt])$$

乘累减指令 MSUBU 完成的运算和 MSUB 基本上是一样的,只是参与乘法运算的两个数都被认为是无符号数,进行的乘法也是无符号数的乘法。

从上面的描述可以看出,MIPS 中的乘累加类型的指令和乘法指令一样,都需要将结果保存到 Hi 寄存器和 Lo 寄存器中,这些指令的编码如下,如图 5.12 所示。

31　　　　　26	25　　　21	20　　　16	15　　　　　　　6	5　　　　　　0
Special2 011100	rs	rt	00 0000 0000	MADD,MADDU MSUB,MSUBU

图 5.12　MIPS 指令集中,乘累加指令的编码

通过观察可以发现,指令当中的 Bit[15:6] 并没有使用,这和乘法指令的情况是一样的,可以按照 ARM 指令集的方式,在指令中指定两个通用寄存器保存运算的结果,于是可以将指令编码改为如图 5.13 所示的方式。

31　　　　　26	25　　　21	20　　　16	15　　　11	10　　　6	5　　　　0
Special2 011100	rs	rt	RdHi	RdLo	MADD,MADDU MSUB,MSUBU

图 5.13　更改之后的乘累加指令

使用这种编码方式后,可以直接在指令中指定两个通用寄存器作为目的寄存器: RdHi 和 RdLo,将乘法的结果和这两个寄存器进行累加,完成 $\{RdHi, RdLo\} = \{RdHi, RdLo\} + Rs \times Rt$ 的运算。不过对于乘累加指令来说,很多情况下都是完成下面的运算。

$$C = a_1 \times b_1 + a_2 \times b_2 + \cdots + a_n \times b_n$$

这种运算是数字信号处理中经常使用的,对于这种运算,使用 MIPS 中的乘累加指令也可以获得很高的执行效率,因为每次乘法的结果都会自动累加到 $\{Hi, Lo\}$ 寄存器中,只有最后一次乘累加运算完成后才有可能会使用 $\{Hi, Lo\}$ 寄存器的值进行其他的运算,因此在累加次数比较多的乘累加运算中,MIPS 和 ARM 指令集的乘累加指令都有很高的效率。

5.4.6　特殊计算指令

MIPS 中有两条特殊的计算指令,即 CLZ 和 CLO,CLZ 指令用来计算一个通用寄存器中,从最高位开始连续的 0 的个数,例如寄存器中的数据为 0x007010A2,则执行 CLZ 指令后,结果为 9,即从最高位开始连续的 0 的个数是 9 个。要实现这个功能并不是很直接,需要使用一些硬件才能够实现,这在后文会进行介绍。

CLO 指令的实现和 CLZ 指令在本质上是一样的,只需要将寄存器的内容取反,就可以使用 CLZ 指令的硬件来实现 CLO 指令的功能了。

在 ARM 中也有 CLZ 指令,实现的功能和 MIPS 是一样的。

5.5　分支指令

所有能改变程序中指令执行顺序的指令称为分支指令,MIPS 中的分支指令包括两种: (1)无条件执行,在 MIPS 中称为 Jump 指令,这些指令总是执行的;(2)有条件执行,在 MIPS 中称为分支指令,这些指令只有在满足特定条件时才会执行,这等同于 ARM 中的条

件执行指令,今后为了方便,把这两种类型的指令统称为分支指令。总结来看,MIPS 中的分支指令包括的内容如表 5.9 所示。

表 5.9 MIPS 中的分支指令

	Instruction	Description	Function
Jump	J	Unconditional Jump	PC={PC[31:28],instr[25:0],2'b00}
	JR	Jump Register	PC={Rs[31:2],2'b00}
	JAL	Jump and Link	GPR[31]=PC+4 PC={PC[31:28],instr[25:0],2'b00}
	JALR	Jump and Link Register	GPR[31]=PC+4 PC={Rs[31:2],2'b00}
Branch	BEQ	Branch on Equal	If Rs==Rt PC=PC+sign_extend({imm,2'b00})
	BNE	Branch on Not Equal	If Rs !=Rt PC=PC+sign_extend({imm,2'b00})
	BLEZ	Branch on Less Than or Equal to Zero	If Rs[31]||(Rs==0) PC=PC+sign_extend({imm,2'b00})
	BLTZ	Branch on Less Than Zero	If Rs[31] PC=PC+sign_extend({imm,2'b00})
	BGTZ	Branch on Great Than Zero	If !Rs[31]&& (Rs !=0) PC=PC+sign_extend({imm,2'b00})
	BGEZ	Branch on Greater Than or Equal to Zero	If !Rs[31] PC=PC+sign_extend({imm,2'b00})
	BLTZAL	Branch on Less Than Zero And Link	GPR[31]=PC+4 If Rs[31] PC=PC+sign_extend({imm,2'b00})
	BGEZAL	Branch on Greater Than or Equal to Zero And Link	GPR[31]=PC+4 If !Rs[31] PC=PC+sign_extend({imm,2'b00})

所有以 B 开头的指令表示有条件执行的分支指令,它们包括 BEQ、BNE、BLEZ、BLTZ、BGTZ、BGEZ、BLTZAL 和 BGEZAL,这些指令中含有 16 位的立即数,分支指令的 PC 值和立即数进行相加而计算出新的目标地址,由于处理器中的指令是字对齐的,也就是任何 PC 值的最低 2 位都是 00,所以分支指令的目标地址的最低 2 位也应该是 00,这要求指令中包括的立即数的最低 2 位是 00,但是如果是这样,这 2 位 00 就在指令中没有起到真正的意义,因为它总是 00,故这样做是比较浪费的,因此在 MIPS 的编码中,立即数中最低的两位 0 并不会写在指令中,当进行目标地址的计算时,可以将这 16 位的立即数左移 2 位(即相当于在立即数的最低部分添加 2'b00,使其扩展到 18 位),这样就可以使指令当中的立即数能够有效地利用起来,此时 PC 能够跳转的范围就可以用 18 位来表示。考虑到在程序中,既可以向前跳转,也可以向后跳转,所以这 18 位的立即数其实是一个有符号数,能够跳转的范围是+/−128KB,在 MIPS 的指令集中,这个跳转范围是相对于分支指令后面延迟槽(delay slot)中的指令而言的。由于这个跳转是和当前的分支指令有关系的,所以也称这种指令为相对于 PC 的(PC-relative)的分支指令。

所有以 B 开头的分支指令都需要判断条件,只有条件成立的时候才会真正执行分支指令,如果条件不成立,就直接忽略这条分支指令,就好像这条分支指令不存在一样,这个条件是直接嵌入在分支指令当中的,分支指令首先需要对条件进行判断,然后才能够决定分支指令是否执行,这一点和 ARM 指令是完全不同的,ARM 中的分支指令是判断 CPSR 寄存器中的状态是否满足要求,举例来说,ARM 和 MIPS 中都有 BEQ 这条指令,MIPS 的使用方式如下。

```
BEQ r1, r2, offset
```

这条指令在执行的时候,首先判断 r1 是否等于 r2,如果相等,则跳转到地址 PC+4+offset 的地方,否则就继续顺序地执行。

而在 ARM 中这条指令的使用方式如下。

```
BEQ LABEL1
```

这条指令在执行的时候,直接读取 CPSR 寄存器的内容,判断 Zero 标志位 Z 是否有效,如果有效,表示上一条指令满足相等的条件(例如上一条指令是比较指令),则跳转到 LABEL1 的地方执行指令,否则就继续顺序地执行。可见,同样是 BEQ 指令,在两个处理器中的差别是很大的。

在 MIPS 中,分支类型指令的跳转范围只有+/−128KB,如果想要获得更大的跳转范围,可以使用 J 和 JAL 指令,这两条指令中包括 26 位的立即数(在指令使用时,会将其左移 2 位而变为 28 位),但是,在 MIPS 指令集中,这个立即数并不是像 PC-relative 类型的分支指令那样,直接和 PC 相加,而是将这 28 位的立即数直接和当前分支指令 PC 的高 4 位(即 PC[31:28])"拼接"成一个新的地址(其实应该是和延迟槽中指令的 PC 值进行拼接,此处为了方便说明,就直接使用了分支指令的 PC 值),这样在当前分支指令所在的 256MB 的范围之内(2^{28}=256MB,由 PC[31:28]指定哪个 256MB),使用 J 和 JAL 指令可以任意跳转到这 256MB 中的任何地方。这种分支的方式在 MIPS 中称为 PC-region,这和刚才讲过的 PC-relative 类型是不一样的,并不是将指令当中的立即数和 PC 值进行相加,而是直接将这个立即数和 PC 值进行拼接而形成新的地址。

相比于 PC-relative 的分支方式,这种 PC-region 的方式有什么好处呢?如果一个程序全部位于 256MB 对齐的范围之内,则使用这种 PC-region 的分支指令,可以直接跳转到这个程序的任意一个地方;而如果对 J 和 JAL 指令采取 PC-relative 的处理方式,那么这 28 位的立即数就需要作为有符号数,和分支指令的 PC 值进行相加,那么此时跳转的范围就变为了+/−128MB,这个范围就不能够覆盖到 256MB 的任意一个地方了,如图 5.14 所示。

由图 5.14 可以看出,如果程序位于 0x6000_0000~0x6FFF_FFFF 这个对齐的 256MB 范围之内,那么使用 PC-region 的方式可以直接访问这个区域内的任意一个地方,而使用 PC-relative 的方式则不能够访问到整个对齐的 256MB 区域,因此,如果将一个程序的全部内容放到这样对齐的 256MB 范围之内,使用 J 和 JAL 指令就可以访问到程序内的任意地方了。

在 MIPS 中,如果 256MB 的跳转范围还是不能够满足要求,那么此时就需要使用 JALR 指令了,这条指令直接使用一个 32 位通用寄存器的值作为跳转的目标地址,这样就可以跳转到整个 4GB 的任意地方。之前讲述的所有分支指令(包括 jump 指令),其目标地址都是由指令中的立即数给出的,这样指令经过解码,其实就可以计算出目标地址,这也就是直接跳转类型(PC-relative,也称为 direct)的分支指令;而 JALR 这条指令的目标地址是由通用寄存器给出的,需要读取寄存器才可以得到这个目标地址,称这种为间接跳转类型(absolute,也称为 indirect)的分支指令。对于直接跳转类型的分支指令来说,由于它的目标地址已经固定在指令中了(因为立即数在指令中是固定的),所以对这种类型的分支指令进行目标地址的预测就比较容易;而反观间接跳转类型的分支指令,由于通用寄存器的内容是经常变化的,所以这种分支指令的目标地址也是经常变化的,给目标地址的预测带来了一定的困难。

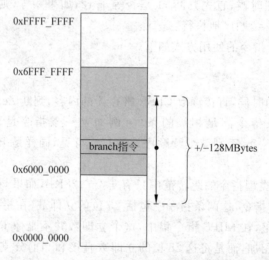

图 5.14   使用 PC_relative 的方式,并不能访问到对齐的 256MB 区域中的任意地方

在 MIPS 指令集中,所有带"AL"的指令(包括 JAL、JALR、BLTZAL 和 BGEZAL)都用来实现子程序调用的 CALL 指令的功能(MIPS 中没有 CALL 指令,其实很多 RISC 处理器中也没有),这样的指令将当前分支指令的下一条指令的地址(如果存在延迟槽,则保存下下条指令的地址)保存到最后一个通用寄存器中(即 R31),然后根据条件是否成立来决定是否跳转到目标地址,这和 CALL 指令的功能是一样的。这里需要注意的是,不管分支指令的条件是否成立,都会将它的 PC+4(如果存在延迟槽,就是 PC+8)的内容保存到 R31 中,这样,当需要对当前分支指令的地址做计算时,就可以使用 BTLZAL 或者 BGEZAL 指令,只需要将条件弄成不成立,那么就不会进行跳转,但是可以将当前分支指令的 PC+4(或 PC+8)放到 R31 中,此时就可以对这个 PC 值进行运算了。由于 MIPS 中的 PC 寄存器不属于通用寄存器的范围,所以无法直接通过指令读取 PC 寄存器的内容(这一点和 ARM 是不一样的,在 ARM 中 PC 寄存器是一个通用寄存器),只能通过这种方式来获取 PC 的值。

在 MIPS 指令集中,所有带"AL"的指令,默认都是将返回地址(即 PC+4,如果存在延迟槽,就是 PC+8)保存到 R31 中,但是 JALR 指令是个例外,这条指令可以自行指定存放返回地址的寄存器,但是实际使用时,很少放到其他寄存器中,编译器都是默认将返回地址放到 R31 中。这样做对于超标量处理器是有好处的,因为将返回地址都放到 R31 中,那么在子程序中一旦执行"JR ＄31"这条指令,就相当于执行了一条 Return 指令(在 MIPS 中没有 CALL 指令和 Return 指令),这样就为分支预测电路中对 CALL/Return 指令的预测提供了可能,只要在取指令阶段预测到带"AL"的指令,就认为是 CALL 指令,此时将这条指令的下一条指令的地址(如果存在延迟槽,则需要使用下下条指令的地址)保存到返回地址堆栈中(RAS);同理,在取指令阶段预测到这条指令是"JR $31",就认为是 Return 指令,此时就从返回地址堆栈(RAS)中读出最新写入的值作为返回地址,这样就实现了对 CALL/Return 指令的分支预测。如果 JALR 指令的返回地址可以保存到任意的通用寄存器中,那么在子程序返回时,由于 JR 指令中存放返回地址的通用寄存器是不确定的,此时就无法知道哪条 JR 指令是 Return 指令,也就无法准确地对 CALL/Return 指令进行分支预测,因此,要对 MIPS 处理器中的 CALL/Return 指令进行准确的分支预测,就需要将任何带"AL"的指令的返回地址保存到默认的 R31 中,同时使用"JR $31"作为 Return 指令。在 JR 指令的其他用途中,例如作为一般的跳转指令,不要使用 R31 作为目标地址,否则会被分支预测器错误地认为是一条 Return 指令而进行分支预测,导致 CALL/Return 分支预测准确度的降低。

对于 MIPS 指令集来说,还需要注意的是,在子程序中,由于可能会改变 R31 寄存器的值,所以在进入子程序的时候就要将 R31 的内容进行手动的压栈保存,这样即使在子程序中改变了这个寄存器,只要在子程序结束的时候将 R31 的内容出栈就可以恢复它的值了,也就可以正常地从子程序中返回。这对于子程序的嵌套也是同理的,因为在子程序中如果再次调用子程序,那么新执行的调用子程序的 CALL 指令(例如 JAL 指令)就会将 R31 的内容写为新的返回地址,此时就会将原来子程序的返回地址覆盖了,因此进入子程序的时候,手动保存 R31 的内容是必需的。既然是一个必需的过程,其实在进入子程序的时候可以用硬件来自动完成这个任务的,但是考虑到向前兼容的问题,MIPS 并没有这样做,这就是向前兼容所带来的包袱。

在 MIPS 的指令集中,除了分支类型的指令,其他指令都不支持条件执行,它们是肯定会执行的,因此要实现 if⋯ else ⋯这样的功能,只能使用分支指令来实现,举例来说,有下面的一段 C 代码。

```
if(a == 0)
  b = c + 2;
else
  b = c - 2;
```

假设 a 值放在寄存器 $r1$ 中,b 在寄存器 $r2$ 中,c 在寄存器 $r3$ 中,寄存器 $r0$ 中的值为 0,则用 MIPS 的指令集来实现上述 C 代码的话,如下所示。

```
        bne r1,r0,EXC_SUB    ;判断 a(即 r1)的值是否不等于 0
        add r2,r3,♯2         ;如果 a = 0,执行 b = c + 2
        j   END
EXC_SUB:
        sub r2,r3,♯2         ;如果 a! = 0,执行 b = c - 2
    END: ⋯
```

因为在 MIPS 中,非分支类型的指令都不是条件执行的,所以需要使用一条分支指令来产生一个条件,根据这个条件来决定要执行哪些指令,而在超标量处理器中,分支指令是需要进行分支预测的,这就需要承担分支预测失败时的惩罚(penalty),造成处理器执行效率的降低。而 ARM 指令集则不同,在 ARM 指令集中,任何指令都可以条件执行,于是上面的 C 代码如果使用 ARM 指令集来实现,则可以写成如下指令。

```
subs r1, r1, 0      ;判断 a 和 0 是否相等
addeq r2, r3, 2     ;如果相等执行 b = c + 2
subne r2, r3, 2     ;如果不相等,执行 b = c - 2
```

在 ARM 指令集中,每次执行完一条指令,都可以选择是否将这条指令结果的状态写到状态寄存器 CPSR 中,在 CPSR 中记录了指令的结果是否为 0、正值还是负值、是否发生了溢出(overflow)等信息,后面的指令可以根据 CPSR 寄存器的状态来决定是否执行,使用这种类型的条件执行之后,只需要三条指令就可以实现上述 C 代码的功能,而且由于没有分支指令,也就不存在分支预测失败时引起性能下降的问题,从分支预测的角度来考虑,对于超标量处理器来说,ARM 指令集执行这种程序效率是更高的。

但是这种优势不是绝对的,当一个分支块(branch block)变得很大时,需要条件执行的指令的个数会变得很多,此时这种方法的优势就变成了劣势,而且还会给寄存器重命名的过程带来额外的麻烦,这部分内容将在后文进行详细的介绍。

不仅如此,每条指令想要条件执行还需要其他的代价,在每条指令中,都需要包括一个对条件进行编码的条件码(condition code),它用来对这条指令使用何种条件进行编码,在 ARM 指令集中这个条件码占据了指令的 Bit[31:28],如图 5.15 所示。

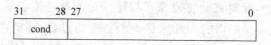

图 5.15   在 ARM 指令集中,条件码的位置

这 4 位的条件码对应着 16 种不同的条件,关于这些条件的详细内容参见 ARM 的技术手册[12]。举例来说,上例中的 subs 指令将两个数进行相减,如果结果为 0,CPSR 寄存器中的 Z 标志位就会被置 1,后续的 addeq 指令中的条件码部分编码为 0000,表示只有此时 CPSR 寄存器中的 Z==0 时,这条指令才可以执行;同理,subne 指令中的条件码部分编码为 0001,表示只有 CPSR 寄存器中的 Z !=0 时,这条指令才执行,这样通过条件码部分,就可以对每条指令设置执行的条件了。

但是,不管这条指令是否需要条件执行,每条指令都会有 4 位的条件码,所以指令中可以用来对通用寄存器进行编码的资源就少了,因此 ARM 中通用寄存器只有 16 个,使用 4 位来编码,而 MIPS 指令集中没有这个条件码部分,可以使用 5 位数对通用寄存器进行编码,因此 MIPS 中通用寄存器有 32 个。通用寄存器个数的增多,可以减少程序访问存储器的次数,降低了 Cache 和 TLB 的缺失率,也就增加了处理器的性能,因此并不是说每条指令都采用条件执行就绝对是有优势的。而且,在程序执行的过程中,大部分指令其实都是绝对会执行的,也就是说,大部分指令中的条件码都是 1110(表示总是执行),只有少部分需要条件执行的指令才会有其他的编码,这样综合看起来,其实对于大部分指令来说,条件码这个部分是没有起作用的,这样其实并不符合 RISC 的风格。在 RISC 中,只有最常使用的情况才会用硬件实现,所以对于纯粹的 RISC 处理器,如 MIPS,是不会对这少部分的情况而专门使用硬件的,从这个观点来说,MIPS 是一个纯粹的 RISC,而 ARM 则不是。

相比 MIPS 指令集,ARM 指令集是比较复杂的,相应的指令编码也比较凌乱,不太适

合作为教科书的材料进行讲述,而 MIPS 的指令集则是非常简洁高效的,其指令集的编码也是非常有规律,因此作为这个世界上最"干净"的指令集,它受到了世界上绝大多数教科书的青睐,大部分教科书都是基于 MIPS 指令集来讲述处理器和计算机原理,本书亦是如此。

5.6 杂项指令

在 MIPS 中,除了上述的指令之外,还有一些其他的指令,例如访问协处理器的指令、产生软件中断的指令,以及调试相关的指令等,这些指令在实际中也有重要的用处,它们的内容如表 5.10 所示。

表 5.10　MIPS 指令集中的杂项指令

	Instruction	Description	Function
Move 指令	MOVZ	Move Conditional on Zero	If GPR[Rt]==0 then GPR[Rd] = GPR[Rs]
	MOVN	Move Conditional on Not Zero	If GPR[Rt] !=0 then GPR[Rd] = GPR[Rs]
	MFHI	Move From Hi	GPR[Rd] = Hi
	MFLO	Move From Lo	GPR[Rd] = Lo
	MTHI	Move To HI	Hi = GPR[Rs]
	MTLO	Move To Lo	Lo = GPR[Rs]
	MFC0	Move From Coprocessor0	GPR[Rt] = CPR[0,Rd,sel]
	MTC0	Move To Coprocessor0	CPR[0,Rd,sel] = GPR[Rt]
Trap	TEQ	Trap if Equal	If (int)GPR[Rs] ==(int)GPR[Rt] TrapException
	TEQI	Trap if Equal Immediate	If (int)GPR[Rs]==sign_extend(imm) TrapException
	TNE	Trap if Not Equal	If (int)GPR[Rs] !=(int)GPR[Rt] TrapException
	TNEI	Trap if Not Equal Immediate	If (int)GPR[Rs] !=sign_extend(imm) TrapException
	TGE	Trap if Greater Than or Equal	If (int)GPR[Rs] >= (int)GPR[Rt] TrapException
	TGEI	Trap if Greater Than or Equal Immediate	If (int)GPR[Rs] >= sign_extend(imm) TrapException
	TGEU	Trap if Greater Than or Equal Unsigned	If (uns)GPR[Rs] >= (uns)GPR[Rt] TrapException
	TGEIU	Trap if Greater Than or Equal Immediate Unsigned	If (uns)GPR[Rs] >= zero_extend(imm) TrapException

续表

Instruction		Description	Function
Trap	TLT	Trap is Less Than	If (int)GPR[Rs] <(int)GPR[Rt] TrapException
	TLTI	Trap is Less Than Immediate	If (int)GPR[Rs] < sign_extend(imm) TrapException
	TLTU	Trap is Less Than Unsigned	If (uns)GPR[Rs] < (uns)GPR[Rt] TrapException
	TLTIU	Trap is Less Than Immediate Unsigned	If (uns)GPR[Rs] < zero_extend(imm) TrapException
System Call and Breakpoint	SYSCALL	System Call	SystemCall Exception
	ERET	Return From Exception	

在 MIPS 处理器中,用来控制处理器执行情况的所有控制寄存器都放在第一个协处理器中,这个协处理器的编号是 0,也称为协处理器 0(Coprocessor0),但是处理器无法直接通过指令来操纵协处理器 0 中的寄存器,因为在指令中已经没有空间对其进行编码了,如果想要对协处理器 0 中的寄存器进行修改,就需要先将其读取到通用寄存器中,然后才能够对其进行处理,处理完之后再写回到协处理器 0 中。这个过程其实和访问存储器是类似的,处理器并不能够直接对存储器中的数据进行运算,只能够将存储器中的数据先读到通用寄存器中,然后才能够进行处理,最后将处理完的数据再写回到存储器中就可以了。这个过程是RISC 处理器的一个特征,不管是 ARM 还是 MIPS 都采用了这种方法,如果一个处理器能够直接将存储器中的数据作为操作数,那么这个处理器肯定就不能称为 RISC 处理器了。

在 MIPS 指令集中,使用 MFC0 指令来将协处理器 0 中的某个寄存器的内容读取到通用寄存器中,使用 MTC0 指令将某个通用寄存器的内容写到协处理器 0 中指定的寄存器中,正因为访问协处理器和访问存储器的过程是类似的,所以在处理器内部,它们的处理也是类似的。而且,由于向协处理器 0 中写数据的这个过程是不可逆的(类似于 store 指令),所以在 MTC0 这条指令在超标量流水线中退休(retire)之前,它的内容会被暂存到一个缓存中,只有这条指令退休而离开了流水线,才允许它真正地将数据写到协处理器 0 中。这里需要注意一个问题,由于协处理器 0 中的寄存器控制着处理器执行的状态,当 MTC0 指令改变协处理器 0 中的某个寄存器的内容时,后续的指令应该在新的处理器状态下执行(例如将处理器从内核模式改为用户模式),但是对于超标量处理器来说,指令是乱序(out-of-order)执行的,也就是说,MTC0 指令后面的指令可能会先于它而执行了,这些指令此时的执行结果就是不正确的,需要等到 MTC0 指令执行完毕,改变处理器的状态之后,它后面的指令才允许执行,这就需要在 MTC0 指令后面使用隔离(barrier)指令,一条隔离指令可以保证它之前的指令都执行完毕,并且改变了处理器的状态之后,才允许后面的指令执行。在超标量处理器中,隔离指令到达流水线的最后阶段,并且退休(retire)的时候(此时隔离指令之前的所有指令都已经顺利地离开了流水线),会引发处理器将流水线中所有的指令都抹掉,然后重新从隔离指令后面的地址开始取指令。通过在 MTC0 指令后面使用隔离指令,就能够保证 MTC0 指令后面的所有指令都使用新的处理器状态,在 MIPS 指令集中,隔离指令是 SYNC,在 ARM 指令集的隔离指令是 DMB、DSB 和 ISB。

　　MIPS 中的 SYSCALL 指令用来产生异常(exception),当这条指令被执行的时候,会马上无条件地产生一个异常,处理器会跳转到对应的异常处理器程序中(exception handler),这条指令的编码如图 5.16 所示。

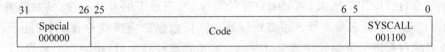

图 5.16　MIPS 指令集中,SYSCALL 指令的编码

　　在 SYSCALL 指令的编码中,包括了 20 位的 code 部分,这部分可以被软件用来传递参数,在异常处理程序中,需要使用 load 指令将这条 SYSCALL 指令从程序存储器中读出来,才可以知道 code 部分的内容。在超标量方式的 MIPS 处理器中,SYSCALL 指令只有退休(retire),顺利地离开流水线的时候,才会产生异常,这和普通异常的产生方式是一样的。当处理器运行操作系统的时候,例如 Linux,普通的用户程序只能够访问规定的用户态空间,它不能访问操作系统所使用的内核空间,也不能够直接访问底层的很多硬件,例如协处理 0。当用户程序需要在特权模式做一些事情时,例如加载某些页(page)到物理内存(physical memory)中,那么就需要使用 SYSCALL 这条指令,当这条指令执行时,处理器就会由用户模式转为内核模式,其实,SYSCALL 指令对应的异常处理程序就是属于操作系统的一部分,此时可以访问任何资源,当执行完规定的任务,需要返回到用户程序的时候,就在异常处理器程序中使用 ERET 指令,这条指令使程序返回到 SYSCALL 指令之后的那条指令,同时还会使处理器退出内核模式,转到用户模式中。

　　ERET 指令还有一个功能,它会保证在异常处理程序中的指令都执行完成后(在超标量处理器中,也就是保证这些指令都退休而离开了流水线),才会执行返回操作,这相当于实现了隔离指令的功能,即"ERET 指令 = 隔离指令 + Return 指令"。

　　MIPS 中的 Trap 类型指令其实也是用指令来产生异常,只是它附带了条件,只有条件满足时才会产生异常,例如 TEQ 指令,只有当指令中指定的两个寄存器 rs 和 rt 相等的时候,这条指令才会产生一个异常。也就是说,SYSCALL 指令可以无条件地产生异常,而 trap 指令是有条件地产生异常(这等同于分支指令和跳转指令的关系),它们只有这一点是不同的,其他的处理过程都是一样的。

5.7　异常

　　处理器在执行的过程中,除了分支类型的指令之外,很多其他的情况也可以打断程序的执行,这些情况统称为异常(exception),不同的指令集体系中,异常包括的内容也不尽相同,可以概括地将异常分为下面几种。

　　(1) 处理器的外部事件引起的异常,这种类型的异常其实更多时候被称做中断(interrupt),因为发生在处理器的外部,中断本质上和处理器中执行的指令没有必然的关系,处理器在执行的任何阶段都有可能接收到中断,因此也称做是异步的异常,在本书的后文中,对这种类型的异常统称为中断。

　　(2) 虚拟地址(virtual address)到物理地址(physical address)的转换引起的异常,例如

当这个转换关系不存在于 TLB 中时,就会产生 TLB 缺失的异常,而这个转换关系如果在页表中也不存在,那么就发生了 Page Fault 的异常,又或者某个程序访问了一个受保护的页,那么也会产生一个访问权限错误的异常,当然,如果处理器没有实现虚拟存储器,那么这些异常也就不存在了。

(3) 指令自身引起的错误,例如未定义的指令、用户态下的非法指令、整数运算时的溢出、访问存储器的地址未对齐等。很多处理器还支持数据的完整性检查,例如处理器对 L2 Cache 送来的数据进行奇偶校验或 ECC 校验,如果发现校验失败,也会产生异常。

(4) 指令自身产生的异常,例如 MIPS 指令集中的 SYSCALL 和 Trap 两种指令,执行这些指令就会产生异常,其中 SYSCALL 指令是无条件产生异常,而 Trap 指令则是有条件地产生异常,普通的程序可以通过这种类型的指令来调用操作系统的某些任务,一个处理器要支持操作系统,这种类型的指令是必须有的。

对于一个特定的处理器来说,所有类型异常的处理过程是一样的,从处理器外部看起来,产生异常的指令之前的所有指令都已经完成了,而这条产生异常的指令及其之后的所有指令都不允许完成。处理器会跳转到对应的异常处理程序(exception handler)的入口地址,开始执行这个异常处理程序,当其执行完成后,会返回到刚才发生异常的地方,重新开始将这条指令取到流水线中,就好像这个异常没有发生过一样,这种方式也称做精确的异常(precise exception),因为总能够找到哪条指令发生了异常,这个过程如图 5.17 所示。

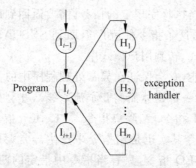

图 5.17　在程序中对异常的处理过程

对于大部分类型的异常来说,从其对应的异常处理程序返回的时候,都需要重新执行这条产生异常的指令,举例来说,对于一条 load 指令,如果在执行的时候发生了 Page Fault 类型的异常,那么在对应的异常处理程序中,会从硬盘(或者闪存)中找到这个缺失的页,并将其放到物理内存中,然后从异常处理程序返回的时候,会再次执行这条 load 指令,就不会发生 Page Fault 了。对于大部分发生异常的指令来说,都需要重新被执行一遍,但是这不是绝对的,有些类型的异常不能这样做,典型的例子就是 SYSCALL/Trap 指令产生的异常,当从这种异常处理程序返回的时候,如果再次执行产生异常的 SYSCALL/Trap 指令,那么就会再次产生异常,这就相当于有了一个死循环,因此异常的返回地址是要根据不同类型的异常进行区别对待的。

在异常发生时,为了能够顺利地从异常处理程序中返回,还需要在发生异常时,将返回地址保存起来,这个返回地址就是当前发生异常指令的 PC 值(或者下一条指令的 PC 值,根据异常的类型来决定),至于将这个返回地址保存到什么地方,不同的指令集有不同的实现方法。对于 RISC 处理器来说,一般都是将它保存到一个专用的寄存器中,例如在 MIPS 中使用 EPC 寄存器来保存异常发生时的 PC 值；而对于 CISC 指令集来说，通常都是使用堆栈来保存这个 PC 值，堆栈实际上就是位于存储器中的一段空间，因为 CISC 指令集诞生的那个年代，寄存器很昂贵，所以更多地使用了存储器来完成一些任务，例如在 x86 指令集中就将异常发生时的 PC 值保存到堆栈当中。

异常发生时，还需要考虑通用寄存器的处理，因为在异常处理程序中可能会更改通用寄存器的内容，所以在异常处理程序开始的时候，需要对涉及到的寄存器进行保存，不管是 RISC 处理器还是 CISC 处理器，都将通用寄存器的内容保存到堆栈中（也就是保存到存储器中）。不过对于 RISC 处理器来说，要访问存储器，只能使用 load/store 指令，所以将寄存器保存到堆栈的这个过程，只能使用 store 指令，堆栈的指针使用一个通用寄存器来模拟，例如 MIPS 指令集中使用了 R29 作为堆栈指针，如果要将通用寄存器 R20 的内容保存到堆栈中，就要使用"SW R20, 0[R29]"这样的指令，R29 作为堆栈指针，只在异常处理程序中被使用，其他的程序不允许使用，但是，这只是一种约定而已，实际上在 MIPS 处理器中，R29 就是一个普通的通用寄存器而已，和其他的通用寄存器没有任何区别，需要使用软件来管理堆栈指针的增减。

而在 CISC 指令集中，则设置了专门操作堆栈的 PUSH/POP 指令，并使用专用的寄存器作为堆栈指针，使用 PUSH/POP 指令，不需要软件对堆栈指针进行管理，硬件会自动将其增加或减少，x86 处理器就采用了这种方式。其实在 ARM 指令集中，也采用了 PUSH/POP 指令和专用的堆栈指针寄存器，它的处理方式和 x86 处理器是类似的，因此从这个角度来看，ARM 指令集更偏向于 CISC 的风格。

在一个流水线的处理器中，流水线的各个阶段都有可能发生异常，如图 5.18 所示为一个五级流水线中各种异常的示意图。

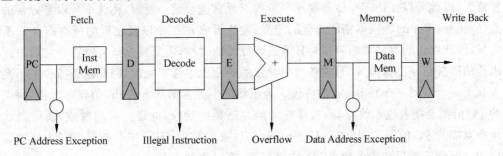

图 5.18 在经典的五级流水线中，各个阶段可能发生的异常

图 5.18 中，在流水线的各个阶段，可能产生的异常有如下几种。

（1）取指令（Fetch）阶段：取指令时发生 I-TLB 缺失甚至 Page Fault，或者取指令的地址不存在，又或者到受保护的区域取指令；

（2）解码（Decode）阶段：遇到未定义的指令；

（3）执行（Execute）阶段：算术运算发生溢出，或者除 0 运算；

（4）访问存储器（Memory）阶段：访问数据存储器时发生 D-TLB 缺失甚至 Page Fault，或者访问数据存储器的地址是不存在的，又或者非对齐访问等。

如果在流水线中，这些异常同时发生了，处理器应该如何处理？对于异常的处理要遵循程序中的原始顺序，为了满足这个条件，可以使处理器在流水线的最后一个阶段才对异常进行统一的处理,在流水线的其他阶段产生的异常,都需要随着指令在流水线中流动,直到流水线的最后阶段才进行处理,这样就能够保证对异常的处理按照程序中指定的顺序进行,这个过程如图 5.19 所示。

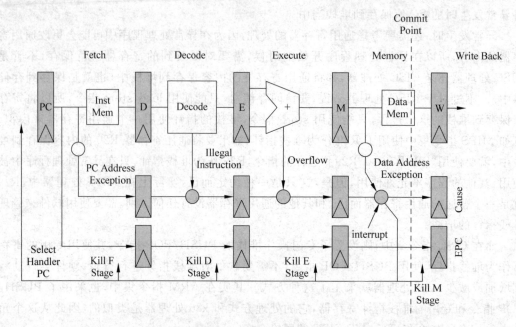

图 5.19　在流水线中,对异常的处理统一放到 Memory 阶段

在图 5.19 所示的流水线中,在流水线的访问存储器阶段(Memory)之后,就不会再产生异常了,因此可以在访问存储器的这个阶段对异常进行统一处理,称这个阶段是异常的处理点(Commit Point)。根据精确异常的定义,发生异常的指令以及之后的所有指令都不能够完成,因此在访问存储器的阶段对异常进行处理的时候,需要将这条异常指令之后进入到流水线的所有指令都抹掉,同时这条产生异常的指令也不能够完成,因此这条指令也不允许进入到下一个写回(Write Back)的阶段。为了将产生异常的指令的 PC 值保存起来,每条指令的 PC 值都会随着流水线流动,这样在访问存储器的阶段,处理异常的时候,就可以将这条指令对应的 PC 值保存到 EPC(Exception PC)寄存器中,EPC 寄存器是 MIPS 处理器中专门用来保存发生异常指令的 PC 值的寄存器,而异常的类型会被记录在另外一个专门的寄存器中,这个寄存器称为 Cause 寄存器,供异常处理程序查询使用。

由图 5.19 可以知道,对异常的处理需要抹掉流水线中的部分指令,这样就会造成处理器执行效率的降低,这和分支预测失败的处理是一样的,如图 5.20 所示。

在图 5.20 中,当 ADD 指令在执行阶段(EX)发现了溢出的异常时,这个异常会被记录下来,并随着流水线到达异常的处理阶段(Commit Point,即访问存储器的 Memory 阶段),然后将流水线中的相关指令进行抹掉,这会导致 ADD 指令后面的三条指令都从流水线中被抹掉,流水线会重新从异常处理程序中开始取指令来执行。上述的过程和分支预测失败时,对流水线的处理过程是类似的,因此分支预测失败和异常这两种情况,都会由于抹掉流水线中的部分指令而降低处理器的性能,对分支预测来说,可以通过更精确的分支预测算法而减少它出现的频率,而对于异常则没有很好的预测方法,好在异常发生的频率很低,因此对处理器性能的影响也是很小的。

在超标量处理器中,由于乱序执行(out-of-order)的特性,对异常的处理会复杂一些,详细的处理方法在后文中会进行介绍。

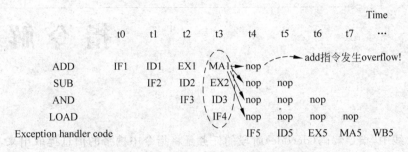

图 5.20 在流水线中,对异常的处理需要清空流水线

第 6 章

指令解码

在流水线中,指令解码(decode)阶段的任务是将指令中携带的信息提取出来,处理器使用这些信息控制后续的流水线来执行这条指令。指令集的复杂程度直接决定了这部分任务的工作量,对于 CISC 指令集,例如 x86 来说,指令的长度是不固定的,解码阶段首先需要分辨指令的边界,这样才能够找到有效的指令,而且 x86 指令的寻址方式也很复杂,这也增加了解码的难度。而对于 RISC 指令集来说,指令的长度是固定的,例如 MIPS 指令和 ARM 指令的长度都是 32 位,这样很容易将指令分辨出来,而且 RISC 处理器的寻址方式相对也是比较简单的,这些因素都导致 RISC 处理器的解码难度要远低于 CISC 处理器,因此 RISC 处理器在成本和功耗方面天生就比 CISC 处理器占据优势。影响处理器解码复杂度的还有一个因素,那就是每周期可以解码的指令个数,由于每条指令都需要一个完整的解码电路,所以对于一个每周期可以解码 n 条指令的超标量处理器来说,就需要 n 个解码电路,这样当然也就增加了解码电路的复杂度,总结来看,一个 RISC 处理器的解码部分可以用图 6.1 来表示。

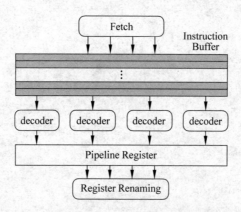

图 6.1　在 RISC 处理器中的解码电路

在超标量处理器中,即使是 RISC 指令集,仍存在一些比较"另类"的指令,这些指令不能使用一般指令的处理方式,需要特殊处理,例如有些指令的目的寄存器个数多于一个(MIPS 中的乘累加指令,ARM 中的乘累加指令和 LDM/STM 指令等),这会影响寄存器重命名(register renaming)的过程;再例如,有些 RISC 指令集支持每条指令都可以条件执行,例如 ARM 指令集,这样的指令在解码时需要进行特殊处理等,因为这些"另类"的指令使用的频率并不高,没有必要让后面的流水线增加硬件来对它们进行处理,这需要在解码阶段将它们转换为普通的指令,后面的流水线按照一般指令的处理方式来执行它们,这些内容将在本章进行讲解。

6.1　指令缓存

在前文说过,为了减少 I-Cache 缺失带来的影响,处理器可以在取指令阶段从 I-Cache 中取出的指令个数多于每周期可以解码的指令个数,例如在 MIPS 74kf 处理器中,每周期可以取出四条指令,但是每周期只可以解码两条指令,这就需要在取指令阶段和解码阶段之间加入一个缓存,用来将 I-Cache 取出的所有指令保存起来,这个缓存称为指令缓存(instruction buffer),加入这个缓存之后,取指令阶段最终会输出两个主要的部分给这个缓存(假设每周期可以从 I-Cache 中取出四条指令)。

(1) 四条指令,当然这四条指令未必全部都是有效的;

(2) 有效指令的个数,正常情况下,每周期可以从 I-Cache 中取出四条有效指令,但是当取指令的地址落在 Cache line 的最后三个字,或者指令组(fetch group)中存在被预测跳转的分支指令时,会导致取指令阶段无法向指令缓存中写入四条指令,此时使用这个信号来告诉指令缓存,哪些指令是有效的。

指令缓存本质上是一个 FIFO,它能够将指令按照程序中指定的顺序存储起来,这样指令在解码的时候,仍旧可以按照程序中指定的顺序进行解码,便于找到指令间存在的相关性。指令缓存是超标量处理器中必需的部件,其原因有如下两个。

(1) 在很多超标量处理器中,每周期可以取指令的个数大于每周期可以解码指令的个数,这样即使在 I-Cache 缺失的时候,指令缓存中也仍然有存有一些余量的指令,如果 I-Cache 的缺失可以很快地解决,那么基本上就不会引起流水线的暂停,这样就可以增加处理器的性能。

(2) 在超标量处理器中,即使每周期取指令的个数等于每周期解码指令的个数,例如都是四条指令,在流水线的解码阶段却有一些特殊的指令要处理,这会导致取指令阶段得到的所有指令没有办法在解码阶段全部都得到处理。举例来说,不管是在 MIPS 还是 ARM 处理器中,由于乘累加指令有两个目的寄存器,为了减少对寄存器重命名阶段的影响,都会将其拆分成两条普通的指令,每条指令都只有一个目的寄存器,因此,一旦在取指令阶段得到的指令包括乘累加指令时,如果不进行处理,会导致解码之后的指令个数多于四条,而后续的流水线都是按照每周期处理四条指令来设计的,不可能因为这种不常出现的情况而增加后续流水线的处理能力,这样会占用更多的硅片面积,因此就需要在解码阶段对乘累加类型的指令进行处理,例如可以使乘累加指令后续的指令放在下一个周期进行解码,这样就会导致取指令阶段送过来的指令不能够全部被解码,因此指令缓存就是必需的了。

其实,在超标量处理器中还有很多这样的限制,这些限制是一种折中(tradeoff),它的思路都是不为很少出现的情况增加硬件的复杂度。由于这些限制的存在,在每周期内,取指令阶段送出的指令不一定能够在解码阶段全部被解码,因此就需要一个地方来暂存这些不能够被解码的指令,这个地方就是指令缓存,使用它,可以使解码部分的设计更加灵活,而且,即使发生 I-Cache 缺失,指令缓存中的"存粮"也不至于使后续的流水线马上停止,因此,可以将指令缓存看作是一个"储备仓库"。

　　由于指令缓存在每周期内可以写入多条指令,也可以读出多条指令,因此它是一个多端口的 FIFO,但是在实际的设计中并不会使用真正的多端口 SRAM 来实现这样的 FIFO,而是使用交叠(interleaving)的方式,使用多个单端口的 SRAM 来实现这个功能,从而避免了使用多端口 SRAM 所带来的硬件和速度上的限制,这样的设计在前文中已经涉及到,此处不再赘述。

6.2　一般情况

　　MIPS 指令集包括 I-Type、R-Type 和 J-Type 三种类型的指令,一般的指令包括两个源寄存器(Rs 和 Rt)和一个目的寄存器(Rd);ARM 指令集包括 DP format、DT format 和 BR format 三种类型的指令,一般的指令包括三个源寄存器(Rn、Rs 和 Rm)和一个目的寄存器(Rd),其实对于 ARM 指令集来说,情况远不止如此,很多的特殊情况都需考虑,有如下几种。

　　(1) 对于条件执行的指令来说,还包括第四个源寄存器,那就是 CPSR 寄存器,所有条件执行的指令都需要读取 CPSR 寄存器的值。

　　(2) 所有改变状态寄存器的指令,还包括第二个目的寄存器,即 CPSR 寄存器,这条指令在执行完成后,除了要将结果写到正常的目的寄存器之外,还需要将结果的执行状态写到 CPSR 寄存器中。

　　(3) 对于前/后变址的 load/store 指令,也包括第二个目的寄存器,即用来作为地址的寄存器,当指令执行完成后,除了将正常的数据写到目的寄存器之外,还需要将地址寄存器的内容也进行更新。

　　(4) 还有很另类的 LDM/STM 指令,包括了个数不确定的目的寄存器和源寄存器。

　　在上面的特殊情况中,前两条所体现出来的特殊性在于 CPSR 寄存器,它可以作为源寄存器,也可以作为目的寄存器,在超标量实现时,如果将 CPSR 寄存器作为一个普通的寄存器来对待,那么此时 ARM 的每条指令就包括四个源寄存器和两个目的寄存器,这对寄存器重命名(register renaming)过程中的映射表(mapping table)的影响是非常大的,本来映射表的端口个数就已经很多了,面积和速度都很难进行优化,如果再加入额外的端口,那么情况就会更加糟糕;而且,CPSR 寄存器的宽度只有四位(因为条件执行只考虑 N、C、Z、V 这四位就可以),而普通的通用寄存器是 32 位的,如果将 CPSR 寄存器和通用寄存器统一对待,会造成很多寄存器不能够得到有效的利用,32 位的寄存器只装入了 4 位的数据。考虑到这些限制,一般都是将 CPSR 寄存器单独处理,为 CPSR 寄存器设置一个独立的物理寄存器堆(Physical Register File),用来存放重命名之后的 CPSR 寄存器,并使用一个独立的映射表(mapping table)来进行管理,也就是为 CPSR 寄存器单独使用一套寄存器重命名的流程,这样就可以根据 CPSR 寄存器的特点来定制重命名的过程,例如每个物理寄存器都是 4 位的,而且考虑到条件执行的指令只是少部分,所以寄存器堆的容量可以很小,例如只使用 16 个物理寄存器就足够了,这样的处理方式不会增加通用寄存器的映射表的端口个数,因此不会对处理器的速度产生影响。

　　对于第(3)和(4)条所体现出来的特性,需要借鉴现代 x86 处理器的设计思路,将这些复杂的指令拆分为多条普通的 RISC 指令,这样就可以利用一般的硬件对这些特殊的指令进

行处理,在超标量处理器中,一条指令所携带的源寄存器和目的寄存器的个数直接决定了寄
存器重命名电路在实现上的难易,例如映射表的端口个数、指令间相关性检查电路的复杂度
等,因此 RISC 指令集中的这些复杂指令成为了超标量处理器中比较难以处理的另类,需要
使用更多的硬件来对它们进行处理。

一般情况下,每周期都会从指令缓存(instruction buffer)中读取多条指令,例如处理器
每周期可以解码四条指令,那么此时就会从指令缓存中读取四条指令,并对每条指令都进行
解码,每条指令的解码电路是一样的,都可以对任何指令进行解码,这个过程如图 6.2 所示。

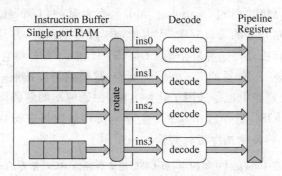

图 6.2　每周期从指令缓存中读取四条指令进行解码

图 6.2 表示了每周期解码四条指令的示意图,由于 RISC 指令的长度固定,所以 RISC
指令是很容易被解码的,也很容易从指令缓存读取四条指令,但是需要注意的是,从指令缓
存中读取的四条指令未必是四字对齐的,这需要将这四条指令按照程序中原始的顺序排列
好,送给解码电路进行解码,这是采用交叠(interleaving)结构的多端口存储器所必须考虑
的问题。

由于 RISC 指令比较规整,很容易找出指令中的操作码(opcode)和操作数(operand),
在解码阶段产生的流水线控制信号也会比较少,因此 RISC 处理器的解码过程一般都可以
在一个周期内完成,流水线后续阶段的处理也不会很复杂,这些原因都使 RISC 处理器的频
率比较高,这也是 RISC 所秉承的目的,即通过简化的指令集来简化硬件设计的复杂度,从
而获得更高的性能。早期的工作站很多都使用 RISC 处理器,后来由于种种原因,RISC 处
理器大多数都退到了嵌入式领域,只有 IBM 仍然在自己的服务器产品中使用 RISC 指令集
的 POWER 系列处理器,但是随着 ARM 处理器的崛起,相信 RISC 处理器在高性能处理器
领域会占据一席之地。

总体来看,在一般情况下,RISC 处理器在解码阶段完成任务可以概括为三个 what,它
们分别解释如下。

(1) What type,例如指令是算术指令,访问存储器的指令还是分支指令等;

(2) What operation,例如当指令是算术指令时进行何种算术运算,当指令是分支指令
时它的条件是什么样的,当指令是访问存储器的指令时是 load 指令还是 store 指令等;

(3) What resource,例如对于算术指令来说,源寄存器和目的寄存器是哪些,指令中是
否有立即数等。

当然,在解码阶段可能还需要得到一些其他的信息,这需要根据具体的指令集进行
分析。

6.3 特殊情况

如果指令集中的所有指令都是上述简单的 RISC 指令,那么解码阶段的任务就比较容易了,但是事实并非如此,即使在 RISC 指令集中,也存在一些"不和谐"的指令,这些指令不能够按照一般的方法进行处理,例如 ARM 指令集中的 LDM/STM 指令,需要多个周期才能够完成,而且它们的目的寄存器/源寄存器有多个,如果在超标量处理器中对它们按照普通指令对待的话,就会使映射表(mapping table)、发射队列(Issue Queue)和重排序缓存(ROB)等部件面临数量众多的端口需求,大大增加了硬件的消耗,并且降低了速度,因此在超标量处理器中不会直接处理这种复杂的 LDM/STM 指令,而是将它转化为多条简单的指令,每条简单指令就是一条普通的 load/store 指令,这样就可以按照一般的方式进行处理。其实在 Intel 的很多处理器中也是采用了这种方法,在处理器的解码阶段,将复杂的 x86 指令转化为多条简单的 RISC 指令(Intel 将其称为 uops),然后再进行处理,表 6.1 给出了在 Intel 的 P6 架构中[25],将复杂指令进行转换的一个例子。

表 6.1   在 Intel 的 P6 架构中,将 CISC 指令转换为 RISC 指令的一个例子

CISC 指令	对应的 RISC 指令	指令解释
ADD EAX, EBX	① ADD EAX, EBX	两个寄存器 EAX 和 EBX 相加,结果放到寄存器 EAX 中
ADD EAX,[EBX]	① Load tmp = [EBX] ② ADD EAX, tmp	一个寄存器 EAX 和一个 memory 中的数据[EBX]相加,结果放到寄存器 EAX 中
ADD [EAX], EBX	① Load tmp = [EAX] ② ADD tmp, EBX ③ STA EAX ④ STD tmp	一个 memory 中的数据[EBX]和一个寄存器 EAX 相加,结果再写回 memory 中

在 x86 指令集中,是允许指令中的一个操作数来自于存储器的,这也是 CISC 指令的一个特点,而且,为了便于访问存储器的指令之间进行相关性的检查(memory disambiguation),会将 store 指令拆分为 STA 和 STD 两条指令,STA 指令用来计算地址,而 STD 指令用来找到数据,这是 P6 架构对 store 指令进行处理的方法。正是由于 x86 指令集的这种复杂性,因此很难直接用流水线进行处理,这需要在解码阶段对所有的 x86 指令进行拆分,导致 x86 处理器的解码部分要远比 RISC 处理器复杂。而且,很多复杂的 x86 指令按照上述的拆分方式,可以拆分出很多条的 RISC 指令,这样就大大地增加了解码电路设计的复杂度,所以 Intel 在此处仍旧采用了折中的方式,对 x86 指令的拆分进行了限制,对于可以拆分成多于四条 uops 的 x86 指令,不使用表 6.1 所示的指令拆分方法,而是使用 ucode-ROM 来存储这些复杂 x86 指令对应的 uops,这种方式比直接使用解码电路会慢一些,但是由于这些复杂的 x86 指令使用的频率并不是很高,所以并不会带来性能的明显下降。

不管对于 CISC 指令集还是 RISC 指令集,使用比较复杂的指令可以获得更高的代码密度和更低的 I-Cache 缺失率,但是在超标量处理器中这些复杂的指令就引入了额外的很多

麻烦,需要使用更多的硬件资源才可以对它们进行处理。最初在设计这些复杂指令的时候并没有考虑到超标量的实现,例如 ARM 指令集是为了普通的标量(scalar)流水线而设计的,而 x86 指令集则诞生在编译器(compiler)很不发达的年代,需要硬件来承担更多的责任,随着时代的变迁,在指令集诞生的年代遇到的问题,到现在早已经不成问题,不管是 ARM 指令集还是 x86 指令集,面对现在的高性能应用领域,代码密度这个宝刀在现代的硅工艺面前早已经锈迹斑斑,失去了曾经的魅力,但是在向前兼容这个包袱的重压下,即使采用超标量处理器来实现 ARM 指令集或者 x86 指令集,这些复杂的指令仍旧需要被实现,否则之前的所有软件将无法在新的处理器上运行,虽然设计一个新的指令集并不是很困难,但是它意味着要抛弃之前所有的积蓄,这需要壮士断腕的勇气,Intel 曾经设计出了一个不同于 x86 指令集的新指令集 IA-64,但是遭遇惨败,好在 Intel 这样的大公司不只有一个手腕,因此即使断掉一个,仍旧能够活下来,但是留下的伤疤却是会疼的,因此当 Intel 决定进军移动市场的时候,即使知道 x86 指令集这个复杂的东西并不适合低功耗的移动领域,但是Intel 仍旧选择了在 ATOM 处理器中实现 x86 指令集,或许做出这个决定也让 Intel 犹豫了很久,但是没有人再敢承担断一只手腕的风险了。

随着移动领域飞速发展而崛起的 ARM,它的指令集中也有一些"不和谐"的东西,例如LDM/STM 这样的复杂指令、每条指令都可以条件执行、在运算之前可以对操作数进行移位的特性等。早期的 ARM 处理器只是面向性能要求不高的低功耗领域,这些复杂指令在那个时候曾经发挥了积极的作用,即可以减少底层编程人员的工作量,并且获得更高的代码密度。当移动领域的快速发展(例如高性能的智能手机)对处理器的性能要求越来越高时,ARM 处理器也逐步采用了超标量的方式来实现,而 ARM 指令集中的这些复杂指令则需要耗费更多的硅片资源来实现,导致了功耗的增大,这已经和 ARM 最初低功耗的愿景渐行渐远了。当然,相比于 x86 指令集的处理器,ARM 处理器仍然是低功耗的,这种优势其实是RISC 处理器天生的,但是在 RISC 阵营中,MIPS 有着比 ARM 更为天生的低功耗特性,因为 MIPS 指令集继承了 RISC 的更多优点,没有那么多的复杂指令,更容易实现低功耗,早期的 MIPS 处理器应用在了网络领域等性能要求比较高的地方,但是这些领域到了现代,已经被移动领域(如智能手机)远远地甩在了后面,站错队的 MIPS 处理器只能选择重新站队,但是市场留下来的未必是最优的,x86 指令集就是一个鲜活的例子,命途多舛的 MIPS 能否取得成功,还需要时间来证明。

ARM 也并不是没有意识到它的指令集的短板,在新的 64 位的 ARMv8 指令集中,LDM/STM 这样的复杂指令已经被砍掉了,而且通用寄存器的个数也变为了 32 个,也不再有指令内嵌的移位运算,条件执行也被限制在了少数的指令上,从这些改变看起来,ARM已经完全地回归了 RISC 阵营,新的 ARMv8 指令集已经完全和其他 64 位的 RISC 指令集类似了。当然,这种改变是有益处的,可以更有效率地在硅片上进行实现。但是 ARM 并没有抛弃向前兼容这个紧箍咒,仍旧在 ARMv8 中提供了一个兼容以前 32 位特性的模式,在这个模式下,ARMv8 指令集就又回到了以前的 32 位指令集,因此,除非针对 ARMv8 指令集编写新的程序,否则之前老的程序运行在 ARMv8 指令集的处理器上是不会带来任何好处的。

下面讲述如何在超标量处理器中处理这些 RISC 指令集中的复杂指令,遵循的原则和Intel 的 P6 架构是一样的,将复杂的指令拆解成普通的 RISC 指令,这部分内容在 RISC 处理器的解码电路中是比较复杂的,对解码电路的延迟也产生了很大的负面影响。

6.3.1 分支指令的处理

在之前讲过,采用 Checkpoint 的方式对分支预测失败的处理器进行状态恢复时,为了减少分支编号分配电路的复杂度,需要限制每周期进行解码的分支指令个数,例如最多只能有一条分支指令。但是,每周期从指令缓存中读取的指令中,有可能存在多条分支指令,这就需要在解码阶段处理这个情况,有很多方法都可以用来解决这个问题,这里给出一个比较简单的方法,即遇到分支指令时,就不在本周期对这条分支指令后面的指令进行解码,而是将它们放到下个周期,这个功能只需要通过改变指令缓存的读指针就可以实现,这个过程如图 6.3 所示。

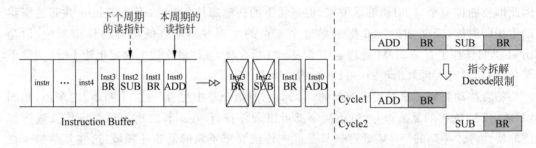

图 6.3   通过指令缓存的读指针,控制每周期可以解码的分支指令的个数

在图 6.3 中,当前周期从指令缓存中读取的四条指令依次是 ADD、BR、SUB 和 BR,按照上述的处理方式,当前周期只会对 ADD 和 BR 指令进行解码,指令缓存的读指针会增加 2;下个周期会对 SUB 和 BR 指令进行解码,指令缓存的读指针也会增加 2,通过这种方式,每周期最多可以对一条分支指令进行解码,降低了分支指令编号分配电路的复杂度。虽然这种方法会降低一些性能,但是比较容易实现,因此是一种折中的方法。

使用 Checkpoint 的方法对分支预测失败时的处理器进行状态恢复,还需要在解码阶段完成分支指令的编号分配工作,这部分内容在之前已经讲过了,此处不再赘述。

当然,如果采用基于 ROB 的方法对分支预测失败时的处理器进行状态恢复,就不再需要进行编号的分配工作了,也就不需要在解码阶段限制分支指令的个数,因此本节讲述的内容并不是超标量处理器所必需的。

在解码阶段还有一个重要的任务,就是对分支预测是否正确进行初步的检查,越早地发现错误的分支预测,引起的惩罚(penalty)也就越小,而一些直接跳转类型(PC-relative)的分支指令在解码阶段就可以计算出目标地址(PC+offset),因此可以在解码阶段对这些分支指令的目标地址是否预测正确进行检查,如果发现了预测失败,那么可以马上从正确的地址开始取指令。

当然,分支指令在解码阶段是无法得到实际方向的(除了 jump 指令,但是因为它总是跳转的,一般不会预测错误),因此在解码阶段也就无法对分支预测的方向进行检查,这需要等到后续的流水线阶段才可以完成。

6.3.2   乘累加/乘法指令的处理

一般来说,越是简单的指令,越容易在超标量处理器中实现,MIPS 指令集相比于其他商用的指令集,算是最简洁的一种了。当然,这也不能够说 MIPS 没有复杂的指令,乘法和乘累加指令就是一种特殊的指令,它的特殊之处在于指令中包括两个目的寄存器(Hi 寄存器和 Lo 寄存器),这两个寄存器并不属于通用寄存器。在超标量处理器中,需要对每条指令都进行寄存器重命名(register renaming),大致的过程是将指令的源寄存器变为对应的物理寄存器,并为指令的目的寄存器分配一个物理寄存器。由于大多数指令都只有一个目的寄存器,而这种乘法和乘累加指令却有两个目的寄存器,这种非常规的情况就为重命名电路带来了麻烦。不仅如此,如果把这条乘累加/乘法指令直接放到 ROB 中,则 ROB 需要能够存放两个目的寄存器,这种非常规的情况也增加了 ROB 的面积,而且由于大部分指令都不是乘累加类型的指令,所以 ROB 中增加的部分绝大部分时间都是没有被使用的,这样就造成了资源的浪费。

还需要注意的是,普通的寄存器重命名是针对通用寄存器进行的,而这种乘累加/乘法指令的目的寄存器 Hi 和 Lo 并不属于通用寄存器,这也需要进行处理,概括来讲,可以采用下面的两步来解决这个问题。

(1) 将寄存器 Hi 和 Lo 分配为 MIPS 处理器的第 33 和第 34 个通用寄存器,当然在指令集中是看不到这个过程的,这种分配只是在处理器内部进行,寄存器重命名过程中的映射表(mapping table)也相应地需要支持 34 个通用寄存器(实际上是 33 个,因为 MIPS 中的 R0 寄存器的值恒为 0)。

(2) 将乘法/乘累加指令拆成两条指令,不过,乘法和乘累加指令的情况是不一样的,乘法指令的操作是{Hi, Lo} = Rs×Rt,可以拆解成如下的两条指令。

```
Hi = Rs × Rt;
Lo = Rs × Rt;
```

这两条指令经过重命名并写到 ROB 之中时,会占用 ROB 的两个表项(entry),但是实际上,这两条指令只使用一个乘法器就足够了,只要这个乘法操作在流水线的执行阶段计算完毕,这两条指令就同时都完成了。

而对于乘累加类型的指令,由于其完成的操作是{Hi, Lo} = {Hi,Lo}+Rs×Rt,需要读取四个源寄存器(Rs、Rt、Hi 和 Lo),同时目的寄存器也有 Hi 和 Lo 两个,正好是两倍于普通指令(一条普通指令有两个源寄存器,一个目的寄存器),则可以将乘累加指令拆分成两条如下所示的普通指令。

```
Lo = {Hi, Lo};
Hi = Rs × Rt;
```

这两条指令初看起来,似乎不符合运算的逻辑,其实在处理器内部,被拆分的乘累加指令并不是单独去完成运算的,而是在流水线的执行阶段,仍旧以一个完整的乘累加指令来完成运算,因此指令的拆分只是更有利于进行寄存器重命名,以及便于在 ROB 中的存放,每条被拆分的指令并不是单独进行运算,从这个角度来看,被拆分的指令只需要包括两个源寄存器和一个目的寄存器就可以了。

当然,要实现上述的功能,还需要对发射队列(Issue Queue)也做特殊处理,将乘法指令和乘累加指令使用一个运算单元(Function Unit,FU),这个 FU 的发射队列和其他的有所不同,它包括四个源操作数、两个目的寄存器。在解码阶段被拆分的指令,经过寄存器重命名之后,就要写到 ROB 和发射队列中(这个阶段就是 Dispatch),此时写到 ROB 中仍旧是以两条指令的方式写入,占据 ROB 中两个连续的空间;而写发射队列的时候,则将两条指令进行了融合,这两条指令在发射队列中又变为了一条完整的乘累加或乘法指令,这样就能够保证 FU 在执行的时候,能够执行一个完整的乘累加或者乘法指令。

在 4-way 的超标量处理器中,每周期可以对四条指令进行解码和寄存器重命名,但是,如果在一个周期内解码的四条指令中包括乘法或乘累加指令的话,会导致解码出的指令多于四条,那么仍旧会给后面的寄存器重命名带来麻烦。最坏情况下,如果一个周期内解码的四条指令都是乘累加类型的指令,那么会解码出八条指令,但是这种情况是很少见的,寄存器重命名不可能设计成每周期可以对八条指令进行操作,这样很不划算,为极少出现的情况而浪费大量的硬件面积,这个问题可以采用下面的两种方法来解决。

方法一:在解码阶段和寄存器重命名阶段之间加入一个缓存,用它来替代流水线寄存器,暂存解码阶段产生的指令信息,这样即使在解码阶段得到了八条指令也没关系,只需要将它们写入到这个缓存就可以了,在寄存器重命名阶段,每周期从这个缓存中读取指令进行重命名即可。但是,由于指令经过解码之后会得到很多的信息,例如流水线的控制信号等,导致这个缓存需要的位宽会很大,在一定程度上增加了硬件的面积。

方法二:限制每周期可以解码的指令个数,一旦在解码阶段发现乘累加指令,例如 MADD 指令,那么只有 MADD1 指令及其之前的指令可以进行解码,MADD2 及其之后的指令需要等到下个周期才可以进行解码(MADD1 和 MADD2 表示 MADD 指令被拆分成的两条指令),这样就可以保证,不管 MADD 指令处于四条指令的哪个位置,最后进行解码的指令个数总是不大于四条的,这个过程可以用图 6.4 来表示。

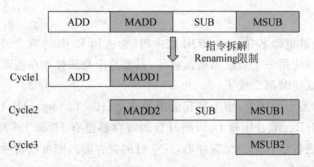

图 6.4 指令拆分

在图 6.4 所示的例子中,解码阶段遇到第一条 MADD 指令时,在第一个周期(cycle1),只有 ADD 和 MADD1 指令进行解码;在第二个周期(cycle2),MADD2 指令会占用原来 MADD 指令的位置,继续进行解码,同时在这个周期又遇到了一条新的乘累加类型的指令 MSUB(乘累减指令),因此在第二个周期(cycle2),只有 MADD2、SUB 和 MSUB1 指令进行解码;在不考虑后续指令的情况下,在第三个周期(cycle3),只有 MSUB2 指令进行解码。总结起来就是,如果要进行解码的指令中包括 n 条乘累加类型的指令,那么最后需要 $n+1$ 个周期才可以完成整个解码的过程,这样的做法肯定会降低处理器的性能,但是考虑到乘累加类型的指令使用的频率并不高,而且这种方法易于实现,所以是一种可以接受的折中方法。

6.3.3 前/后变址指令的处理

在前文讲过，ARM 指令集中还有一种前/后变址（pre-index/post-index）的寻址方式，能够在一条指令中完成两个任务，这种指令在普通的流水线处理器中是容易实现的，但是在超标量实现时，会带来额外的麻烦，例如对于 ARM 指令集中的一条 load 指令。

```
LDR R2, [R1, #4]! ; Load R2 from MEM[R1+4], then R1 = R1 + 4
```

上面的一条指令执行了两个操作，即从存储器中将地址[R1+4]中的数据放到寄存器 R2 中，并且把用作地址的寄存器 R1 更新为 R1+4 的值。此时的目的寄存器不只是存放结果数据的寄存器 R2，用来存放地址的寄存器 R1 也是目的寄存器，需要在 load 指令执行完的时候改变寄存器 R1 的值，这样就相当于 load 指令有两个目的寄存器，而两个目的寄存器会给寄存器重命名以及后续的过程（例如唤醒）带来麻烦，因此在超标量处理器实现时，仍旧会在处理器内部将这个复杂的 load 指令拆成两条普通的指令。

(1) 一条普通的 load 指令"LDR R2, [R1, #4]"，用来实现 load 数据的功能；

(2) 一条加法指令"R1 = R1 + 4"，用来改变地址寄存器。

这个拆分的过程是在解码阶段完成的，对于一个 4-way 的超标量处理器来说，经过拆分之后，会导致在解码阶段得到的指令个数多于四条，其实这个问题的处理方式和 6.2.2 节对乘累加指令的处理方式是一样的，可以将解码之后的指令存储于缓存中，也可以对解码阶段的指令进行限制。在超标量处理器内部，不会对这些特殊的情况使用额外的硬件，这样是得不偿失的，因此在 ARM 指令集中，即使这种前/后变址的寻址方式在一条指令内完成了两个任务，在超标量处理器内部使用这种拆分指令的处理方法后，其实和 MIPS 指令集的执行效率是一样的，因此 MIPS 指令集的这种简单的 load/store 指令，在超标量处理器中的执行效率是很高的。但是 ARM 这种实现方式也有一个优势，即由于 ARM 的一条指令需要 MIPS 的两条指令才能够完成，所以实现同样的功能，ARM 处理器占用更少的指令存储器空间，这会使 ARM 处理器的 I-Cache 缺失率低于 MIPS 处理器，这是一个优势；但是 ARM 需要在处理器内部使用硬件将指令进行拆分，这需要占用更多的硅片面积，也导致了功耗的增大，因此在超标量处理器的世界中，没有办法笼统地说哪种指令集更好一些，其实 ARM 的这种指令集更带有 CISC 的风格，在一条指令中做了很多事情，将复杂度从软件转移到了处理器硬件上面。而 MIPS 是一个坚定的 RISC 主义者，从上面指令集的对比可以很明显地感受到这一点，但是只从这一点来说，在超标量处理器的世界中，MIPS 处理器可以比 ARM 处理器使用更少的硅片面积和更低的功耗。不过，决定一个处理器面积和功耗的因素还有很多，例如微架构（microarchitecture）、EDA 工具和工艺等，并不能只从一方面来得出孰优孰劣的结论，但是从市场的追捧程度来看，ARM 处理器是占据绝对优势的。

6.3.4 LDM/STM 指令的处理

在 ARM 的指令集中，还有一种很特殊的指令——LDM/STM 指令，它的指令格式如下。

```
LDM/STM <Rn>{!}, <register_list>
```

STM 指令可以将多个寄存器的内容保存在存储器中的一片连续空间内，LDM 指令可

以将存储器中一片连续地址空间上的数据加载到多个寄存器中，很显然，这是一种带有
CISC 风格的指令，在超标量处理器中，很难按照常规的方式直接进行处理，因此仍旧需要将
它们拆成多条普通的 load/store 指令。举例来说，有这样一条 LDM 指令。

```
LDM R5!,{R0 ～ R3}
```

这条指令将存储器中四个地址的数据 memory[R5]、memory[R5+4]、memory[R5+
8]和 memory[R5+12]读取到寄存器 R0、R1、R2 和 R3 中，并将作为地址的寄存器 R5 更新
为新的值 R5+12，因此这条指令相当于完成了五个任务，这条指令在超标量处理器的解码
阶段会被拆成四条普通的 load 指令和一条普通的加法指令，如图 6.5 所示。

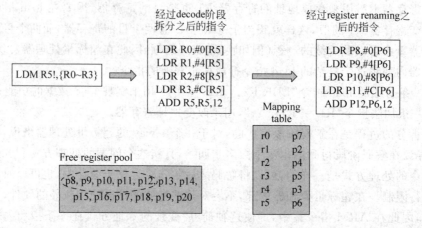

图 6.5　在超标量处理器中，对 LDM/STM 这样的指令也需要进行拆分

在超标量处理器中经过如图 6.5 所示的指令拆分，LDM 指令仍旧需要多个周期才可以
完成，而且这种拆分的过程需要消耗一些逻辑电路，并对处理器的周期时间产生了负面的影
响。图 6.5 中 LDM 指令中的{R0～R3}在 ARM 指令集中称为寄存器列表（register_list，简
称为 reg_list），使用指令编码中的 Bit[15:0]来表示，这 16 位的信号正好对应着 ARM 指令
集中定义的 16 个通用寄存器，在对 LDM/STM 指令进行拆分时，例如每周期可以拆分出两
条 load/store 指令，则需要从 16 位的寄存器列表的最低位开始找出两个 1，它们对应的两个
通用寄存器会应用到被拆分的 load/store 指令中，为什么需要从寄存器列表的最低位开始，
顺序进行查找呢？这是因为在 LDM/STM 指令中，寄存器按照编号从小到大的顺序和存储
器中一片连续的地址空间对应，因此必须按照顺序找到寄存器列表中的寄存器，才可以正确
的和存储器的地址相对应。那么，如何才能从 16 位的寄存器列表（reg_list）的最低位开始，
找到两个 1 呢？最容易想到的方法就是首先遍历这个 16 位的信号，找到第一个 1，这最少
需要 16 级的门延迟，然后将寄存器列表中刚刚被找到的这个信号清零，再次遍历这个 16 位
的寄存器列表，此时找到的第一个 1，就对应着原来的寄存器列表中的第二个 1 了。当然，
这又会引入最少 16 级的门延迟，对于周期时间很短的超标量处理器来说，这种做法显然是
不切实际的，需要一种更优化的方法来实现这个过程，既然直接遍历 16 位的信号会带来比
较大的延迟，那么就可以考虑将这个 16 位的信号进行分解，逐级地进行解决，这种思路如
图 6.6 所示。

对于每周期可以将 LDM/STM 指令拆分出两条 load/store 指令的设计来说，不管是找

到寄存器列表（reg_list）中的第一个 1 还是第二个 1，都可以使用图 6.6 的这种思路，下面分别进行说明。

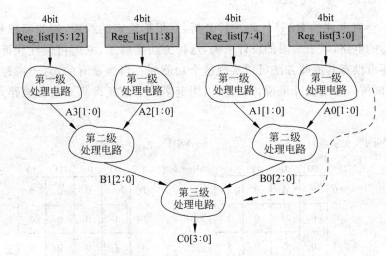

图 6.6　将 16 位的寄存器列表进行拆分，逐级进行处理

1. 找到寄存器列表中的第一个 1

因为将 16 位的寄存器列表（reg_list）拆分成了四个部分，每个部分都是四位的，首先需要对这四位的信号进行处理，这就是图 6.6 中第一级处理电路完成的任务了，每个处理电路完成的任务都是一样的。以 reg_list[3:0]为例，要从这个四位的信号中找到第一个 1 所在的位置，这个位置可以用一个两位的信号 A0[1:0]来表示，很容易看出，此时的对应关系如下。

当第一个 1 位于 reg_list[0]时，A0 [1:0]＝00；

当第一个 1 位于 reg_list[1]时，A0 [1:0]＝01；

当第一个 1 位于 reg_list[2]时，A0 [1:0]＝10；

当第一个 1 位于 reg_list[3]时，A0 [1:0]＝11。

上面的功能抽象出来，就是要从四位的信号中得到一个两位信号的结果，要实现上述的这种功能，可以有两种方法，第一种是直接使用 RTL 代码来描述出上面的这种关系，然后依靠综合工具来将其转换成合适的电路，在 RTL 代码中可以列举四位信号的各种取值情况，并给出每种情况时的输出值，如下所示。

```
casez(reg_list[3:0])
  4'b???1: A0 [1:0] = 00;   //第一个 1 在 bit0
  4'b??10: A0 [1:0] = 01;   //第一个 1 在 bit1
  4'b?100: A0 [1:0] = 10;   //第一个 1 在 bit2
  4'b1000: A0 [1:0] = 11;   //第一个 1 在 bit3
  default : A0 [1:0] = xx;  //不存在第一个 1
endcase
```

当然，仅有上述的功能是不完备的，因为它无法表达出"reg_list[3:0]中不存在第一个 1"这种情况，此时还需要使用另外一个信号，来表示 reg_list[3:0]中是否存在第一个 1，这个信号用 A0_valid 来表示，只要 reg_list[3:0]中的某一位是 1，那么 A0_valid 就会有效，这可以用下面的 RTL 代码来表示。

```
assign A0_valid = ( |reg_list[3:0] );
```

综合工具会对上述的 RTL 代码进行分析,并根据给定的约束,例如面积和速度,将其转换为最合适的电路,对于一般的设计来说,这种方法足够了,它的可读性和可维护性都比较好,那么,还有没有其他的方法可以实现这个功能呢? 当然是有的,对于这种输入是四位信号、输出是两位信号的设计来说,其实可以用卡诺图来直接得到对应的电路,它的设计如图 6.7 所示。

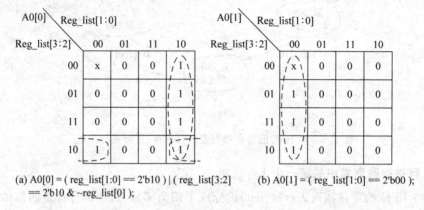

(a) A0[0] = (reg_list[1:0] == 2'b10) | (reg_list[3:2]
== 2'b10 & ~reg_list[0]);

(b) A0[1] = (reg_list[1:0] == 2'b00);

图 6.7   使用卡诺图找出寄存器列表 reg_list[3:0]中第一个 1 的位置

在图 6.7 中,根据 reg_list[3:0]各种取值时 A0[1:0]的值来画出卡诺图,然后对其进行化简,可以直接得到 A0[1:0]的表达式,这样得到的结果是最精简的,减少了对综合工具的依赖。不过需要注意的是,当 reg_list[3:0] = 4'b0000 时,不存在第一个 1,此时会使 A0_valid 这个信号为 0,而并不关心 A0[1:0]的值是多少,因此在上述的卡诺图中,reg_list[3:0] = 4'b0000 对应的内容是 x,这样便于对卡诺图进行化简。

上述的两种方法(使用 RTL 描述和使用卡诺图)都可以从 reg_list[3:0]中找到第一个 1 所在的位置。同理,对于 reg_list[7:4]、reg_list[11:8]、reg_list[15:12]都可以采用这两种方法,分别找出第一个 1 所在的位置,分别用 A1[1:0]、A2[1:0]和 A3[1:0]来表示,相应的,是否存在第一个 1 的标志信号分别用 A1_valid、A2_valid 和 A3_valid 来表示,这就是第一级处理电路完成的全部任务了。

在第二级处理电路中,会对 reg_list[15:8]和 reg_list[7:0]这两个信号进行分析,分别找出第一个 1 所在的位置,这可以使用三位的信号 B0[2:0]和 B1[2:0]来表示,这个处理电路的输入信号来自于第一级处理电路得到的信号。以 reg_list[7:0]为例,它的输入信号是 A0[1:0]、A0_valid、A1[1:0]和 A1_valid,需要根据这四个信号,找出 reg_list[7:0]中第一个 1 所在的位置,用 B0[2:0]来表示,这个功能该如何进行实现呢?

由于需要从低位开始,找出 reg_list[7:0]中第一个 1 所在的位置,所以,当 reg_list[3:0]中存在 1 时,就需要使用它的结果,否则就会使用 reg_list[7:4]所产生的结果,这个功能可以使用下述的 RTL 代码来表示。

```
assign  B0[2:0] = A0_valid ?  { 1'b0, A0[1:0]}  :  { 1'b1, A1[1:0] };
```

当然,仅有 B0[2:0]这个信号是不完备的,还需要一个信号来表示 reg_list[7:0]中是否存在第一个 1,这个信号称为 B0_valid,只要 reg_list[7:4]和 reg_list[3:0]中的任意一个存在 1,那么这个信号就会为 1,这可以用下述的 RTL 代码来描述。

```
assign  B0_valid = A0_valid | A1_valid;
```

使用上述的 RTL 代码,就可以找出 reg_list[7:0]中第一个 1 所在的位置,对于 reg_list[15:8]也可以采用这种方法,找出第一个 1 所在的位置,以及是否存在 1,这可以用 B1[2:0]和 B1_valid 来表示,这就是第二级处理电路完成的工作了。

第三级处理电路会对 reg_list[15:0]进行分析,它的工作过程和第二级处理电路是类似的,通过对输入信号(B0[2:0]、B1[2:0]、B0_valid 和 B1_valid)进行分析,找出第一个 1 所在的位置,以及是否存在第一个 1,这可以用 C0[3:0]和 C0_valid 来表示,由于需要从最低位开始查找,找出第一个 1 所在的位置,因此当 reg_list[7:0]中存在 1 时,使用它的结果,否则就是使用 reg_list[15:8]的结果,这可以使用下面的 RTL 代码来描述。

```
assign  C0[3:0] = B0_valid ? { 1'b0, B0[2:0] }  :  { 1'b1, B1[2:0] };
```

当然,还需要一个信号来表示 reg_list[15:0]中是否存在第一个 1,这个信号称为 C0_valid,只要 reg_list[15:8]和 reg_list[7:0]中的任意一个存在 1,那么这个信号就会为 1,这可以用下面的 RTL 代码来表示。

```
assign C0_valid = B0_valid | B1_valid;
```

到目前为止,通过三级处理电路,就找到了寄存器列表(reg_list[15:0])中的第一个 1 所在的位置(C0_valid 和 C0[3:0]),这种方法可以继续扩展,对寄存器列表中的第二个 1 进行查找,这就是下面的内容。

2. 找到寄存器列表中的第二个 1

相对来说,要从寄存器列表中找到第一个 1 所在的位置,不管是用 RTL 代码来描述,还是用卡诺图来实现,都是比较容易的。但是,要找到第二个 1 所在的位置,似乎不是一件很直接的事情,它需要和查找第一个 1 的电路并行工作,这样才能够使处理器获得比较小的周期时间,那么,该如何实现这个功能呢? 很显然,直接对 16 位的寄存器列表进行查找是不可能的,这样会引入过大的延迟,此处仍旧需要使用上面讲述的方法,将 16 位的寄存器列表进行拆分,然后逐级地得到结果,这样可以缩短所需要的时间,并且降低设计的复杂度。

和上面一样,仍旧采用三级处理电路的设计方法,第一级处理器电路对 reg_list[15:12]、reg_list[11:8]、reg_list[7:4]和 reg_list[3:0]分别处理,以 reg_list[3:0]为例,要在这个四位的信号中找到第二个 1 所在的位置,可以使用 RTL 来列举 reg_list[3:0]的各种取值情况,然后给出在每种情况下,第二个 1 所在的位置,用信号 D0[1:0]来表示,并且还需要使用一个信号 D0_valid 来表示在 reg_list[3:0]中是否存在第二个 1,这段 RTL 代码如下所示。

```
case ( reg_list[3:0] )
4'b0000 : begin
D0[1:0] = 2'bxx;
    D0_valid = 1'b0;
```

```
      end
  4'b0001: begin
  D0[1:0] = 2'bxx;
      D0_valid = 1'b0;
  end
  4'b0010 : begin
  D0[1:0] = 2'bxx;
      D0_valid = 1'b0;
  end
  4'b0011: begin
  D0[1:0] = 2'b01;
      D0_valid = 1'b1;
  end
  …
  4'b1100: begin
  D0[1:0] = 2'b11
      D0_valid = 1'b1;
  end
  4'b1101 : begin
  D0[1:0] = 2'b10;
      D0_valid = 1'b1
  end
  4'b1110: begin
  D0[1:0] = 2'b10;
      D0_valid = 1'b1;
  end
  4'b1111 : begin
  D0[1:0] = 2'b01;
      D0_valid = 1'b1;
  end
  default: begin
  D0[1:0] = 2'bxx;
      D0_valid = 1'b0;
  end
  endcase
```

综合工具会根据给定的约束,将上述行为级的 RTL 代码变为合适的电路,这种方法的可读性和可移植性都比较好,当然对于综合工具的依赖性也是比较强的(事实上,这种方法正是现代的数字电路设计的一个缩影)。其实,对于这种输入和输出有着固定对应关系的设计,可以直接使用卡诺图来得到所需要的电路,如图 6.8 所示。

在图 6.8 中,仍旧是根据 reg_list[3:0]各种取值时 D0[1:0]的值来画出卡诺图,然后对其进行化简,可以直接得到 D0[1:0]的表达式,这样得到的结果是最精简的,减少了对综合工具的依赖。不过需要注意的是,当 reg_list[3:0]中不存在第二个 1 时,此时会使 D0_valid 这个信号为 0,而并不关心 D0[1:0]的值是多少,因此在图 6.8 中,将此时 D0[1:0]的值写成了 x,这样便于对卡诺图进行化简。

上述的两种方法(使用 RTL 描述和使用卡诺图)都可以从 reg_list[3:0]中找到第二个 1 所在的位置,同理,对于 reg_list[7:4]、reg_list[11:8]、reg_list[15:12]都可以采用这两种方法,分别找出第二个 1 所在的位置,分别用 D1[1:0]、D2[1:0]和 D3[1:0]来表示,相应的,

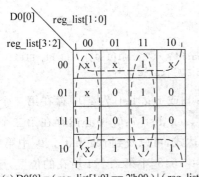

(a) D0[0] = (reg_list[1:0] == 2'b00) | (reg_list[1:0]
== 2'b11) | ~reg_list[2] ;

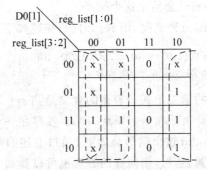

(b) D0[1] = ~reg_list[1] | ~reg_list[0] ; 或者
D0[1] = ~(reg_list[1:0] == 2'b11);

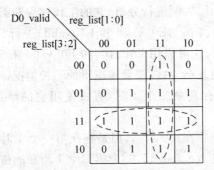

(c) D0_valid = (reg_list[1:0]==2'b11) | (reg_list[3:2]==2'b11)
| ~(reg_list[1:0]==2'b00 | reg_list[3:2]==2'b00);

图 6.8 使用卡诺图来找到 reg_list[3:0] 中第二个 1 的位置

是否存在第二个 1 的标志信号分别用 D1_valid、D2_valid 和 D3_valid 来表示,这就是第一级处理电路完成的全部任务了。

在第二级处理电路中,会对 reg_list[15:8] 和 reg_list[7:0] 这两个信号进行分析,分别找出第二个 1 所在的位置,这可以使用三位的信号 E0[2:0] 和 E1[2:0] 来表示,这个处理电路的输入信号来自于第一级处理电路得到的信号,以 reg_list[7:0] 为例,它的输入信号是 D0[1:0]、D0_valid、D1[1:0] 和 D1_valid,需要根据这四个信号,找出 reg_list[7:0] 中的第二个 1 所在的位置,用 E0[2:0] 来表示,并且使用信号 E0_valid 来表示 reg_list[7:0] 中是否存在第二个 1,相比于之前查找第一个 1 所在的位置,这个功能实现起来要稍微复杂一些,需要考虑下面三种情况。

情况 1:当 reg_list[3:0] 中存在第二个 1 时,直接使用它的结果(即 D0[1:0])就可以了;

情况 2:当 reg_list[3:0] 中不存在第二个 1,但是存在一个 1 时,reg_list[7:4] 中的第一个 1,就是 reg_list[7:0] 中的第二个 1 了,也就是说,需要使用 reg_list[7:4] 中的第一个 1 所在的位置作为结果(即 A1[1:0]),如果在 reg_list[7:4] 中不存在 1 的话,这也没有关系,因为信号 E0_valid 会给出这个结果;

情况 3:当 reg_list[3:0] 中不存在 1 时,reg_list[7:4] 中的第二个 1 所在的位置就是需要的结果(即 D1[1:0]),如果在 reg_list[7:4] 中不存在第二个 1 的话,这也没有关系,因为信号 E0_valid 会给出这个结果。

上面的三种情况，用 RTL 代码描述如下。

```
assign E0[2:0] = D0_valid ? {1'b0, D0[1:0]} : ( A0_valid ? {1'b1, A1[1:0]} : {1'b1, D1[1:0]} );
assign E0_valid = D0_valid | D1_valid | ( A0_valid & A1_valid );
```

上面的第二个式子表达的含义是当 reg_list[3:0] 或 reg_list[7:4] 中存在第二个 1，或者 reg_list[7:4] 和 reg_list[3:0] 中各存在一个 1 时，reg_list[7:0] 中必然存在第二个 1，也就是 E0_valid 这个信号会为 1。通过上述的两个表达式，可以找到 reg_list[7:0] 中第二个 1 所在的位置，当然，用同样的方法也可以找到 reg_list[15:8] 中第二个 1 所在的位置，用信号 E1[1:0] 表示，并且用信号 E1_valid 来表示 reg_list[15:8] 中是否存在第二个 1，这就是第二级处理电路完成的工作了。

第三级处理电路会对 reg_list[15:0] 进行分析，它的工作过程和第二级处理电路是类似的，通过对输入信号（E0[2:0]、E1[2:0]、E0_valid 和 E1_valid）进行分析，找出第二个 1 所在的位置，以及是否存在第二个 1，这可以用 F0[3:0] 和 F0_valid 来表示，相比于找出第一个 1 所在的位置，这部分功能要更复杂一些，需要考虑下面三种情况。

情况 1：当 reg_list[7:0] 中存在第二个 1 时，直接使用它的结果（即 E0[2:0]）就可以了；

情况 2：当 reg_list[7:0] 中不存在第二个 1，但是存在第一个 1 时，此时的 reg_list[15:8] 中的第一个 1 所在的位置，就是 reg_list[15:0] 中第二个 1 所在的位置了，也就是说，需要使用 reg_list[15:8] 中第一个 1 所在的位置（即 B1[2:0]）作为结果，如果在 reg_list[15:8] 中不存在 1 的话，这也没有关系，因为信号 F0_valid 会给出这个结果；

情况 3：当 reg_list[7:0] 中不存在 1 时，reg_list[15:8] 中的第二个 1 所在的位置就是需要的结果（即 E1[2:0]），如果在 reg_list[15:0] 中不存在第二个 1 的话，这也没有关系，因为信号 F0_valid 会给出这个结果。

上面的三种情况，用 RTL 代码描述如下。

```
assign F0[3:0] = E0_valid ? {1'b0, E0[2:0]} :
                 ( B0_valid ? {1'b1, B1[2:0]} : {1'b1, E1[2:0]} );
assign F0_valid = E0_valid | E1_valid | ( B0_valid & B1_valid );
```

上面的第二个式子表达的含义是当 reg_list[7:0] 或 reg_list[15:8] 中存在第二个 1，或者 reg_list[7:0] 和 reg_list[15:8] 中各存在一个 1 时，reg_list[15:0] 中必然存在第二个 1，也就是 F0_valid 这个信号会为 1。通过上述的两个表达式，可以找到 reg_list[15:0] 中的第二个 1 所在的位置，这就是第三级处理电路完成的工作了。

通过上面介绍的方法，可以同时找到寄存器列表中的第一个 1 和第二个 1 所在的位置，避免了将它们串行进行处理，使处理器的速度不至于降低，当需要找出寄存器列表中的第三个 1 和第四个 1 时，仍旧可以使用这种方法，只不过复杂度会更高一些。

在 ARMv7 以及更高版本的指令集体系中，对 LDM 指令还有一个限制，那就是 LDM 指令中的地址寄存器（Rn）最好不能够存在于寄存器列表（register_list）中[12]，举例来说，不推荐把指令写成下面的样子。

```
LDM R2,{R1 - R4}
```

按照 LDM 指令设计的本意,是将存储器中一片连续地址上的数据放到多个寄存器中,但是在上面的这条指令中,当地址[R2+4]上的数据放到寄存器 R2 中之后,用来作为地址的寄存器 R2 就发生了变化,此时就会从这片新的存储器地址开始取数据,这种情况会让人费解,因此在 ARMv7 及其更高的版本指令集体系中,并不推荐这种写法,在 ARM Cortex A9 处理器中,这种地址寄存器(Rn)存在于寄存器列表中的 LDM 指令将不会被执行。

从上面的描述可以看到,越是复杂的指令集,在超标量实现时越会遇到各种的困难,在 RISC 处理器中,相比于 MIPS 指令集,ARM 指令集的复杂性使 ARM 处理器需要耗费更多的硬件资源来处理它们,而另一个极端就是 x86 指令集了,它属于 CISC 指令集,这个复杂的指令集在解码阶段需要额外消耗很多硬件资源来处理,Intel 的 P6 架构就是在解码阶段将复杂 x86 指令拆分为简单的 RISC 指令来实现较高的性能,由于 x86 指令集的复杂性,这种拆分工作并不是很容易,相应的需要消耗不菲的硬件资源,这也是 x86 处理器难以获得低功耗的原因之一。

6.3.5 条件执行指令的处理

在很多 RISC 处理器中,除了分支类型的指令,其他类型的指令也都支持条件执行,典型的例子就 ARM 处理器,每条指令的编码中,Bit[31:28]用作了条件码(condition code),用来判断当前 CPSR 寄存器中的值是否是想要的值,从而决定这条指令是否执行。ARM 处理器中,条件执行的本质就是将 CPSR 寄存器也作为一个源/目的寄存器来对待,当一条指令的执行需要改变状态寄存器 CPSR 时,CPSR 寄存器作为一个目的寄存器,而当一条指令需要条件执行时,状态寄存器 CPSR 就作为源寄存器,这个过程如图 6.9 所示。

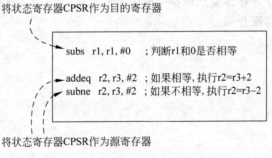

图 6.9 条件执行

总体来看,每条指令都可以条件执行的这个特征,相当于在 ARM 处理器中又额外增加了一个源寄存器和一个目的寄存器:状态寄存器 CPSR。在普通流水线的处理器中,这不会引起什么问题,因为指令都是按照程序中指定的顺序(in-order)来更新 CPSR 寄存器的内容,条件执行的指令读取当前的 CPSR 寄存器的值,肯定就会得到自己想要的值,但是到了超标量处理器中,问题就随之而来了,由于指令都是乱序(out-of-order)执行的,条件执行的指令读取到的 CPSR 寄存器的内容未必就是自己需要的,如图 6.10 所示。

图 6.10 中的例子在超标量处理器中执行的时候,如果不加以处理,那么很多情况下都会产生错误,举例来说。

情况 1:inst4 提前到 inst2 之前执行完毕并改写了 CPSR 寄存器的内容,则当 inst2 和 inst3 指令读取 CPSR 寄存器的时候,就会错误地使用 inst4 指令所产生的状态了;

情况 2：inst6 提前到 inst4 之前开始执行，此时 inst6 读取的 CPSR 寄存器的内容来自于 inst1 指令的结果，而不是程序中规定的 inst4 指令的结果。

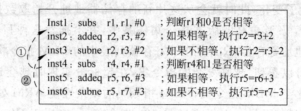

图 6.10 超标量处理器中的条件执行

从图 6.10 所示的例子可以看出，在超标量的 ARM 处理器中，需要对条件执行的情况（也就是对 CPSR 寄存器）加以处理，虽然在指令集中看起来只有一个 CPSR 寄存器，但是通过图 6.10 所示很明显地可以看出来，inst2、inst3 使用的 CPSR 寄存器不同于 inst5、inst6 使用的 CPSR 寄存器，因此当一条指令要改写 CPSR 寄存器时（如图 6.10 中的 inst1 和 inst4），使用一个新的 CPSR 寄存器来保存这条指令的状态，并给这个 CPSR 寄存器赋予一个新的名字，与之对应的条件执行指令（如图 6.10 中的 inst2 和 inst3）都会使用这个新的 CPSR 寄存器作为它们的一个源寄存器，这样在图 6.10 中 inst1 和 inst4 分别会使用一个 CPSR 寄存器，也就是需要两个 CPSR 寄存器，上述的这个过程就是对 CPSR 的寄存器重命名，通过这个方法来消除超标量 ARM 处理器中的条件执行指令所带来的问题，关于寄存器重命名的详细介绍参见第 7 章。

关于条件执行，事情还没有结束，仅仅对 CPSR 寄存器进行寄存器重命名，仍旧不能够完全解决条件执行指令在超标量处理器中所带来的问题，还需要一些额外的处理方法，这些内容将在第 9 章进行详细介绍。

第 7 章

寄存器重命名

7.1 概述

在一个程序的不同指令之间,存在很多的相关性(dependency),所谓相关性,是指一条指令的执行依赖于另外一条指令的结果,可以将相关性分为下面的几类。

(1) 数据相关性(Data Dependence),这部分内容已经在前文进行了介绍,包括以下几种。

① Output dependence,又称为先写后写(Write After Write,WAW)相关性,表示两条指令都将结果写到同一个目的寄存器中;

② Anti-dependence,又称为先读后写(Write After Read,WAR)相关性,表示一条指令的目的寄存器和它前面的某条指令的源寄存器是一样的;

③ True dependence,又称为先写后读(Read After Write,RAW)相关性,表示一条指令的源寄存器来自于它前面的某条指令计算的结果。

数据相关性是和寄存器直接相关的,只要在解码阶段得到了寄存器的名字,就可以找到这些相关性,它是本章介绍的重点。

(2) 存储器数据的相关性(Memory Data Dependence),表示访问存储器的指令(即 load 和 store 指令)之间存在的相关性,这些相关性是和访问存储器的地址相关的,也可以分为先写后写(WAW)、先读后写(WAR)和先写后读(RAW)三种类型,例如一条 load 指令的地址和它之前的一条 store 指令的地址相等,则它们之间就存在 RAW 相关性,这种相关性的解决方法将在以后的章节进行介绍。

(3) 控制相关性(Control Dependence),由于分支指令而引起的相关性,使用分支预测可以解决,在前文已经进行讲述。

(4) 结构相关性(Structure Dependence),指令必须等到处理器当中某些部件(structure)可以使用的时候才可以继续执行,例如需要等到发射队列(Issue Queue)和重排序缓存(ROB)中有空闲的空间,或者功能单元(FU)的计算资源是空闲的等。

数据相关性的三种类型 WAW、WAR 和 RAW,只有 RAW 是真的相关性,其他两种相关性都是和寄存器的名字有关的,可以通过使用不同的寄存器名字而解决,例如,图 7.1 表示了如何使用不同的寄存器名字解决 WAW 相关性。

图 7.2 表示了如何使用不同的寄存器名字解决 WAR 相关性。

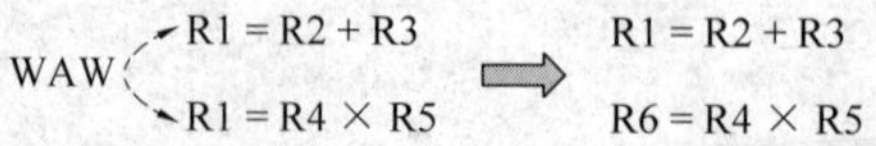

$$R1 = R2 + R3$$
$$WAW \begin{cases} R1 = R2 + R3 \\ R1 = R4 \times R5 \end{cases} \Rightarrow \begin{array}{l} R1 = R2 + R3 \\ R6 = R4 \times R5 \end{array}$$

图 7.1　通过更换寄存器来解决 WAW 相关性

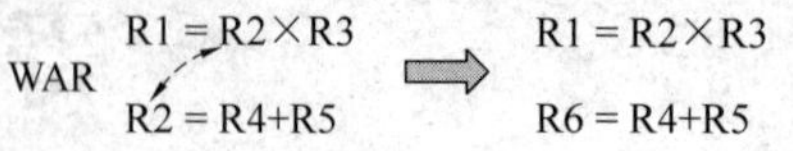

$$WAR \begin{cases} R1 = R2 \times R3 \\ R2 = R4 + R5 \end{cases} \Rightarrow \begin{array}{l} R1 = R2 \times R3 \\ R6 = R4 + R5 \end{array}$$

图 7.2　通过更换寄存器名字来解决 WAR 相关性

由上面的两种情况可以看出，通过更换寄存器的名字，就可以解决 WAW 和 WAR 相关性了，因此这两种相关性也称为假的相关性，它之所以存在，是由于下述的原因。

（1）有限个数的寄存器，导致必须在某些地方重复地使用寄存器。现在的 RISC 处理器一般都有 32 个通用寄存器，而 32 位的 x86 指令集只有 8 个通用寄存器，因此在 Intel 的处理器中很早就实现了寄存器重命名，使用更多的物理寄存器来弥补指令集上的短板。

（2）程序中的循环体(loop)，如果在一个循环体中向寄存器 R1 写入了值，那么每次循环的时候都会向 R1 中写入值，这就产生了大量的 WAW 类型的相关性，虽然可以使用拆解循环体(loop unrolling)的方法来解决这个问题，但是由于有限个数的寄存器，在循环体拆解到某一个时刻，总会有寄存器都用完的那个时候，此时出现 WAW 相关性就是不可避免的了，而且这样还会导致程序变得很大，需要占用更多的存储空间，也导致了 I-Cache 缺失率的升高。

（3）代码重用(code reuse)，例如一些很小的函数(function)，在一段时间内被频繁调用的话，那么这就和上述的循环体中的情况是一样的了，例如在函数中，向寄存器 R1 写入了值，那么如果频繁地调用这个函数，处理器中就存在大量的指令都向 R1 寄存器中写入值，即存在 WAW 相关性。虽然可以通过将函数程序嵌入到调用程序中(即 inlining)的方法来解决这个问题，但是仍旧会遇到上述的情况，寄存器会在某个时刻被用光，此时 WAW 相关性就不可避免，而且程序会变得很大，占用更多的存储空间，也导致了 I-Cache 缺失率的升高。

既然是由于有限个数的寄存器导致了上述假相关性的存在，这时候有一个很明显的解决办法，那就是增加指令集中寄存器的个数，但是这样做会导致处理器无法再兼容以前的程序，而向前兼容是处理器能够成功的一个重要条件(当然这个也是包袱，最明显的例子就是 x86 指令集)，如果增加了寄存器的数量，那么以前所有的程序都需要重新进行编译(即 recompile)，这显然是一项浩大的工程；而且，即使增加指令集中寄存器个数，也无法解决由于代码重用(code reuse)(例如循环和子程序调用)而产生的 WAW 相关性。

所以，最好的解决办法就是使用硬件管理的寄存器重命名(Register Renaming)，处理器中实际存在的寄存器个数要多于指令集中定义的通用寄存器的个数，这些在处理器内部实际存在的寄存器称为物理寄存器(Physical Register)，与之对应的，指令集中定义的寄存器称为逻辑寄存器(Logical Register，或 Architecture Register)。逻辑寄存器指的是在指令集中定义的通用寄存器，例如 MIPS 处理器定义了 R0～R31 这 32 个通用寄存器，它们就是逻辑寄存器，而物理寄存器是指经过寄存器重命名之后使用的寄存器，它才是在处理器中真正存在的寄存器，例如一个处理器中有 128 个物理寄存器，就表示程序可以真正使用的寄存器个数是 128 个,一般情况下,物理寄存器的个数要多于逻辑寄存器的个数,这样才可以使寄存器重命名得以发挥作用。

处理器在进行寄存器重命名的时候,会动态地将逻辑寄存器映射到物理寄存器,这样可以解决 WAW 和 WAR 的相关性,图 7.3 表示了使用寄存器重命名的方法来解决 WAW 和 WAR 相关性的过程。

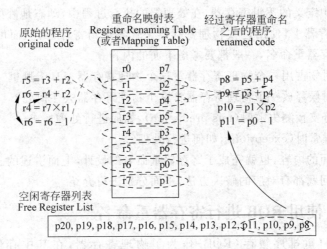

图 7.3 使用寄存器重命名解决 WAW 和 WAR 相关性

图 7.3 给出的例子中,有 r0~r7 共 8 个逻辑寄存器,有 p0~p20 共 21 个物理寄存器,在编写程序的时候(或者编译器编译的时候),会直接使用指令集中定义的逻辑寄存器,如图 7.3 中给出的原始程序,箭头表示了指令之间存在的 WAW 和 WAR 相关性,这些假的相关性制约了原始的程序可以获得的并行性,需要通过寄存器重命名的方法将它们消除掉。图 7.3 中的重命名映射表(Register Renaming Table,Intel 也将其称为 Register Alias Table,RAT)和空闲寄存器列表(Free Register List)用来完成这个过程,其中重命名映射表用来保存已经存在的映射关系,例如一个逻辑寄存器映射到了哪个物理寄存器。对于程序中的指令来说,它的源寄存器通过读取重命名映射表,就可以得到它们对应的物理寄存器了,顾名思义,重命名映射表是一个表格,它可以基于 SRAM 来实现,也可以基于 CAM 来实现;空闲寄存器列表用来记录哪些物理寄存器是空闲的,在进行寄存器重命名时,会通过这个表格来获得空闲的物理寄存器的编号。图 7.3 中的右边部分就是将原始程序经过寄存器重命名之后得到的程序,这个程序将真正地在处理器内部被执行,经过重命名之后的程序已经不存在 WAW 和 WAR 的相关性了,因此在超标量处理器中,这个程序可以获得最大的并行性,从而尽快地执行完毕。

7.2 寄存器重命名的方式

寄存器重命名(Register Renaming)只是提出了一个概念,具体的实现方式是有很多种的,这就像 ISA 只是定义了处理器的一种行为,具体如何实现是千差万别的,同样是基于 x86 指令集,Intel 和 AMD 的处理器就是截然不同的。对于寄存器重命名来说,概括起来,有三种方式都可以实现它,这三种方式分别如下。

(1) 将逻辑寄存器(Architecture Register File,ARF)扩展来实现寄存器重命名;

(2) 使用统一的物理寄存器(Physical Register File,PRF)来实现寄存器重命名;

(3) 使用 ROB 来实现寄存器重命名。

上面的三种寄存器重命名的实现方式,各有其优点和缺点,在现代的处理器中均有采用,例如 Intel 多采用第(3)种方法,而 MIPS 则采用第(2)种方法等。这三种方法的本质都是要将指令集中定义的逻辑寄存器,在处理器的执行过程中,动态地映射到处理器内部实际使用的物理寄存器上,使用这些物理寄存器来代替逻辑寄存器,从而可以增加寄存器的个数。要实现寄存器重命名,一般都要考虑下面的内容。

(1) 什么时候占用一个物理寄存器? 这个物理寄存器来自于哪里?

(2) 什么时候释放一个物理寄存器? 这个物理寄存器去往何处?

(3) 发生分支预测失败时(mis-prediction),如何进行处理?

(4) 发生异常时(exception),如何进行处理?

解决了上面的内容,也就完成了寄存器重命名的设计,上面讲述的三种寄存器重命名的方法对这几个问题都有对应的解决方法,下面分别进行介绍。

7.2.1 使用 ROB 进行寄存器重命名

这种方法将重排序缓存(ROB)作为了物理寄存器,在其中存储着所有推测状态(speculative)的结果,而使用逻辑寄存器(ARF)存储所有正确的结果,因此在使用这种方法的处理器中,有 ROB 和 ARF 两个地方都可以存储寄存器的结果。在普通流水线的标量(scalar)处理器中,其实在硬件上都有 ARF,这种方法就相当于使用 ROB 对 ARF 进行了扩展。为什么会想到使用 ROB 进行寄存器重命名呢? 这其实是一件很自然的事情,在超标量处理器中,每条指令都会将自身的信息按照程序中原始的顺序存储到 ROB 中,当一条指令将结果计算出来之后,会将其写到 ROB 中,但是由于分支预测失败(mis-prediction)和异常(exception)等原因,这些结果未必就是正确的,它们的状态被称为推测的(speculative)。在一条指令离开流水线之前(也就是退休之前),它都会一直待在 ROB 中,只有当指令变为流水线中最旧的指令,并且被验证为正确的时候,才会离开 ROB,并使用它的结果对处理器的状态进行更新,例如将结果写到 ARF 中,这种方式相当于将物理寄存器(PRF)和 ROB 集成到了一起,如图 7.4 所示。

当一条指令被写到 ROB 中一个表项(entry)的同时,这个表项在 ROB 中的编号也就成为了这条指令的目的寄存器对应的物理寄存器,这样就将一个逻辑寄存器和 ROB 中一个表项的编号建立了映射关系,完成了对一条指令的目的寄存器进行重命名的过程,所以使用这种方式可以简化寄存器重命名的过程,只要 ROB 中有空闲的空间,寄存器重命名就可以一直进行。由于一条指令在推测状态(speculative)的时候,只是将结果写到 ROB 中,所以在 ROB 中存储着所有没有离开流水线的指令结果,而逻辑寄存器(ARF)中存储着所有“最新”离开流水线的指令结果,这里使用“最新”这个词,是为了表示,如果一条指令离开了流水线,将其结果更新到 ARF 之后,又执行了另外一条指令,也使用了同样的目的寄存器(例如这两条指令都向寄存器 R1 中写入值),那么此时 ARF 中存储内容的就不是这个逻辑寄存器“最新”的值了,这需要使用重命名映射表(mapping table)来指示每个逻辑寄存器的值是位于 ROB 中还是位于 ARF 中,这个过程如图 7.5 所示。

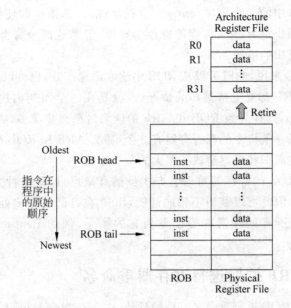

图 7.4　将 PRF 和 ROB 集成在一起,进行寄存器重命名

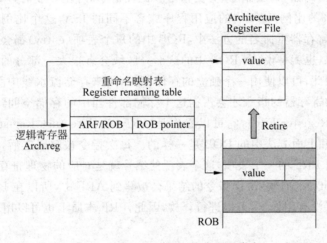

图 7.5　基于 ROB 进行寄存器重命名

在图 7.5 所示的方法中,如果一个逻辑寄存器的值还在 ROB 中,那么重命名映射表会给出这个逻辑寄存器在 ROB 中所占用表项的编号;当一条指令计算完毕,它的结果被存储到这条指令在 ROB 中对应的空间内;当这条指令要离开流水线,也就是退休(retire)的时候,它的结果会从 ROB 中搬移到 ARF 中,这个位置变动的信息也需要随之更新到重命名映射表中,这样,一个寄存器在它的生命周期内,会有两个存放的位置,这会对指令的操作数读取产生负面的影响,因此在实际的处理器当中,都会配合数据捕捉(data-capture)的发射(issue)方式,并采用 payload RAM 来存储需要的操作数,具体的内容将在后文进行介绍。

使用这种基于 ROB 进行寄存器重命名的方式,虽然便于管理,但是它也有一些缺点,主要可以概括为两个方面。

(1) 很多指令并没有目的寄存器,因此也就不需要对目的寄存器进行重命名,但是每条指令都需要占用 ROB 中的一个表项(entry),也就是说,一条指令即使没有目的寄存器,它在 ROB 中对应的表项也没有办法将物理寄存器省掉,但是这部分资源并没有被有效地利用,这样导致了硅片面积的浪费。

(2) 对于一条指令来说,它既可以从 ROB 中读取源操作数,也可以从 ARF 中读取源操作数,所以 ROB 和 ARF 都要支持最坏的情况,也就是在一个周期内执行的所有指令都需要读取 ROB(或 ARF),这样导致 ROB 和 ARF 的读端口都会非常多,例如对于 4-way 的超标量处理器来说,如果一条指令的源寄存器有 2 个,那么 ARF 和 ROB 都需要支持 $2 \times 4 = 8$ 个读端口,这对芯片的面积和延迟造成了很大的负面影响。

总体来看,基于 ROB 的寄存器重命名方式虽然有缺点,但是这种方式容易实现,相应的设计复杂度也不高,因此可以获得不错的性能,Intel 在自己的很多处理器中采用了这种方法,基于 P6 架构的所有处理器都可以见到它的影子,例如 Pentium-Pro,Pentium Ⅲ,Pentium M 等处理器。

7.2.2 将 ARF 扩展进行寄存器重命名

这种方法是基于 ROB 进行重命名方法的延伸,由于在指令的执行过程当中,很多指令并没有目的寄存器,例如 store 指令、分支指令和比较指令等,在一般的典型程序中,这些指令占据了大约 25% 的比例[8](不同的应用程序或者不同的 ISA,这个比例可能会有不同)。在使用 ROB 进行寄存器重命名的方法中,ROB 中的每个表项(entry)都会留出一个空间用来存储指令的结果,也就是说,在 ROB 中的这部分区域会有很大一部分的空间是没有被使用而浪费掉的。因此,可以使用一个独立的存储部件,用来存储流水线中所有指令的结果,只有那些存在目的寄存器的指令才会占据这个存储部件当中的存储空间,这个存储部件称为 PRF(Physical Register File),它可以看作是 ARF(Architecture Register File)的扩展。这个 PRF 的地位和上面方法中的 ROB 是一样的。每次指令被解码之后,那些存在目的寄存器的指令会占据 PRF 的一个表项,这个表项的编号就是对应的物理寄存器的编号了;每次当指令退休(retire)的时候,由于指令的结果会被写到 ARF 中,所以在 PRF 中,这条指令所占据的空间也就没有用处了,可以进行释放,因此,PRF 本质上也可以用 FIFO 来实现,这和 ROB 是一样的。

指令在进行寄存器重命名的时候,如果它存在目的寄存器,则这条指令会占据 PRF 的一个空间,指令在得到结果之后,会首先将这个结果存储到 PRF 中,等到这条指令退休(retire)的时候,才会将它的结果搬移到 ARF 中,这个过程和基于 ROB 进行重命名的方式是一样的。如果 PRF 中已经没有空间了,那么流水线中,寄存器重命名阶段之前的所有流水线都需要暂停,直到流水线中有指令离开而释放 PRF 的空间时,寄存器重命名阶段之前的流水线才可以继续执行。

这种寄存器重命名的方式也需要一个重命名映射表,在其中记录了每个逻辑寄存器的值是位于 PRF 中还是 ARF 中,一条指令在 PRF 中对应的地址需要存储到这个表格中,如图 7.6 所示。

一个逻辑寄存器的值在其生命周期内,仍然可能存在于 PRF 和 ARF 两个地方,因此仍然会对后面的指令使用这个寄存器作为源操作数的过程产生影响,事实上,只要逻辑寄存器的值发生了存储地方的变化,这种影响就是存在的。

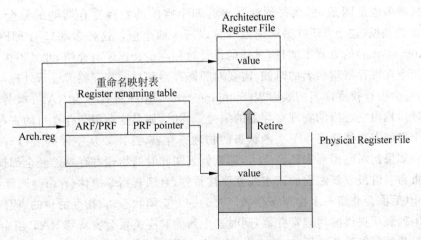

图 7.6　将 ARF 扩展进行寄存器重命名

7.2.3　使用统一的 PRF 进行寄存器重命名

在这种方法中,将上一种方法使用的 ARF 和 PRF 进行了合并,合并之后的部件称为统一的 PRF(Physical Register File),在其中存储了所有推测的(speculative)和正确的(retire)的寄存器值。很显然,这个统一的 PRF 中,物理寄存器的个数肯定要多于指令集中定义的逻辑寄存器的个数,需要注意的是,这个统一的 PRF 和上一节中的 PRF 是不同的,在这个PRF 中,没有和指令产生映射关系的寄存器都是处于空闲(free)状态,使用一个空闲列表(free list)来记录这个 PRF 中哪些寄存器处于空闲状态;当一条指令被寄存器重命名,并且它存在目的寄存器的时候,它就会占据 PRF 当中的一个寄存器,这个寄存器就处于被占用的状态,处于这个状态的寄存器会经历值没有被计算出来、值被计算出来但是没有退休(retire)、退休这三个过程,在此过程中,并不需要将寄存器的内容进行搬移,这样便于后续的指令读取操作数。这种寄存器重命名的方法也需要一个重命名映射表,用来存储每个逻辑寄存器和物理寄存器的对应关系,如图 7.7 所示。

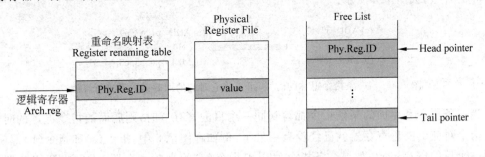

图 7.7　使用统一的 PRF 进行寄存器重命名

图 7.7 中,用来记录空闲物理寄存器的空闲列表(Free List)可以使用 FIFO 来实现,所有空闲状态的物理寄存器的编号都存储在其中,对于一个 4-way 的超标量处理器来说,由于每周期需要对四条指令进行寄存器重命名,需要这个 FIFO 每周期最多可以提供四个物理寄存器的编号,也就是每周期可以读取四个值。如果在流水线中,每周期可以退休(retire)

的指令个数最多也是四条,那么每周期最多有四个空闲的物理寄存器的编号会写到这个
FIFO 中,也就是说,这个 FIFO 每周期最多可以写入四个值。这种多端口的 FIFO 需要使
用交叠(interleaving)的方式来实现,具体的设计过程在前文已经有介绍,此处不再赘述。

　　一条指令在寄存器重命名的时候,需要对源寄存器和目的寄存器都进行处理,对于源寄
存器来说,它会去查找重命名的映射表(mapping table,Intel 将其称为 RAT,本书在后文采
用这种称呼),找出它对应的物理寄存器的编号。同时,如果这条指令存在目的寄存器的话,
需要为这个目的寄存器指定一个空闲状态的物理寄存器,这需要从空闲列表(Free List)中
进行读取。如果此时空闲列表已经空了,那么就表明此时的物理寄存器已经全部被占用,则
流水线的重命名阶段及其之前的流水线就要被暂停,直到有指令退休(retire)而释放掉物理
寄存器为止(后面会介绍一个物理寄存器何时会变为空闲状态)。指令的目的寄存器会被重
命名为空闲列表所提供的物理寄存器,同时这个新的对应关系会更新到 RAT 当中。

　　当需要从外部查看处理器的状态时,很多的物理寄存器由于处在推测(speculative)的
状态,是不能够被外部看到的,一条指令只有退休(retire)的时候,它的结果才会被外部看
到。要实现这样的功能,只使用上面所说的 RAT 就不能够满足要求了,此时还需要使用另
外一个 RAT,用来存储所有"退休"状态的指令和物理寄存器的对应关系。每当指令退休的
时候,它对应的映射关系就会写到这个 RAT 中,外界通过查询这个 RAT,就可以找到逻辑
寄存器此时对应的物理寄存器,这样避免了将内部一些可能错误的状态暴露给程序员,因此
使用这种基于统一的 PRF 进行寄存器重命名的方法,在处理器中需要使用两个 RAT 来配
合进行工作。

　　一个物理寄存器被占用之后,何时可以再次变为空闲状态呢? 很显然,当一个物理寄存
器不再被它后面的指令使用时,这个物理寄存器就可以变为空闲状态了,从理论上来讲,只
要最后一条使用这个物理寄存器的指令由于退休而顺利地离开了流水线,这个物理寄存器
就可以变为空闲状态。但是,对于一个物理寄存器来说,要识别出最后一次使用它的指令,
并不是一件很直接的事情,虽然编译器可以很容易地获得这个信息,但是当今所有的指令集
中,都没有地方能够装载这个信息来通知处理器的硬件,所以处理器可以采用一种很简单也
很保守的方法,如图 7.8 所示。

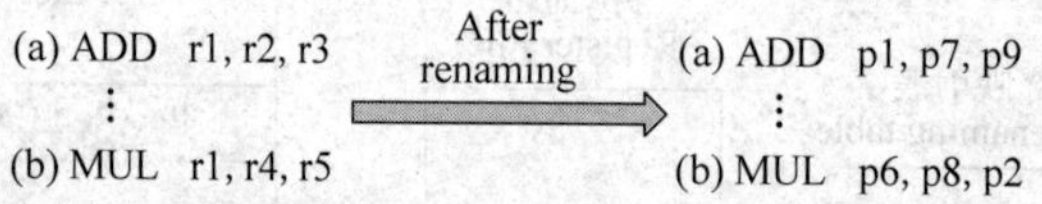

(a) ADD　r1, r2, r3 　　　After　　　(a) ADD　p1, p7, p9
⋮　　　　　　　renaming　　　⋮
(b) MUL　r1, r4, r5 　　　⟹　　　(b) MUL　p6, p8, p2

图 7.8　当一条指令退休的时候,可以将它对应的旧映射关系进行释放

　　当一条指令和后面的某条指令都写到同一个目的寄存器时,则后面的指令退休的时候,
前面指令对应的物理寄存器就已经没有用处了,例如在图 7.8 中,指令(a)和指令(b)都使用
了同一个目的寄存器 r1,如果一条指令使用了指令(a)的目的寄存器 p1 作为源寄存器,那
么这条指令必然是位于指令(a)和指令(b)之间的,当指令(b)退休的时候,肯定就可以保证
以后再也没有指令使用物理寄存器 p1 作为源寄存器了,所以物理寄存器 p1 可以变为空闲
状态,指令(b)后面的指令使用逻辑寄存器 r1 作为源寄存器的时候,肯定就会使用物理寄存
器 p6 了。也就是说,当指令(b)退休的时候,可以将物理寄存器 p1 变为空闲状态,本来对于
指令(b)来说,物理寄存器 p6 才是它的目的寄存器,p1 和它并没有关系,为了实现上述的功

能,在 ROB 中,除了记录逻辑寄存器当前对应的物理寄存器之外,还需要存储它之前对应的物理寄存器,以便于在指令退休的时候(例如指令(b)),将它对应的旧映射关系进行释放。

到目前为止,对三种寄存器重命名的方式进行了逐一的介绍,从寄存器重命名的过程来看,基于 ROB 的重命名方式是很简单的,它不需要管理哪些物理寄存器是可以使用的,在指令被写到 ROB 的时候,也就完成了寄存器重命名的过程,因此这个过程不需要复杂的控制逻辑,也就不会增加太多的硬件资源。而对于将 ARF 进行扩展的寄存器重命名方法来说,由于其中的 PRF 也是按照 FIFO 的方式进行管理,所以这个过程和基于 ROB 的方法是类似的,也相对比较简单;而使用统一的 PRF 进行寄存器重命名的方法,则需要更复杂的控制逻辑来管理重命名的过程,它需要使用一个表格(free list)来存储所有空闲的物理寄存器的编号,同时还需要两个重命名映射表(RAT)配合才可以正常进行工作,因此这种方法的设计难度是比较大的,但是,为什么还会有处理器采用这种方式呢? 因为这种寄存器重命名的方式有两个优势。

第一,寄存器的值只需要被写入一次,不需要再进行移动,而在另外两种方法中,一个寄存器的值在它的生命周期内有两个地方要存放。第一次写到 ROB 或 PRF 中,第二次写到 ARF 中,很显然两次写入需要消耗更多的能量,因此这种方法在功耗上会占据优势,尤其是对于应用在嵌入式领域的 RISC 处理器来说,这更有吸引力。

第二,在这种方法中,一条指令的源寄存器的值只能存储于一个地方,即 PRF 中,而在其他两种方法中,有两个地方都有可能存储源寄存器的值,即 ARF 和 ROB(或 PRF)。在前面说过,如果有两个地方都可以存储寄存器的值,那么当一条指令的目的寄存器的值从 ROB(或者 PRF)中搬移到 ARF 中的时候(即这条指令退休的时候),需要将这个信息通知给流水线中所有将这个寄存器作为操作数的指令,这样肯定增加了连线的数量,也会使功耗有所增大,并且增加了设计的复杂度。

正因为基于统一的 PRF 进行重命名的方式有上述的优势,现代的很多处理器,例如 MIPS R10000、Alpha 21264 和 Pentium 4 等处理器,都采用了这种方法进行寄存器重命名。

7.3 重命名映射表

在上面讲述的三种寄存器重命名方式中,都使用了重命名映射表(mapping table,在后文中简称为 RAT),用它来记录逻辑寄存器和物理寄存器之间的映射关系,指令在进行寄存器重命名的时候,它的源寄存器会通过查找 RAT 而得到其对应的物理寄存器的编号,而指令的目的寄存器也会对应到一个新的物理寄存器,这个映射关系会被写到 RAT 中,供以后的指令使用。顾名思义,RAT 是一个表格,使用逻辑寄存器作为地址来进行寻址,对于指令的源寄存器来说,可以从这个表格得到对应的物理寄存器的编号;对指令的目的寄存器来说,会将物理寄存器的编号写到这个表格中。这个表格在具体的物理实现层面上,主要有两种方式,一是基于 SRAM(SRAM-Based RAT,sRAT),二是基于 CAM(CAM-Based RAT,cRAT),这两种方式如图 7.9 所示。

在图 7.9 中,逻辑寄存器有 32 个(R0~R31),需要使用 5 位来表示;物理寄存器有 64 个(P0~P63),需要使用 6 位来表示。基于 SRAM 的重命名映射表(在后文简称为 sRAT)

使用 SRAM(或者直接使用寄存器)作为表格的载体,考虑到每条指令的多个源寄存器和目的寄存器都可以在一个周期内寻址它,因此需要使用多端口的 SRAM(或者寄存器)。这个表格使用逻辑寄存器的编号对其进行寻址,因此在这个表格中,表项(entry)的个数等于逻辑寄存器的个数,即 32 个,每个表项中存放着对应的物理寄存器的编号,因此这个 sRAT 占据的存储空间是 32×6bits=192bits,如图 7.9(a)所示为这种设计的示意图。

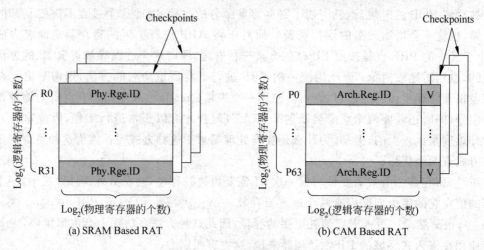

图 7.9　RAT 的两种物理实现方法

基于 CAM 的重命名映射表(在后文简称为 cRAT)虽然也是使用逻辑寄存器的编号进行寻址,但是这个表格的载体使用了内容寻址的存储器(即 CAM),其大小等于物理寄存器的个数,在每个表项中都存放了逻辑寄存器的编号。在对这个表格进行寻址时,虽然也是使用逻辑寄存器的编号,但是它会和每个表项中存放的逻辑寄存器的编号进行比较,如果一个表项中存在有效的映射(v 有效),并且比较结果也相等,则这个表项在 cRAT 中的地址就是对应的物理寄存器的编号了,这种方式使用了 CAM 作为表格的载体,占用的存储空间是 64×5bits=320bits,如图 7.9(b)所示为这种设计的示意图。

由于 SRAM 的访问速度要快于 CAM,而且基于 SRAM 的重命名映射表更节省存储器资源,毕竟这个表格的容量等于逻辑寄存器的个数,这个数量一般不大(32 位的处理器一般有 16～32 个逻辑寄存器),也不会随着处理器性能的提高而显著变大,所以,上述两种方法相比较之下,基于 SRAM 的重命名映射表由于占用面积小、速度快且功耗低,这种优势随着硬件复杂度的上升变得更加明显,因为在提升处理器性能的同时,需要随之增加物理寄存器的个数,当物理寄存器的个数比较多时,sRAT 和 cRAT 这两种方法的区别就很明显了。例如,对于 4-way 的超标量处理器来说,当它的物理寄存器的个数为 128 个时,和访问 cRAT 相比,访问 sRAT 会节省 33%的功耗,速度也会快 12.1%;而当物理寄存器的个数增长为 512 个时,差距就变成了节省 416%的功耗,速度快 34.6%[26]。

但是在现实世界的处理器中,仍然存在一些处理器在使用基于 CAM 的重命名映射表,这是为什么呢? 在这种方式中,对 cRAT 进行 Checkpoint 只需要保存状态位(即图 7.9 中的 V,实际当中还有其他的一些状态位),而不需要将整个 cRAT 进行保存,这样就大大减少了 Checkpoint 电路的面积,因此较之 sRAT,cRAT 并不会随着 Checkpoint 个数的增加而引起复杂度和面积的显著增加。当 Checkpoint 的个数超过一定的值时,cRAT 就有优势

了,而对于现代的处理器来说,更深的流水线和更高的执行并行度都会导致需要更多的
Checkpoint,所以 cRAT 在此种情况下是一个很好的选择,例如 IBM 的 POWER 系列处理
器均采用了基于 CAM 的重命名映射表,POWER 系列处理被用于 IBM 的服务器当中。

本节对这两种重命名映射表的实现方式进行说明,这两种方式在现代的处理器中都有
使用,在具体的设计中采用哪种方式,需要根据处理器的功耗、面积和性能方面的要求,综合
考虑之后才可以决定。

7.3.1　基于 SRAM 的重命名映射表

在基于 SRAM 的重命名映射表(sRAT)中,表项(entry)的个数等于处理器中逻辑寄存
器的个数,使用逻辑寄存器的编号作为地址对 sRAT 进行寻址,对于每个逻辑寄存器来说,
在 sRAT 中只有一个表项与之对应。也就是在任意时刻,每个逻辑寄存器都只有一个物理
寄存器与之对应,这个对应关系不需要任何的标志位。当需要对分支指令的状态进行
Checkpoint 保存时,需要将整个 sRAT 都保存起来,因此这种方法的每个 Checkpoint 会占
用大量的面积,正是由于这种限制,不可能将 Checkpoint 的个数做得很多,例如 MIPS
R10000 处理器中[27][28],就使用了这种基于 SRAM 的重命名映射表,只对分支指令使用了
四个 Checkpoint,也就是最多允许四条分支指令存在于流水线中,图 7.10 所示为 sRAT 的
示意图。

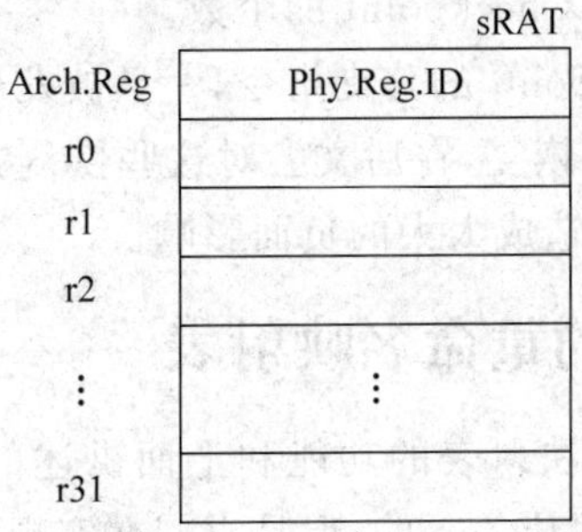

图 7.10　基于 SRAM 的重命名映射表的示意图

对于 4-way 的超标量处理器来说,每周期最多需要对四条指令进行寄存器重命名,也就
是 sRAT 需要支持 8 个读端口和 4 个写端口(假设每条指令包括 2 个源寄存器和 1 个目的
寄存器),每条指令的源寄存器都需要查找这个表格,得到对应的物理寄存器的编号,这需要
使用 8 个读端口;每条指令的目的寄存器都需要找到一个空闲的物理寄存器,将它的编号
写到表格中,这样就需要使用 4 个写端口;为了指示哪些物理寄存器是空闲状态的,还需要
使用一个表格(free list)来进行记录;新写入到 sRAT 的值会覆盖掉原来旧的对应关系,如
果不将这个旧的对应关系记录下来,那么这个信息就永远地丢失了,这样当然是不可以的,
原因有二。

(1) 在之前说过,一条指令在退休(retire)的时候,会将它之前对应的物理寄存器变为
空闲状态,因此在一个物理寄存器的编号写入到 sRAT 之前,需要将被覆盖的信息保存起
来,什么地方可以保存这个信息? 其实在 ROB 中就可以,在其中记录了逻辑寄存器对应的
新旧物理寄存器,关于 ROB 在后文会详细介绍。

(2) 当一条指令之前存在异常(exception)或者分支预测失败(mis-prediction)的指令

时,这条指令需要从流水线中被抹掉,同时这条指令对 RAT 的修改也需要被恢复过来,通过将一条指令旧的映射关系保存起来,可以协助完成 RAT 修复的过程。

从概念上来讲,基于 SRAM 的重命名映射表(sRAT)是最容易被理解的,较之基于 CAM 的重命名映射表(cRAT),读写速度会快一些,设计复杂度也不会随着物理寄存器个数的增加而变大,但是这种方式有一个最大的缺点,那就是无法对 RAT 使用个数比较多的 Checkpoint,因为每个 Checkpoint 都需要将 sRAT 复制一份,随着处理器并行度的提高,会有更多的指令存在于流水线中,也就是流水线中分支指令的个数也随之增多,这就需要对分支指令使用个数更多的 Checkpoint,于是矛盾就产生了:基于 sRAT 的寄存器重命名方法中,不能使用个数太多的 Checkpoint,而处理器性能的提高要求更多的分支指令存在于流水线中,这个矛盾如何解决?

在超标量处理器中,大量地使用了预测算法,例如分支预测、load/store 相关性预测、数值预测等,只要预测的准确度很高,它对于提高处理器的性能就可以起到很大的作用,上面所说的矛盾就可以使用预测方法来解决,因为分支指令一旦预测正确,那么它对应的 Checkpoint 其实是没有作用的,因此可以对分支指令预测的正确度也进行预测,对于那些预测正确率很高的分支指令,就不需要对它们使用 Checkpoint 了,而那些经常预测错误的分支指令(很多分支指令本身就是没有规律,或者规律很难被发现,导致了这种分支指令预测的正确率很低),对它们就要使用 Checkpoint,由于经常预测错误的分支指令只是一小部分,因此这种方法可以大大减少 Checkpoint 的个数。

但是,那些没有使用 Checkpoint 的分支指令,一旦被发现预测错误了,那么就需要使用速度比较慢的方法对 RAT 进行恢复,在后文会对这些恢复方法进行介绍,由于这种情况发生的频率很低,所以不会对性能造成太大的负面影响。

7.3.2　基于 CAM 的重命名映射表

从功能上来看,这种重命名映射表的功能和上面讲述的 sRAT 是一样的,都是用来记录逻辑寄存器和物理寄存器的对应关系的,但是它们在实现上却大不相同,虽然也是使用逻辑寄存器的编号对其进行寻址,但是它是一个内容寻址的存储器(CAM),它不会对地址直接进行解码,而是将这个地址和存储器中每个表项(entry)的内容进行比较,比较结果是相等的那个表项的地址,就是最终需要的结果,这种寻址方式和全相连结构(fully-associative)的 Cache 是一样的。在基于 CAM 的重命名映射表中(cRAT),由于要找到逻辑寄存器和物理寄存器的对应关系,因此逻辑寄存器的编号就是每个表项中保存的内容,而物理寄存器的编号则是最后的结果。在 cRAT 中,表项的个数等于物理寄存器的个数,使用逻辑寄存器的编号对 cRAT 进行 CAM 方式的寻址,每个逻辑寄存器在 cRAT 中只有一个有效的表项与之对应,也就是在任意时刻,每个逻辑寄存器都只有一个物理寄存器与之对应,这可以使用一个有效位(V)来表示。每次对 cRAT 进行 Checkpoint,只需要保存这个有效位即可。如图 7.11 所示为一个支持四个 Checkpoint 的 cRAT,这种方式的 Checkpoint 由于占用的资源很少,所以可以将 Checkpoint 的个数做得很大,例如 Alpha 21264 处理器就使用 cRAT 进行寄存器重命名,包括了 80 个 Checkpoint,也就是最大允许 80 条分支指令存在于流水线中。事实上,这个处理器为流水线中的每条指令都使用了一个 Checkpoint,这样任何指令发生异常(exception)时,都可以快速地进行状态恢复,这也是使用 cRAT 最大的优势了。

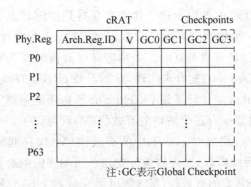

图 7.11 基于 CAM 的重命名映射表的结构图

在如图 7.11 所示的 cRAT 中，共有四个 Checkpoint（GC0～GC3），用来对有效位（V）进行保存，对于一个 4-way 的超标量处理器来说，每周期最多需要对四条指令进行寄存器重命名，也就是 cRAT 需要支持 8 个读端口和 4 个写端口（假设每条指令包括 2 个源寄存器和 1 个目的寄存器）。对于写 cRAT 来说，并不需要使用 CAM 的方式进行寻址，只需要将其作为一个普通的存储器，使用物理寄存器的编号作为地址就可以了。其实 cRAT 是由 CAM+SRAM 组成的，如图 7.12 所示，SRAM 部分用来存储每个物理寄存器对应的逻辑寄存器的编号，而 CAM 部分用来进行内容的比较，每个表项的比较结果都会送到一个编码器（Encoder）中，编码器会结合每个表项是否有效（V）的信息，将最终匹配的那个物理寄存器的编号进行输出，这就是读取 cRAT 的过程了。

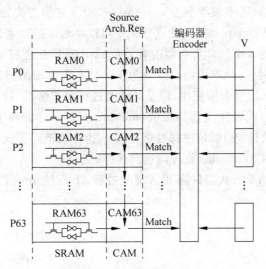

图 7.12 使用 CAM+SRAM 的方式组成的 cRAT

而对于写入 cRAT 来说，就是直接使用物理寄存器的编号作为地址，写入到图 7.12 中的 SRAM 部分，因此在写入时和普通的 SRAM 是一样的。

基于 cRAT 进行寄存器重命名的方式，仍需要使用空闲列表（free list）来记录哪些物理寄存器是空闲的，对于一个物理寄存器何时可以变为空闲的状态，这和前文讲述的是一样的，需要等到后面写入到同一个逻辑寄存器的指令退休（retire）的时候，才可以将这个逻辑寄存器之前对应的物理寄存器变为空闲状态。正因为如此，在 cRAT 中，并不是一个物理寄存器对应的有效位(V)是 0,就表示这个物理寄存器是空闲状态,有可能是这个映射关系刚刚被覆盖而已;但是一个物理寄存器变为空闲状态时,这个物理寄存器在 cRAT 中对应的有效位(V)肯定是 0,这是毋庸置疑的。对物理寄存器何时变为空闲状态进行管理,需要使用 ROB 和空闲列表(free list)配合来实现,并不需要 cRAT 的参与。

这种重命名映射表最大的优势就是 Checkpoint 所占用的资源很少,每当对 cRAT 进行 Checkpoint 的时候,只需要保存这个表格的有效位(V)就可以了。举例来说,在一条分支指令进行寄存器重命名之前,将此时 cRAT 中的有效位(V)保存起来,就完成了 Checkpoint 的过程;当在流水线的后续阶段,发现这条分支指令预测失败的时候,将这条分支指令对应的 Checkpoint 写回到 cRAT 的有效位(V),就可以完成对 cRAT 的恢复,这个过程其实和基于 sRAT 进行寄存器重命名的方法是相同的,只不过对 RAT 保存的内容只有有效位(V)而已。

还需要注意的是,一个物理寄存器对应的有效位(V)即使是 0,也并不能表示它已经变为了空闲状态,有可能是它的映射关系刚刚被覆盖而已,当此时进行 Checkpoint 保存的时候,保存的就是这个状态;而经过一段时间之后,当需要使用这个 Checkpoint 对 cRAT 进行状态恢复时,这个物理寄存器可能已经变为了空闲状态,当然,此时 Checkpoint 仍旧会将它的有效位(V)恢复成 0,这样不会引起任何错误,因为一个物理寄存器的有效位(V)是 0 也可以表示这个物理寄存器处于空闲状态,也就是说,此时状态恢复的内容,和状态保存之时已经不一样了。在状态保存的时候,很多不是空闲状态的物理寄存器,此时都已经变为了空闲状态,当然,这没有问题,因为在一条指令进行 Checkpoint 状态保存的时候,在它之前进入到流水线的指令,只要不发生异常(exception)和分支预测失败(mis-prediction),都是允许离开流水线而退休(retire)的,因此这些指令可以将对应的物理寄存器变为空闲状态。

但是对 cRAT 中的一个物理寄存器的有效位(V)来说,在进行 Checkpoint 保存的时候为 0,到了状态恢复的时候,就有可能已经变为 1 了。一个典型的情况就是这个物理寄存器在变为空闲之后又被新的指令所使用,但是既然要进行状态恢复,就表示这些新的指令肯定是处于异常(exception)或者分支预测失败(mis-prediction)的路径上,在状态恢复时,这些物理寄存器对应的有效位(V)就应该都被恢复成 0,这样就消除了这些错误路径上的指令对 cRAT 的影响了,使用 Checkpoint 就可以达到这样的效果。

为了便于理解 cRAT 的状态保存和恢复的过程,下面使用一个例子进行讲解,考虑下面的汇编代码。

```
指令 A:addi r5,r0,1
指令 B:addi r7,r0,2
指令 C:addi r6,r7,3
指令 D:addi r7,r7,r1
指令 E:addi r7,r7,r2
指令 F:beq r7,r3,TARGET1
指令 G:add r9,r5,r6
指令 H:add r7,r9,r9
```

上面的汇编程序在基于 cRAT 进行寄存器重命名的方法中,是如何执行的呢?下面给出这个执行过程。

(1) 在分支指令 F 进行寄存器重命的时候,需要对 cRAT 进行 Checkpoint 保存,此时

cRAT 的内容如表 7.1 所示(假设在这个程序执行之前,cRAT 是空的)。

表 7.1　分支指令 F 进行寄存器重命名之前,cRAT 的内容

cRAT				Checkpoints			
	Phy. Reg	Arch. Reg	V	GC0	GC1	GC2	GC3
	P0						
	⋮	⋮	⋮	⋮			
A	P10	r5	1	1			
B	P11	r7	1→0	0			
C	P12	r6	1	1			
D	P13	r7	1→0	0			
E	P14	r7	1	1			
	P15		0	0			
	P16		0	0			
	P17		0	0			
	⋮	⋮	⋮	⋮			
	P63		0	0			

　　由于指令 F 是分支指令,不包括目的寄存器,因此也就不需要占用 cRAT 的空间了,而指令 B、D、E 都写同一个逻辑寄存器 r7,因此当指令 E 被寄存器重命名之后,物理寄存器 P14 和逻辑寄存器 r7 就是最新的对应关系,其他两条指令 B 和 D 对应的映射关系应该变为无效。也就是说,它们在 cRAT 中占用的空间都应该变为无效的状态,这在表 7.1 中用(1→0)来表示,在此时对 cRAT 进行状态保存的时候,指令 A～E 对应的有效位 10101 就会被写到 GC0 中。

　　(2) 在指令 G、H 被寄存器重命名之后,分支指令 F 被发现了分支预测失败,在对 cRAT 进行状态恢复之前,cRAT 的状态如表 7.2 所示。

表 7.2　指令 A～H 都被寄存器重命名之后,cRAT 的内容

cRAT				Checkpoints			
	Phy. Reg	Arch. Reg	V	GC0	GC1	GC2	GC3
	P0						
	⋮	⋮	…	⋮			
A	P10	r5	1	1			
B	P11	r7	1→0	0			
C	P12	r6	1	1			
D	P13	r7	1→0	0			
E	P14	r7	1→0	1			
G	P15	r9	1	0			
H	P16	r7	1	0			
	P17		0	0			
	⋮	⋮	…	⋮			
	P63		0	0			

分支指令 F 在预测失败时进行的状态恢复,会使 GC0 的内容被写回到 cRAT 的有效位 (V)区域,此时就可以将 cRAT 恢复到分支指令 F 进行寄存器重命名之前的状态了。尽管在表 7.2 中,指令 B 占据的表项(entry)有可能已经变为空闲状态,甚至有可能已经被写入了新的指令,这都没有关系,在使用 GC0 进行状态恢复之后,指令 B 所在表项的有效位(V)就被恢复成了 0,至于这个表项对应的物理寄存器是否是空闲的状态,需要查看空闲列表 (free list)才可以知道。

如果在 cRAT 中,一个表项的有效位(V)一直为 1,就表示该表项对应的逻辑寄存器没有被其他指令替换过,该表项就会一直被占据,它对应的物理寄存器也不会变为空闲状态,直到出现一条目的寄存器和它相等的新指令时,该表项的有效位(V)才会变为 0。

到此为止,就完成了对 cRAT 进行状态保存和恢复的过程,当然,这个例子比较简单,在其中只包括了一条分支指令,当流水线中同时存在多条分支指令时,也就需要使用多个 Checkpoint。一般情况下,流水线中最大允许存在的分支指令的个数,和处理器最大可以支持的 Checkpoint 个数是一样的(假设只对分支指令使用 Checkpoint)。每个 Checkpoint 都有一个编号,例如它的个数是 80 个时,就使用 7 位进行编码,每次在流水线的寄存器重命名阶段遇到分支指令时,都会从表 7.2 中找出一个空闲的 GC 来存储此时的有效位(V),并将这个 GC 的编号放到该分支指令的信息中,这样当这条分支指令在流水线的后续阶段,得到分支预测的结果之后,就可以根据这个编号来找到与之对应的 GC 了。如果分支预测正确,则将对应的 GC 释放,变为空闲状态,使后续的分支指令可以继续使用它;如果分支预测失败,则需要将对应 GC 中的内容写回到 cRAT 的有效位(V)当中,然后将这个 GC 释放,变为空闲的状态,使后续的分支指令可以继续它。

下面的汇编程序中,包括了两条分支指令,此时它的执行过程是怎样的呢?

```
指令 A:addi r7,r0,3
指令 B:add r6,r7,r1
指令 C:add r7,r7,r2
指令 D:beq r7,r3,TARGET1
指令 E:add r9,r5,r6
指令 F:add r9,r9,r8
指令 G:beq r9,r3,TARGET2
指令 H:addi r7,r0,1
指令 I:addi r6,r0,2
指令 J:sub r9,r1,r0
```

下面给出几个时间节点上,cRAT 中的内容。

(1) 当第一条分支指令 D 进行寄存器重命名的时候,需要对此时的状态位(V)进行保存,假设将其保存到 GC0 中,则此时 cRAT 的内容如表 7.3 所示。

表 7.3　第一条分支指令 D 进行寄存器重命名之前,cRAT 中的内容

	cRAT			Checkpoints			
	Phy. Reg	Arch. Reg	V	GC0	GC1	GC2	GC3
	P0						
	⋮	⋮	⋮	⋮			
A	P10	r7	1→0	0			
B	P11	r6	1	1			

续表

cRAT				Checkpoints			
	Phy. Reg	Arch. Reg	V	GC0	GC1	GC2	GC3
C	P12	r7	1	1			
	P13		0	0			
	P14		0	0			
	P15		0	0			
	P16		0	0			
	P17		0	0			
	⋮	⋮	⋮	⋮			
	P63		0	0			

（2）当第二条分支指令 G 进行寄存器重命名的时候，假设此时它之前的分支指令 D 还没有得到结果，则此时需要对状态位（V）进行保存，假设保存到 GC1 中，则此时 cRAT 的内容如表 7.4 所示。

表 7.4 第二条分支指令 G 进行寄存器重命名之前，cRAT 中的内容

cRAT				Checkpoints			
	Phy. Reg	Arch. Reg	V	GC0	GC1	GC2	GC3
	P0						
	⋮	⋮	⋮	⋮	⋮		
A	P10	r7	1→0	0	0		
B	P11	r6	1	1	1		
C	P12	r7	1	1	1		
E	P13	r9	1→0	0	0		
F	P14	r9	1	0	1		
	P15		0	0	0		
	P16		0	0	0		
	P17		0	0	0		
	⋮	⋮	⋮	⋮	⋮		
	P63		0	0	0		

（3）当所有的指令都完成了寄存器重命名的时候，cRAT 的内容如表 7.5 所示。

表 7.5 指令 A~J 都完成了寄存器重命名之后，cRAT 的内容

cRAT				Checkpoints			
	Phy. Reg	Arch. Reg	V	GC0	GC1	GC2	GC3
	P0						
	⋮	⋮	⋮	⋮	⋮		
A	P10	r7	1→0	0	0		
B	P11	r6	1→0	1	1		
C	P12	r7	1→0	1	1		
E	P13	r9	1→0	0	0		
F	P14	r9	1→0	0	1		

	cRAT			Checkpoints			
	Phy. Reg	Arch. Reg	V	GC0	GC1	GC2	GC3
H	P15	r7	1	0	0		
I	P16	r6	1	0	0		
J	P17	r9	1	0	0		
	⋮	⋮	⋮	⋮	⋮		
	P63		0	0	0		

如果此时发现分支指令 D 预测错误了,那么就需要使用 GC0 对 cRAT 进行状态恢复,分支指令 D 后面的所有指令对 cRAT 的修改都将变为无效,它们对应的有效位(V)都会变为 0。当然,为了保持正确性,还需要对空闲列表(free list)也进行状态恢复,那些被占用的物理寄存器都将重新变为空闲的状态(这是通过恢复 free list 的读指针来实现的)。而且,如果采用了顺序执行(in-order)分支指令的架构,则当前在执行阶段解决的分支指令必然是流水线中最旧的分支指令,当发现该分支指令预测失败时,此时其他所有的 GC 中包含的值都已经是无效的了,因为这些 GC 所对应的分支指令都是处于分支预测失败(mis-prediction)的路径上,因此,对于顺序执行分支指令的架构来说,一旦发现分支预测失败,所有的 GC 都会被释放掉。

如果发现分支指令 D 预测正确,而分支指令 G 预测错误的话,那么就释放 GC0,并使用 GC1 对 cRAT 进行状态恢复,当然,恢复完成后,GC1 也需要被释放掉。

从上面的描述可以看出,对 cRAT 进行状态恢复,就是要还原出逻辑寄存器真正对应的物理寄存器,因为后续分支预测失败(mis-prediction)路径上的指令可能会修改这个对应关系,需要将其纠正过来。但是 cRAT 并不负责管理哪些物理寄存器是空闲状态的,这个功能是通过 ROB 和空闲列表(free list)来实现的。

基于 CAM 方式来实现的重命名映射表,一个最大的弊端就是其面积会随着处理器中物理寄存器个数的增加而变大,因为这种映射表中,表项(entry)的个数等于物理寄存器的个数,而可以预见的是,随着处理器并行度的增加(或许还伴随着流水线的加深),需要更多的物理寄存器来适应这样的趋势,此时 cRAT 中就需要更多的比较电路来配合,这会严重拖累处理器的速度;但是从另一个方面来说,在对 cRAT 进行状态保存的时候,只需要保存它的有效位(V)就可以了,这样大大降低了对硬件的需求,尤其是现代处理器中,会有更多的分支指令存在于流水线当中,这就需要更多的 Checkpoint 与之配合,这时候 cRAT 的优势就体现出来了,因此基于 CAM 方式的重命名映射表是一把双刃剑,需要在设计中仔细进行权衡。

7.4　超标量处理器的寄存器重命名

在之前的介绍中,已经对寄存器重命名阶段使用的关键部件重命名映射表(RAT)和空闲列表(free list)进行了说明,下面对一条指令的寄存器重命名过程进行一个梳理。

对于 Dest = Src1 op Src2 这样的指令来说,寄存器重命名的过程如下。

(1) 从重命名映射表(RAT)中找到 Src1 和 Src2 对应的物理寄存器 Psrc1 和 Psrc2,如

图 7.13 所示。

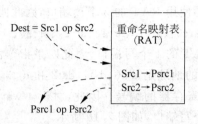

图 7.13 找到两个源寄存器对应的物理寄存器

(2) 从空闲列表(free list)中找到一个空闲的物理寄存器 Pdest,将其作为指令的目的寄存器 Dest 对应的物理寄存器,如图 7.14 所示。

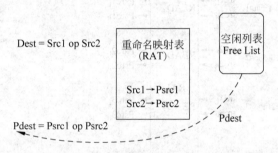

图 7.14 为指令的目的寄存器指定一个物理寄存器

(3) 将逻辑寄存器 Dest 和物理寄存器 Pdest 的映射关系写到重命名映射表(RAT)中,这样在之后使用 Dest 作为源寄存器的指令就可以查找到这个映射关系了,如图 7.15 所示。

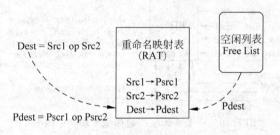

图 7.15 将新的映射关系写到 RAT 中

经过上面的三步之后,就完成了对一条指令的寄存器重命名的过程(假设采用统一的 PRF 进行寄存器重命名),每条指令都会重复上述的过程。

由上面的过程可以知道,对一条指令进行寄存器重命名时,RAT 需要支持两个读端口,用来读取两个源寄存器对应物理寄存器的编号;同时 RAT 需要支持一个写端口,用来将一条指令的目的寄存器对应的新映射关系写到 RAT 中。为了能够将一个物理寄存器释放为空闲状态,还需要将每条指令之前对应的映射关系也保存到 ROB 中,因此 RAT 还需要一个额外的读端口,使用指令的目的寄存器作为地址,用来读出它之前对应的映射关系。也就是说,对于一条指令来说,RAT 需要三个读端口(使用 Src1、Src2 和 Dest 作为地址)和一个写端口(使用 dest 作为地址,将空闲列表送出的值作为数据)。

对于一条指令进行寄存器重命名的过程是比较简单的,但是对于每周期执行多条指令的超标量处理器来说,例如 4-way 的超标量处理器,每周期需要对四条指令进行寄存器重命名。刚才说过,每条指令需要使用 RAT 的 3 个读端口,因此四条指令需要 12 个读端口,寻址的这些端口地址是 $src0_L$、$src0_R$、$src1_L$、$src1_R$、$src2_L$、$src2_R$、$src3_L$、$src3_R$、dst0、dst1、dst2 和 dst3。每条指令需要使用 RAT 的 1 个写端口,因此四条指令需要的写端口的个数是 4,它们用来更新 RAT,需要使用的地址是 dst0、dst1、dst2 和 dst3,对应的写入数据来自于空闲列表(Free List)输出的物理寄存器的编号。因此,对于 4-way 的超标量处理器来说,RAT 总共需要 12 个读端口和 4 个写端口,如图 7.16 所示。

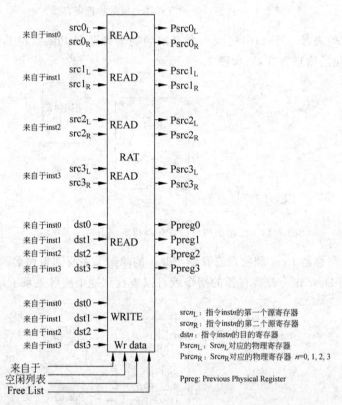

图 7.16　一个 4-way 的超标量处理器中的 RAT

但是,多端口的 RAT 只是超标量处理器的寄存器重命名过程中复杂性的一个方面,还需要考虑到每个周期同时进行重命名的多条指令之间还存在各种相关性,这对于重命名的过程有很大的影响,例如,对于 4-way 的超标量处理器来说,每个周期会对四条指令进行重命名,如图 7.17 所示。

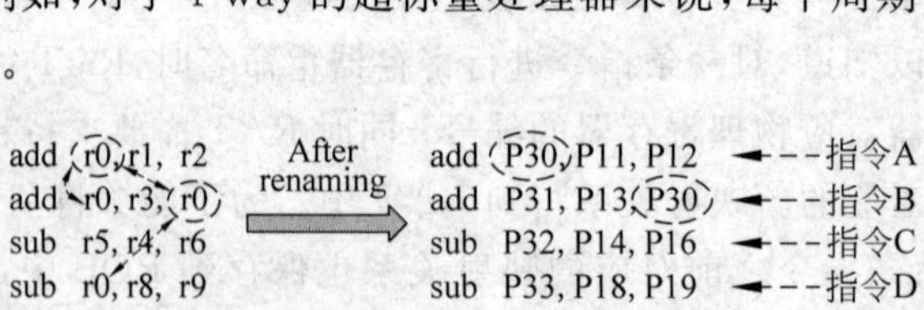

```
add  r0, r1, r2       After        add  P30, P11, P12   ←---指令A
add  r0, r3, r0      renaming      add  P31, P13, P30   ←---指令B
sub  r5, r4, r6        ⟹          sub  P32, P14, P16   ←---指令C
sub  r0, r8, r9                    sub  P33, P18, P19   ←---指令D
```

图 7.17　每周期进行重命名的四条指令之间存在的各种相关性

在图 7.17 所示的例子中同时存在着先写后写(WAW)、先写后读(RAW)和先读后写(WAR)三种相关性,具体如下。

(1) 指令 A 和指令 B 之间存在先写后读(RAW)的相关性,指令 B 的源寄存器 r0 来自于指令 A 产生的结果,因此在进行寄存器重命名的时候,指令 B 的 r0 对应的物理寄存器应该直接来自于指令 A 所对应的 P30,而不应该来自于从 RAT 读取的值。

(2) 指令 A,B,D 之间存在先写后写(WAW)的相关性,虽然从字面上看,通过寄存器重命名可以消除这种相关性(如图 7.17 所示中重命名之后的指令),但是在实际当中,仍然无法忽视它的存在,这是为什么呢? 原因有如下两个。

① 因为在写入 RAT 时,只需要将一个逻辑寄存器最新的映射关系写入到 RAT 中就可以了,如果在一个周期内进行重命名的多条指令之间都有着同一个目的寄存器(即存在 WAW 相关性),那么只需要将最新的那条指令的映射关系写到 RAT 中即可。

② 在将每条指令的旧映射关系(也就是图 7.17 中的 Ppreg)写到 ROB 的时候,如果发现在一个周期内有多条指令都使用同一个目的寄存器,则此时写入到 ROB 中的旧映射关系不再是来自于 RAT 读取的值,而是直接来自于和它存在 WAW 相关性的指令。例如在图 7.17 所示的例子中,指令 B 的目的寄存器 r0 经过重命名之后对应的物理寄存器是 P31,而 r0 在上一次对应的物理寄存器是指令 A 当中的 P30,而不是来自于 RAT 读出的结果;同理,指令 D 的目的寄存器 r0 对应的旧映射关系是来自于指令 B 的 P31,也不是来自于 RAT 读出的结果。

正因为有这两个原因,需要超标量处理器在寄存器重命名阶段,对指令间存在的 WAW 相关性进行检查。

(3) 指令 B 和指令 D 之间存在先读后写(WAR)的相关性,指令 B 读取寄存器 r0,而指令 D 写入到寄存器 r0,通过寄存器重命名可以消除这种关系,并且对于实际的重命名过程来说,这种相关性也是没有影响的。

所以,需要在超标量处理器的寄存器重命名过程中考虑先写后读(RAW)和先写后写(WAW)这两种相关性,这样就增加了重命名过程的复杂度,在超标量处理器中,重命名阶段的延迟主要来自于两个方面,一个是多端口 SRAM 本身的延迟,另一个就是 RAW 和 WAW 相关性检查和处理电路引起的延迟。由于重命名映射表(RAT)需要多个端口,而 RAT 是由 SRAM 组成(cRAT 本质上也是由 SRAM 和比较电路组成的),所以此处需要使用多端口的 SRAM。而对于 SRAM 来说,端口数量的增加直接影响了其面积和速度,此处需要对 SRAM 电路进行专门的设计,以降低对处理器周期时间的负面影响;而 RAW 和 WAW 这两种相关性的检查和处理电路也需要占用一定的时间来完成,因此综合看起来,寄存器重命名阶段对于处理器的周期时间的影响是很大的,已经有人提出了采用流水线的方式,使用两周期完成这个过程,这样可以在一定程度上减少对周期时间的影响,但是却增加了 RAW 和 WAW 相关性检查电路的复杂度,因为此时不但需要对当前周期进行寄存器重命名的指令进行相关性检查(称为组内检查),还需要对上个周期进行寄存器重命名的指令进行相关性的检查(称为组间检查)。本书不再对流水线的重命名过程进行介绍,要想详细了解这方面的内容,可以参见参考文献[29]。

7.4.1　解决 RAW 相关性

对于 4-way 的超标量处理器来说,每周期最多可以对四条指令进行寄存器重命名,如果这四条指令之间不存在 RAW 相关性,那么这个过程是比较简单的,如图 7.18 所示。

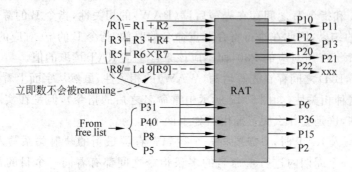

图 7.18   对四条指令同时进行寄存器重命名(假设不存在 RAW 相关性)

如图 7.18 所示的四条指令之间不存在 RAW 相关性,这是一种最简单的情况,四条指令的源寄存器都会从重命名映射表(RAT)中找到对应的物理寄存器,目的寄存器也会从 RAT 中找到之前映射的物理寄存器的编号,同时本周期还会从空闲列表(free list)中找出四个空闲的物理寄存器的编号,将它们和四条指令的目的寄存器产生新的映射关系,并将这个关系也写到 RAT 中。

空闲列表(free list)中保存着所有空闲的物理寄存器的编号,这些物理寄存器没有被映射到任何逻辑寄存器,每次当指令被重命名时,就会从空闲列表中找到空闲的物理寄存器;而每次当一个物理寄存器不会再被使用时,就会将它的编号写回到空闲列表中。如果一个周期内进行重命名的多条指令之间不存在 RAW 相关性,那么只需要简单地将一条指令的寄存器重命名过程扩展到四条指令就可以了。

但是,事情并不总是那么简单,当一个周期内进行寄存器重命名的多条指令之间存在 RAW 的相关性时,图 7.18 所示的方法就会出现问题,如图 7.19 所示。

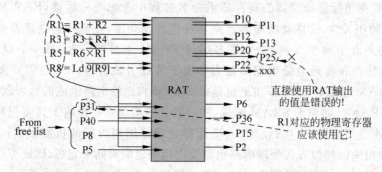

图 7.19   当四条指令之间存在 RAW 相关性时,遇到的问题

如图 7.19 所示中,对于"R5 = R6×R1"这条指令来说,源寄存器 R1 对应的物理寄存器应该来自于同时在本周期的指令"R1 = R2 + R3",即图 7.19 中从空闲列表(free list)输出的 P31,而不应该来自于 RAT 输出的 P25,如果不加以处理,就会使处理器的运行产生错误。

上述问题要求处理器中有一种检查机制,对一个周期内进行重命名的所有指令进行 RAW 相关性的检查,它被称为组内相关性检查。在寄存器重命名阶段,指令之间还保持着程序中指定的顺序(in-order),因此只需要将每条指令的源寄存器编号和它前面所有指令的目的寄存器编号进行比较,如果存在一个相等的项,那么这个源寄存器对应的物理寄存器就不是来自于 RAT 的输出,而是来自于当前周期从空闲列表(free list)输出的对应值;如果存在多个相等的项,那么就使用最新的那条指令所对应的物理寄存器,如图 7.20 所示为在超标量处理器中对 RAW 相关性进行检查和处理的电路示意图。

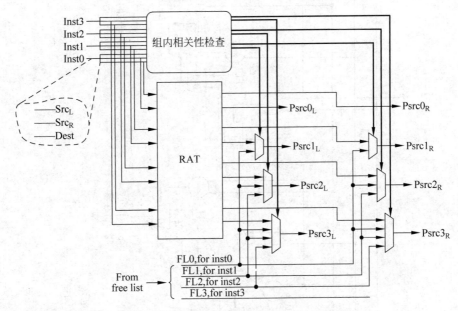

图 7.20　对 RAW 相关性进行检查的电路图

在一个周期内进行寄存器重命名的四条指令中,第一条指令(inst0)的源寄存器对应的物理寄存器(Psrc0$_L$ 或 Psrc0$_R$)只能来自于 RAT 的输出;第二条指令(inst1)的源寄存器对应的物理寄存器(Psrc1$_L$ 或 Psrc1$_R$)可能来自于 RAT 的输出,也可能来自于第一条指令的目的寄存器对应的物理寄存器(FL0,来自于空闲列表),因此需要根据组内相关性检查的结果,选择一个合适的值;第三条和第四条指令的处理情况也是类似的,源寄存器对应的物理寄存器除了可能来自于 RAT 的输出,还有可能来自于它前面指令的目的寄存器对应的物理寄存器,因此需要根据组内相关性检查的结果,选择合适的值。在寄存器重命名的这个周期内,一条指令的目的寄存器对应的物理寄存器来自于空闲列表(free list),但是很显然,最后一条指令(inst3)的目的寄存器是不可能作为其他指令的源寄存器的,因此空闲列表输出的最后一个值并不会被其他指令使用。

从图 7.20 还可以看出,组内相关性检查电路和访问 RAT 是并行工作的,因此不会对处理器的周期时间产生负面的影响,在组内相关性检查电路中,需要将每条指令的源寄存器和它之前的所有指令的目的寄存器进行比较,根据比较的结果来控制这个源寄存器的来源,这个电路的实现方法如图 7.21 所示。

在一个周期内进行寄存器重命名的所有指令中,对第一条指令来说,由于它的前面已经没有指令,也就不需要进行先写后读(RAW)相关性的检查;其他的指令按照图 7.21 给出的方式进行 RAW 相关性的检查,如果发现一条指令的源寄存器和它之前的某些条指令的目的寄存器相等,那么就会使用最新的那条指令的映射关系。举例来说,如果第三条指令(inst2)的源寄存器 src2$_L$ 和第一条指令(inst0)的目的寄存器(dst0)、第二条指令(inst1)的目的寄存器(dst1)都相等,那么会使用第二条指令对应的物理寄存器(FL1,来自于空闲列表)作为它的源寄存器。

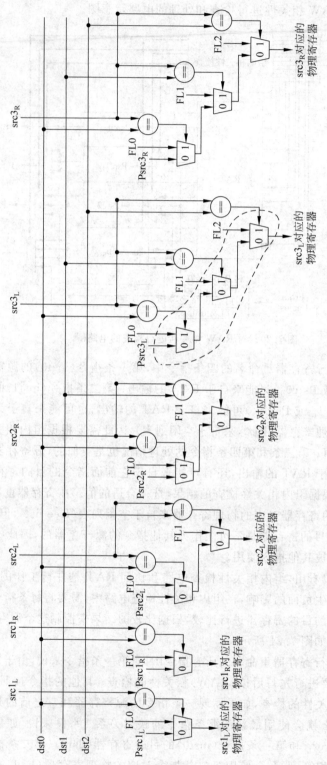

图 7.21 组内相关性检查电路

7.4.2　解决 WAW 相关性

在前文说过,寄存器重命名虽然可以解决指令之间存在的先写后写(WAW)的相关性,但是这种相关性仍然无法被忽视,它影响着对重命名映射表(RAT)和 ROB 的写入过程,因此也需要在重命名阶段对其进行检查,但是对 RAT 和 ROB 这两个部件来说,虽然都是检查 WAW 相关性,但是它们的处理过程是不一样的,需要区别进行对待。

1. 对写 RAT 进行检查

在进行寄存器重命名的这个周期内,如果存在多条指令的目的寄存器都相等的情况,那么只有最新的那条指令的映射关系才允许写入到 RAT 当中,举例来说,有如下的四条指令。

```
指令A: add r0, r1, r2
指令B: add r0, r3, r0
指令C: sub r5, r4, r6
指令D: sub r0, r8, r9
```

在上面的指令中,有三条指令(指令 A、指令 B、指令 D)都使用了同一个目的寄存器 r0,但是只有最新的那条指令(指令 D)才允许将它的映射关系写到 RAT 中,这需要对一个周期内进行寄存器重命名的所有指令进行先写后写(WAW)相关性的检查。对于每条指令来说,都要将它的目的寄存器和后面所有指令的目的寄存器进行比较,如果发现存在相等的情况,则说明本条指令不应该更新 RAT,通过这种方法就可以完成 WAW 相关性的检查。假设在当前周期进行寄存器重命名的四条指令,目的寄存器分别是 dst0、dst1、dst2 和 dst3,则详细的检查过程如下。

(1) dst0 只要和 dst1、dst2 和 dst3 中的任意一个存在相同的情况,就不需要将 dst0 对应的映射关系写到 RAT 当中了,因为后续的指令会覆盖这个映射关系;

(2) dst1 只要和 dst2 和 dst3 中的任意一个存在相同的情况,就不需要将 dst1 对应的映射关系写到 RAT 当中了,因为后续的指令会覆盖这个映射关系;

(3) dst2 只要和 dst3 相同,就不需要将 dst2 对应的映射关系写到 RAT 当中了,因为后续的指令会覆盖这个映射关系;

(4) dst3 因为属于当前周期的最后一条指令,因此在本周期不会被覆盖,它的映射关系肯定会被写入到 RAT 中。

总结起来,对于写 RAT 来说,实现这种先写后写(WAW)相关性检查的电路如图 7.22 所示。

在寄存器重命名阶段的四条指令,应该对应着 RAT 的四个写端口,但是,并不是所有的指令都需要写 RAT,当两条指令的目的寄存器相同时,只需要比较新的那条指令写 RAT 就可以了,其他的指令不需要写 RAT,因此要将其对应的 RAT 写端口的使能信号置为无效,通过图 7.22 中的这种 WAW 相关性的检查,可以保证始终将最新的映射关系写到 RAT 中。

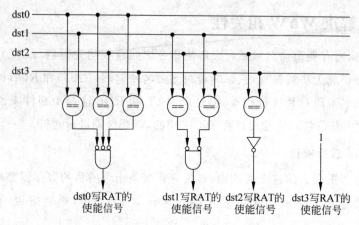

图 7.22　对于写 RAT 来说，实现 WAW 相关性检查的电路结构图

2. 对写 ROB 进行检查

在前文说过，为了能够释放掉那些不再使用的物理寄存器，同时又可以对处理器的状态进行恢复，每条指令都需要从 RAT 中读出它以前对应的物理寄存器，并将其写到 ROB 当中，如果在一个周期内进行寄存器重命名的几条指令中，有两条指令的目的寄存器相等(也就是它们存在 WAW 相关性)，那么比较新的这条指令对应的旧的物理寄存器就直接来自于比较旧的那条指令，而不是来自于 RAT。例如图 7.23 所示的例子中，指令 D 的目的寄存器 r0 之前对应的物理寄存器应该来自于指令 B 的 P31，而不是来自于 RAT 读出的值。

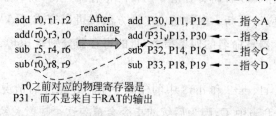

图 7.23　存在 WAW 相关性的四条指令

为了实现图 7.23 中的功能，需要对当前周期进行寄存器重命名的所有指令进行 WAW 相关性的检查，每条指令都需要和比它旧的所有指令进行目的寄存器的比较，如图 7.24 所示。

在图 7.24 中，一个周期内进行寄存器重命名的四条指令中，每条指令的检查情况如下。

(1) 第一条指令(inst0)之前已经没有指令，所以这条指令对应的旧的映射关系只能是来自于 RAT；

(2) 第二条指令(inst1)的目的寄存器(dst1)需要和它之前的目的寄存器(dst0)进行比较，如果相等，则这个目的寄存器对应的旧的物理寄存器不是来自于 RAT 输出的值，而是来自于它之前的指令中的目的寄存器(FL0)；

(3) 第三条指令(inst2)的目的寄存器(dst2)需要和它之前的目的寄存器(dst0、dst1)进行比较，如果存在相等的情况，则这个目的寄存器对应的旧的物理寄存器不是来自于 RAT 输出的值，而是来自于它之前的指令中的某个目的寄存器(FL0 或 FL1)；

(4) 最后一条指令(inst3)的目的寄存器(dst3)需要和它之前的所有目的寄存器(dst0、

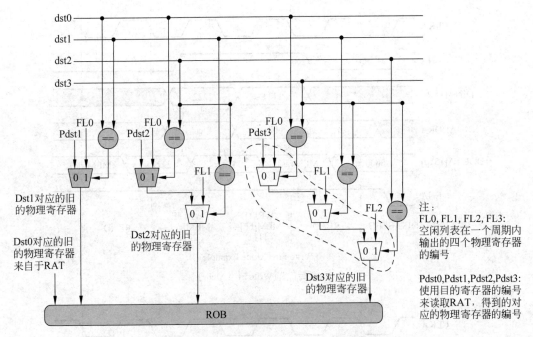

图 7.24 对于写 ROB 来说,进行 WAW 相关性的检查

dst1、dst2)进行比较,如果存在相等的情况,则这个目的寄存器对应的旧的物理寄存器不是来自于 RAT 输出的值,而是来自于它之前的指令中的某个目的寄存器(FL0、FL1 或 FL2)。

图 7.24 表示了如何将重命名阶段的指令在写入到 ROB 之前进行 WAW 相关性的检查,因为在一个周期内,可能存在多条指令写入到同一个目的寄存器的情况,则此时一条指令所对应的旧映射关系不是来自于 RAT,而是来自于本周期空闲列表(free list)输出的对应值。需要注意这种 WAW 相关性的检查和上一节的区别,在上一节中,WAW 相关性检查的结果用来控制对 RAT 的写入,而本节中 WAW 相关性的检查是用来控制对 ROB 的写入,虽然都是 WAW 相关性的检查,但是很明显它们的目的是不一样的。

从前面的过程可以知道,在寄存器重命名阶段,需要使用源寄存器和目的寄存器读取 RAT,同时也需要使用目的寄存器将空闲列表(free list)送出的内容写到 RAT 中,由于 RAT 本质上是一个多端口的 SRAM,或者是一个多端口的寄存器堆(register file),它们的操作方式都是一样的,这里就必然需要考虑到一个问题,即当多端口 SRAM 的读地址和写地址一样时,如何进行处理?

对于寄存器重命名的过程来说,由于 RAT 的读地址和写地址都使用了指令的目的寄存器,因此这个问题是必须解决的,也就是说,在一个周期内,既要对 RAT 的某个地址进行读取,又要对这个地址进行写入,根据前文的讲述已经知道,应该保证使用目的寄存器读取 RAT 的过程先完成(先要将之前的映射关系读取出来,然后才能更改它),然后才能够向 RAT 的这些地址中写入新的内容(写入新的映射关系)。当然,在寄存器重命名的这个周期,读取 RAT 的源寄存器也可能和写 RAT 的目的寄存器存在相等的情况,这样也会遇到上述的问题,那么,这个问题如何解决呢?在实际使用的多端口 SRAM 中,都有成熟的方法解决这种在一个周期内读取和写入同一个地址所引起的问题。例如,在 Xilinx 的 FPGA 中,双端口的 SRAM 可以配置成如图 7.25 所示的两种情况[30]。

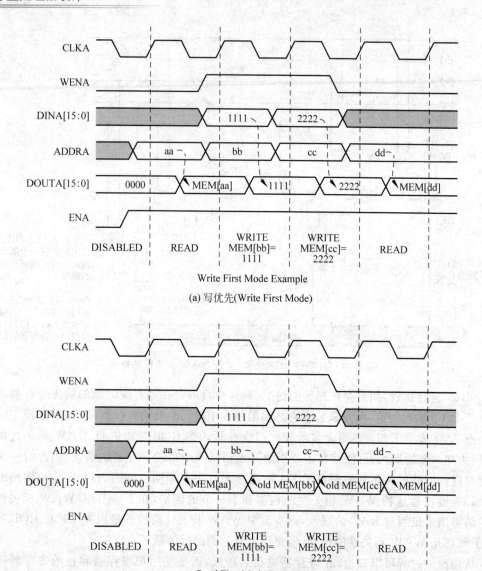

Write First Mode Example

(a) 写优先(Write First Mode)

Read First Mode Example

(b) 读优先(Read First Mode)

图 7.25

在写优先(Write First)的模式中,写入到 SRAM 中某个地址的内容在写入完成后,可以马上在读端口被获得,也就是在当前周期就可以读取到刚才写入的内容;而在读优先(Read First)的模式,写入到 SRAM 中某个地址的内容只有在下个周期才可以被读取,在当前周期读取这个地址的内容,只能读取到在本周期这个地址被写入之前的内容。由图 7.25所示的两种模式可以看出,对于 RAT 来说,要选择读优先(Read First)的模式,这样即使在一个周期内对一个地址同时发生了读和写的操作,读操作仍能够得到写之前的内容,这对于指令的目的寄存器读取 RAT 来说是必需的,因为目的寄存器读取 RAT 的真正原因,就是为了获得这个目的寄存器之前对应的物理寄存器;然而,对于源寄存器读取 RAT 来说,并不希望读取到旧的映射关系,而是希望得到最新的,因此,如果读取 RAT 的源寄存器和写入 RAT 的目的寄存器之间存在相等的情况,也就是存在先写后读(RAW)的相关性,那么源寄存器对应的物理寄存器应该是此时正在被写入到 RAT 当中的物理寄存器,这个需求在读优先(Read First)模式的 SRAM 中是无法满足的,需要使用之前讲述过的 RAW 相关性的检查和处理电路才可以得到上述的效果。

以上讲述的寄存器重命名过程有一个前提,那就是假设每周期正好可以对四条指令进行重命名,而且每条指令都包含两个源寄存器和一个目的寄存器,而实际上,有些指令并没有目的寄存器,例如分支指令或 store 类型的指令,而有些指令的源操作数是立即数,它并不需要进行重命名等,这些特殊的情况都需要在指令解码之后加以标记,做法如下。

(1) 根据当前周期中需要重命名的目的寄存器的个数,决定当前周期需要从空闲列表(free list)中读取的数值的个数;

(2) 使用目的寄存器读取 RAT 时,根据标记的信息,目的寄存器不存在的那些指令将不会读取 RAT,也不会写入 RAT;

(3) 使用源寄存器读取 RAT 时,根据标记的信息,源寄存器不存在(例如是立即数)的那些指令将不会读取 RAT,或者忽略从 RAT 中读出的结果;

(4) 在重命名阶段进行先写后读(RAW)和先写后写(WAW)相关性的检查时,如果一条指令的源寄存器或者目的寄存器不存在,那么忽略掉和它相关的所有比较结果。

7.5 寄存器重命名过程的恢复

由于分支预测失败(mis-prediction)或者异常(exception)等原因,所有处于流水线中的指令都处于推测(speculative)状态,这些指令在顺利地离开流水线之前(也就是退休之前)都有可能从流水线中被抹掉,但是,如果被抹掉的指令已经经过了寄存器重命名阶段,那么这条指令已经占据了重命名映射表(RAT)、重排序缓存(ROB)和发射队列(Issue Queue)等资源,当指令从流水线中被抹掉时,被这条指令占用的资源需要进行恢复,这样才能够保证后续的指令可以在一个正确的流水线中开始执行,这个过程就是对寄存器重命名的恢复。在前文中,已经对重排序缓存(ROB)和发射队列(Issue Queue)这两个部件如何进行状态恢复进行了介绍,本节介绍如何对重命名映射表(RAT)进行恢复。其实有多种方法可以完成这个过程,本节只介绍三种典型的方法,它们对于三种寄存器重命名的方式(基于统一的PRF、基于扩展的 ARF 以及基于 ROB)都是适用的。

(1) 使用 Checkpoint 对 RAT 进行恢复;

(2) 使用 WALK 对 RAT 进行恢复;

(3) 使用 Architecture State 对 RAT 进行恢复。

7.5.1 使用 Checkpoint

在处理器当中,Checkpoint 是指在某个时间点,将处理器中某些部件的内容"原封不动"地保存起来,举例来说,对于一个有 32 个通用寄存器的处理器来说,如果将它的 32 个寄存器逐个保存到另一个存储器中,需要 32 个周期才能保存完毕,在以后进行状态恢复时,也需要 32 个周期才可以将这个通用寄存器恢复完毕,这就不能称为 Checkpoint;如果这 32 个寄存器可以在一个周期内全部搬移到另一个存储器中(例如另外一个寄存器堆),在恢复的时候也可以在一个周期内完成,这个就可以称为 Checkpoint,如图 7.26 所示为它的原理图。

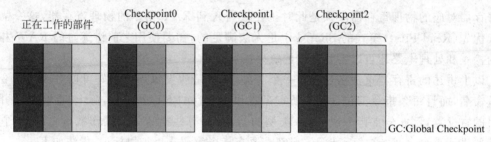

图 7.26　Checkpoint 的原理图

在图 7.26 中,将 Checkpoint 简称为 GC(Global Checkpoint),对于一个正在工作的部件来说,它可以将整个内容放到任意一个 GC 中,在它进行状态恢复的时候,也可以从任意一个 GC 中读取数据,那么就称这种方式为随机访问的 GC(Random Access GC,RAGC);如果在进行状态保存的时候,需要经过逐个地移位才能够放到指定的 GC 中,这种方式就称为串行访问的 GC(Sequential Access GC,SAGC),这两种方式的工作原理如图 7.27 所示[26]。

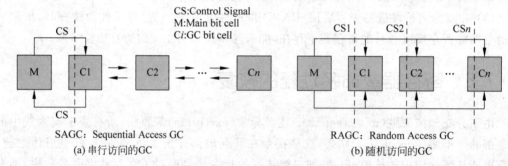

图 7.27　SAGC 和 RAGC 的工作原理

对于串行访问的 GC 来说,只有一个 GC 和主存储部件(也就是正在工作的部件)相连,当需要访问其他 GC 时,需要通过移位操作才可以完成,这种方法的好处是主存储部件不需要很大的驱动能力,但是当要访问的 GC 离得比较远时,需要经过很多次移位才可以实现。例如要使用 GC6 进行状态恢复,则需要移位经过 GC1~GC5 才可以实现,这样造成了过长的状态恢复时间,而 Checkpoint 设计的本意就是快速地进行状态恢复。对于随机访问的GC 来说,每个 GC 都会和主存储部件相连,这样 GC 的访问就可以在一个周期内完成,并不需要进行移位的动作,但是这样造成了主存储部件的负载过大,需要很多的缓冲(buffer)才可以保证主存储部件的驱动能力,对面积和延迟都有负面的影响,但是考虑到使用Checkpoint 的目的就是快速地对处理器中的某些部件进行保存和恢复,因此随机访问的GC 才是更合适的实现方式。

对于 RAT 来说,当不考虑对它实现 Checkpoint 功能时,它本质上就是一个多端口的SRAM(或多端口的寄存器堆),但是对于一个实现了 Checkpoint 功能的 RAT 来说,在SRAM 的每个最小的存储单元(Main Bit Cell,MBC)周围都加入同样的存储单元(Checkpoint Bit Cell,CBC),这些存储单元就实现了 Checkpoint 功能。当需要对 RAT 进行状态保存时,将 MBC 的内容复制到指定的 CBC 中(这个过程也称为 Allocation);当对 RAT 进行状态恢复时,将对应 CBC 中的内容复制到 MBC 中(这个过程称为 Restore)。这样就可以快速地完成对 RAT 的状态保存和恢复,这种带有 Checkpoint 功能的 MBC 如图 7.28 所示[31]。

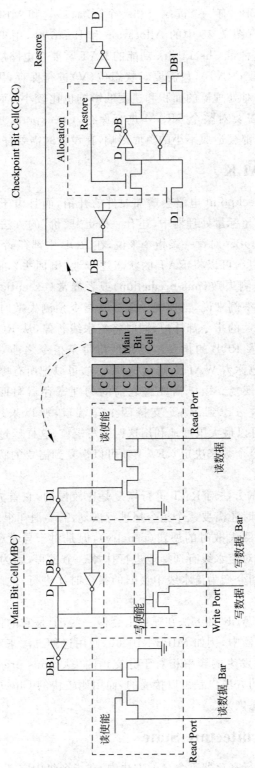

图 7.28 带有 Checkpoint 功能的 Main Bit Cell

图 7.28 中,左边的 MBC 支持多个读端口和写端口,因为在超标量处理器中,RAT 是需要多个端口的;右边的 CBC 有一个读端口和一个写端口,它和 MBC 通过传输门直接相连,同时需要两个控制信号(图 7.28 中的 Allocation 和 Restore),用来控制将数据从 MBC 转移到 CBC,或者反之。这种带 Checkpoint 功能的 RAT 需要在电路层面进行设计,当使用基于 CAM 结构 RAT 时(即 cRAT),只需要对状态位(V)进行保存,因此 Checkpoint 所需要的电路面积并不是很大,对处理器的面积和速度的影响也比较小;而使用基于 SRAM 结构的 RAT 时(即 sRAT),需要对整个 SRAM 进行保存,Checkpoint 所需要的电路面积很大,对处理器的速度和面积都会造成不小的负面影响,在设计时需要仔细进行权衡。

7.5.2　使用 WALK

使用 7.5.1 节中的 Checkpoint 电路会增加硬件的开销,而且由于硬件的限制,它的个数也没有办法很多,其实在超标量处理器中,还有一种更"廉价"的方法来进行 RAT 状态的保存和恢复,那就是使用 ROB。对每一条指令来说,在 ROB 中都存储了这条指令之前对应的物理寄存器,利用这个信息,可以将 RAT 的状态逐步地"倒回去",使那些处在错误路径上的指令,例如处在分支预测失败(mis-prediction)或者异常(exception)路径上的指令,对 RAT 的修改都进行恢复。举例来说,当发现一条分支指令预测失败时,使用这条分支指令的编号,将流水线中所有相关的指令都抹掉,同时将流水线暂停,从 ROB 的底端开始(ROB 的最底端对应着最新被放入 ROB 的指令),逐条地将每条指令之前对应的映射关系写到 RAT 中,这个过程被形象地称为 WALK,通过这种方式,可以把所有更改 RAT 的指令按照相反的顺序,将 RAT 进行恢复。由于需要将之前的物理寄存器写回到 RAT 中,在一个 4-way 的超标量处理器中,考虑到 RAT 支持四个写端口,所以采用每周期从 ROB 中 WALK 四条指令的方法,可以最大限度地利用这四个写端口,这样经过一段时间之后(具体的时间根据需要恢复的指令个数来决定),RAT 就可以恢复到需要的状态,此时就可以继续从正确的地址开始取指令了。

很显然,使用 WALK 的方法对 RAT 进行恢复是比较慢的,它首先需要对流水线中的指令有选择地进行抹掉,同时还需要逐个指令地进行恢复,需要消耗很多的时间。对于分支指令来说,这会增大分支预测失败时的惩罚(penalty),但是对于异常(exception)发生时处理器的状态恢复,则不需要对流水线有选择地进行抹掉这个过程,因为在超标量处理器中,异常的处理需要等到这条指令变为流水线中最旧的指令时才进行,此时流水线中全部的指令都需要被抹掉了。

总体来看,虽然这种 WALK 的方法在速度上会慢一些,但是它的优点是消耗的硬件资源比较少,因此在一些处理器中,例如 MIPS R10000,使用这种方法来对异常发生时的处理器进行状态恢复,因为异常发生的频率相对于分支预测失败(mis-prediction)是比较低的,因此使用这种相对比较慢的方法也是可以接受的,而用比较快的 Checkpoint 方法对分支预测失败时的处理器进行状态恢复。

7.5.3　使用 Architecture State

在基于统一的 PRF 进行寄存器重命名的方法中,在指令集中定义的所有逻辑寄存器都混在处理器内部的物理寄存器当中了。当需要从处理器外部访问一个逻辑寄存器时,直接使用寄存器重命名阶段的 RAT 是很难做到的,因为它处在推测(speculative)状态,因此一般都会在流水线的提交(Commit)阶段也使用一个 RAT,所有正确离开流水线的指令都会更新这个 RAT,因此这个 RAT 中记录的状态肯定是正确的,称它为 aRAT(architecture RAT)。因为外界访问 CPU 时,只能看到指令集中定义的逻辑寄存器。而不能看到物理寄存器,因此,只有从 aRAT 中才可以找到逻辑寄存器对应的正确状态的物理寄存器。如果直接查找寄存器重命名阶段的 RAT,则得到的只是处于推测(speculative)状态的物理寄存器,例如图 7.29 所示的例子。

指令A: r1 = r2 + r3   P31 = P22 + P23
指令B: r1 = r1 + r4   After   P32 = P31 + P24
指令C: r1 = r1 + r5   renaming →   P33 = P32 + P25
指令D: r1 = r1 + r6   P34 = P33 + P26

图 7.29 寄存器重命名的一个例子

当指令 A 已经成功地离开了流水线,而其他指令仍旧还在流水线当中时,逻辑寄存器 r1 对应的正确的值此时存储在物理寄存器 P31 中,如果在指令 D 完成寄存器重命名的那个时刻,从处理器外部访问逻辑寄存器 r1,如果直接使用重命名阶段的 RAT 的话,只能得到 r1 对应的物理寄存器是 P34 这个结果,而此时指令 D 处于推测(speculative)状态,有可能会由于它前面的指令存在分支预测失败(mis-prediction)或者异常(exception)的原因而使它从流水线中被抹掉,因此外界不应该看到 r1 和 P34 的映射关系,所以,需要在流水线的提交(Commit)阶段设置另外一个 RAT,即 aRAT。这个 RAT 的结构和寄存器重命名阶段使用的 RAT 是一样的,所有顺利离开流水线的指令都会将它对应的物理寄存器的编号写到这个 RAT 中,外界在访问处理器时,通过访问 aRAT,在任何一个时刻,总能够得到所有逻辑寄存器对应的正确状态,这个状态称做 Architecture State,如图 7.30 所示。

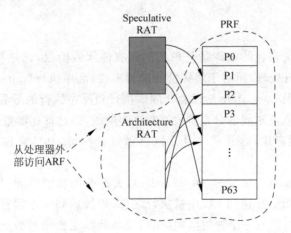

图 7.30 通过访问 aRAT 来访问 Architecture 寄存器

利用这个总是正确的 aRAT,也可以对寄存器重命名阶段使用的 RAT 进行恢复,这是如何进行的呢? 举例来说,当在流水线的执行阶段发现分支指令预测失败(mis-prediction)时,并不马上进行 RAT 状态的恢复,而是让处理器继续执行,当这条分支预测失败的分支指令变成流水线中最旧的指令时,此时的 aRAT 即表示了分支指令所对应的正确状态的 RAT。因为此时,在分支指令之前进入到流水线中的所有指令都已经顺利地离开了流水线,并且更新了处理器的状态,而该分支指令后面所有的指令都没有在 aRAT 中留下痕迹,此时,可以将 aRAT 的内容复制到重命名阶段的 RAT 中,这样就完成了分支预测失败时对 RAT 的恢复。因为重命名阶段使用的 RAT 和 aRAT 的结构是一模一样的,那么这样的复制工作是相对简单的,只需要在物理层面上将两个 RAT 的位单元(Bit cell)之间架起一个直连的通道,通过相应的信号进行控制,就可以将 aRAT 的内容在一个周期之内复制到重命名阶段的 RAT 当中,这和前文中讲述的 Checkpoint 的方法是一样的。其实,这种方法对其他两种寄存器重命名的方式也是适用的,等到分支指令退休(retire)的时候,此时的 ARF 就处在正确的状态,可以将 RAT 中所有的逻辑寄存器都指向 ARF,就完成了对 RAT 的状态恢复。

但是,当在流水线的执行阶段发现了分支预测失败时,可能在流水线中还存在很多指令先于这条分支指令进入流水线,如果这些指令中存在 D-Cache 缺失的 load 指令,那么这条分支指令可能需要等待一段时间才可以等到这些指令全部顺利地离开流水线,这会导致分支预测失败时的惩罚(penalty)变大,一定程度上影响了处理器执行的效率。

在超标量处理器的流水线中,那些先于分支指令进入到流水线的指令中,如果有指令发生了异常(exception),例如 TLB 缺失、Page Fault 等,那么处理器需要对这些异常进行处理,此时需要等到这条发生异常的指令变为流水线中最旧的指令时,将流水线中全部的指令进行抹掉,并跳转到对应的异常处理程序中,这样,那条预测失败的分支指令并不会被处理,因为它从流水线中被抹掉了,不可能退休(retire)。这也是等到分支指令变为流水线中最旧的指令的时候,才对 RAT 进行状态恢复的一个好处,如果在一条分支指令之前存在异常或者另一个分支预测失败,那么即使这条分支指令发生了分支预测失败,它也不会被处理,而是会从流水线中被抹掉,这样就避免了做无用功,在一定程度上可以节约处理器的功耗。

7.6　分发

到现在为止,前文讲述的超标量处理器的所有流水线阶段,都是按照程序指定的顺序(in-order)对指令进行处理,而对于超标量处理器来说,乱序执行(out-of-order)才是最关键的地方,流水线的分发(Dispatch)阶段就是顺序执行和乱序执行的分界点,指令经过寄存器重命名之后,就会进入流水线的分发阶段。在这个阶段,经过寄存器重命名之后的指令会被写到流水线的很多缓存中,这样就为乱序执行做好了准备,具体来说,可以分为三大类的缓存。

(1) 发射队列(Issue Queue)(out-of-order),大部分的功能单元(FU)都可以按照乱序的方式来执行指令,指令在送到 FU 中被执行之前,先被放到一个缓存中,这个缓存就是发射队列,每个 FU 都对应着一个发射队列(先假设如此),当指令被放到这个缓存中的时候,它的操作数可能还没有完全准备好,那么它就在这个缓存中等待,只要一条指令的所有源操作数都准备好了,就可以将其送到 FU 中执行,而不用理会这条指令在程序中原始的顺序,超标量处理器正是依靠这种方式来获得比较高的性能,这需要发射队列可以支持这种乱序发射指令的特性。不仅如此,在一个 4-way 的超标量处理器中,每周期最多可以有四条指令被写到这个缓存中,这需要从其中找出四个空闲的表项(entry),由于乱序执行的特性,缓存中空闲表项的分布是没有规律的,从其中找出四个空闲的表项并不是一件容易的事情,需要在设计中进行权衡,这部分内容将在后文介绍。

（2）发射队列(Issue Queue)(in-order)，即使在乱序执行的超标量处理器中，仍旧有部分指令是按照程序中指定的顺序来执行的，例如分支指令和 store 指令，这些指令如果按照乱序的方式执行，会带来不菲的硬件消耗，而且在性能上也不会带来本质的提高，因此对这些指令一般采取顺序的方式来执行，容纳这些指令的发射队列本质上就是 FIFO，通过调整写指针就可以从中找到空闲的空间，将重命名之后的指令放到其中，因此完全可以用之前讲过的交叠(interleaving)方式来实现这种 FIFO。

（3）重排序缓存(ROB)，这个部件可以将乱序执行的指令拉回程序中指定的原始顺序，指令经过寄存器重命名之后，按照程序中指定的顺序写到重排序缓存中，同时在重排序缓存中还会记录下指令在执行过程中的一些状态，例如是否产生异常等信息，即使有些指令很早就计算完成了，但是它必须等到重排序缓存中在它前面(也就是比它更旧)的所有指令都离开了(也就是退休)，才会允许这条指令改变处理器的状态(这称为 Architecture State)。重排序缓存本质上也是 FIFO，通过调整写指针就可以找到空闲的空间，将指令写到其中。

总结来说，流水线的分发(Dispatch)阶段就是将寄存器重命名之后的指令写到发射队列(Issue Queue)和重排序缓存(ROB)的过程，指令到达发射队列之后，就可以按照乱序的方式执行了，通过重排序缓存将这些指令再变回到程序中指定的顺序。分发阶段可以和寄存器重命名阶段放在一个周期内完成，但是当发射队列和重排序缓存的容量比较大时，向它们当中写入东西会变得很慢，这样会严重影响处理器的周期时间，因此很多处理器都会为分发阶段单独使用一个流水段，从功能上来看，分发阶段可以称得上是超标量处理器的流水线中最轻松的一级了。

第 8 章

发 射

8.1 概述

何为"发射(issue)"？简单来说,它就是将符合一定条件的指令从发射队列(Issue Queue)中选出来,并送到 FU 中执行的过程。对于一个 4-way 的超标量处理器来说,在寄存器重命名阶段每周期可以同时处理四条指令,重命名之后的指令被写到重排序缓存(ROB)的同时,也会被写到发射队列中,此时已经到达了超标量流水线的发射(issue)阶段,而发射队列正是这个流水段的关键部件。发射队列也可以叫做保留站(Reservation Station,RS),不同的设计中称呼不同而已,在书中,统一称为发射队列,简称为 IQ。发射队列会按照一定的规则,选择那些源操作数都已经准备好了的指令,将其送到 FU 中执行,这个过程称为发射,对于简单的顺序执行(in-order)的处理器,指令按照程序中原始的顺序写到发射队列中,此时发射队列就相当于是一个 FIFO,只有最旧的那条指令的源操作数都准备好了,这条指令才会被发射,而这条指令如果没有发射,它后面的指令也无法继续发射,因此,这种设计是比较简单的。但是对于乱序执行(out-of-order)的超标量处理器来说,只有少数指令,例如 store 指令或分支指令,才会使用这种顺序执行的方法,而对于大多数的指令,都是按照乱序的方式进行发射,这种方式的设计难度相对是比较大的,也是本章重点介绍的内容。

指令到了发射队列中之后,就不会再按照程序中指定的顺序在处理器中流动,只要发射队列中的一条指令的操作数都准备好了,且满足了发射的条件(具体的条件将在本章进行介绍),就可以送到相应的 FU 中去执行。因此,发射队列的作用就是使用硬件保存一定数量的指令,然后从这些指令中找出可以执行的指令,而不管指令之间原始的顺序,这就是指令的乱序执行,正是由于发射队列在这个过程中起到了关键的作用,因此它设计的好坏直接决定着处理器能够获得的并行度。在超标量处理器的流水线中,发射阶段的硬件比较复杂,一般它的时序都处于处理器当中的关键路径上[32],直接影响着处理器的周期时间,这个阶段的设计需要一定的折中,才能够在性能和复杂度之间找到一个可以接受的平衡点。

从发射阶段的作用可以看出,它是处理器从顺序执行转到乱序执行的分界线,在发射阶段之前的所有指令都在流水线中按照程序中指定的顺序流动,而在发射阶段之后,所有的指令都是乱序执行的,直到流水线最后的提交(Commit)阶段,才利用重排序缓存(ROB)将这些指令又拉回到程序中指定的原始顺序。

实际上,发射阶段是由一系列的硬件组成的,除了上面所说的发射队列用来存储所有等待调度的指令之外,还包括其他的一些部件,如图8.1所示。

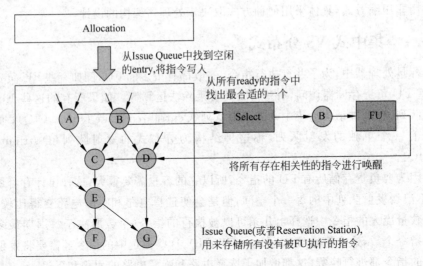

图 8.1　发射(issue)阶段的执行过程

图 8.1 给出了流水线的发射阶段的执行过程,以及所涉及到的一些重要的部件,包括以下几个。

(1) 发射队列(Issue Queue),用来存储已经被寄存器重命名,但是没有被送到 FU 执行的指令,通常也被称为保留站(Reservation Station)[33];

(2) 分配(Allocation)电路,用来从发射队列中找到空闲的空间,将寄存器重命名之后的指令存储到其中,不同的发射队列的设计方法,会直接影响这部分电路的实现,在后文会进行详细的介绍;

(3) 选择(Select)电路,也称为仲裁(Arbiter)电路,如果在发射队列中存在多条指令的操作数都已经准备好了,那么这个电路会按照一定的规则,从其中找出最合适的指令,送到 FU 中去执行,这部分电路是发射阶段比较关键的部分,会直接影响整个处理器的执行效率;

(4) 唤醒(Wake-up)电路,当一条指令经过 FU 执行而得到结果数据时,会将其通知给发射队列中所有等待这个数据的指令,这些指令中对应的源寄存器就会被设置为有效的状态,这个过程就是唤醒。如果发射队列中一条指令的所有源操作数都有效了,则这个指令就处于准备好(ready)的状态,可以向选择电路发出申请。

以图 8.1 为例,发射队列中存储着 A~G 这七条指令,指令 A 和 B 都已经处于准备好的状态,经过选择电路的仲裁,选择指令 B 送到 FU 中进行运算,它运算完成后,会将发射队列中和 B 指令的结果寄存器相同的所有源寄存器(位于指令 C 和 D 中)也置为有效,这样就将相关的指令进行了唤醒。

发射阶段的实现有很多种方式,而位于这个阶段中心位置的部件就是发射队列,它的实现方式直接决定了整个发射阶段的实现方式,它可以设计成集中式(Centralized),也可以设计成分布式(Distributed);可以设计成压缩的方式(Compressing),也可以设计成非压缩的方式(Non-compressing);可以设计成数据捕捉的方式(Data-capture),也可以设计成非数据捕捉的方式(Non-data-capture)。这些结构都正交的,它们之间可以互相组合,也就是说,发射队列可以设计成集中式、数据捕捉并且采用压缩方式,也可以设计成分布式、非数据捕捉并且采用非压缩方式,具体采用何种方式取决于处理器架构的设计。

8.1.1 集中式 VS 分布式

在超标量处理器中,为了并行执行指令,一般都有很多的 FU,例如有些 FU 负责整数的加减,有些 FU 负责存储器访问,有些 FU 负责乘除法运算等。如果所有的这些 FU 都共用一个发射队列,称这种结构为集中式的发射队列(Centralized Issue Queue,CIQ);而如果每个 FU 都有一个单独的发射队列,称这种结构为分布式的发射队列(Distributed Issue Queue,DIQ)。

CIQ 因为要负责存储所有 FU 的指令,所以它的容量需要很大,这种设计有着最大的利用效率,不浪费发射队列中的每一个空间,但是会使选择电路和唤醒电路变得比较复杂,因为需要从数量庞大的指令中选择出几条可以被执行的指令(个数取决于每周期最多可以同时执行的指令个数,这个值通常称为 Issue Width),这些被选中的指令还需要将发射队列中所有相关的指令都进行唤醒,这都增加了选择电路和唤醒电路的面积和延迟。

DIQ 的设计方式,为每一个 FU 都配备一个发射队列,所以每个发射队列的容量可以很少,这样就大大简化了选择电路的设计(每个发射队列都对应一个选择电路)。但是当一个发射队列已经满了时,即使其他的发射队列中还有空间,也不能够继续向其中写入新的指令,此时就需要将发射阶段之前的所有流水线都暂停,直到这个发射队列中有空闲的空间为止。例如一段时间内执行了大量的加减法指令,则很可能因为加减法运算的 FU 对应的发射队列已经满了而无法继续接收新的加减法指令,这会阻碍这些指令的寄存器重命名,使后续的所有指令都无法继续通过寄存器重命名阶段(指令需要按照程序中指定的顺序通过寄存器重命名阶段)。即使此时其他 FU 的发射队列中还存在空间,也需要将发射阶段之前的流水线都暂停,这样就造成了发射队列利用效率的低下,而且,由于它的分布比较分散,进行唤醒操作时所需要的布线复杂度也随之上升。

正因为这两种方式各有优缺点,现代的处理器一般都结合使用上述的两种方法,使某几个 FU 共同使用一个发射队列,这也算是一种折中的方法,具体将哪些 FU 共用一个发射队列,是和指令集、设计目标等相关的,这属于处理器架构设计的内容。

8.1.2 数据捕捉 VS 非数据捕捉

对于超标量处理器来说,还需要考虑一个重要的事情,就是在流水线的哪个阶段读取寄存器的值,它直接决定了处理器中其他一些部件的设计。事实上,何时读取寄存器的值,这个事情对于整个处理器的架构都有着直接的影响,一般来说,有两个时间点都可以进行寄存器的读取,它们对应着两种实现方法。

(1) 在流水线的发射阶段之前读取寄存器,这种方法也称为数据捕捉(Data-capture)的结构,在这样的设计中,被寄存器重命名之后的指令会首先读取物理寄存器堆(Physical Register File),然后将读取到的值随着指令一起写入发射队列中。如果有些寄存器的值还没有被计算出来,则会将寄存器的编号写到发射队列中,以供唤醒(wake-up)的过程使用,它会被标记为当前无法获得(non-available)的状态,这些寄存器都会在之后的时间通过旁路网络(bypassing network)得到它们的值,不需要再访问物理寄存器堆。在发射队列中,存储指令操作数的地方称为 payload RAM,如图 8.2 所示。

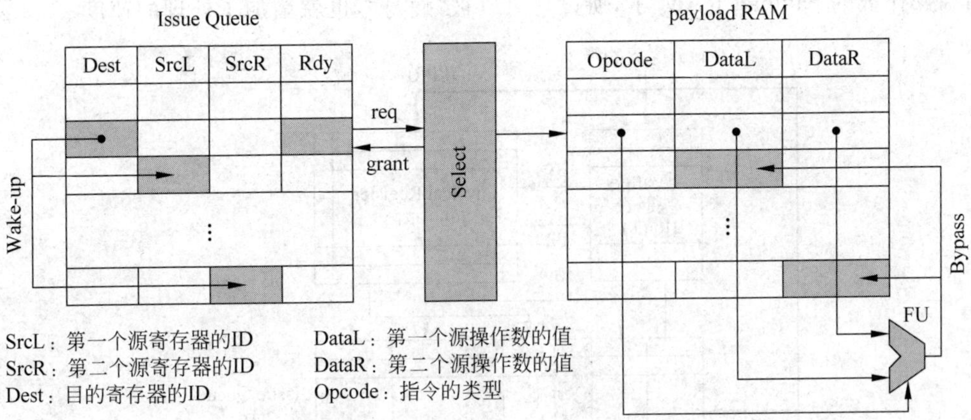

图 8.2 使用 payload RAM 来存储发射队列中的源操作数

从图 8.2 中可以看到,在 payload RAM 存储了指令源操作数的值,当指令从发射队列中被仲裁电路选中时,就可以直接从 payload RAM 中对应的地方将源操作数读取出来,并送到 FU 中去执行。当一条指令从发射队列中被选中的同时,它会将目的寄存器的编号值进行广播,发射队列中其他的指令都会将自身的源寄存器编号和这个广播的编号值进行比较,一旦发现相等的情况,则在 payload RAM 对应的位置进行标记,当那条被选中的指令在 FU 中计算完毕时,就会将它的结果写到 payload RAM 这些对应的位置中,这是通过旁路网络(bypassing network)来实现的。这种方式就像是 payload RAM 在"捕捉"FU 计算的结果,所以称为数据捕捉(data-capture)结构,发射队列负责比较寄存器的编号值是否相等,而 payload RAM 负责存储源操作数、并"捕捉"对应 FU 的结果。

在超标量处理器中,用 machine width 来标记每周期实际可以解码和重命名的指令个数,而用 issue width 来标记每周期最多可以在 FU 中并行执行的指令个数(也就是每周期最多可以发射的指令个数)。在一般的 CISC 处理器中,在处理器内部将一条 CISC 指令转化为几条 RISC 指令,而存储到发射队列中的是 RISC 指令,只有使 issue width 大于 machine width,才能够使处理器的流水线比较平衡,避免出现"进的多,出的少"的情况;而在 RISC 处理器中,一般情况下这两个值都是相等的,但是考虑到由于指令之间存在相关性等原因,在超标量处理器中,即使每周期可以解码和重命名四条指令,在很多时候,也并不能得到每周期将四条指令送到 FU 中执行的这种效果。因此,只有使 issue width 大于 machine width,才能够最大限度地寻找在 FU 中可以并行执行的指令,所以现代的高性能处理器都会采用很多个 FU,使每周期可以并行执行的指令个数(也就是每周期可以发射的指令个数)尽可能得多。

因为这种方法在流水线的发射阶段之前读取物理寄存器堆(Physical Register File),所以物理寄存器堆需要的读端口的个数是"machine width×2"(假设每条指令只有两个源操作数),是直接和 machine width 相关的,这种方法的整个过程如图 8.3 所示。

(2) 在流水线的发射阶段之后读取物理寄存器堆,这种方法也称为非数据捕捉(Non-data-capture)结构,在这样的设计中,被重命名之后的指令不会去读取物理寄存器堆,而是直接将源寄存器的编号放到发射队列中,当指令从发射队列中被选中时,会使用这个源寄存器的编号来读取物理寄存器堆,将读取的值送到 FU 中去执行。由于在发射队列中不需要存储源操作数的 payload RAM 了,所以它可以被"瘦身",也就增加了处理的速度。

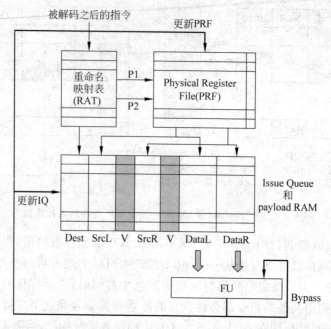

图 8.3　在流水线的发射阶段之前读取物理寄存器堆

　　由于指令在发射之后才会读取物理寄存器堆,所以寄存器堆需要的读端口个数是 issue width×2,是直接和 issue width 直接相关的,因为这个值一般都比较大,所以这种方法对于寄存器堆的读端口个数的需求会更多一些,图 8.4 表示了这种方法的工作流程。

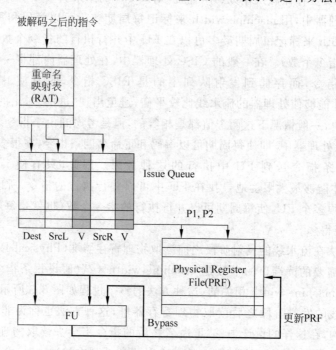

图 8.4　在流水线的发射阶段之后读取物理寄存器堆

通过上面的介绍可以看出,在流水线的发射阶段之前读取寄存器的这种方式,所需要的寄存器堆的读端口个数会比较少,但是由于需要在发射队列中存储操作数,所以发射队列所占用的面积会更大一些。而且,在这种方法中,很多源操作数都需要经历两次读和一次写的过程,即从寄存器中读取出来,写到发射队列中,然后再从发射队列中读取出来送到 FU 中执行,很显然,这会消耗更多的能量,不利于实现低功耗的处理器。而采用在流水线的发射阶段之后读取寄存器的方式,需要寄存器堆有着更多的读端口,但是在发射队列中不再需要存储源操作数,所以发射队列在面积和速度方面会好一些,源操作数也只需要读取一次就可以了,因此相比于另一种方法,它的功耗会低一些。这两种方法各有利弊,在现代的处理器中都有使用,如 Intel 的 P6 架构采用了方法一,而 MIPS R10000 和 Alpha 21264 等处理器则采用了方法二。

事实上,这两种方法的取舍直接决定了寄存器重命名的实现方式,当使用重排序缓存(ROB)进行寄存器重命名时,一般都会配合使用数据捕捉的发射方式,因为在这种方法中,指令在顺利地离开流水线的时候(也就是退休的时候),需要将它的结果从重排序缓存中搬移到 ARF 中,采用数据捕捉的方式可以不用关心这种指令结果的位置变化,而如果采用非数据捕捉的方式,指令结果的位置变化会带来很麻烦的事情,这样等于是人为地增加了不必要的设计复杂度,并不是一个明智的做法。

8.1.3 压缩 VS 非压缩

根据发射队列的工作方式,又可以将其分为压缩(Compressing)和非压缩(Non-compressing)两种结构,这两种结构直接决定了发射阶段的其他部件设计的难易,也影响着处理器的功耗。

(1) 压缩的发射队列(Compressing Issue Queue)

这种方法如图 8.5 所示,每当一条指令被选中而离开发射队列时,会出现一个"空隙",这条指令上面所有的指令都会下移一格,将刚才那条指令的"空隙"填上。想象一下,有 n 本一模一样的书,一本压一本地放到桌子上,当从其中抽出某本书时,这本书上面的书都会下移,此时整体上这摞书的高度下降了,但是在这摞书中间并没有空隙。再看图 8.5 中的发射

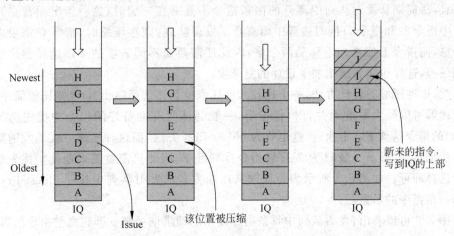

图 8.5 压缩方式的发射队列的工作原理

队列,想象有一个东西在向下压它,当一条指令离开而导致发射队列中出现空闲的空间时,在下压力的作用下,那个空闲的空间就会被"挤走",这样发射队列当中所有的指令又都是紧紧地靠在一起了。而且发射队列当中的这些指令,从上往下看,是按照"最新→最旧"的顺序排列的,新来的指令会从发射队列上面的空闲空间开始写入。

在图 8.5 中,当指令 D 被选中而离开时,在发射队列中就会出现空闲的位置,经过压缩之后,这个空闲的位置会被"挤掉",这样所有的指令又都靠在一起了,这就是压缩方式的发射队列。通过这种方式,可以保证空闲的空间都是处于发射队列的上部,此时只需要将重命名之后的指令写到发射队列的上部即可,例如图 8.5 中的指令 J 和指令 I。

要实现这种压缩的方式,需要发射队列中每个表项(entry)的内容都能够移动到其下面的表项中,因此需要在每个表项前加入多路选择器,用来从其上面的表项(压缩时)或自身(不压缩时)选择一个,如图 8.6 所示。

图 8.6 表示了每周期能够"压缩"一个表项的发射队列的示意图,当然,如果发射队列每周期可以压缩两个表项,则每个表项的内容有三个来源,即上上面的表项、上面的表项以及自身,因此需要更多的多路选择器和布线资源,如图 8.7 所示。

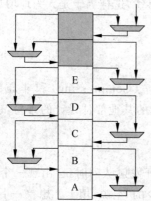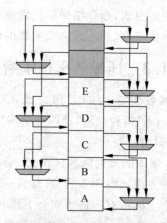

图 8.6　每周期可以压缩一个表项的发射队列　　　图 8.7　每周期可以压缩两个表项的发射队列

而且,每周期从发射队列中离开的两条指令不是靠在一起时(这种情况很常见),例如图 8.7 中指令 B 和指令 D 同时被选中而离开了发射队列,则在压缩时,指令 C 需要向下移动一个格,而指令 E 需要向下移动两个格,因此还需要对不同表项的多路选择器产生不同的控制信号,这样也显著地增加了设计的复杂度。

当然,这种压缩的设计方法,一个比较大的优点就是其选择(select)电路比较简单,为了保证处理器可以最大限度地并行执行指令,一般都从所有准备好的指令中优先选择最旧(oldest)的指令送到 FU 中执行,这也称为 oldest-first 方法,而这种压缩方式的发射队列已经很自然地按照"最新→最旧"的顺序将指令排列好了,因此只需要简单地使用优先级编码器进行选择即可。如图 8.8 所示为每周期从压缩方式的发射队列中按照 oldest-first 的方式选择一条指令的示意图。

从图 8.8 可以看出,发射队列中每条指令发出的请求信号都受到它之前指令的影响,只有比它旧的所有指令都没有被选中时,这条指令才有被选中的资格,通过图 8.8 所示的与逻辑可以实现这个功能;如果有任何一条指令在当前周期被选中了,则比它新的所有指令都不能够在本周期被选中,这样就按照 oldest-first 的原则,从发射队列的所有指令中选择一条最合适的指令送到 FU 中执行。

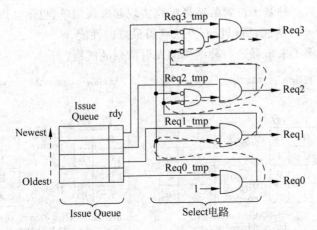

图 8.8 从压缩方式的发射队列中,按照 oldest-first 的方式选择指令

从图 8.8 可以看出,这样的设计方法,它的延迟和发射队列的容量是成正比的,发射队列中可以容纳的指令个数越多、延迟也就越大。图 8.8 中的虚线部分即表示了选择电路最长的路径,可以想象,当使用集中式的发射队列(CIQ)时,由于它的容量很大,所以选择电路的延迟会很大,这对于处理器的周期时间会带来很大的负面影响。

因此,总结起来,这种压缩方式的发射队列的优点如下。

① 分配(allocation)电路很简单,发射队列中的空闲空间总是处于上部,只需要使用发射队列的写指针,指向当前第一个空闲的空间即可。

② 选择(select)电路简单,因为这种方法已经使发射队列中的指令从下到上按照"最新→最旧"的顺序排列好了,此时很容易用优先级编码器(priory encoder)来从所有准备好的指令当中,找出最旧的那条指令,这样很容易实现 oldest-first 功能的选择电路。一般来说,在发射队列中最旧的指令,和它存在先写后读(RAW)相关性的指令也是最多的,先使这条最旧的指令送到 FU 中执行,可以最大限度地释放所有和它存在 RAW 相关性的指令,这样可以提高指令执行的并行度。

但是,这种方法的缺点也是很明显的。

① 实现起来比较浪费硅片面积,例如一个发射队列对应两个 FU 时,每周期要从中选择两条指令送到 FU 中执行,则发射队列需要支持最多两个表项(entry)的压缩,这需要复杂的多路选择器和大量的布线资源,增加了硬件的复杂度。

② 功耗大,因为每周期都要将发射队列当中的很多指令进行移动,相当于"牵一发而动全身",这显然增大了功耗。

(2) 非压缩的发射队列(Non-Compressing Issue Queue)

在这种方法中,顾名思义,就是每当有指令离开发射队列的时候,发射队列中其他的指令不会进行移动,而是继续停留在原来的位置,此时就没有了"压缩"的过程。可以想象,在这种方法中,空闲空间在发射队列中的分布将是没有规律的,它可以位于发射队列中的任何位置,因此发射队列当中的指令将不再有"最新→最旧"的顺序,不能够根据指令的位置来判断指令的新旧。当然,此时仍可以使用上面方法中使用的选择电路,从发射队列中最下面的指令开始寻找，直到遇到第一条准备好的指令为止，但是这种选择电路对于非压缩结构的发射队列来说，相当于是一种随机的选择，因为此时指令的年龄信息和它在发射队列中的位置是没有关系的。当然这种基于位置的选择电路实现起来很简单，也不会产生错误，但是由于没有实现 oldest-first 的功能，所以没有办法获得最好的性能。

图 8.9 以一个例子来解释这两种结构的发射队列的区别。

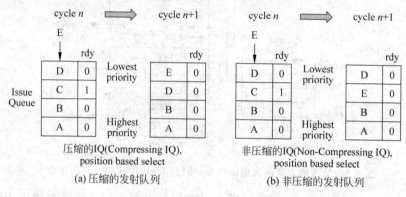

(a) 压缩的发射队列　　　　　　　(b) 非压缩的发射队列

图 8.9　两种结构的发射队列的区别

在图 8.9 所示的两种发射队列中，都根据指令在发射队列中的位置对其进行选择（称为position based select），图 8.9(a) 的发射队列采用了压缩的结构，每次总是能保证选中最旧的指令，新来的指令只需要从发射队列的上部写入就可以了，如指令 E 所示；图 8.9(b) 的发射队列采用了非压缩的结构，此时本质上是一种随机的选择，不能保证选中最旧的指令，新来的指令需要从发射队列中找到一个空闲的位置，例如指令 E。当然，这只是找到一个空闲的位置，相对还是比较容易的，当每周期需要找到几个空闲的位置时，实现起来就不是那么容易了。

总结起来，采用非压缩的发射队列，优点是其中的指令不再需要每个周期都移动，这样大大减少了功耗，也减少了多路选择器和布线的面积。当然这种方法的缺点也是很明显的，分别如下。

（1）要实现 oldest-first 功能的选择电路，就需要使用更复杂的逻辑电路，这会产生更大的延迟；

（2）分配（allocation）电路也变得比较复杂，无法像压缩方法中那样直接将指令写入到发射队列的上部即可，而是需要扫描发射队列中所有的空间，尤其是当每周期需要将几条指令写入时，需要更复杂的电路来实现这个功能。

这两种结构的发射队列各有优缺点，在现实世界的超标量处理器中也都有使用，例如 Alpha 21264 处理器采用了压缩结构的发射队列，而 MIPS R10000 处理器采用了非压缩结构的发射队列。

8.2　发射过程的流水线

8.2.1　非数据捕捉结构的流水线

进入到发射队列（Issue Queue）当中的一条指令要被 FU 执行，必须要等到下述几个条件都成立。

（1）这条指令所有的源操作数都准备好了；

（2）这条指令能够从发射队列中被选中,即需要经过仲裁电路的允许才能够进行发射；

（3）需要能够从寄存器、payload RAM 或者旁路网络（bypassing network）中获得源操作数的值。

只有上述的三个条件都满足了,一条指令才会真正进入到 FU 中被执行,这三个条件是顺序发生的,对于一个源寄存器来说,如果它被写到发射队列中的时候,还处于没准备好的状态（not ready）,等到之后的某个时间,它变为了准备好的状态,这个过程就称为唤醒（wake-up）,这需要通过旁路网络才可以通知到发射队列中的每个源寄存器。唤醒的过程可以很简单,也可以很复杂,最简单的方法就是当一条指令在 FU 中得到结果时,将发射队列中使用这条指令计算结果的所有源寄存器都置为准备好的状态,这个过程如图 8.10 所示。

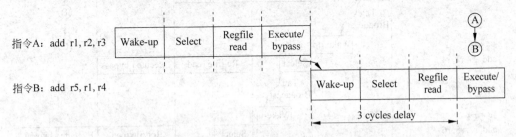

图 8.10 等到指令的结果被计算出来,才进行唤醒操作

在图 8.10 中,发射（issue）过程被分为了唤醒（Wake-up）和仲裁（Select）两个流水线阶段,在唤醒阶段,发射队列中的所有相关的寄存器会被置为准备好的状态,而在仲裁阶段,会使用仲裁电路从发射队列中选择一条最合适的指令送到 FU 中,这是发射过程最典型的流水线划分。从图 8.10 可以看出,两条存在先写后读（RAW）相关性的指令,不能获得背靠背的执行,它们的执行之间相差了三个周期,这样的执行效率显然还不是最高的。

其实,这种在指令执行完之后才对相关的指令进行唤醒的方法正是 tomasulo 算法[36],早在 20 世纪六七十年代已经在 IBM 的处理器中采用了,这种方法也是现代超标量处理器的基础。为了能够获得更高的性能,一般都会对上述的方法进行改进,将唤醒的过程进行提前,最终可以背靠背地执行上述两条存在 RAW 相关性的指令,如图 8.11 所示。

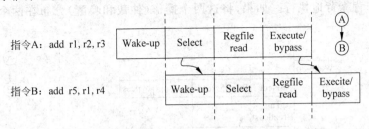

图 8.11 背靠背地执行两条存在 RAW 相关性的相邻指令

通过处理器中的旁路网络（bypassing network）,能够使唤醒的过程提前。在图 8.11 中,指令 A 在被仲裁电路选中后,在当前周期就会将发射队列中和指令 A 的目的寄存器相等的所有源寄存器都进行唤醒,将它们置为准备好（ready）的状态。假设此时指令 B 由于它的源寄存器被唤醒而可以向仲裁电路发出申请,并在下个周期被仲裁电路选中,当然,此时

由于指令 A 还没有计算完成,指令 B 是无法从寄存器中读取到源操作数的,这没有问题,为什么呢? 因为当指令 B 到达执行阶段(execute)的时候,可以从旁路网络中得到指令 A 的结果,此时指令 B 就可以顺利地进入到 FU 中执行了。

其实,在图 8.11 中,简化了一些东西,通过仔细观察可以知道,在同一个周期内执行的仲裁(select)和唤醒(wake-up)这两个操作是串行的。只有当仲裁电路选出可以发射的指令后,才可以对发射队列中相关的源寄存器进行唤醒,而只有当这两个步骤(仲裁和唤醒)在一个周期之内完成时,才可以背靠背地执行两条存在 RAW 相关性的指令,一个比较接近现实的流水线画法如图 8.12 所示。

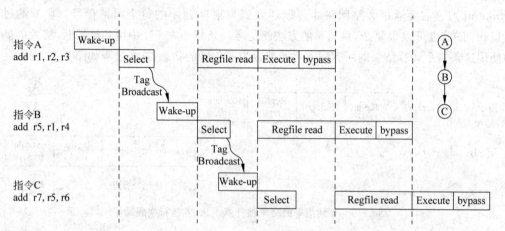

图 8.12　比较接近现实的流水线——仲裁和唤醒是串行的

在图 8.12 中,指令 A、B 和 C 依次存在先写后读(RAW)的相关性,通过将一条指令的仲裁(select)和唤醒(wake-up)两个操作放在一个周期之内完成,可以使这三条指令背靠背地执行。这里需要注意的是上述的这个过程,是在一个周期之内先使用仲裁电路从发射队列中选择出一条合适的指令(这是仲裁阶段的工作),然后再将发射队列中相关的寄存器置为准备好的状态(这是唤醒阶段的工作),这里是有先后顺序的,发射队列中被唤醒的指令将在下个周期才参与仲裁电路的选择操作。图 8.13 所给出的仲裁和唤醒这两个操作在某些文献中称为“原子的”,只有将它们放到一个周期之内执行,才可以使存在先写后读(RAW)相关性的指令背靠背地执行。如果,将这两个操作(仲裁和唤醒)分布在两个周期完成,如图 8.13 所示。

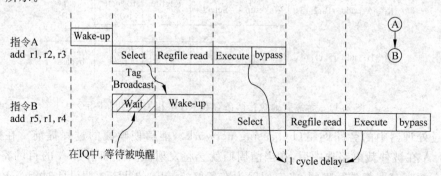

图 8.13　将一条指令的仲裁和唤醒放在两个周期完成的流水线示意图

在图 8.13 所示的这种设计中,指令 A 在被仲裁电路选中之后的下个周期才对发射队列中相关的寄存器进行唤醒操作,使用指令 A 的结果作为源操作数的指令 B 需要在发射队列中等待一个周期,才可以被唤醒。由图 8.13 可以看出,指令 B 的执行和指令 A 的执行相差了一个周期,并没有连续地背靠背执行。因此,要想使存在先写后读(RAW)相关性的相邻指令可以背靠背地执行,就必须使流水线的仲裁(Select)和唤醒(Wake-up)两个操作在一个周期内完成,组成一个"原子操作"。

因为仲裁电路和唤醒电路都是相对比较复杂的,将它们放在一个周期内执行,肯定会使时钟周期变长,从而使处理器的频率变低;而将这两个电路分开在两个周期的做法可以减少对时钟周期的负面影响,提高了处理器的频率,但是会影响超标量处理器每周期可以并行执行的指令个数(这在计算机中用 IPC 来衡量)。文献研究表明[34][35],将流水线的仲裁(Select)和唤醒(Wake-up)这两个过程分开在两个周期之后,IPC 大约下降 10%~15%,下面通过计算来分析这种变化所带来的影响。

假设当流水线中的仲裁和唤醒这两个操作在一个周期内完成时,处理器的频率是1GHz,对应着时钟周期是1ns,并假设超标量处理器每周期可以最多执行两条指令,也就是IPC 为 2(理想情况),则每秒执行的指令个数为 $1GHz \times 2 = 2 \times 10^9$,如图 8.14 所示。

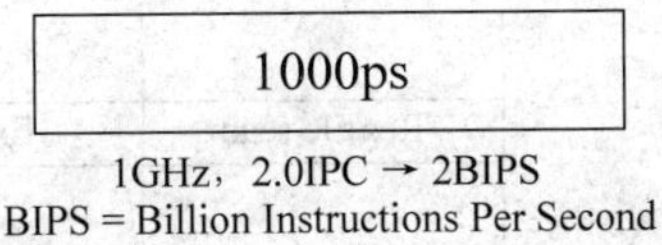

$$\boxed{1000ps}$$

1GHz, 2.0IPC → 2BIPS
BIPS = Billion Instructions Per Second

图 8.14　理想情况时,每秒执行的指令个数是 2BIPS

理想情况下,假设将仲裁和唤醒这两个操作分开在两个周期执行后,处理器的频率提升了一倍,变为2GHz,IPC 下降了 15%,变为了 $2 \times 85\% = 1.7$,则在这种理想的情况下,每秒执行的指令个数为 $2GHz \times 1.7 = 3.4 \times 10^9$。

一切看起来很完美,速度提升了$(3.4 - 2)/2 = 85\%$!

但是考虑到寄存器的建立时间(setup time)和保持时间(hold time)的要求,实际上当处理器的频率是1GHz 时,每个时钟周期内留给逻辑电路的时间是小于1ns 的,假设为900ps,则将仲裁和唤醒操作放到两个周期之后,理想的情况是图 8.15 所示的样子。

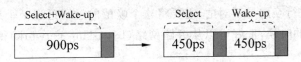

图 8.15　将仲裁和唤醒分开在两个周期的理想时序

而在实际当中,再考虑到流水线划分不可能做到完全的平均,实际情况可能是图 8.16所示的样子。

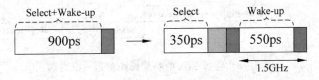

图 8.16　将仲裁和唤醒分开在两个周期的现实时序

此时,每秒执行的指令个数为 $1.5\text{GHz} \times 1.7 = 2.55 \times 10^9$,速度的提升变为$(2.55 - 2)/2 = 27.5\%$。

这并不是说,处理器就绝对可以获得 27.5% 的速度提升,在实际当中,由于增加了一级流水线,在提高了处理器频率的同时,还会带来如下的一些负面的影响。

(1) 分支预测失败时,惩罚(mis-prediction penalty)增加;

(2) Cache 访问的周期数增加(Cache 访问需要的时间是固定的,周期时间变小,则需要的周期数就变多了);

(3) 考虑到处理器的功耗可以表示为 $P = (1/2)CV^2 f$,增加了一级流水线,会导致处理器需要更多的门数,使电容 C 变大,而且频率 f 更快,这些都会导致功耗增大。

到目前为止,上面的所有描述,都假设一条指令在 FU 中只需要一个周期就可以得到结果,而在实际的超标量处理器中,存在多个 FU,每个 FU 的执行时间都是不同的,即使是同一个 FU,对不同的指令所需要的执行时间也不一定相同,例如很多处理器的乘法器都可以提前将 16 位的乘法结果进行输出。当一条指令在 FU 中无法在一个周期内完成时,对应着流水线的执行(execute)阶段也需要占用多于一个周期的时间,此时上述的方法就不能够起作用了,如图 8.17 所示。

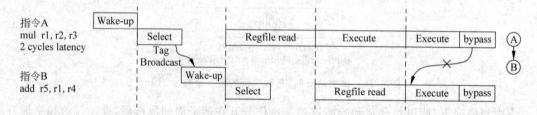

图 8.17　如果指令 A 马上进行唤醒操作,会导致指令 B 无法在执行阶段得到操作数

由于指令 A 是乘法操作,假设在 FU 中需要两个周期才可以得到结果,如果仍按照上面所述的方式,在指令 A 被仲裁电路选中的那个周期就对发射队列(Issue Queue)中相关的寄存器进行唤醒操作,则指令 B 在到达 FU 中要执行的时候,指令 A 还没有将结果计算出来,此时指令 B 就不能够执行了。也就是说,指令 B 的唤醒早了一个周期。造成这种现象的原因是什么呢? 这是由于指令 A 需要两个周期才能得到结果,当指令 A 被仲裁电路选中后,马上将指令 B 进行唤醒是不对的,需要将这个唤醒的过程延迟一个周期,这样才可以使指令 B 在到达 FU 的时候,正好可以从旁路网络(bypassing network)得到指令 A 的结果,如图 8.18 所示。

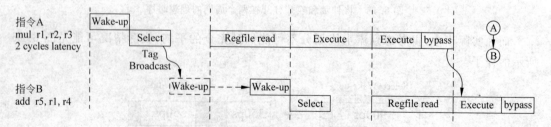

图 8.18　将指令 A 的唤醒操作延迟一个周期

当然,事情远没有结束,在一般的指令集中,不同的指令需要的执行周期数是不一样的,普通的加减法、逻辑运算等比较简单的操作,需要一个周期就可以了,而乘除法这样的操作需要多个周期,还有比较特殊的 load 操作,其执行的周期数取决于 D-Cache(或 Store Buffer)是否命中等,对这些情况都需要进行处理,这样才可以使流水线顺利地流动,在本章的后文中会对如何处理这些情况进行详细的介绍。

8.2.2　数据捕捉结构的流水线

这种结构相比于上一种方法,最大的不同就是它在发射队列中采用了 payload RAM 来存储所有指令的源操作数,这样当指令离开发射队列的时候,可以直接得到操作数,而不需要再去读取物理寄存器堆(Physical Register File),图 8.19 表示了采用数据捕捉结构(data-capture)的流水线。

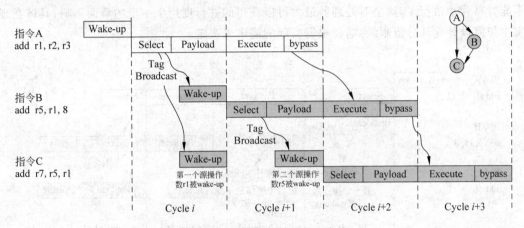

图 8.19　数据捕捉结构的流水线

这种设计的流水线和 8.2.1 节是类似的,发射过程也需要分为仲裁(Select)和唤醒(Wake-up)两个流水段,只不过指令在被仲裁电路选中之后,不需要去读取物理寄存器了,而是直接读取 payload RAM 即可以得到操作数。图 8.19 表示了一种可能的流水线设计,在指令被仲裁电路选中之后,在同一个周期也会对发射队列中其他的指令进行唤醒,同时还会去读取 payload RAM,这两个操作是并行进行的,在本周期末就可以得到指令的所有源操作数,这样在下个周期就可以送到 FU 中执行。当然,不一定所有的指令都会从 payload RAM 中获得操作数,例如图 8.19 中的指令 B,为了获得背靠背的执行,指令 B 必须要通过旁路网络(bypassing network)才可以得到指令 A 的结果;至于指令 C 在读取 payload RAM 的时候,指令 A 已经将结果写到其中了,所以指令 C 直接可以通过 payload RAM 得到指令 A 的结果。

图 8.19 中将指令的选择和读取 payload RAM 放到了一个流水段,在这个阶段还负责将 FU 的计算结果“捕捉”到 payload RAM 中,很显然在这个周期做了很多事情,尤其是这个周期需要对 payload RAM 既进行读取、又进行写入,这个多端口的 payload RAM 会导致处理器的周期时间变得过大。同时,当 FU 的个数比较多时,FU 结果的旁路网络也会占用不菲的硬件资源和过多的时间,因此可以进一步对流水线进行细分,如图 8.20 所示。

为了保持相关指令之间可以背靠背地执行,仍然将仲裁(Select)和唤醒(Wake-up)两个操作放在一个周期内完成,因为多端口的 payload RAM 占据了过多的时间,因此将其单独放到一个流水段中,指令被仲裁电路选中之后,将发射队列中相关的所有寄存器都进行唤醒,然后在下一个周期进行 payload RAM 的读取。由于将其放在了单独的一个流水段,所以它对处理器的周期时间的影响小了很多。源操作数从 payload RAM 读取出来之后,在下个周期就可以送到 FU 中执行了,指令的结果在 FU 中被计算出来之后,并不会在当前周期马上进行旁路(bypass),而是将旁路的过程放到下一个流水段,在流水线的旁路(bypass)阶段,FU 的结果会被送到 payload RAM 和 FU 的输入端。从图 8.20 可以看出,由于指令 C 的操作数来自于指令 A 和 B,因此只有等到指令 A 和 B 都将指令 C 进行唤醒之后,指令 C 才可以向仲裁电路发出申请,从而被选中,然后通过旁路网络获得两个操作数。

　　一些更激进的流水线可能会把图 8.20 中的仲裁(Select)和唤醒(Wake-up)这两个操作放到两个周期,这样可以进一步减少处理器的周期时间,但是带来的代价就是相关指令之间不能背靠背地执行了,这会对处理器最大可以获得的并行度产生一定的负面影响,具体在现实中如何设计这部分流水线,需要根据实际的需求来决定。

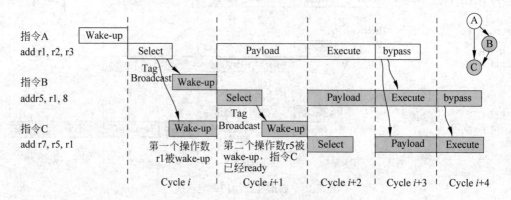

图 8.20　数据捕捉结构的另一种流水线设计

8.3　分配

　　当采用了非压缩(non-compressing)的方式来设计发射队列时,此时发射队列中的空闲空间是没有规律的,零散的分布在发射队列中,对于每周期可以解码和重命名四条指令的超标量处理器来说,最理想的状态就是每周期能够从发射队列当中找到四个空闲的表项(entry),这需要分配电路能够“扫描”整个发射队列,找到四个空闲的表项并将四条指令写入,如图 8.21 所示。

　　在图 8.21 中,发射队列的分配电路(IQ Allocator)会扫描发射队列中每个表项的空闲标志信号(在图 8.21 中是 free),从中找出四个空闲的表项,这个过程类似于之前讲过的对 LDM/STM 指令的寄存器列表(register_list)的处理,可以采用拆分的方法,从发射队列中并行地找到四个空闲的表项,将重命名之后的指令写入到其中,尽管查找四个空闲表项的过程是并行进行的,但是仍旧需要一段时间才可以完成(在前文讲过,这需要三级处理电路的延迟)。其实,整个分配过程所需要的时间是和发射队列的容量,以及每周期需要写入的指令个数等成正比的。

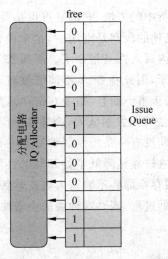

图 8.21　需要从发射队列中找到四个空闲的位置

为了更快地在一个周期内完成上述查找的过程,可以借鉴寄存器重命名过程中使用的空闲列表(free list)的设计方法,使用一个表格来记录所有空闲表项的编号,这个表格按照 FIFO 的方式进行管理,这样只需要每周期从这个表格中读出四个编号,就可以完成上述分配电路的任务了。当然,这种方法本身仍具有一定的复杂度,产生的延迟也不会很小,为了提高速度,可以采用一种更折中的方法,例如,如果要在每周期内向发射队列中写入四条指令,可以简单地把发射队列分为四部分,从每部分中找到一个空闲的表项,如图 8.22 所示。

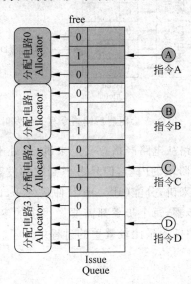

图 8.22　一种折中的方法——将发射队列分成四个段

图 8.22 将一个有着 12 个表项的发射队列分为了四个部分,每个部分称为一个段(segment),每个段包括三个表项,并为每个段使用一个分配电路,这样每个分配电路只需要从三个表项中找到一个空闲的空间,通过四个分配电路并行工作,就可以实现从这个发射队列中找到四个空闲位置的功能了,整个分配电路的延迟就是每个段对应的分配电路的延迟,这显然是很小的,因为它只需要从三个表项中找到一个空闲的就可以了。

　　但是这种方法毕竟是一种折中的方法,它的缺点也是很明显的,如果恰好一个段中已经没有空闲的空间了,此时即使其他的段都是空闲的,这个段也不能够接收新的指令,因此整个发射队列也无法在一个周期内写入四条指令了。图 8.23 表示了一种可能的情况,指令 A 所属的那个段没有空闲的空间了,因此指令 A 不能够被写入到发射队列中,即使在它旁边的段中存在空闲的空间,也无济于事。而且,指令在寄存器重命名阶段是按照程序指定的顺序(in-order)进行的,指令 A 无法写入发射队列,会导致后面的指令 B、C 和 D 都无法写入到发射队列中,也就是说,在本周期没有一条指令能够写到发射队列中,即使此时在发射队列中有足够的空间来容纳它们。这样显然降低了处理器的性能,需要采取一些措施来避免这种情况的发生,例如可以使用缓存将那些不能写入到发射队列中的指令暂存起来,使它们不至于阻碍后面指令写发射队列的过程,当然这种做法会增加设计的复杂度,需要在实际设计中加以权衡。

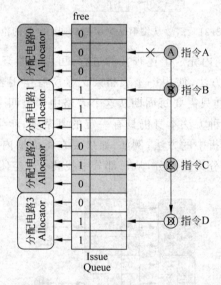

图 8.23　指令 A 会阻碍后续指令写入到发射队列中

　　还需要注意的是,分配电路从电路严格意义上来讲,是处于流水线的分发(Dispatch)阶段的,它并不属于发射(issue)阶段的内容,但是考虑到它和发射队列的关系比较紧密,因此将其放到了这一章,从流程上来讲,分配(allocate)、仲裁(select)和唤醒(wake-up)构成了发射阶段正常工作的三个主要步骤,每个步骤都需要做很多的事情,因此,发射阶段可以称得上是超标量处理器的流水线中任务量比较繁重的过程之一了。

8.4　仲裁

8.4.1　1-of-*M* 的仲裁电路

　　采用了非压缩方法设计的发射队列(Issue Queue)中,如果使用优先级编码器,依靠位置对指令进行选择,本质上是一种随机的选择方法,并不能获得最优的性能[27]。如果要达到 oldest-first 的仲裁效果,就要采用一些的新措施,而不能简单地根据指令在发射队列中的位置来进行仲裁。

为什么要实现 oldest-first 功能的仲裁呢？这是考虑到越是旧的指令，和它存在相关性的指令也就越多，因此优先执行最旧的指令，则可以唤醒更多的指令，能够有效地提高处理器执行指令的并行度，而且最旧的指令还占据着处理器中其他的资源，例如重排序缓存（ROB）和 Store Buffer 等部件，越早地执行这些旧的指令，就可以越早地释放这些硬件资源，供后面的指令使用。

要识别出发射队列中哪些指令是最旧的，就需要知道这些指令的年龄信息，年龄信息即表示指令进入流水线的先后顺序。在普通的顺序执行(in-order)的处理器中，指令的年龄信息很容易被追踪，先执行的指令肯定要比它后面的指令要旧；在乱序执行(out-of-order)的超标量处理器中，指令在进入发射队列之前都是按照程序中指定的顺序执行的，因此它们的年龄信息容易被追踪，而到了发射队列中之后，这些年龄信息就打乱了，但是在处理器中还有一个地方，按照进入流水线的顺序记录着处理器中的所有指令，这个部件就是重排序缓存（ROB，关于它的细节，会在后文进行详细说明），指令被重命名之后，会按照程序中指定的顺序写到 ROB 中，因此可以使用每条指令在 ROB 中的位置（也就是寻址 ROB 的地址值）作为这条指令的年龄信息。但是这样做有一个问题，因为 ROB 本质上是一个 FIFO，因此直接使用它的地址是无法表达出年龄的真实信息的，以 ROB 中包括四个表项(entry)的简单例子来说明，如图 8.24 所示。

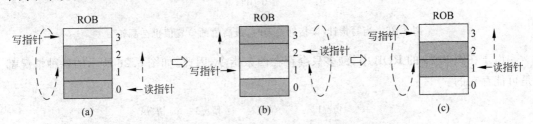

图 8.24 直接使用指令在 ROB 中的地址，无法表达年龄信息

在图 8.24 中，初始状态时，位于 ROB 底端的地址最小，为 0，而位于 ROB 顶端的地址最大，为 3。指令从地址 0 开始写入到 ROB 中，因此 ROB 中地址较小的表项(entry)中的指令更旧。ROB 的写入由写指针控制，读取受到读指针的控制，因此每条指令在 ROB 中的位置是由写指针分配的，写指针会重复地出现 0、1、2、3，每次写指针翻转时（也就是从 3 到 0），新的写指针值和旧的写指针值即出现了大小的混乱。其实这个问题在 FIFO 中也是存在的，可以采用下面的方法来解决上述问题。

ROB 的写指针和读指针在复位状态时都是指向地址 0，这是最初始的状态，当有新的指令写入到 ROB 中时，写指针会增加，图 8.24(a)表示了 ROB 中被写入三条指令后的样子，此时写指针和读指针都处于同一个"面"上，谁也没有翻转过，此时的 ROB 中，地址较小的指令会更旧。随着时间的推移，又有两条指令进入了 ROB，同时 ROB 中也有两条指令离开了，此时写指针发生了翻转，变为了 1，而读指针没有翻转，变为了 2。如图 8.24(b)所示，此时 ROB 中地址较小的指令不再是旧的了。随着时间再次推移，ROB 中写入了两条指令，又有三条指令离开了，现在的写指针变为了 3，而读指针变为了 1，读指针发生了翻转，此时写指针和读指针又都到了一个"面"上，此时可以看出，ROB 中地址较小的指令会更旧。

通过上面的分析可以知道，写指针和读指针在一个"面"上时，可以根据指令在 ROB 中的地址值来判别指令的年龄；而当它们不在一个"面"上时，无法直接通过地址值来确定年龄信息，为了解决这个问题，可以在 ROB 的地址前面再加入一位，称为位置值（position bit）。这样相当于将写指针和读指针都增加了一位，每次当它们"翻转"时，最高位的位置值也会随之翻转，如图 8.25 所示。

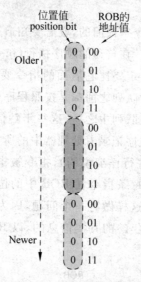

图 8.25　当写指针/读指针翻转时，最高位的位置值也会翻转

由于在图 8.25 的 ROB 中，最多只会存在四条指令，因此，如图 8.26 所示的各种情况都是可能存在的。

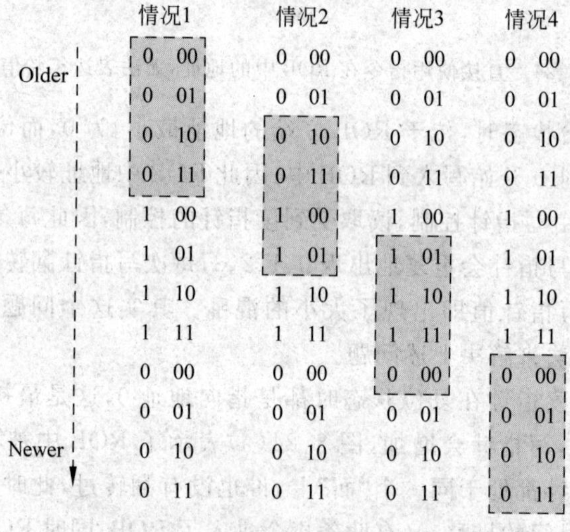

图 8.26　在 ROB 中各种可能的情况

从图 8.26 可以看出如下的规律。

（1）位置值（position bit）相同时，ROB 的地址值越小，对应的指令越旧；

（2）位置值（position bit）不同时，ROB 的地址值越大，对应的指令越旧。

使用上述两条规律，就可以判断 ROB 中指令的真实年龄信息了，这就为实现 oldest-first 的仲裁电路提供了基础。前文说过,指令在流水线的分发(Dispatch)阶段,会将重命名之后的指令写到 ROB 和发射队列中,为了记录下年龄信息,需要将每条指令在 ROB 中的地址值也一并写到发射队列中,这样在发射队列中的每条指令就有了年龄信息,仲裁电路根据这个信息,从所有准备好的指令中找到最旧的那条指令。如果发射队列中有 M 个表项(entry),这个仲裁电路就称为 1-of-M 的仲裁电路,它按照 oldest-first 的原则实现,这个过程如图 8.27 所示。

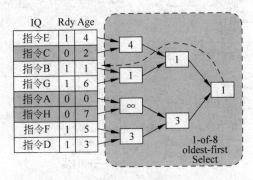

图 8.27　1-of-8 的仲裁电路

图 8.27 中的发射队列(Issue Queue)有 8 个表项,需要经过“8→4→2→1”共三级比较电路才能最终获得最旧的指令对应的地址值,可以观察出,所需比较电路的级数 N 和发射队列中表项的个数 M 之间存在关系 $N = \log_2 M$,因此,如果发射队列的容量很大时,就需要更多的比较器级数,也就是延迟会更大。

当然,图 8.27 所示的仲裁电路只是给出了一个实现的思路,实际当中还需要考虑下面的两个问题。

(1) 如何屏蔽掉发射队列中那些还没有准备好的指令,使这些指令的年龄信息不会对仲裁电路的结果产生影响?

在图 8.27 中,将那些还没有准备好的指令对应的年龄信息置成了无穷大,这样在比较时就可以忽略这些年龄值了,但是在实际电路实现时,没有办法实现真的无穷大,可以采用图 8.28 所示的方式进行。

发射队列中的每条指令都由一位来表示它是否准备好了(ready 位),每次两条指令进行年龄信息的比较时,这两条指令的 ready 位用来控制比较结果的选择。当两个 ready 位都为 1 时,选择年龄信息比较小的那个;当只有一个 ready 位有效时,选择这个 ready 位有效的指令;当两个 ready 位都为 0 时,此时选择哪条指令都是无所谓的,因为比较的结果不会被下一级比较器使用。考虑到两条指令中,只要有一条指令处于准备好的状态,那么就会输出有效的年龄值到下一级比较电路,所以将两条指令的 ready 位相或之后输送到下一级比较电路,用来表示本次比较是否会得到一个有效的结果。每一级的比较电路都是完成相同的工作,直到最后一级比较电路将年龄值最小的那条指令(也就是最旧的指令)挑选出来。

(2) 如何根据仲裁电路挑选出的年龄值,在发射队列中找到对应的指令?

经过上述一系列的比较电路之后,会得到一个最小的年龄值,它对应着最旧的那条指令。如何根据这个年龄值,从发射队列中将对应的指令找出来呢?因为只有找出了这条指

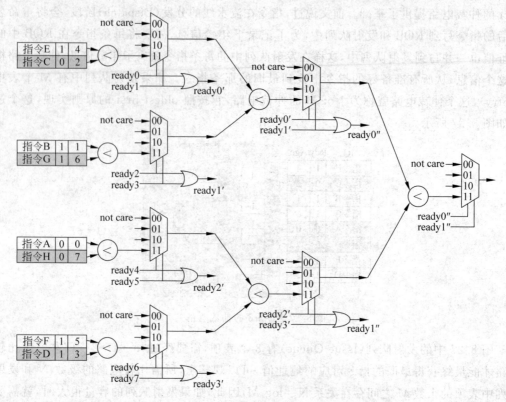

图 8.28 1-of-M 的仲裁电路的实现原理图

令,才可以将其送到 FU 中执行,当然最直接的方法就是将仲裁电路得到的这个年龄值和发射队列中所有指令的年龄值进行比较,即在发射队列中为年龄信息加入 CAM 电路,这样就可以找出最小的年龄值对应的那条指令了。很显然,这样做额外引入了 CAM 电路,增加了处理器的面积和延迟,不是一个很明智的做法。实际上,可以使每条指令在发射队列中的地址这个信息,随着上述的比较过程而流动,上述每一级的比较电路除了将比较小的年龄信息送到下一级比较电路之外,还会将这个年龄值对应的发射队列的地址值也送到下一级的比较电路,这只需要在之前的电路上增加如图 8.29 所示的内容。

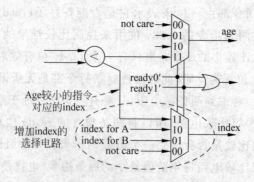

图 8.29 使指令在发射队列中的地址也经过仲裁电路

在原来比较电路的基础上,增加对地址的选择电路,增加的部分在图 8.29 中用虚线进行了标记,因为增加的多路选择器和原来选择年龄信息的多路选择器是并行工作的,所以不会对电路的延迟产生负面的影响。

通过上述的方法,可以从表项个数为 M 的发射队列中选择出一条最旧的指令,这就是 1-of-M 的仲裁电路。

8.4.2 N-of-M 的仲裁电路

前文说过,现代的处理器一般都会对发射队列采用集中式和分布式互相折中的方法,使几个 FU 共用一个发射队列,这个发射队列需要在一个周期内为每个 FU 都选择出一条指令,这样就要求它有一个 N-of-M 的仲裁电路(假设 FU 的个数为 N,发射队列的容量为 M)。举例来说,如果需要遵循 oldest-first 的方式,每周期从发射队列中选择两条指令,则需要两级仲裁电路,第一级仲裁电路选择一条指令之后,会将这条指令进行标记,这样在第二级仲裁电路中就可以排除掉上一级的影响了,但是这样实现的 2-of-M 的仲裁电路,它的延迟是 1-of-M 的仲裁电路的两倍,当使用这种方式扩展到 N-of-M 的仲裁电路时,会产生很大的延迟,显然无法在实际当中使用。

要设计一种在实际当中可以使用的 N-of-M 的仲裁电路,仍然需要使用折中的方法,在性能、电路面积和速度之间找到一个平衡点,可以采用如图 8.30 所示的方法。

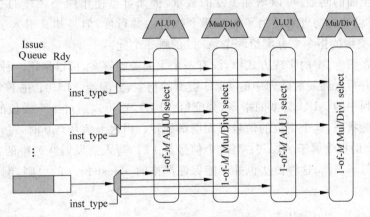

图 8.30 N-of-M 的仲裁电路

图 8.30 中存在四个 FU:ALU0、ALU1、Mul/Div0 和 Mul/Div1,它们共用一个发射队列,发射队列的容量为 M,每个 FU 都有一个专属的 1-of-M 的仲裁电路。当指令被写到发射队列中的某个表项时,根据这条指令的类型,将这条指令分配给一个对应的 FU,如果存在功能相同的 FU,则会按照轮流或者随机的顺序进行分配,这个分配的过程本质上可以通过一个多路分配器(demultiplexer)来实现,它将每个表项的 ready 信号根据指令的类型分配给不同的仲裁电路,因为发射队列中的每个表项都有可能存放不同类型的指令,所以每个 FU 的仲裁电路都会有 M 个输入,执行完整的 1-of-M 的仲裁过程,这样,整个 N-of-M 的仲裁电路的延迟就只有 1-of-M 的仲裁电路的延迟了(多路分配器电路的延迟很小,可以不用考虑)。

这种设计之所以称为折中的方案,是因为它无法实现理想的 N-of-M 功能,例如图 8.31

所示的例子,本周期在发射队列中有五条已经准备好的指令:SUB、ADD、DIV、MUL 和 LOAD,但是每个 FU 对应的仲裁电路只能选择一条属于它的指令。所以,经过仲裁电路的选择之后,本周期就只能有一条 SUB 指令、一条 DIV 指令以及一条 LOAD 指令可以被选中,也就是说,本周期只选择了三条指令,由此可见,虽然有五条已经准备好的指令,但是并不能使用图 8.31 所示的 4-of-M 的仲裁电路选出四条指令送到 FU 中执行。

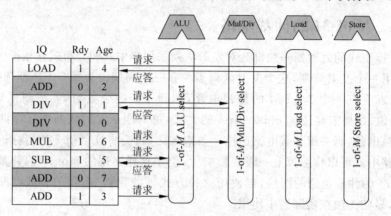

图 8.31　使用 4-of-M 的仲裁电路所遇到的问题

为了解决上面的问题,可以增加 FU 的数量,例如可以使用两个一样的 ALU:ALU0 和 ALU1,这样设计的初衷就是为了提高指令执行的并行度,但是却又引入了一个新的问题,一个 ALU 类型的指令要分配给两个 ALU 的哪一个呢?

这个问题在图 8.31 的实现方式中,没有一个太完美的答案,可以采用一种轮换分配法,在本周期将所有写入到发射队列中的 ALU 类型的指令,分配给 ALU0;在下个周期将所有写入到发射队列中的 ALU 类型的指令,分配给 ALU1,这可以通过一个 1 位的信号来指示当前周期的分配状态,这个 1 位的信号每周期都翻转。当这个信号是 0 时,写入到发射队列中的 ALU 类型的指令属于 ALU0;当这个信号是 1 时,写入到发射队列中的 ALU 类型的指令属于 ALU1。当然,这种做法也并不能保证严格的 oldest-first 的原则,例如图 8.32 所示的例子。

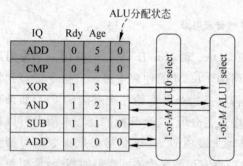

情况1:不是oldest-first,指令0,1,2,3都ready,只有指令0,2被select

(a) 没有严格地实现oldest-first的功能

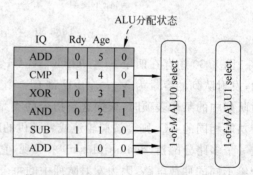

情况2:指令0,1,4都ready,只有指令0被select,浪费了ALU资源

(b) 没有充分地利用FU资源

图　8.32

在图 8.32 中,发射队列最右边的值表示当前指令被分配给哪个 ALU,0 表示分配给 ALU0,1 表示分配给 ALU1。SUB 和 ADD 这两条指令在同一个周期被写入发射队列,分配给了 ALU0;下个周期的 XOR 和 AND 指令在写入到发射队列时被分配了 ALU1,再下个周期的 ADD 和 CMP 指令被分配给了 ALU0。在图 8.32(a)中,有四条指令(ADD,SUB,AND 和 XOR)已经准备好了,它们属于两个仲裁电路,经过选择后,ADD 指令和 AND 指令被选中,而比 AND 指令更旧的 SUB 指令虽然也已经准备好了,却并没有被选中,由此可以看出,这并没有实现严格意义上的 oldest-first 的功能;而图 8.32(b)中,有三条指令都已经准备好了(ADD,SUB 和 CMP),但是这三条指令都属于同一个 ALU0,那么在本周期只有 ADD 指令被选中,虽然此时的 ALU1 也可以用来进行计算,但是却不能被使用,这显然是浪费资源了。

为了避免图 8.32 所示的情况发生,需要更复杂的指令分配算法,这样肯定导致电路面积增大,而且也会对电路的延迟和功耗造成一定的负面影响,找到一种最优化的方法是比较困难的,需要根据实际的需求,在电路面积、速度和执行效率之间进行折中。

对于现代的很多处理器来说,一般最多能够在每周期执行 4~6 条指令,但是处理器所支持的运算的种类是很多的,典型的包括如下运算。

- 加法/减法(Add/Sub)
- 逻辑运算(Logic)
- 移位操作(Shifter)
- 乘法运算(Multiply)
- 除法运算(Divider)
- 访问存储器(Load/Store)
- 访问协处理器
- 单指令多数据操作(SIMD)
- 浮点加法/减法(FP Add/FP Sub)
- 浮点乘法(FP Mul)
- 浮点除法(FP Div)

在处理器每周期最多只能执行 4~6 条指令的情况下,需要将上面所述的运算类型进行合并,使几个运算类型共用一个发射队列,一般来讲,会将加减法、逻辑运算和移位运算合在一个 FU 中,这就传统意义上的 ALU,它们共用一个发射队列;将整数的乘法和除法操作合并在一起;将访问存储器和访问协处理器合并在一起;将所有的浮点运算合并在一起;这就形成了四个比较大的 FU。当然,这只是最简单的情况,在实际的设计中,需要对不同的指令集,甚至是不同的程序进行分析,才能对 FU 进行合理的归类,得到相对优化的分配结果。

在前文中说过,仲裁电路的延迟和发射队列容量的对数值是成正比的,因此当更多的 FU 共用一个发射队列时,这个发射队列的容量也需要相应增加,这样就增大了仲裁电路的延迟;如果使更少的 FU 共用一个发射队列,那么就需要数量更多的发射队列,这时唤醒(wake-up)操作就需要更多的布线资源和比较器电路,也就是增大了唤醒电路的延迟和功耗,因此如何配置发射队列的分配情况并没有一个合适的答案,需要根据实际需求,具体的进行分析。

8.5 唤醒

8.5.1 单周期指令的唤醒

在前文已经对唤醒(wake-up)的过程进行了简单的介绍,概括来说,唤醒是指被仲裁电路选中的指令将其目的寄存器的编号(简称为 dst_tag)和发射队列中所有的源寄存器的编号进行比较,并将那些比较结果相等的源寄存器进行标记的过程(标记为 ready 状态)。因为要将被选中指令的目的寄存器的编号送到发射队列当中的所有的地方,当发射队列的容量比较大或者个数比较多时,这个目的寄存器的编号就需要走很长的路。每个仲裁电路都会送出这样一个编号值,发射队列中的每个源寄存器都会和所有仲裁电路送出的编号值进行比较,一般情况下,仲裁电路的个数等于 issue width 的值。

图 8.33 给出了当仲裁电路的个数为四时,发射队列中每个表项(entry)的唤醒电路的实现图,为了便于进行描述,假设四个仲裁电路共用一个发射队列,这样发射队列当中的每个表项都需要向四个仲裁电路发出请求信号(在图 8.33 中称为 Request),同时也会从四个仲裁电路收到四个响应信号(在图 8.33 中称为 Grant)。当然这四个响应信号中,只有其中的一个是有效的,这个有效的响应信号会将这条指令的目的寄存器编号送到指定的总线上(在图 8.33 中称为 tag bus),图 8.33 表示了这个过程。

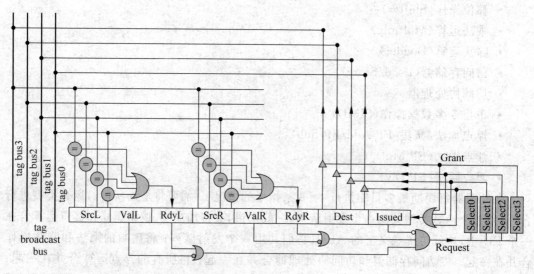

图 8.33 唤醒电路

为了便于说明,图 8.33 只给出了对发射队列当中的一个表项进行唤醒的示意图,其中包括的内容如下。

① ValL:指令中是否存在第一个源寄存器,如果指令中并没有第一个源寄存器,那么也就不需要对这个源寄存器进行唤醒了。

② SrcL:指令中的第一个源寄存器的编号。

③ RdyL:指令中的第一个源寄存器是否已经被唤醒而处于准备好的状态。

④ ValR、SrcR 和 RdyR:指令中的第二个源寄存器的状态,具体的功能参见 ValL、

SrcL 和 RdyL。

⑤ Dest：目的寄存器的编号。

⑥ Issued：一条指令被仲裁电路选中后，可能不会马上离开发射队列，因此需要将它进行标记，这样的指令将不会向仲裁电路发出请求信号。

发射队列中的每个表项都会根据四个响应信号的值，将自身的目的寄存器编号送到对应的总线上，每个仲裁电路都会对应一个总线。例如图 8.33 中，四个仲裁电路（Select0～Select3）分别对应着四条总线（Tag bus0～Tag bus3），发射队列中的每个表项都会根据收到的响应信号来决定采取何种动作。

① 收到仲裁电路 0（Select0）给出的响应信号，表示要将自身的目的寄存器编号送到tag_bus0；

② 收到仲裁电路 1（Select1）给出的响应信号，表示要将自身的目的寄存器编号送到tag_bus1；

③ 收到仲裁电路 2（Select2）给出的响应信号，表示要将自身的目的寄存器编号送到tag_bus2；

④ 收到仲裁电路 3（Select3）给出的响应信号，表示要将自身的目的寄存器编号送到tag_bus3。

虽然发射队列中的每个表项都会向所有的仲裁电路发出请求信号，但是只有一个请求信号是有效的，因此也只会从一个仲裁电路收到有效的响应信号，否则就无法保证正常的工作流程了。

在图 8.33 所示的例子中，所有的仲裁电路共用了一个发射队列，在实际的设计中，为了提高速度，需要减少发射队列的容量，此时可以使用多个容量更小的发射队列，例如在一个有着四个 FU 的处理器中（两个 ALU，一个 Mul/Div，一个 Load/Store），可以使两个 ALU共用一个发射队列，其他两个 FU 各使用一个发射队列，此时虽然仍旧需要对每个 FU 都使用一个仲裁电路，不能够减少唤醒电路的复杂度，但是由于每个发射队列的容量更少，可以加快仲裁电路的速度，从而在整体上减少仲裁和唤醒两个过程对处理器周期时间的影响。

本节所讲述的唤醒过程是针对单周期的指令来说的，在一个 RISC 指令集中，大部分的 ALU 类型的指令都是单周期的，这样的指令在被仲裁电路选中的当前周期就可以对发射队列中的其他指令进行唤醒，被唤醒的指令可以通过旁路网络（bypassing network）获得源操作数，从而实现背靠背的执行，现在对单周期指令的唤醒过程做一个梳理。

第一步：被仲裁电路选中的指令会将它的目的寄存器的编号送到对应的总线上（tag bus）。

第二步：每一条总线（tag bus）上的值会和发射队列中所有指令的源寄存器的编号进行比较，如果发现相等，则将这个源寄存器标记为准备好的状态。

第三步：当发射队列中的某条指令的所有操作数都准备好了，并且还没有被仲裁电路选中过，它就可以向对应的仲裁电路发出请求信号。

第四步：如果仲裁电路发现有更高优先级的指令（例如年龄更老的指令）也发出了请求信号，则当前的这条指令将不会得到有效的响应信号，这条指令将在下个周期继续向仲裁电路发出请求信号。在这里需要注意的是，在一些设计中，一条指令可以轮流向两个仲裁电路发出请求信号，如果其中一个仲裁电路几次都没有给出响应信号的话，可以将这条指令的请求信号送至另外一个仲裁电路,因为另一个仲裁电路很可能此时是空闲的,这种平衡的算法有时候会起到一定的作用。如果从仲裁电路得到了有效的响应信号,则这个响应信号会将这条指令标记为"已经被选中"的状态,这条指令在下个周期就不会向仲裁电路继续发送请求信号了。为什么不直接让这条已经被选中的指令马上离开发射队列呢? 这是因为一条指令如果使用了 load 指令的结果的话,即使它被仲裁电路选中,也不可以马上离开发射队列,这在后文会有解释。

第五步: 发射队列中的这条指令根据收到的响应信号,将它的目的寄存器的编号送到对应的总线上,用来唤醒发射队列中所有相关的源寄存器,同时这条指令就可以送到对应的FU 中执行了。

单周期指令的唤醒过程相对是比较简单的,但是在 RISC 指令集中,很多的指令不能够在一个周期内执行完,例如乘法操作,需要多个周期才可以完成,这种类型指令的唤醒过程需要考虑更多的事情,增加了设计的复杂度。

8.5.2　多周期指令的唤醒

前文说过,一条被仲裁电路选中的指令,能够在本周期内,对发射队列(Issue Queue)中其他的源寄存器进行唤醒,前提就是这条被选中的指令能够在一个周期之内被 FU 执行完毕,例如加减法指令,而当一条指令无法在一个周期之内执行完毕时,就不能在被仲裁电路选中的当前周期对发射队列中其他的指令进行唤醒,而需要根据它在 FU 中执行的周期数,将这个唤醒过程进行延迟。

根据前面的介绍可以知道,唤醒过程其实可以分为两个主要的阶段,第一阶段是将被选中指令的目的寄存器的编号值送到总线上,第二阶段是将总线上的值和发射队列中所有源寄存器的编号进行比较,因此要将唤醒过程进行延迟,也就是将这两个阶段进行延迟,这也就产生了两种方法,一种称为延迟广播(delayed tag broadcast),另一种称为延迟唤醒(delayed wake-up)。

延迟广播的方法是指如果发现被仲裁电路选中的指令执行周期大于 1,则在选中的当前周期,并不将这条指令的目的寄存器的编号送到总线上,而是根据这条被选中指令所需要执行的周期数(假设执行周期为 N),延迟 $N-1$ 个周期之后,才将它送到总线上,如图 8.34所示。

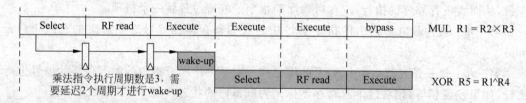

图 8.34　延迟广播(delayed tag broadcast)

在图 8.34 中,乘法指令的执行周期数是 3,因此乘法指令被仲裁电路选中后,需要延迟2 个周期,然后才将它的目的寄存器的编号送到总线上,对发射队列中相关的寄存器进行唤醒操作。当乘法操作专用一条总线时,这种做法没有问题,但是,当乘法操作和其他的操作共用一条总线时,例如前文讲述的 Mul/Div 类型的 FU,乘法和除法操作会共用一条总线来对其他指令进行唤醒,则有可能出现这样的情况:当乘法指令的目的寄存器编号延迟几个周期送到总线的时候,其他的指令(例如除法指令)也要使用这条总线,这就产生了冲突,如图 8.35 所示。

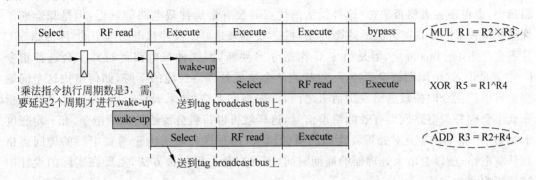

图 8.35 延迟广播可能导致 tag bus 产生冲突

在图 8.35 中,假设乘法操作和加法操作共用同一个 FU(很多 ALU 都是这样做的),使用同一条总线(tag bus),则在乘法操作延迟进行唤醒,将它的目的寄存器的编号送到总线上的那个周期,还有另外一条加法指令也要将它的目的寄存器的编号送到总线上进行唤醒操作,此时却只有一条总线,显然就产生了冲突。为了解决这个问题,可以增加这个 FU 对应的总线(tag bus)的个数,但是,当处理器中存在很多这样的情况时,会导致需要大量的总线,这会极大地增加唤醒电路的复杂度,在实际的设计中是无法接受的。如果不增加总线的数量,那么就需要在处理器中记录下每条指令的执行周期数,例如使用一个表格来记录当前在 FU 中执行的指令所需要的周期数,后续被仲裁电路选中的指令,如果从这个表格中发现了冲突,那么这条被选中的指令将不会送到 FU 中执行,而是在下个周期继续参与仲裁的过程,如图 8.36 所示。

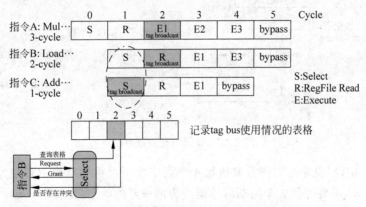

图 8.36 使用表格记录 tag bus 的使用情况

在图 8.36 中,指令 A 在 FU 中需要执行三个周期,所以它被仲裁电路选中后,会延迟两个周期才进行唤醒操作,也就是在第二个周期(cycle 2)将目的寄存器的编号送到它对应的 tag bus 上,进行唤醒的操作;而指令 B 在 FU 中的执行需要两个周期,它在下个周期即使被仲裁电路选中了,通过查询图 8.36 中的表格可以知道,指令 B 会和指令 A 同时使用tag bus(都是在 cycle 2),也就是存在冲突,因此指令 B 是不允许在这个周期被选中的,它会在下个周期继续参与仲裁的过程,此时就不存在 tag bus 冲突的情况了,指令 B 可以被仲裁电路选中。

图 8.36 的这种做法中,访问表格和仲裁电路是并行工作的,因此指令 B 即使被仲裁电路选中,也可能被表格否决掉,这种做法的优点是没有增加仲裁电路的延迟,但是却造成了性能的损失:指令 B 被否决的这个周期,指令 C 本来是可以被仲裁电路选中的,因为指令 C 并不会产生 tag bus 冲突,但是指令 C 比指令 B 要新,因此仲裁电路此时并不会选择指令 C,也就是说,这个周期被浪费掉了,这样当然会造成处理器性能的下降,如何解决这个问题呢? 可以让指令向仲裁电路发出请求之前,首先查询表格,如果表格否决了它,那么这条指令就不会向仲裁电路发出有效的请求信号,这样就可以将机会留给其他的指令,在一定程度上缓解了 tag bus 冲突对处理器性能的负面影响,但是这种做法由于需要串行的访问表格和仲裁电路,所以会增大处理器的周期时间,因此究竟采用何种方法,需要在实际的设计中进行折中和权衡。

延迟广播的方法是对唤醒过程的第一阶段进行延迟,相比较之下,延迟唤醒(delayed wake-up)则是对唤醒过程的第二阶段进行延迟,下面看一下这种方法是如何工作的。

在这种方法中,被仲裁电路选中的指令会按照正常的流程,在当前周期就将它的目的寄存器编号送到对应的总线上,并和发射队列(Issue Queue)中所有的源寄存器进行比较。但是,此时比较结果相等的寄存器并不一定马上被置为准备好的状态(也就是 ready 状态),而是根据这条进行广播的指令所需要的执行周期数,进行相应周期的延迟,然后再改变发射队列中源寄存器的状态,这就相当于延迟进行了唤醒。这种方法不会影响唤醒过程的第一个阶段,被选中指令的目的寄存器的编号会按照正常的流程送到总线(tag bus)上,因此这种方法并不会增加对总线的需求,避免了上面方法中出现的问题,这种方法的示意图如图 8.37 所示。

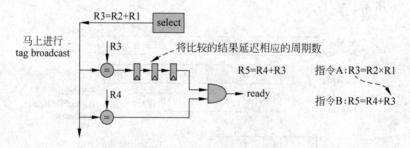

图 8.37　延迟唤醒的原理图

在图 8.37 中,假设乘法操作需要执行 4 个周期才可以得到结果 R3,在发射队列中,所有的源寄存器 R3 需要等待 3 个周期后才能变为准备好的状态(也就是 ready 状态),这种设计只需要将寄存器比较的结果,也就是 1 位的信号进行延迟,需要的寄存器资源比较少,在一定程度上降低了硬件的复杂度。

在图 8.37 中,指令 B 使用了指令 A 的结果,它们之间存在先写后读(RAW)的相关性,将比较结果延迟多少个周期,是和指令 A 在 FU 中执行的周期个数相关的,它们之间关系的推算过程如下。

当指令 A 的执行周期数是 1 时,指令 B 不需要将比较的结果进行延迟;

当指令 A 的执行周期数是 2 时,指令 B 需要将比较的结果延迟 1 个周期;

当指令 A 的执行周期数是 3 时,指令 B 需要将比较的结果延迟 2 个周期;

……

当指令 A 的执行周期数是 N 时,指令 B 需要将比较的结果延迟 $N-1$ 个周期。

这样就得到了一般性的规律,图 8.38 给出了指令 A 的执行周期数为 4 时,流水线的示意图。

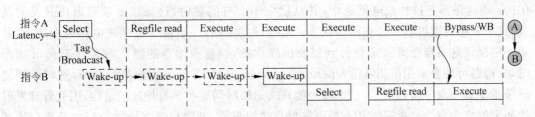

图 8.38 延迟唤醒的流水线

在这种延迟唤醒的方法中,本质就是要在发射队列(Issue Queue)中,每条指令对应的 ready 状态位之前加入延迟功能的寄存器,当然,这只是一个概念,在实际的设计中,需要加入控制电路来控制延迟的周期数,具体的实现方式有很多种,本书介绍一种参考的设计方法。

这种方法采用移位寄存器的方式来实现延迟唤醒的效果,因为在流水线的解码阶段,每条指令需要的执行周期数就可以知道了,将每条指令的这个执行周期数进行编码,编码之后的值称为 DELAY,由于每条存在目的寄存器的指令都会被分配一个新的物理寄存器,这样每个物理寄存器都会对应一个 DELAY 值。每条指令在写到发射队列(Issue Queue)中的时候,都会将这条指令的 DELAY 值也一并写入,此时发射队列中的每个表项的内容被修改为如图 8.39 所示。

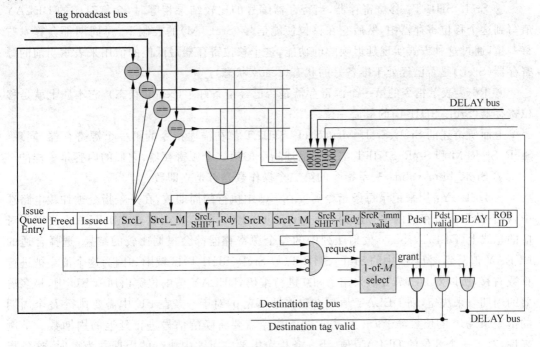

图 8.39 延迟唤醒方法中的发射队列表项(Issue Queue Entry)

当一条指令被仲裁电路选中之后,除了将它的目的寄存器的编号送到总线之外,还需要将它的 DELAY 值也一并送到总线上,称这个总线为 DELAY bus。一般来说,每个 FU 都会对应一个 DELAY bus。根据寄存器编号的比较结果,将对应 DELAY bus 的值"捕捉"到发射队列相应的表项(entry)中,然后再将这个 DELAY 值进行移位的处理,完成延迟唤醒的过程。在图 8.39 中,发射队列中的每个表项包括的内容如下。

① Freed:表示这个表项是否是空闲的,当一条指令写入其中时,这个表项就不再是空闲的;而这条指令被仲裁电路选中,并且确定不会有问题时,这条指令就可以离开发射队列,这个表项也就可以变为空闲的状态。需要注意的是,一条指令被仲裁电路选中之后,并不一定保证这条指令就一定会得到想要的操作数,当这条指令的操作数来自于 load 指令时,处理器可能会采用推测唤醒(speculative wake-up)的方法来加快执行效率,这时候即使一条指令被仲裁电路选中了,它也有可能在之后的时间重新参与仲裁的过程,因此管理发射队列中的一个表项是否空闲并不是一件很直接的事情,最容易的方法就是当一条指令顺利地离开流水线(也就是退休)的时候,才使它在发射队列中占据的表项变为空闲的状态,但是这会导致很多无效的指令占据着发射队列,使其可用的容量变小,降低了处理器可能获得的并行度,因此现实当中的处理器会采用一些更高级的方法,这些内容将在后文介绍。

② Issued:表示一条指令是否已经被仲裁电路选中,被选中的指令可能不会马上离开发射队列,因此需要对这种指令加以标记,以使它不再向仲裁电路发出请求信号。

③ SrcL:指令的第一个源寄存器的编号值,它会和所有的总线上的目的寄存器的编号进行比较。

④ SrcL_M:当寄存器编号的比较结果相等时,这一位会被置 1(M 表示 match);当这条指令接收到仲裁电路给出的响应信号时,这一位会被清 0,它是移位寄存器(SrcL_SHIFT)进行算数右移的使能信号,当它为 1 时,移位寄存器每周期都会算术右移一位。

⑤ SrcL_SHIFT:移位寄存器,当寄存器编号的比较结果相等时,会将对应的 DELAY 值写到这个移位寄存器中,然后它在移位使能信号(SrcL_M)的控制下,每周期都会算术右移一位,通过这种方式实现延迟唤醒的功能,这个移位寄存器最低位的值用来表示当前的源寄存器(SrcL)是否已经处于准备好的状态(ready 状态)。

⑥ Rdy:表示指令的第一个源寄存器是否已经准备好了(ready 状态),它本质上就是移位寄存器(SrcL_SHIFT)的最后一位。

上面所讲述的 SrcL、SrcL_M 和 SrcL_SHIFT 都在描述指令的第一个源寄存器,同理,SrcR、SrcR_M 和 SrcR_SHIFT 都用来描述指令的第二个源寄存器,它们的内容是一样的。

⑦ SrcR_imm_valid:表示指令的第二个操作数是否是立即数。

⑧ DELAY:用来记录每条指令需要在 FU 中执行的周期数,在一条指令被仲裁电路选中,将它的目的寄存器的编号送到总线(tag bus)上的同时,也会将这个 DELAY 值送到对应的总线上(DELAY bus),发射队列中的每个源寄存器都会根据比较的结果,选择合适的 DELAY 值写到图 8.39 中的 SrcL_SHIFT(或 SrcR_SHIFT)区域中。因为这个值会被进行算数右移,所以对 DELAY 值采用 1 和 0 进行编码,DELAY 值的位宽由所有 FU 中,最多需要的周期数来决定,而 DELAY 值最右边将被填充 0,对于一条在 FU 中需要执行 L 个周期的指令来说,0 的位数等于 $L-1$,表示这条指令需要将唤醒信号进行延迟的周期数。举例来说,对于一个 8 位的 DELAY 值,当一条指令需要在 FU 中执行的周期数为 4 时,这条指

令的 DELAY 值会被编码为 11111000,当发射队列中的某个源寄存器"捕捉"到这个 DELAY 值之后,经过 3 个周期的算数右移,它的最低位就是 1 了,也就是表示这个源寄存器已经被唤醒,处于准备好的状态。

⑨ ROB ID:这条指令在 ROB 中的位置,这个值作为指令的年龄信息,使仲裁电路 (Select)可以实现 oldest-first 的指令选择。

一旦发射队列中的某个源寄存器的编号和总线上的目的寄存器的编号相等时,例如 SrcL 和某个总线上的值相等,则 SrcL_M 位就会被置为 1,直到接收到仲裁电路给出的响应信号(即 grant 信号),才会将 SrcL_M 位清零,也就是说,SrcL_M 位会保持很多个周期都为 1,而这一位作为移位寄存器(SrcL_SHIFT)的使能信号。当其为 1 时,移位寄存器在每周期都会算术右移一位,当移位寄存器右边的 0 全部被移掉时,整个值就全是 1 了,所以即使它继续算数右移,其最右边的位也会一直为 1,表示这个源操作数一直处于准备好的状态,直到某一个时刻,这条指令被仲裁电路选中而收到了有效的响应信号(grant 信号),才会将这条指令对应的移位寄存器(SrcL_SHIFT 和 srcR_SHIFT)和移位使能信号(SrcL_M 和 SrcR_M)都清零,这条指令就不会继续向仲裁电路发出请求信号了。

8.5.3　推测唤醒

到目前为止,前文讲述的唤醒方法都是建立在一个前提下,即指令在 FU 中执行的周期数是可以预知的,这样才可以为这条指令分配一个确定的 DELAY 值,但是在实际的处理器中,很多指令需要的执行周期数是没有办法提前知道的,这些情况如下。

(1) Load 指令,它在 FU 中执行的周期数取决于 D-Cache 是否命中,在一个有着 L1 Cache、L2 Cache、L3 Cache 和 DRAM 的典型处理器中,load 指令需要的执行周期数(用 latency 表示)可以表示如下。

Latency ∈ {L1_latency, L2_latency, L3_latency, DRAM_latency}

其中,L1_latency 表示当 L1 D-Cache 命中时,load 指令需要的执行周期数,其他的以此类推。而且,DRAM 由于自身结构的原因(例如 queuing delay),从其中读取数据需要的时间并不是一个固定的值,这在一定程度上也使问题变得更复杂了一些。

(2) 在某些处理器中,定义了一些特殊的情况,例如 PowerPC 603 处理器中,当被乘数的位数比较小时,乘法的结果可以提前得到,这称为 early out;Intel 的 Core2 架构中,对于除法操作也存在 early out 的情况,这些情况都导致指令在 FU 中需要的周期数不是一个固定的值。

对于这些执行的周期数不确定的指令,可以采用最简单的方式进行处理。当这条指令执行完时,才对其他相关的指令进行唤醒的操作,例如对于 load 指令来说,它的执行情况如图 8.40 所示。

如果 L1 D-Cache 命中,则当指令 A(load 指令)执行完毕,得到需要的数据时,才将这条指令的目的寄存器的编号送到对应的总线上,对发射队列中相关的寄存器进行唤醒操作。由图 8.40 可以看出,指令 B 使用了指令 A 的结果,它们的执行相差了 5 个周期,如果硬件在这些周期内无法找到其他不相关的指令来执行,那么就会导致处理器执行效率的下降。

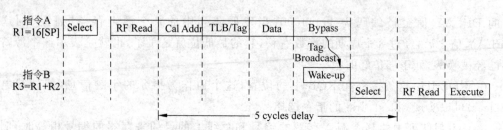

图 8.40　等到 load 指令执行完毕时,才对发射队列中的相关指令进行唤醒

上面的设计可以做一些小的改进,例如在设计 D-Cache 时,Cache 是否命中的信息是可以先于数据得到的,例如 load 指令执行的第一个周期进行地址的计算,第二个周期访问 Tag SRAM 进行是否命中的判断,第三个周期将读取到的数据写到 load 指令的目的寄存器中,在这样设计的 D-Cache 中,执行的第二个周期就可以知道 Cache 是否命中了,所以可以将流水线改进如图 8.41 所示。

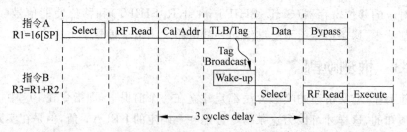

图 8.41　对 Cache 进行改进,使其更早地得到是否命中的信息

通过这种改进措施,当 L1 Cache 命中时,指令 A 和指令 B 之间的执行相差了 3 个周期,相比于前一种设计已经有了改进,但是仍旧不完美。其实,按照设计的意图,D-Cache 的命中率应该是很高的,否则 D-Cache 就失去意义了,所以,可以假设 D-Cache 是一直命中的,这样流水线就按照如图 8.42 所示的形式执行。

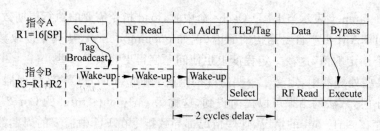

图 8.42　假设 D-Cache 一直命中的流水线

图 8.42 即是以前所讲述的延迟唤醒(delayed wake-up)的情况,只不过对于 load 指令来说,还需要额外考虑更多的事情,因为一旦指令 A 发生了 D-Cache 缺失,此时指令 B 就不能通过旁路网络(bypassing network)获得操作数,也就无法在 FU 中执行,而且,指令 B 也不能就此停住而等待操作数,因为这样会使 FU 无法接收其他新的指令,严重影响处理器的性能。最好的方法就是将指令 B 重新放回发射队列(Issue Queue)中,因为 load 指令在 D-Cache 缺失之后,会到 L2 Cache 中寻找数据,此时可以假设 L2 Cache 是命中的,并按照它的命中的时间重新对发射队列中相关的寄存器进行唤醒的操作,这样就使 FU 可以继续执行其他的指令,提高了处理器执行的效率,这个过程如图 8.43 所示。

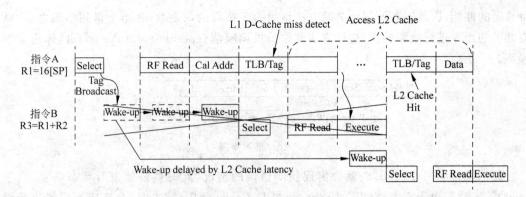

图 8.43 假设 L2 Cache 命中的流水线

由于读取 L1 Cache、L2 Cache 甚至是 L3 Cache 需要的周期数都是确定的，所以可以使用图 8.43 所示的延迟唤醒的方式，但是对于读取时间不确定的情况，例如 DRAM 的访问，只能等到从 DRAM 中真正得到数据的时候，才对发射队列中相关的寄存器进行唤醒，这种方式相比于图 8.43 所示的方法，会多出几个周期的延迟，在超标量处理器中可能会引起性能的下降。当然，如果处理器可以找到其他的不相关指令来填充这些周期，就可以避免这种性能的损失，这也是超标量处理器的一个优势，它可以充分地使用硬件资源，实时地对指令进行调配，这一点是那些依靠编译器调度的 VLIW 处理器所不能比拟的，所以对于通用的处理器，超标量的结构是很合适的，而对于专用的一些领域，VLIW 处理器的优势才可以体现出来。

其实，在早期的 tomasulo 算法中[36]，只有当 FU 将结果运算出来之后，才会将目的寄存器的编号进行广播，对其他的指令进行唤醒操作，这样做不能够使有着先写后读（RAW）相关性的连续指令背靠背地执行，造成了性能的下降。因此现代的处理器都是在指令被仲裁电路选中的同时，根据这条指令所需要的执行周期数，来对其他的相关指令进行唤醒，这样当这条被选中的指令计算出结果的时候，被它唤醒的指令正要进入执行阶段，可以通过旁路网络（bypassing network）获得操作数，从而实现背靠背的执行，这个过程可以简单地使用图 8.44 进行表示。

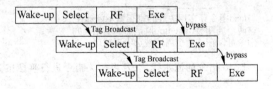

图 8.44 通过旁路网络可以实现背靠背的执行

对于一般的算术类型的指令，其执行周期都是 1，这种指令可以在被仲裁电路选中的同时马上对相关的指令进行唤醒操作，从而可以实现背靠背的执行；而对于那些执行周期数大于 1 的指令，例如乘除法指令，需要根据它的执行周期，延迟进行唤醒，如图 8.45 所示。

对于执行周期数是一个确定值的指令，可以使用这种延迟唤醒的方法，而对于本节介绍的 load 类型的指令，它的执行周期是不确定的，而 load 指令多处于相关性的顶端，如果等到它的结果被计算出来的时候才进行唤醒操作，会损失一些潜在的并行执行的机会，从而降低处理器的性能,因此需要使用预测的方法预测指令执行的周期数,在指令得到结果之前,就对相关的指令进行唤醒操作,这种方法就称为推测唤醒(speculative wake-up),或称为预测唤醒。

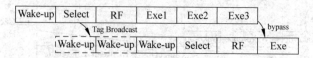

图 8.45　延迟唤醒

　　既然是预测的方法,那么就会出现预测错误的情况,此时就需要进行状态恢复,对于 load 指令来说,由于它要访问 D-Cache,而当 D-Cache 命中/缺失时,会造成不同的执行周期。考虑到 D-Cache 的命中率是很高的,所以可以在流水线的发射阶段假设所有 load 指令的 D-Cache 都是命中的,这样当 load 指令被仲裁电路选中时,就可以按照最短的执行周期数,对相关的指令进行唤醒操作,当 load 指令真正访问 D-Cache 时,如果此时发现了缺失,那么就说明之前的预测是错误的,需要进行状态恢复,那些被 load 指令唤醒的所有寄存器都应该重新被置为非准备好(not ready)的状态,如果一些指令已经离开了发射队列,那么还需要将其从流水线中抹掉,重新放回到发射队列中,这就完成了状态恢复的过程,这些指令会等待 load 指令重新将它们唤醒。此时 load 指令可以继续预测 L2 Cache 是命中的,并按照这个周期数对相关指令进行唤醒,当然,如果发现这个预测也是不正确的,那么就继续按照这种方法进行状态恢复。

　　Load 指令在执行阶段,需要计算指令所携带的地址,如果在处理器中使用了虚拟存储器,则此时计算出的地址只是虚拟地址,还需要将其转换为物理地址,然后才能够访问 D-Cache(这部分内容不是绝对的,如果采用了完全的虚拟 D-Cache,则不需要转换成物理地址,直接使用虚拟地址就可以访问 D-Cache 了),这样的流水线可以用图 8.46 来说明。

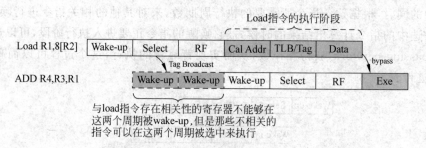

图 8.46　Load 指令的流水线,以及将相关指令进行唤醒的过程

　　在图 8.46 中,load 指令在执行阶段被分为了三个流水段,Cal Addr 阶段用来计算指令所携带的地址,TLB/Tag 阶段会同时访问 TLB 和 D-Cache,在这个周期会得到虚拟地址对应的物理地址,同时会得到 D-Cache 是否命中的信息,在 Data 阶段就可以从 D-Cache 中得到需要的数据,并将其写到目的寄存器中。需要注意的是,TLB 的缺失也会造成 load 指令执行周期数的变化,此时仍旧需要采用预测的方法,假设 TLB 总是命中的,当在执行阶段发现 TLB 缺失的时候,就发生了预测错误,需要进行状态恢复,如果采用软件处理 TLB 缺失,就需要按照异常(exception)的处理方式,等到 load 指令变为流水线中最旧的指令的时候,将流水线中所有的指令(包括 load 指令)都抹掉,在对应的异常处理程序中对 TLB 缺失的

这个情况进行处理,然后重新将 load 指令以及后面的指令取到流水线中,此时 load 指令访问 TLB 就不会产生缺失了,这就相当于完成了状态恢复的过程,这和上面讲述的 D-Cache 缺失时的恢复过程是不同的,在 D-Cache 缺失时的状态恢复中,load 指令并不需要从流水线中被抹掉,也不需要重新参与仲裁的过程(D-Cache 的缺失是由硬件自动解决的),并且 load 指令后面的相关指令也只需要重新放回到发射队列中,并不需要从流水线中被抹掉,称这种方式是基于发射队列的状态恢复;而采用软件处理 TLB 缺失时的状态恢复,需要将 load 指令以及它后面所有的指令都从流水线中抹掉,然后重新从 I-Cache 中将这些指令取出来放到流水线中,这种方式称为基于 I-Cache 的状态恢复。

当然,如果采用硬件处理 TLB 缺失,那么就不需要将 load 指令重新取到流水线中执行了,load 指令后面的相关指令也只需要重新放回到发射队列中就可以,这就是基于发射队列的状态恢复,因此如果采用硬件处理 TLB 缺失的方式,就可以将它的恢复过程和 D-Cache 缺失时的恢复过程放到一起来处理,这样节约了硬件资源。

采用不同结构的 D-Cache,对于推测唤醒(speculative wake-up)的过程是有影响的,如果采用了 virtually-indexed,physically-tagged 的方式,则在访问 TLB 的同时,也可以使用虚拟地址来访问 D-Cache,这种并行的方式会增加执行的效率,这就是图 8.46 中的 TLB/Tag 阶段所完成的事情,从 D-Cache 中会读取到对应的 tag 值,同时从 TLB 中也会得到对应的物理地址,这时候可以进行比较,以判断 D-Cache 是否命中,这个过程可以在 TLB/Tag 的这个周期完成,也可以将其放到下一个周期,这样可以缩短处理器的周期时间。采用其他方式的 D-Cache 会使流水线略有不同,例如当使用 physically-indexed,physically-tagged 的方式时,就必须先访问 TLB 而得到物理地址,然后才能访问 D-Cache,这种方式将 D-Cache 的访问过程完全的串行化,因此需要更长的执行时间;而如果使用 virtually-indexed,virtually-tagged 的方式,则不需要访问 TLB,直接只使用虚拟地址访问 D-Cache 就可以了,只有当 D-Cache 缺失的时候才需要访问 TLB(因为 L2 Cache 都是使用物理地址来访问的),不需要访问 TLB 也就意味着这种方式会缩短 D-Cache 访问的时间,但是访问 L2 Cache 需要的时间就会更长一些。

在图 8.46 中,load 指令被仲裁电路选中之后,需要等待两个周期才可以将相关的指令进行唤醒,在这两个周期内,仲裁电路可以选择那些和 load 指令不存在相关性的指令,称这两个周期为 Independent Window(简称 IW)。而从 load 指令开始将相关的指令进行唤醒,直到它发现自身是否会 D-Cache 命中/缺失,中间也间隔了两个周期,称这两个周期为 Speculative Window(简称 SW),示意图如图 8.47 所示。

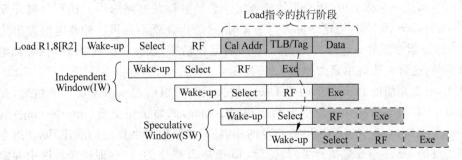

图 8.47 Independent Window 和 Speculative Window

需要注意的是,SW 窗口中的指令不一定就和 load 指令存在相关性,例如那些被 load 指令唤醒的指令并没有马上被仲裁电路选中,就会使 SW 窗口中的指令其实并没有使用 load 指令的结果;而 IW 窗口中的指令也并不一定就和 load 指令无关,因为它可能和其他 load 指令的 SW 窗口是重合的,这可以用图 8.48 来表示。

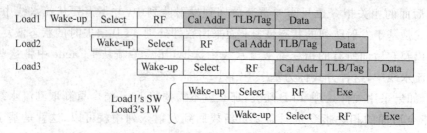

图 8.48　Load3 指令的 IW 窗口和 load1 指令的 SW 窗口是重合的

在图 8.48 中,load1 指令的 SW 窗口和 load3 指令的 IW 窗口是重合的,在这两个周期被仲裁电路选中的指令未必在执行阶段能够获得操作数,这取决于 load1 指令是否 D-Cache 命中。在图 8.48 中,假设在流水线的 TLB/Tag 阶段就可以得到 D-Cache 命中/缺失的结果了,当发现缺失时,在这条 load 指令对应的 SW 窗口中,相关的指令就需要从流水线中被抹掉。由图 8.48 可以看出,这样的相关指令只会处于流水线的 select 或 wake-up 两个阶段,只需要将这两个阶段中相关的指令抹掉就可以了,所有这些被抹掉的指令会重新被放回到发射队列(Issue Queue)中,等待重新被唤醒,不同的 D-Cache 设计会导致 IW 和 SW 窗口中指令的个数发生变化,但是处理的方式是一样的。

由于发现 D-Cache 缺失时,那些和 load 指令存在相关性的指令都需要重新被放回发射队列中并等待被唤醒,这就需要这些指令重新在发射队列中变为 not ready 的状态,并重新向仲裁电路发出申请,这个过程称为 replay。而前面说过,一条指令被仲裁电路选中之后,它可以马上离开发射队列,也可以继续停留在发射队列中,直到被允许时才离开,这些不同的设计方法会导致不同的状态恢复的方法,产生不同的执行效率和硬件消耗。本节介绍两种常用的方法:Issue Queue Based Replay 和 Replay Queue Based Replay,这两种方法在现代的处理器中都有使用,它们的硬件消耗、执行效率和功耗也是各不相同的。

1. Issue Queue Based Replay

在这种方法中,指令被仲裁电路选中之后,不会马上离开发射队列(Issue Queue),只有当这条指令被确认已经正确执行之后,才会允许这条指令离开发射队列。这种方法需要在发射队列中增加一个标志位,用来指示这条指令已经被仲裁电路选中但还没有离开发射队列,称其为 issued 标志位,当这个标志位为 1 时,这条指令就不会再向仲裁电路发出请求信号了;当这条指令需要 replay 时,会将 issued 标志位清零,这样它就可以继续向仲裁电路发出请求信号,这种方法的示意图如图 8.49 所示。

其实,前文介绍的 load 指令的 D-Cache 缺失只是可以引起 replay 的一种情况,在真实的处理器中,有很多情况都可能引起指令进行 replay,例如采用交叠(interleaving)结构的 D-Cache 中的 bank 冲突、store/load 指令的违例(即按照程序中规定的顺序,load 指令比拥有相同地址的 store 指令先执行了),甚至是 load/load 指令的违例(即按照程序中规定的顺序,load 指令比拥有相同地址的 load 指令先执行了,在某些多核应用环境中要求保持这种顺序)等,都需要将相关的指令进行 replay,这时候最简单的处理方法就是让所有的指令在被仲裁电路选中的时候,都不要马上离开发射队列,只有当这条指令确认自己可以正确执行的时候,才会离开发射队列,那么,什么时候才能够知道一条指令的执行是否正确呢? 这其实是和处理器采用的微架构(microarchitecture)相关的,如果采用完全乱序(out-of-order)的方式来执行 load/store 指令,那么即使 load 指令是 D-Cache 命中,甚至 load 指令都已经执行完毕,但是只要 load 指令没有顺利地离开流水线(即退休),都有可能由于 store/load 指令违例而导致 load 指令的执行结果是错误的,此时需要将 load 指令以及所有和它存在直接或者间接相关性的指令,都重新在发射队列中参与唤醒(wake-up)和仲裁(select)的过程。因此在这种处理器的架构中,只有一条指令顺利地离开流水线(即退休)的时候,才可以保证它是正确执行的,此时才会允许它离开发射队列。而如果采用完全顺序或者部分乱序的方式(关于这些内容将在后文进行介绍)来执行 load/store 指令,则不会存在上述的违例现象,此时只有那些和 load 指令存在相关性的指令才有可能被 replay,更精确地说,是那些处于 SW 窗口中的指令才有可能被 replay,等到 load 指令得到了 D-Cache 是否命中的结果之后,就可以决定 SW 窗口中的指令是否可以离开发射队列了。

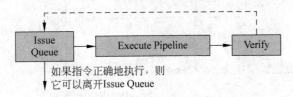

图 8.49 Issue Queue Based Replay

这种基于发射队列进行 replay 的方法,它的设计复杂度相对不高,因此需要的硬件资源也就比较少,但是却造成了发射队列实际可用容量的减少,考虑到 D-Cache 命中的概率是很高的,同时,发生 store/load 等违例情况的概率并不高,所以大部分指令在被仲裁电路选中之后,其实就已经不会 replay 了,但是这部分指令仍旧占据着发射队列中的空间,降低了它实际可以使用的容量,而发射队列的作用是寻找程序的并行性,所以这样相当于降低了处理器的性能,如果提高发射队列的容量,又会造成仲裁电路和唤醒电路延迟的增大,使本来就处于关键路径的这部分电路的时序更加紧张。

为了解决这种矛盾,需要一些适当的折中,例如,可以只对 load 指令采取这种基于发射队列进行 replay 的方法,一旦 load 指令在它的执行阶段得到了 D-Cache 命中的结果,就可以将发射队列中相关的指令进行释放,这样就最大限度地减少了多余的指令对于发射队列的占用。采用这种设计方法之后,一旦发生了 store/load 指令违例,或者 load/load 指令违例的这些情况,很多需要 replay 的指令可能早就离开了发射队列,这时候已经没有办法将这些指令再次放回到发射队列中了,因为在发射队列中可能已经没有空间再容纳这些指令,这时候就会有产生死锁的可能:在发射队列中的指令等待被它前面的指令唤醒,而前面的指令由于发射队列中没有空间而无法进行 replay,也就无法将其他指令进行唤醒,这就产生了死锁。因此,对于 store/load 指令违例,或者 load/load 指令违例的这些情况,是没有办法依靠发射队列进行 replay 的,这时候需要将那些需要 replay 的指令从流水线中抹掉,从 I-Cache 中重新将这些指令取出来放到流水线中,当然这样会损失一些性能,这就是一种折中了,Alpha 21264 处理器就采用了这种方法。

　　然而对于 load 指令来说,仍旧需要使用发射队列进行 replay,这个过程也是可繁可简,当 load 指令在执行阶段发现了 D-Cache 缺失时,一种比较简单的方法是将所有在 load 指令之后被仲裁电路选中的指令都重新"放回"到发射队列中(注意,并不是真的将指令放回到发射队列中,因为这些指令还都没有离开发射队列,只需要更改对应的状态位就可以了),这些指令会重新等待被唤醒(wake-up)和选中(select)。这种方法当然不会产生错误,但是,考虑到 IW 窗口的存在,甚至是在一条 load 指令的 SW 窗口中,未必所有的指令都是和 load 指令相关的,所以这种方法将很多本来可以不需要 replay 的指令也进行了 replay,在一定程度上损失了一些性能,但是实现起来相对是比较简单的,这种方法被称为 Non-Selective Replay,它是一种无差别的选择指令的方法,它的示意图如图 8.50 所示。

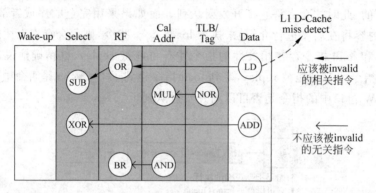

图 8.50　Non-Selective Replay

　　在图 8.50 中,假设 load 指令在执行的最后一个周期,即 Data 阶段,才得到 D-Cache 是否命中的信息,如果发现没有命中,则将所有在 load 指令之后被仲裁电路选中的指令,也就是在流水线的 Data 阶段和 wake-up 阶段之间的所有指令,都从流水线中抹掉。图 8.50 中灰色部分的指令都是需要从流水线中被抹掉的,它们会重新在发射队列(Issue Queue)中等待被唤醒,但是从图中可以看出来,在所有被抹掉的指令中,只有 OR 指令和 SUB 指令才真正和 load 指令存在相关性,应该进行 replay,而其他的指令其实都没必要进行 replay。因此这种无差别选择指令的方法浪费了一些处理器的时间,换来了硬件复杂度的降低,在现实世界的处理器中,例如 Alpha 21264 处理器,就采用了这种方法。

　　这种方法在一定程度上可以进行改进,前面说过,处于 IW 窗口中的指令,是肯定和对应的 load 指令不存在相关性的。在图 8.50 中,当 load 指令在流水线的 Data 阶段发现 D-Cache 缺失时,处于 Cal Addr 和 TLB/Tag 这两个流水段的指令,是不需要进行 replay 的,因此只需要将 RF 和 Select 这两个流水段的指令从流水线中抹掉,重新在发射队列中等待被唤醒就可以了,这样可以在一定程度上减少性能的损失,可以称为是改良版的 Non-Selective Replay 的方法。

　　不管是不是改良版的设计,在将图 8.50 中灰色部分的指令重新"放回"到发射队列的同时,还需要将发射队列中所有和 load 指令存在相关性的寄存器都置为 not ready 的状态,这样那些和 load 指令不存在相关性的指令即使被重新"放回"到发射队列中,由于它们仍然处于准备好的状态,因此马上可以向仲裁电路发出申请,只有那些和 load 指令存在相关性的指令才需要等待被重新唤醒。这要求在发射队列中能够识别出哪些寄存器是和 load 指令存在相关性的,这个相关性包括两个方面,一是直接的相关性,例如图 8.50 中的 OR 指令;

二是间接的相关性,例如图 8.50 中的 SUB 指令。这两种相关性的指令(确切地说,是存在相关性的寄存器)都需要在发射队列中被识别出来,为了达到这个目的,可以采用一种比较直接的方法,使用一个值来记录流水线中所有的 load 指令,其中的每一位表示一条 load 指令,这个值的宽度等于流水线中能够最多存在的 load 指令的个数,这个值称为 load-vector,这种方法的示意图如图 8.51 所示。

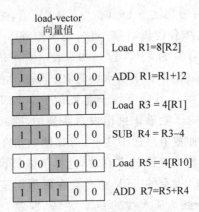

图 8.51 使用 load-vector 来记录哪些寄存器和 load 指令存在相关性

在处理器中的每个通用寄存器(如果采用寄存器重命名,就是每一个物理寄存器)都有一个 load-vector 值(为了便于描述,下面称之为向量值)。对于非 load 指令的其他指令来说,如果它存在目的寄存器,则它的向量值来自于两个源寄存器的向量值相或的结果;而对于 load 指令的向量值来说,除了来自于源寄存器,它还会占用向量值的一个新的位,通过这种方式,每个通用寄存器都分配了一个向量值,这样每个通用寄存器和 load 指令的直接或者间接关系都会记录在它的向量值中,所有寄存器的向量值就形成了一个表格,对于采用了寄存器重命名的处理器来说,这个表格中表项(entry)的个数等于物理寄存器的个数。指令在被寄存器重命名之后,会使用源寄存器来读取这个表格,得到每个源寄存器对应的向量值;同时为了得到目的寄存器对应的向量值,还需要将读取到的源寄存器的向量值进行或操作,对于 load 指令来说,还需要额外占用向量值的一个新的位,这样就可以得到目的寄存器对应的向量值,并将其更新到这个表格中,供以后的指令读取。指令在被重命名之后,就可以将每个源寄存器对应的向量值也一并写到发射队列中,每当发现一条 load 指令产生 D-Cache 缺失时,根据这条 load 指令在向量值中对应的位,就可以从发射队列中找出哪些寄存器和它存在直接或者间接的关系,然后就可以将这些寄存器置为 not ready 的状态,等待重新被唤醒。

当处理器的流水线比较浅,并且并行度不高时,能够同时存在于流水线中的 load 指令不会很多,所以这种 load-vector 的设计方法还是可以接受的,但是对于流水线比较深,并且并行度很高的处理器来说,需要的向量值的宽度也随之增加,否则就会因为向量值经常没有空间而导致流水线暂停,降低了处理器的性能。而过宽的向量值会导致更多的硬件消耗,同时也会增大发射队列的延迟,因此需要其他更好的方法来解决这个问题。

前面说过,对于一条 load 指令来说,只有处于它的 SW 窗口中的指令才有可能和它存在相关性,此处加"有可能"是表示即使在一条 load 指令的 SW 窗口中,也可能存在和 load 指令不相关的指令。为了识别出发射队列中哪些寄存器和 load 指令存在相关性,对于每条

load 指令都使用一个 5 位的值,用来表示出这条 load 指令处于流水线的哪个位置(Select、RF、Cal Addr、TLB/Tag 和 Data),称这个值为 Load Position Vector(LPV)。每当一条 load 指令被仲裁电路选中时,都会将它的 LPV 置为 10000,表示这条 load 指令处于流水线的 Select 阶段,在这个周期,load 指令会使用它的目的寄存器编号和发射队列中所有的源寄存器进行比较(在当前周期只是进行比较,真正的唤醒是在两周期之后,即延迟唤醒),所有比较结果相等的源寄存器都会得到这条 load 指令的 LPV 值,然后在之后的每个周期,发射队列中所有源寄存器的 LPV 都会逻辑右移一位,用来追踪 load 指令在流水线中的状态。例如,发射队列中的一个源寄存器的 LPV 是 10000,表示它所依赖的 load 指令处于流水线的 Select 阶段,01000 表示 load 指令处于流水线的 RF 阶段,00100 表示 load 指令处于流水线的 Cal Addr 阶段,00010 表示 load 指令处于流水线的 TLB/Tag 阶段,00001 表示 load 指令处于流水线的 Data 阶段。为了能够识别出发射队列中,哪些源寄存器和 load 指令存在间接的相关性,每条指令在被仲裁电路选中之后,对其他的指令进行唤醒时,都会将它的目的寄存器的 LPV 值也赋给那些被唤醒的寄存器,这样就能够识别出哪些指令和 load 指令存在间接相关性了。同理,load 指令的 LPV 值也会在每周期逻辑右移一位,记录它在流水线中的位置,这样当 load 指令到达流水线的 Data 阶段,发现 D-Cache 缺失时,在发射队列中那些 LPV 的最低位是 1 的所有源寄存器,都会和这条 load 指令存在直接或者间接的相关性,需要被置为 not ready 的状态,然后等待重新被唤醒,下面以图示的方法表达了这个过程。

(1) Load 指令被仲裁电路选中之后,会在当前周期,使用它的目的寄存器编号和发射队列中所有的源寄存器的编号进行比较,并将比较结果相等的寄存器进行标记。由于在本节假设 load 指令需要在 FU 中执行三个周期,所以直到流水线的 Cal Addr 阶段,才可以对发射队列中相关的指令进行真正的唤醒。注意此处为了表示方便,并没有表达出"load 指令将 XOR 指令的一个操作数进行了唤醒",而是表达了"load 指令将 XOR 指令进行了唤醒"这个意思,在实际中,load 指令只会将一条指令的某一个操作数进行唤醒。

Load 指令在流水线的 Select 阶段,它的 LPV 是 10000,所以发射队列中所有被唤醒的寄存器都会得到这个 LPV 的值,如图 8.52 所示。

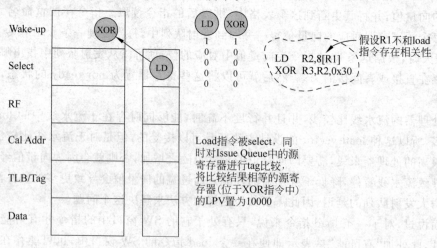

图 8.52　XOR 指令被 load 指令唤醒,并得到 LPV 值

(2) 当 load 指令到达流水线的 Cal Addr 阶段时,根据延迟唤醒方法中的约定,此时 XOR 指令可以真正地被唤醒,在下个周期就可以向仲裁电路发出申请了。假设在下个周期 XOR 指令可以被仲裁电路选中,此时 load 指令处于流水线的 TLB/Tag 阶段,XOR 指令和 load 指令的 LPV 值都是 00010。在 XOR 指令被仲裁电路选中的同时,它又对发射队列中的其他指令进行了唤醒。在图 8.53 中,ADD 和 SLL 指令被唤醒了,这两条指令会同时获得 XOR 指令的 LPV 值,因此 ADD 和 SLL 指令的 LPV 也变为了 00010,直接反映了它们所依赖的 load 指令此时在流水线中的位置,当然,这是一种间接的相关性。

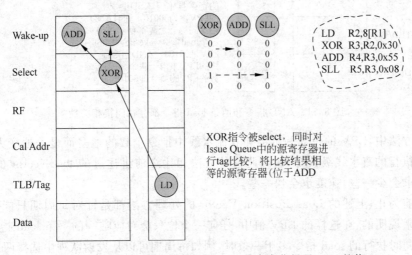

图 8.53 ADD 和 SLL 指令都从 XOR 指令中获得了 LPV 的值

(3) 在下个周期,假设 ADD 和 SLL 指令都被仲裁电路选中,同时会对发射队列中的相关指令进行唤醒。在图 8.54 中,ADD 指令将 AND 指令的一个操作数进行了唤醒,同时 AND 指令的另一个操作数被 load 指令唤醒(即图 8.54 中的 LD2 指令),这样 AND 指令的两个源操作数的 LPV 分别来自于 ADD 和 LD2 指令,它们分别是 00001(来自于 ADD 指令,表示了第一条 load 指令此时在流水线中的位置)和 00100(来自于第二条 load 指令,表示了这条 load 指令在流水线中的位置),本质上来说,AND 指令和两条 load 指令都是相关的。由于 AND 指令在唤醒其他的指令时,需要将它属于哪些 load 指令的信息传递给被唤醒的指令,所以这条 AND 指令的 LPV 值,是来自于它的两个源操作数的 LPV 相或的结果,即"00001 | 00100 = 00101",被 AND 指令唤醒的其他指令可以得到这个 LPV 值,从而知道自己和哪些 load 指令是相关的,这个过程如图 8.54 所示。

在图 8.54 中,第一条 load 指令已经到了执行的最后一个阶段,即 Data 阶段,所有和它存在相关性的源寄存器,LPV 值的最后一位都是 1。如果发现 D-Cache 命中(假设在 load 指令执行的最后一个阶段才可以得到命中/缺失的结果),那么继续执行就可以了;但是如果发现了 D-Cache 缺失,那么在发射队列中,LPV 值的最后一位是 1 的所有源寄存器都需要被置为 not ready 的状态,同时将流水线中,处于这条 load 指令的 SW 窗口中的所有指令都置为无效。当然,这样有可能将一些本来不相关的指令也抹掉了,但是这些指令在发射队列中仍旧都是 ready 的状态,因此只要将这些指令在发射队列中的 issued 状态位清零(当指令被仲裁电路选中后,需要将这些指令在发射队列中标记为 issued 状态,防止这些指令继续向仲裁电路发出申请),那么这些指令就马上又可以参与仲裁的过程了。

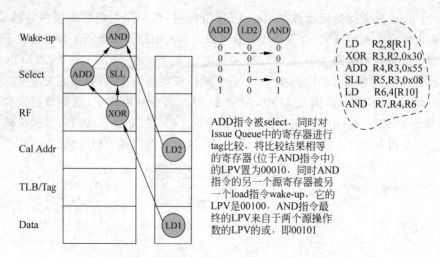

图 8.54　AND 指令和两条 load 指令都存在间接相关性

这种方法中,LPV 的位数并不会随着流水线中指令个数的增多而显著地变大,它只和 load 指令执行的流水线级数有关,因此这种方法相比之前讲述过的 load-vector 的方法,对硬件的需求会少一些、速度也会快一些。

到目前为止,上述的 Load Position Vector 的处理方法都是针对每周期只能执行一条 load 指令来说明的,在这样的 LPV 值中,任何一个位只会对应唯一的一条 load 指令。当每周期可以同时执行的 load 指令多于一条时,例如每周期可以从发射队列中选择两条 load 指令,那么上述的方法就需要改进,发射队列中的每个源寄存器都需要两个 LPV 值,用来分别记录同一个周期内的两条 load 指令在流水线中的位置。这相当于将上述的电路复制了一份,不过现代的处理器受到 D-Cache 端口限制,每周期可以同时执行的 load 指令的个数并不会很多,所以这种方法不会造成太多的硬件消耗。

上面所述的内容即是 Non-Selective Replay 的方法,这种方法的过程可以简单地描述为在 load 指令的执行阶段发现 D-Cache 缺失时,将它的 SW 窗口中的所有指令都从流水线中抹掉,这些指令会重新被“放回”到发射队列中,同时将发射队列中和这条 load 指令直接或间接相关的所有源寄存器都置为 not ready 的状态,等待重新被唤醒。这样在发射队列中,那些和 load 指令无关的指令由于仍然是处于准备好的状态,它们很快会再次被仲裁电路选中,当然这样的重复执行会浪费一些性能,而那些和 load 指令存在相关性的指令需要等待被唤醒之后才可以参与仲裁的过程。

如果发现 load 指令发生 D-Cache 缺失时,只将它的 SW 窗口中,和 load 指令存在相关性指令抹掉,其他不相关的指令可以继续执行,则可以提高处理器执行的效率,使用这种方法之后,之前在 Non-Selective Replay 方法中使用的例子就可以按照如图 8.55 所示的方法执行。

在图 8.55 中,只有和 load 指令存在相关性的 SUB 和 OR 指令会从流水线中被抹掉,重新被“放回”到发射队列中,而其他的指令则可以继续执行。为了达到这种效果,需要能够识别出流水线的 Select 阶段和 RF 阶段中的哪些指令是和 load 指令相关的,这可以通过前面讲述过的 LPV 来实现。因为在发射队列中,每条指令的 LPV 都记录着这条指令和哪条 load 指令是相关的,如果指令在被仲裁电路选中的时候,让这条指令的 LPV 值也随着进入

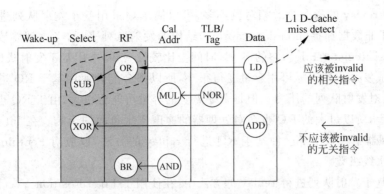

图 8.55 Selective Replay

后续的流水线,这样当 load 指令发现 D-Cache 缺失时,只需要从流水线中找到 LPV 符合要求的指令进行抹掉就可以了,这就实现了有选择的 replay,因此这种方法称为 Selective Replay。

不管是 Non-Selective Replay 还是 Selective Replay,它们都是基于发射队列进行 replay 的方法,很多指令在被仲裁电路选中之后不能马上离开发射队列,因此这种方法最大的缺点就是降低了发射队列实际可用的容量,造成处理器无法最大限度地寻找程序的并行性。为了解决这种问题,现代的一些处理器采用了指令在被仲裁电路选中的时候马上离开发射队列的方法,当然这样需要额外的机制来处理指令的 replay 问题,这就是下一节介绍的方法。

2. Replay Queue Based Replay

在这种方法中,指令被仲裁电路选中之后,会马上离开发射队列,但是它并不会消失,而是进入另外一个部件 Replay Queue(RQ),这种设计方法的示意图如图 8.56 所示。

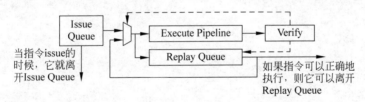

图 8.56 Replay Queue Based Replay

由于指令被仲裁电路选中之后,会马上离开发射队列,所以这种方法大大减轻了对发射队列的压力,提高了它的利用效率,这些离开的指令会进入到 RQ 中。当一条指令被验证为执行正确时,例如当一条指令顺利地离开流水线的时候(也就是退休的时候),它就可以离开 RQ,使用这种方法可以支持由于 load 指令的 D-Cache 缺失引起的 replay,也可以支持由于 store/load 违例、load/load 违例等引起的 replay。举例来说,当发现 load 指令的 D-Cache 缺失时,除了将和它相关的指令从流水线中抹掉,还需要将这些指令重新在 RQ 中唤醒,并向仲裁电路发出申请,而且它们相比于发射队列中的指令有着更高的优先级,这样可以将那些需要 replay 的指令重新送入到 FU 中执行。一般情况下,从流水线的 Select 阶段到执行阶段(Execute)需要的周期数越多(称这个时间为 S→E 的时间),需要 replay 的指令个数也就越多,因此对于数据捕捉(data-capture)结构的发射队列来说,由于它的 S→E 时间比较短,所以需要 replay 的指令个数相对就不多,可以简单地采用基于发射队列进行 replay 的方法;而对于非数据捕捉(non-data-capture)结构的发射队列来说,考虑到要读取物理寄存器堆(Physical Register File),它的 S→E 时间会比较长一些,采用基于发射队列进行 replay 的方法会造成发射队列实际可用容量变得很小,所以都会配合使用基于 RQ 进行 replay 的方法,以降低对发射队列的压力。但是 RQ 需要的容量可能会很大,由于 RQ 也要参与仲裁和唤醒的过程,所以过大的 RQ 也会对处理器的速度产生负面的影响。在 Intel 的 Pentium 4 系列的处理器中就采用了这种基于 RQ 进行 replay 的方法,以应对 Pentium 4 处理器令人夸张的流水线级数。

即使在基于发射队列进行 replay 的方法中,在使用了 Load Position Vector 之后,并不是所有的指令都需要在被仲裁电路选中的时候继续停留在发射队列中,可以根据这条指令的 LPV 值来决定。如果一条指令的 LPV 值存在 1,说明这条指令和 load 指令相关,此时不能使这条指令被仲裁电路选中的时候离开发射队列;而如果一条指令的 LPV 值全是 0,则此时说明这条指令和任何的 load 指令都无关,这条指令如果被仲裁电路选中,就可以马上离开发射队列了。

第 9 章

执 行

9.1 概述

在超标量处理器的流水线中,执行(Execute)阶段负责指令的执行,在流水线的之前阶段做了那么多的事情,就是为了将指令送到这个阶段进行执行。在执行阶段,接收指令的源操作数,对其进行规定的操作,例如加减法、访问存储器、判断条件等,然后这个执行的结果会对处理器的状态进行更新,例如写到物理寄存器堆(Physical Register File)中,写到存储器中(在超标量处理器中,对存储器的更新可能会延后),或者从指定的地址取指令等,同时这个执行结果可以作为其他指令的源操作数(这就是旁路),在处理器中,负责执行的部件在本书中称为 Function Unit(FU)。当然,不同的处理器可能会对此有不同的称呼,例如 Intel 就将这些执行部件称为 Execute Unit(EU)。

一个处理器中包括的 FU 的类型取决于这个处理器所支持的指令集,在指令集中定义了各种需要的运算,概括来讲,一般的 RISC 指令集都包括下面的操作类型。

(1) 算术运算,例如加减法、乘除法、逻辑运算和移位运算等。

(2) 访问存储器的操作,例如从存储器中读取数据(即 load 指令)和写数据到存储器中(即 store 指令)。

(3) 控制程序流的操作,包括分支(branch)、跳转(jump)、子程序调用(CALL)、子程序返回(Return)等类型的指令,主要是对 PC 的控制。

(4) 特殊的指令,用来实现一些特殊功能的指令,例如对于支持软件处理 TLB 缺失的架构,需要有操作 TLB 的指令;对于存在协处理器的架构,由于无法在指令集中对协处理器中的寄存器进行编码,因此还需要访问协处理器的特殊指令;现代的处理器为了保证访问存储器指令的正确执行,还使用了存储器隔离(memory barrier)类型的指令等,这些指令的类型取决于具体的指令集。

不同类型的指令有着不同的复杂度,因此在 FU 中的执行时间也是不同的,这称做不同的 latency,并且在现代的处理器当中,为了获得更大的并行度,一般都会同时使用几个 FU 进行并行的运算,例如有的 FU 进行算术运算、有的 FU 进行存储器的访问、有的 FU 控制程序流的方向、有的 FU 进行浮点运算等。每个 FU 都有不同的延迟时间,FU 的个数决定了每周期最大可以并行执行的指令个数,也就是前文中所说的 issue width。FU 在运算完成后,并不会使用它的结果马上对处理器的状态进行更新(这个状态称为 Architecture State),例如它不会马上将结果写到逻辑寄存器堆(ARF)中,而是将结果写到临时的地方,例如写到物理寄存器堆(PRF)中,这些状态称为推测状态(Speculative State),等到一条指令顺利地离开流水线的时候(也就是退休的时候),它才会真正地对处理器的状态进行更新。

　　不同的处理器,在流水线的执行阶段的设计也是大不相同的,不过有一条可以确定的是,不管是顺序执行(in-order)还是乱序执行(out-of-order)的处理器,都会使用多个 FU 来提高程序执行的并行度,哪怕是像 ARM11 这样的"single issue"的处理器,在流水线的执行阶段也是使用了多个 FU,那些真正的超标量处理器更是如此。一般来说,执行阶段在超标量处理器的流水线中,位置如图 9.1 所示。

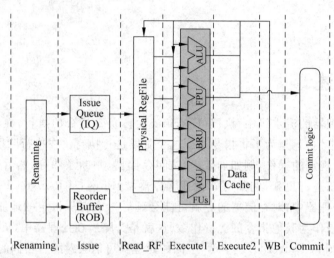

图 9.1　执行阶段在超标量流水线中的位置

　　图 9.1 中的执行阶段包括了所有的 FU,是处理器中可以使用的计算资源,其中,FPU(Floating-Point Unit)用来对浮点数进行运算;ALU(Arithmetic Logic Unit)用来对整数进行算术和逻辑运算;AGU(Address Generation Unit)用来计算访问存储器的地址,当使用虚拟存储器时,AGU 计算的地址只是虚拟地址,还需要将它转换为物理地址;BRU(Branch Unit)用来对控制程序流的指令计算目标地址。当然,这些都是很典型的 FU,在现实的处理器中还有很多其他功能的 FU,用来处理各种千奇百怪的指令,这些内容不在本书讨论的范围之内。

　　执行阶段另一个重要的部分就是旁路网络(bypassing network),它负责将 FU 的运算结果马上送到需要它的地方,例如物理寄存器堆、所有 FU 的输入端、Store Buffer 中等。在现代的超标量处理器中,如果想要背靠背地执行相邻的相关指令,旁路网络是必需的,但是随着每周期可以并行执行的指令个数的增多,旁路网络变得越来越复杂,已经成为处理器中制约速度提升的一个关键部分。

　　假设先不考虑旁路网络(这部分内容将在后文介绍),那么指令的操作数可以来自物理寄存器堆(对应于非数据捕捉的结构),也可以来自于 payload RAM(对应于数据捕捉的结构),那么此处仍需要考虑的一个问题是:每个 FU 和物理寄存器堆(或者 payload RAM)的各个读端口之间是怎样对应起来的呢?

　　其实,这是通过之前讲过的仲裁电路联系起来的,每个 FU 都和一个 1-of-M 的仲裁电路是一一对应的,每个仲裁电路如果选择了一条指令,这条指令就会读取物理寄存器堆(或者 payload RAM),从而得到对应的操作数,然后就可以将这条指令送到对应的 FU 中执行了。由于每个仲裁电路和物理寄存器堆(或者 payload RAM)的读端口是一一对应的,因此每个 FU 和物理寄存器堆(或者 payload RAM)的读端口也是存在一一对应关系的,如图 9.2 所示。

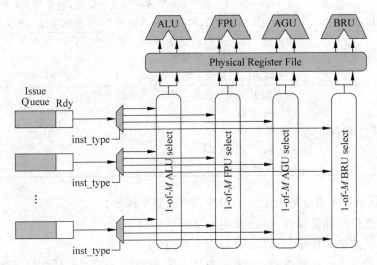

图 9.2 FU 和物理寄存器堆的读端口有固定的对应关系

图 9.2 表示了处理器中使用四个 FU 的例子,每个 FU 都有一个 1-of-M 的仲裁电路,这个仲裁电路对应着物理寄存器堆(PRF)固定的读端口,这样就使设计得到了简化。由图 9.2 还可以看出,物理寄存器堆总共需要的读端口个数和 issue width 是直接相关的,如果对处理器追求更大的并行度,那么就需要更大的 issue width,也就意味着物理寄存器堆需要更多的读端口(payload RAM 由于和发射队列绑定在一起,使用分布式的发射队列可以减少对 payload RAM 读端口的需求),这样又会制约处理器速度的提高,因此现代的处理器为了解决这个矛盾,多采用 Cluster 结构,这部分内容将在本章进行介绍。

9.2 FU 的类型

9.2.1 ALU

这是一种最普通的 FU,所有的处理器都会有这个部件,它负责对整数类型的数据进行计算,得到整数类型的结果,它一般被称做 ALU(Arithmetic and Logic Unit)。整数的加减、逻辑、移位运算,甚至是简单的乘除法、数据传输指令,例如 MOV 指令和数据交换(byte-swap)类型的指令、分支指令的目标地址的计算、访问存储器的地址计算等运算,都会在这个 FU 中完成,具体的运算类型取决于处理器微架构(microarchitecture)的设计。

加减法是最普通的算术运算了,但是不同的指令集直接影响着加减法的硬件实现,例如在 MIPS 指令集中,如果加减法发生了溢出(overflow),那么就需要产生异常(exception),在异常处理程序中对这个溢出进行处理。而 ARM 指令集则直接定义了状态寄存器(在ARM 中称为 CPSR 寄存器),当加减法指令发生溢出时,会在 CPSR 中将相应的位置 1,后续的指令可以直接使用 CPSR 寄存器,从而可以不用产生异常。在 CPSR 寄存器中还包括了运算结果的其他状态位,如表9.1表示。

表 9.1　CPSR 寄存器中的状态标志位

标志位	全称	产生的条件
N	Negative 标志位	等于 result[31],其中 result 表示运算的结果,通常用于有符号数的运算
Z	Zero 标志位	如果运算结果为 0,则设为 1,否则为 0;通常用于比较两个数是否相等
C	Carry 标志位	通常用于无符号数的运算,其为 1 的条件是: (1) 加法的结果大于等于 2^{32} (2) 减法的结果大于等于 0
V	Overflow 标志位	通常用于有符号数的运算,其为 1 的条件是: (1) 正 + 正 = 负 (2) 负 + 负 = 正 (3) 负 - 正 = 正 (4) 正 - 负 = 负

相应的,在 ARM 指令集中定义了四种类型的算术操作。

(1) 不带进位的加法操作,可以表示为 $X+Y = X+Y+0$;

(2) 带进位的加法操作,可以表示为 $X+Y+C_{in}$;

(3) 不带借位的减法操作,可以表示为 $X-Y = X+(\sim Y)+1$,在处理器内部都是采用二进制补码的形式来表达数据的,两个正常数据相减,对应到补码中就是这种加法运算;

(4) 带借位的减法操作,可以表示为 $X-Y-1 = X+(\sim Y)+1-1 = X+(\sim Y)$。

上面的四种运算可以使用一个普通的加法器,再配合一些控制逻辑就可以实现了,在实际的处理器中,是没有减法器的,都是使用加法器来实现减法的功能,如图 9.3 所示。

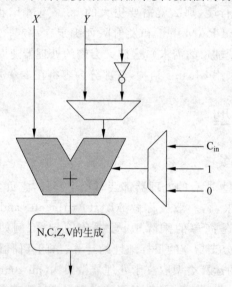

图 9.3　可以实现加法和减法运算的 ALU

而且,细心的读者可能发现在表 9.1 中,当两个数做减法产生借位的时候(减法结果小于 0),借位标志位 C 竟然是 0,这和平时的思维是正好相反的。之所以会发生这样的情况,是由于减法的硬件实现决定的,当借位确实存在时,带借位的减法实际上就是"$X-Y-1 =$

$X+(\sim Y)+1-1 = X+(\sim Y)$",由图 9.3 可以看出,要实现 $X+(\sim Y)$ 的功能,借位 C_{in} 就需要为 0,也就是上一次的减法运算如果有借位,需要将 C_{in} 置为 0,这样下一次的减法运算才可以真正地将这个借位减掉,这也就是为什么真正产生借位的时候(减法结果小于 0),需要将 C 置为 0 的原因了。

一些处理器的 ALU 还实现了比较简单的乘除法功能,这些乘除法可能需要比较长的时间才可以完成,本书重点讨论的是超标量处理器的架构,对于如何实现乘除法不再进行介绍,读者可以自行参考其他的书籍。在 ALU 中加入乘除法操作后,会使 ALU 的执行时间是一个变化的值,例如执行普通的加减法指令需要一个周期,而执行乘除法需要 32 个周期,这样会给旁路(bypass)的功能带来一定的麻烦,在本章会进行详细的介绍。

一个比较典型的 ALU 可能是图 9.4 所示的样子。

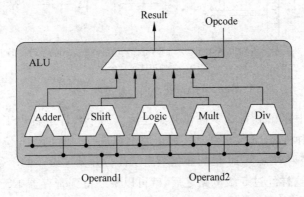

图 9.4 一个典型的 ALU

在图 9.4 中,ALU 中的所有计算单元都会接收到同一条指令的操作数,因此它们都会进行运算,最后需要根据这条指令的类型来选择合适的结果,由于一条指令只需要一个计算单元进行计算,但是实际上所有的计算单元都进行了运算,这样会浪费一部分功耗,可以在每个计算单元之前都加入寄存器来锁存指令的操作数,根据指令的类型来选择性地更新这些操作数寄存器,这样可以节省一定的功耗。

在 MIPS 指令集和 ARM 指令集中,还有一条比较特殊的指令 CLZ(Counting Leading Zero),用来判断一个 32 位的寄存器中。从最高位算起,连续的 0 的个数,在某些场合的应用中,例如任务优先级的判断,使用这种指令可以快速地获得结果,否则就需要使用软件来实现这个功能,浪费了时间和功耗,从这个角度来看的话,CLZ 指令可以理解为一条硬件加速指令。当然,要实现这条指令,需要消耗一定的硬件资源,图 9.5 给出了这条指令的一种实现方法。

需要注意的是,CLZ 指令对于数据是有要求的,对于一个 32 位的寄存器 RS 来说,要使用 CLZ 指令,它其中的数据就不能够全为 0,这在 MIPS 指令集中进行了明确的定义[14]。这需要在使用 CLZ 指令之前,使用一段小程序对数据进行判断,因此对于参与 CLZ 指令的寄存器 RS 来说,最多有 31 个 0,所以需要 5 位的数据才可以表达。图 9.5 使用了 Bit[4:0] 来表示寄存器中从高位开始连续 0 的个数,首先需要判断寄存器 RS 的高 16 位(RS[31:16])和低 16 位(RS[15:0])是否全为 0,如果高 16 位全是 0,则表示 RS 中从高位开始连续 0 的个数最少有 16 个,则将 Bit[4] 置为 1,此时需要将低 16 位送到后一级电路继续进行判

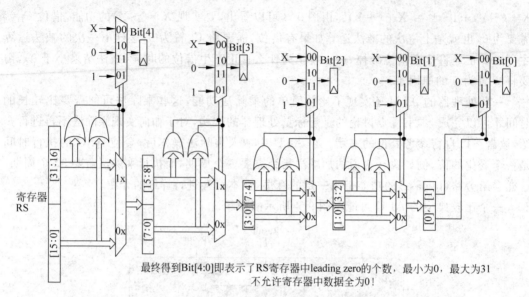

最终得到Bit[4:0]即表示了RS寄存器中leading zero的个数，最小为0，最大为31
不允许寄存器中数据全为0！

图 9.5　CLZ 指令的一种实现方法

断；而如果高 16 位中存在 1，那么从高位开始连续 0 的个数肯定就小于 16 个了，此时需要将 Bit[4] 置为 0，同时将高 16 位送到下一级电路继续进行判断，低 16 位此时就不需要考虑了。下一级电路就需要对一个 16 位的数据判断从高位开始连续 0 的个数，判断的过程和上一级电路是一样的，这样经过 5 级电路之后，就可以最终得到寄存器 RS 中从高位开始连续 0 的个数，并将其存储在 Bit[4:0] 中。在实际的指令集中，使用了一个通用的 32 位寄存器来记录这个结果，实际上只使用了这个寄存器的低 5 位，其余的 27 位并没有使用到。

在 MIPS 指令集中还有 CLO 指令(Counting Leading One)，用来判断一个 32 位的通用寄存器中从高位开始连续的 1 的个数，这个指令实际上可以使用 CLZ 指令的硬件来实现，只需要将一个寄存器的内容全部按位取反，然后再使用图 9.5 所示的电路就可以实现了，所以在硬件上实现 CLO，是完全可以和 CLZ 共用一套硬件电路的，除非是要在每周期内并行地执行 CLZ 和 CLO 指令，此时才需要使用两套上述的硬件电路。

很多处理器在 ALU 中也实现了比较简单的乘法功能，用来支持乘法指令(大部分处理器不支持除法指令)，当然，为了追求比较高的并行度，高性能的处理器都会选择将乘法器单独使用一个 FU 来实现，并且在这个 FU 中支持乘累加的功能，这样可以快速地执行指令集中乘累加类型的指令，例如 MIPS 中的 MADD 指令。有些处理器出于功耗和成本的考虑，会将整数类型的乘法功能在浮点运算的 FU 中完成(浮点运算必须有硬件乘法器)，Intel 的 Atom 处理器就采用了这种方法[37]。举例来说，如果要进行整数的乘法，首先需要将进行运算的操作数转换为浮点数，然后使用浮点运算 FU 中的乘法器进行乘法运算，最后将浮点的乘法结果转换为整数，这样就完成了两个整数的乘法运算，当然，这样肯定导致乘法指令需要的执行周期数(也就是 latency)变大，但是考虑到这种做法会节省面积(也就相当于节省了功耗)，而且很多应用并不会使用太多的乘除法指令，所以这种方法也是一种可以接受的折中方案。

9.2.2 AGU

顾名思义,AGU(Address Generate Unit)用来计算地址,访问存储器类型的指令(一般指 load/store 指令)通常会在指令中携带它们想使用的存储器地址,AGU 负责对这些指令进行处理,计算出指令中所携带的地址。其实,在普通流水线的处理器中,都是在 ALU 中计算这个地址,但是在超标量处理器中,由于需要并行地执行指令,而且访问存储器类型指令的执行效率直接影响了处理器的性能,所以单独使用了一个 FU 来计算它的地址。AGU 的计算过程取决于指令集,对于 x86 这样的复杂指令集的处理器,其访问存储器指令的寻址模式很复杂,所以它的 AGU 也相对比较复杂,而对于本书重点介绍的 RISC 指令集,访问存储器所需要的寻址模式很简单,例如对于 MIPS 处理器来说,load/store 指令的地址等于 Rs+offset,其中 Rs 是指令携带的源寄存器,offset 是指令携带的立即数,AGU 只需要将两者进行加法运算就可以得到指令所携带的地址了。

如果处理器支持虚拟存储器,那么经过 AGU 运算得到的地址就是虚拟地址,还需要经过 TLB 等部件转化为物理地址,只有物理地址才可以直接访问存储器(在一般的处理器中,L2 Cache 以及更下层的存储器都是使用物理地址进行寻址的),因此在支持虚拟存储器的处理器中,AGU 只是完成了地址转换的一小部分,它只是"冰山的一角",真正的"重头戏"是从虚拟地址转化为物理地址,以及从物理地址得到数据的过程(即访问 D-Cache)。这个过程直接决定了处理器的性能,尤其是对于 load/store 指令也采用乱序执行的处理器,需要一套复杂的硬件来检测各种违例情况,例如 store/load 违例或者 load/load 违例,并且还需要对它们进行修复,这些任务都增加了设计的复杂度,使访问存储器类型的指令成为了超标量处理器中最难以处理的指令,这部分内容涉及到 load/store 指令的相关性处理,在计算机的术语中称为 Memory Disambiguation,在本章会进行介绍。

9.2.3 BRU

BRU(Branch Unit)负责处理程序控制流(control flow)类型的指令,如分支指令(branch)、跳转指令(jump)、子程序调用(CALL)和子程序返回(Return)等指令,这个 FU 负责将这些指令所携带的目标地址计算出来,并根据一定的条件来决定是否使用这些地址,同时在这个 FU 中还会对分支预测正确与否进行检查,一旦发现分支预测失败了,就需要启动相应的恢复机制。在 RISC 指令集中,程序控制流类型的指令是一种比较特殊的指令,因为它的目的寄存器是 PC,能够改变指令的执行顺序,对于 RISC 处理器的 PC 寄存器来说,它的来源有三种。

(1) 顺序执行时,next_PC = PC+N,N 等于每次取指令的字长。

(2) 直接类型的跳转时(Direct),next_PC = PC+offset,offset 是指令所携带的立即数,它指定了相对于当前分支指令的 PC 值的偏移量,由于这个立即数不会随着程序的执行而改变,因此这种类型指令的目标地址是比较容易被预测的。

(3) 间接类型的跳转时(Indirect),指令中直接指定一个通用寄存器(例如 Rs)的值作为 PC 值,next_PC = GPR[Rs],这种类型的指令也称做绝对跳转(absolute)类型的指令。由于随着程序的执行,通用寄存器的值会变化,所以这种类型指令的目标地址不容易被预测,如果可以使用直接类型的跳转指令实现同样的功能,就尽量不要使用这种间接类型的跳转指令。

如图 9.6 所示为 BRU 运算单元的实现原理图,这个 FU 其实主要完成了两部分工作,即计算分支指令的目标地址,并判断分支条件是否成立。

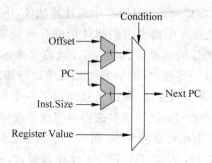

图 9.6　BRU 的原理图

一般来说,分支指令可以分为两种,一种是有条件的,例如 MIPS 中的 BEQ 指令,另一种是无条件的,例如 MIPS 中的 J 指令。有条件的分支指令一般根据一个条件来决定是否改变处理器中的 PC 值,例如 MIPS 指令集中,一般在分支指令中都会携带一个条件,分支指令在执行的时候需要对这个条件进行判断,例如 BEQ 指令对两个寄存器是否相等进行判断,只有相等时才会跳转到指令所指定的目标地址;BLTZ 指令对寄存器的内容是否小于 0 进行判断,只有小于 0 时才会跳转到目标地址。简而言之,MIPS 处理器使用了在分支指令执行的同时判断条件的方法,在 MIPS 指令集中,只有分支类型的指令才可以条件执行。

而 ARM 和 PowerPC 等处理器则使用了不同的方法,在每条指令的编码中都加入了条件码(condition code),根据条件码的值来决定指令是否执行。因为每条指令都有这个条件码,所以每条指令其实都可以条件执行,而不仅限于分支类型的指令,这样相当于把程序中的控制相关性(control dependence)用数据相关性(data dependence)替代了,下面的例子如图 9.7 所示。

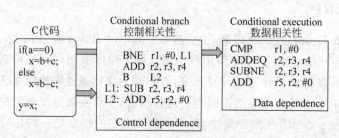

图 9.7　一段 C 程序可以编译为两种不同的汇编程序

对每条指令都使用条件执行的好处是可以降低分支指令使用的频率,而在超标量处理器中,只要使用分支指令,就有可能存在预测错误的风险,因此从这个角度来看,这种条件执行的实现方式可以获得更好的性能,但是它也是一把双刃剑,因为条件码占据了指令编码的一部分,导致指令中实际可以分配给通用寄存器的部分变少了。例如在 ARM 处理器中,条件码占据了四位的空间,导致 ARM 只能使用 32-4=28 位的空间对指令进行真正的编码,所以 ARM 使用四位空间对通用寄存器进行编码,支持的通用寄存器个数也就是 16 个,而 MIPS 则是 32 个,更多的通用寄存器可以降低指令访问存储器的频率,也就增加了处理器的执行效率。而且,从上面的例子可以看出,使用条件执行会导致所有的指令都进入流水线中,当需要条件执行的指令很多时,流水线会存在大量无效的指令,这样反而使效率降低了,从这些角度来看,对每条指令都使用条件执行是降低了性能的。因此,孰优孰劣是很难有定论的,MIPS 处理器是最干净纯粹的 RISC 处理器,而 ARM 处理器是商业模式最成功的处理器,它们都是 RISC 阵营优秀的代表。

在超标量处理器中使用条件执行,会给寄存器重命名的过程带来额外的麻烦,仍以图 9.7 为例,按照正常流程对条件执行的代码进行重命名,会得到图 9.8 所示的结果。

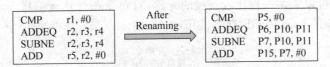

图 9.8 对条件执行的指令采用寄存器重命名引起的问题

在流水线的寄存器重命名阶段,还不知道条件指令的条件是否成立,因此,如果按照现有的重命名流程,就会得到图 9.8 所示的结果,可以看出,如果 SUBNE 这条指令的条件不成立,那么图 9.8 中 ADD 指令会使用错误的寄存器 r2 的值:r2 应该对应物理寄存器 P6,而非 P7。这就是条件执行的指令给寄存器重命名的过程带来的额外麻烦。图 9.8 中,由于 ADDEQ 指令和 SUBNE 指令在寄存器重命名阶段无法得到需要的条件值,因此无法有选择地对寄存器进行重命名,导致发生了问题。

因此,在超标量处理器中如果实现条件执行,就需要解决上面的这个问题,当然最简单的解决方法就是停止流水线,一旦在流水线的寄存器重命名阶段遇到需要条件执行的指令,就暂停流水线,一直等到这条指令的条件被计算出来,才对它以及后面的指令进行重命名,这样做虽然不会发生错误,但是显然效率是不高的。当然,也可以采用预测的方法来解决这个问题,先假设所有的条件执行指令都会执行,使它们都经过寄存器重命名而进入后续的流水线阶段,当在后续的某个时间得到了对应的 CPSR 值,并且发现一个条件执行的指令不满足条件时,那么就出现了预测错误,需要对处理器的状态进行恢复,这需要将这条出错的条件执行指令以及在它后面进入到流水线的所有指令都从流水线中抹掉,并将这些指令对RAT 的更改进行修复,然后重新将这些指令取到流水线中,例如对于图 9.8 中的指令来说,如果发现 SUBNE 指令的条件不成立,那么就将它和 ADD 指令都从流水线中抹掉,并对RAT 进行状态恢复,此时寄存器 r2 对应的物理寄存器就是 P6 了,当 SUBNE 指令和 ADD指令再次被取到流水线中时,由于此时的 CPSR 寄存器已经被计算出来,SUBNE 指令就会发现自身的条件是不成立的,也就不会通过寄存器重命名的阶段了,而 ADD 指令则会从RAT 中读取到正确的映射关系。这样的处理方式虽然没有问题,但是考虑到条件执行指令自身的特点,显然会经常的预测错误,这样导致处理器的执行效率不会很高。Intel 在它的x86 处理器中提出了一种解决方法[38]:使用硬件插入额外的指令(称为 select-uOP 指令),来选择正确的结果,这个过程如图 9.9 所示。

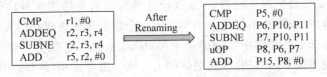

图 9.9 通过硬件插入 select-uOP 指令来解决问题

通过硬件自动插入有选择功能的 select-uOP 指令,可以根据条件对两个条件执行指令的结果进行选择,这种方法要求条件执行指令必须两两成对出现,否则就没有办法使用这种方法了,这对于编译器或者手动编写汇编程序的程序员都有一定的约束。由于 x86 处理器的架构定义和开发工具(如编译器、汇编器等)都掌握在 Intel 手中,所以它可以采用这种方法,但是如果要开发一款兼容的处理器,例如兼容 ARM 指令集的处理器,由于不能够保证条件执行指令成对地出现,那么上述的方法就不能够使用,需要采用其他的方法来解决这个问题。举例来说,可以采用一种比较直接的方法,对每个条件执行的指令,硬件都自动在后面都插入一条这样的 select-uOP 指令,如图 9.10 所示。

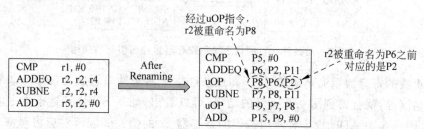

图 9.10 为每个条件执行的指令都插入 uOP

图 9.10 所示的做法,相当于将每个条件执行的指令都变成了两条指令,这样对于条件执行指令来说,就不再局限于两两成对的出现了,当然这也造成了执行效率在一定程度上有所降低。其实这种方法可以进行部分的改进,例如可以首先对条件执行的指令采用每两条插入一条 select-uOP 指令的方法,最后如果剩余一条指令,再对这条指令插入图 9.10 所示的 select-uOP 指令,这样可以在一定程度上降低 select-uOP 指令的个数,使执行效率有所提高。

条件执行的指令需要根据条件寄存器的值来决定是否执行,例如在 ARM 处理器中,每个条件执行的指令都需要读取条件寄存器 CPSR,将 CPSR 和指令自身所指定的条件进行对比进而得知条件是否成立,仍是以图 9.10 中的 ADDEQ 指令为例,如果 CPSR 寄存器中的 Z 标志位是 1,则表示 ADDEQ 指令的条件成立,否则就是不成立的。

对于每一条要修改 CPSR 寄存器的指令来说(在 ARM 中这样的指令以 S 结尾),CPSR 寄存器都相当于这条指令的一个目的寄存器,这条指令后面所有的条件指令都会使用这个 CPSR 寄存器的值,直到遇到下一条修改 CPSR 寄存器的指令为止。从这个角度来看,其实 CPSR 寄存器完全就可以认为是一个普通的寄存器,在超标量处理器中,也需要对 CPSR 寄存器进行寄存器重命名的操作,后续的条件执行指令都会将 CPSR 寄存器作为一个源寄存器来看待。不过,由于 CPSR 寄存器的宽度小于普通的通用寄存器,所以一般会为 CPSR 寄存器的重命名过程单独使用一个物理寄存器堆,使用以前讲述的方法对 CPSR 寄存器进行重命名。这相当于在普通的指令上增加了一个目的寄存器(对于以 S 结尾的指令)和一个源寄存器(对于条件执行指令),使寄存器重命名的复杂度有所上升,也导致了功耗的增大。

总体来看,在普通流水线的处理器中,每条指令都可以条件执行的这种做法,确实可以提高一些效率,但是在超标量处理器中,要处理这种情况需要增加额外的硬件,这种额外的付出是否值得是有待商榷的,不过这并不是影响一个指令集是否成功的关键因素,像 x86 指令集这种最难在超标量处理器中实现的指令集,Intel 都能将它做得风生水起,可见一个指令集的成功是取决于很多因素的,性能最好的未必就一定会成功,就像成功的人未必都是最聪明的人,只是他们找对了方法而已。

无条件的分支指令总是将跳转地址写到 PC 中,用来进行子程序调用的 CALL 指令和子程序返回的 Return 指令就是两个典型的例子。不同的指令集未必都会称做 CALL 和 Return 指令,但是功能一定是相似的,例如 MIPS 指令集中,使用 JAL 作为 CALL 指令,使用 JR $31 作为 Return 指令。

对于实现了分支预测功能的超标量处理器来说,BRU 功能单元还有一个更为重要的功能,那就是负责对分支预测是否正确进行检查。在流水线的取指令阶段(或解码阶段)会将所有预测跳转的分支指令按照程序中指定的顺序保存到一个缓存中,这个缓存可以称为分支缓存(branch stack),由于每个 Cache line 可能含有多条分支指令,有些分支指令可能并没有被预测到,那么这些指令就按照预测不发生跳转(not taken)来进行处理,这样在分支缓存中存储了所有预测跳转的分支指令。当 BRU 功能单元中得到一条分支指令的结果时,就会在分支缓存中进行查找,以检查分支预测的正确性,这个检查会有四种情况。

(1) 一条分支指令在 BRU 功能单元中得到的结果是发生跳转,并且在分支缓存中找到了这条分支指令,跳转地址也是相同的,则说明分支预测正确;

(2) 一条分支指令在 BRU 功能单元中得到的结果是发生跳转,但是在分支缓存中没有找到这条分支指令,则说明分支预测失败;

(3) 一条分支指令在 BRU 功能单元中得到的结果是不发生跳转,并且在分支缓存中没有找到这条分支指令,则说明分支预测正确;

(4) 一条分支指令在 BRU 功能单元中得到的结果是不发生跳转,但是在分支缓存中找到了这条分支指令,则说明分支预测失败。

如果发现分支指令预测失败,那么就需要启动处理器的状态恢复流程,这个流程已经在前文进行了介绍,此处不再赘述;如果发现分支指令预测正确,并且这条分支指令之前所有的分支指令都已经正确地执行,那么只需要释放这条分支指令所占据的资源就可以了,例如 Checkpoint 资源或者分支缓存中的空间等。

对于分支指令,还需要考虑的一个问题是分支指令需要乱序(out-of-order)执行吗?

在流水线中可以同时存在多条分支指令,这些分支指令都会被进行分支预测,然后统一地放到 BRU 功能单元对应的发射队列(Issue Queue)中,由于分支指令有如下两个主要的源操作数。

(1) 条件寄存器,分支指令根据条件寄存器的值来决定是否进行跳转,条件寄存器的值在分支指令进入到发射队列时可能还没有被计算出来。

(2) 源操作数,对于直接跳转(PC-relative)类型的分支指令,目标地址的计算来自于 PC+offset,其中 offset 一般以立即数的形式存在于指令当中,而 PC 总是可知的;对于间接跳转(absolute)类型的分支指令,目标地址一般来自于通用寄存器,该寄存器的值在分支指令写入到发射队列时可能还没有被计算出来。

所以,进入到发射队列中的所有分支指令,有可能出现的情况是后进入到流水线中的分支指令的所有源操作数都已经准备好了,可以进入 BRU 功能单元进行计算,而先进入流水线中的分支指令的源操作数还没有准备好,这就为分支指令的乱序执行提供了可能性。从这个方面来说,对分支指令采用乱序执行是可以提高一些性能的,但是,后进入到流水线中的分支指令又严重依赖于前面分支指令的结果,如果前面的分支指令预测失败了,后续的分支指令都需要从流水线中被抹掉。所以,即使后面的分支指令的源操作数先于前面的分支指令而准备好了,并提前进入了 BRU 功能单元中执行,但是,一旦前面的分支指令发现自己的分支预测失败了,后续的这些分支指令在 BRU 中被执行的这些过程就是做了无用功,浪费了功耗。

综合看起来,如果将性能放在第一位,那么可以使用乱序的方式来执行分支指令,而如果要顾及功耗,那么顺序执行(in-order)分支指令是一个明智的选择,具体采用哪种方式,需要根据具体的需求进行折中选择。

9.2.4　其他 FU

在处理器中,还包括其他很多类型的 FU,例如处理器如果支持浮点运算,那么就需要浮点运算的 FU;很多处理器还支持多媒体扩展指令,例如单指令多数据(SIMD)类型的指令,则也需要相应的 FU 来处理它们,这些 FU 的架构和指令集是息息相关的,它不是本书关注的重点,当然这并不表示这些内容是不重要的,只是这些内容已经超出了本书讨论的范围了。

9.3　旁路网络

一条指令经过 FU 计算之后,就可以得到结果了,但是由于超标量处理器中的指令是乱序执行的,而且存在分支预测,所以这条指令的结果未必是正确的,此时称这个计算结果是推测状态的(speculative),一条指令只有在顺利地离开流水线的时候(即退休的时候),才会被允许将它的结果对处理器进行更新,此时这条指令的状态就变为了正确状态(在处理器中,这称为 Architecture State),此时可能距离这个结果被计算出来已经很久了(例如这条指令之前存在一条 D-Cache 缺失的 load 指令),后续的指令不可能等到这条指令顺利地离开流水线的时候才使用它的结果,这样虽然能够保证正确性,但是执行效率太低;如果等到指令将结果写到物理寄存器堆之后(假设采用统一的 PRF 进行重命名),后续相关的指令才从物理寄存器堆中读取数据,这样会提高一些执行效率,但是仍然不是完美的解决方法。事实上,一条指令只有到了流水线的执行阶段才真正需要操作数,到了执行阶段的末尾就可以得到它的结果,因此只需要从 FU 的输出端到输入端之间架起一个通路,就可以将 FU 的结果送到所有 FU 的输入端。当然,在处理器内部的很多其他地方可能也需要这个结果,例如物理寄存器堆、payload RAM 等,因此需要将 FU 的结果也送到这些地方,这些通路是由连线和多路选择器组成的,通常被称为旁路网络(bypassing network),它是超标量处理器能够在如此深的流水线情况下,可以背靠背执行相邻的相关指令的关键技术。

其实,在所有的处理器中,为了获得指令背靠背的执行,旁路网络都是必需的,不管是普通的标量处理器还是超标量处理器都是如此,如图 9.11 所示为在一个普通的标量处理器的流水线中进行旁路(bypass)的示意图。

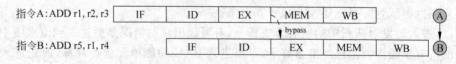

图 9.11　简单流水线中的旁路

在超标量处理器中,流水线会变得比较复杂,但是在前文已经讲过,只要指令在被仲裁电路选中的那个周期,对发射队列中相关的指令进行唤醒的操作,仍旧可以保证背靠背地执行相邻的相关指令,如图 9.12 所示。

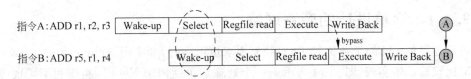

图 9.12 将仲裁和唤醒放到同一个周期的超标量流水线

在更现实的超标量处理器中,对于一条指令来说,它的源操作数从物理寄存器堆中读出来后,还需要经过一段很长的布线,才能到达 FU 的输入端,而且 FU 的输入端还有大量的多路选择器,用来从不同的旁路网络(bypassing network)或者物理寄存器堆的输出中选择合适的操作数,因此为了降低对处理器的周期时间的影响,源操作数从物理寄存器堆读取出来后,还需要经过一个周期的时间,才能够到达 FU 的输入端,这个周期在流水线中称为 Source Drive 阶段。同理,FU 将一条指令的结果计算出来之后,还需要经过复杂的旁路网络才能到达所有 FU 的输入端(或者 PRF 的输入端),因此将这个阶段也单独做成流水线的一个阶段,称为 Result Drive 阶段,此时的流水线如图 9.13 所示。

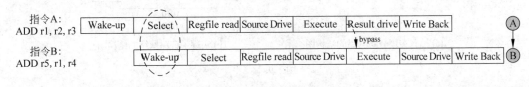

图 9.13 一个更为复杂的流水线

由图 9.13 可知,只要保证在指令被仲裁电路选中的同一个周期,对发射队列中的相关指令进行唤醒的操作,则下一条指令在 FU 的输入端仍然可以从上一条指令的 Result Drive 阶段获得操作数,也能够实现背靠背的执行。当然,从图 9.13 还可以看出,如果从一个 FU 的输出端到另一个 FU 的输入端经过的时间很长,例如需要经过很长的布线,那么留给第二条指令的执行阶段(Execute)的时间就不多了,这样对处理器的周期时间就造成了负面的影响,现代的很多处理器采用了 Cluster 的方法来解决这个问题,在后文会进行介绍。

到现在可以知道,要使两条存在先写后读(RAW)相关性的相邻指令背靠背地执行,必须有两个条件,指令被仲裁电路选中的那个周期进行唤醒操作,还有就是旁路网络(bypassing network)。在前文已经讲过,一个周期内进行仲裁和唤醒的操作会严重地制约处理器的周期时间,而现在又引入了旁路网络,需要将 FU 的结果送到每个可能需要的地方,在真实的处理器当中,旁路网络需要大量的布线和多路选择器,已经成为现代处理器当中的一个关键的部分,它影响了处理器的面积、功耗、关键路径和物理上的布局。但是尽管如此,现代的大多数处理器都实现了旁路网络,目的就是为了获得更高的指令并行度。在超标量处理器中,如果不能够背靠背地执行相邻的相关指令,那么理论上来讲,硬件可以找到其他不相关的指令来填充这些空隙,但是这些不相关的指令不一定总是存在的,因此即使在超标量处理器这种硬件调度指令的情况下,背靠背地执行相邻的相关指令仍然可以获得更好的性能。但是仍旧有少数例外的情况,例如 IBM 的 POWER4[39]和 POWER5[40]处理器,并没有实现旁路网络,这样可以使处理器获得很高的频率(因为复杂度降低了),从而达到以快制胜的目的,在这样的处理器中,两条相邻的相关指令在执行的时候,它们之间会存在气泡(bubble),但是这些气泡可以使用其他不相关的指令来代替,因为它们都是乱序执行的处理器,只要能够找到不相关的指令,就能够缓解这样的设计对性能的负面影响。

9.3.1　简单设计的旁路网络

当处理器的 FU 的个数比较少,对频率要求也不高时,旁路网络(bypassing network)可以相对比较简单地实现,图 9.14 表示了一个处理器包括两个 FU 时,实现和不实现旁路网络的结构图。

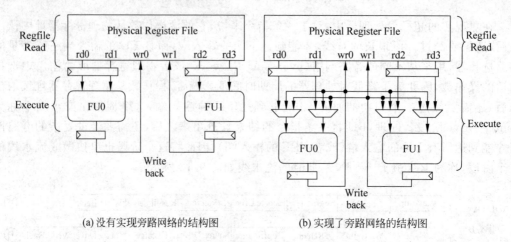

(a) 没有实现旁路网络的结构图　　　(b) 实现了旁路网络的结构图

图　9.14

图 9.14 所示的两幅图,其实对应着上一节讲过的简单流水线(IF、ID、EX、MEM、WB),图 9.14(a)表示了不实现旁路网络的示意图,FU 的操作数直接来自于物理寄存器堆,FU 的结果也直接送到物理寄存器堆中,一个 FU 想使用另一个 FU 的计算结果只能通过物理寄存器获得;图 9.14(b)表示了实现旁路网络的设计,每个 FU 的操作数可以有三个来源,即物理寄存器、自身 FU 的结果、其他 FU 的结果,因此 FU 的每个操作数都需要一个 3∶1 的多路选择器进行选择,同时,每个 FU 的输出除了送到物理寄存器堆之外,还需要通过一个总线送到所有 FU 输入端的多路选择器中。

由图 9.14 可以看出,在只有两个 FU 的比较简单的处理器中加入旁路网络,已经增加了设计的复杂度,可以想象,当 FU 的个数比较多时,就会出现如图 9.15 所示的样子。

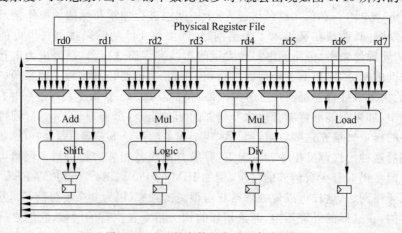

图 9.15　FU 的个数很多时的旁路网络

在图 9.15 中，很多 FU 都有多个功能，也就是有多个计算单元，例如一个 FU 可以计算加减法，也可以进行移位运算，对这样的 FU 需要使用一个多路选择器，从不同的计算单元中选择出合适的结果输送到旁路网络（bypassing network）上，这样的设计称为 bypass sharing。如果一个 FU 中，所有的计算单元需要的周期数（也就是 latency）都相等，例如图 9.15 中的第一个 FU 中，加减法运算和移位运算都可以在一个周期内完成，那么这样的设计当然没有问题。但是，当一个 FU 中，不同的计算单元需要的周期数不同时，例如图 9.15 中的第二个 FU 中，乘法操作需要 32 个周期，而逻辑操作需要 1 个周期，此时如果采用正常的执行，就可能出现同一个 FU 中两个计算单元的结果在同一个周期都被计算出来，都想通过这个 FU 对应的旁路网络进行传送，这样就产生了冲突，图 9.16 所示的流水线表示了这种情况。

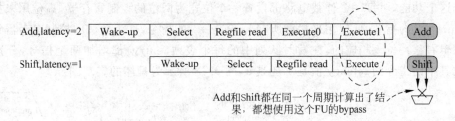

图 9.16　旁路网络上的冲突

图 9.16 所示的这种冲突该如何进行处理？最简单的方法就是按照推测唤醒（speculative wake-up）一节所讲述的思路，先假设不会存在冲突，按照正常的流程进行唤醒（wake-up）和仲裁（select）操作，一条指令在到达 FU 中被执行之前，首先检查当前的 FU 是否可以被自己使用，例如这个 FU 在上个周期执行了一条 latency=3 的指令，那么本周期就不能够再接收 latency=2 的指令了。如果本周期到达 FU 的指令不幸正好是 latency=2 的指令，那么这条指令就需要放回到发射队列（Issue Queue）中，重新参与仲裁的过程，这样可以在基本不增加硬件消耗的情况下解决这个问题，但是会造成一些本可以执行的指令被白白地浪费了机会，例如上面的过程中，如果事先可以知道不能够执行 latency=2 的指令，那么仲裁电路就可以选择 latency 为其他值的指令，FU 此时可以马上执行这样的指令，如图 9.17 所示（假设马上选择一条 latency=1 的指令）。

| Wake-up | Select | Regfile read | Execute0 | Execute1 | Execute2 |
| Wake-up | Select | Regfile read | Execute1 | | |

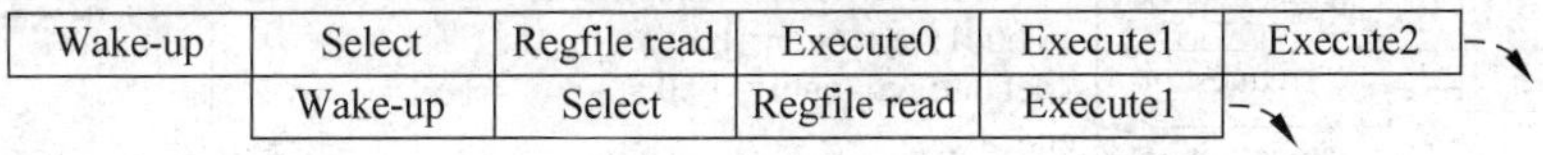

图 9.17　两条不会产生旁路网络冲突的指令

因此，如果仲裁电路在进行选择的时候，那些 latency 为某些值的指令不参与仲裁的过程，那么就可以在不降低性能的情况下解决上述的问题。其实在前面设计发射队列的时候，每次当一条指令产生请求信号送到仲裁电路时，并没有考虑到一个情况，当前仲裁电路对应的 FU 是否可以使用？

在很多情况下，例如 FU 的设计不是流水线的，那么当 FU 在执行指令的时候，就不能够再接收新的指令；或者像上面所述，当一个 FU 执行 latency=2 的指令之后，就不能在下个周期执行 latency=1 的指令等，这些情况都是需要判断 FU 当前的资源是否可以使用，因此在本节需要将这个过程加入到发射队列的设计当中。

假设一个仲裁电路对应的 FU 可以计算三种类型的指令,所以在这个 FU 中就有三种计算单元,它们的 latency 分别是 1、2 和 3,则:

(1) 当本周期执行 latency=3 的指令时,在下个周期不允许执行 latency=2 的指令,在下下个周期不允许执行 latency=1 的指令;

(2) 当本周期执行 latency=2 的指令时,在下个周期不允许执行 latency=1 的指令;

(3) 当本周期执行 latency=1 的指令时,没有限制。

由上面的规律可以看出,latency=1 或 latency=2 的指令在向仲裁电路发出申请的时候,需要考虑 FU 当前的资源是否可用,例如 FU 在当前周期不允许执行 latency=2 的指令时,发射队列中所有 latency=2 的指令向仲裁电路产生的请求信号都应该被置为无效。为了达到这个功能,对每一个仲裁电路都设置一个位宽为两位的控制寄存器,高位用来拦截所有 latency=2 的指令,低位用来拦截所有 latency=1 的指令,这个两位的控制寄存器每周期都会逻辑右移一位。相应的,在发射队列中的每个表项(entry)都增加两个信号,分别用来指示它其中的指令的 latency 值是 1 还是 2,图 9.18 所示为具体的实现图。

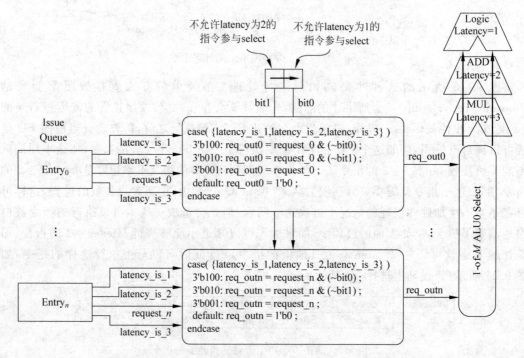

图 9.18 利用一个两位的寄存器,对参与仲裁的指令进行选择

这个 FU 可以执行 latency 为 1、2 和 3 的三种指令,但是只需要对 latency 为 1 和 2 的两种指令向仲裁电路所产生的请求信号进行处理就可以了,下面根据各种情况进行说明。

(1) 本周期被仲裁电路选中的是 latency=3 的指令时,在下个周期,仲裁电路不允许选择 latency=2 的指令,在下下个周期,仲裁电路不允许选择 latency=1 的指令,如图 9.19 所示。

在下个周期,需要将仲裁电路对应的控制寄存器设为 2'b10,它的高位为 1,就表示此时不允许所有 latency=2 的指令参与仲裁的过程,因此所有 latency=2 指令产生的请求信号将会被拦截住,不会送到仲裁电路,而这个两位的控制寄存器在每个周期都会进行逻辑右移一位,因此到了下下个周期的时候,这个控制寄存器的值就会变为 $2'b01$,它的低位为 1,就表示在本周期,不允许所有 latency＝1 的指令参与仲裁的过程,因此所有 latency＝1 的指令所产生的请求信号就会被拦截住,不会送到仲裁电路。

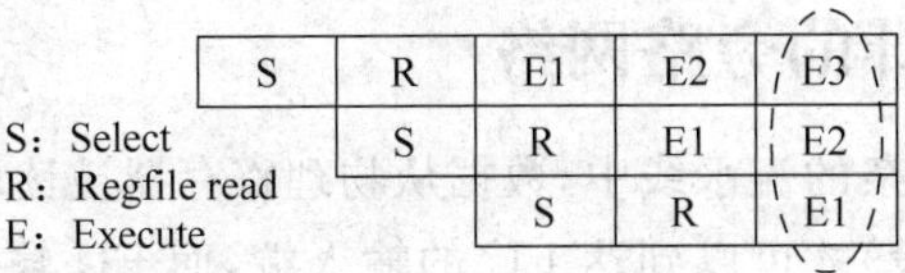

S	R	E1	E2	E3
	S	R	E1	E2
		S	R	E1

S：Select
R：Regfile read
E：Execute

图 9.19　旁路网络会产生冲突的情况之一

从上面的过程可以知道为什么让仲裁电路对应的控制寄存器每周期都逻辑右移一位了,因为 latency＝3 的指令会在接下来的两个周期之内连续拦截 latency＝2 和 latency＝1 的两种指令,通过将两位的控制寄存器逻辑右移,可以实现这个功能。

如果仲裁电路在当前周期选中了 latency＝3 的指令,在下个周期仍然选中了 latency＝3 的指令,那么这个两位的控制寄存器仍旧在下个周期要被写入 $2'b10$,而此时在寄存器中已经存在 $2'b01$ 这个值了,为了避免将原来的值覆盖,应该使要写入到控制寄存器的值和寄存器中原来的值进行或操作,然后将或操作之后的结果写入到控制寄存器中,图 9.20 表示了这个原理。

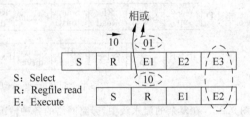

相或

10　01

S	R	E1	E2	E3
		10		
	S	R	E1	E2

S：Select
R：Regfile read
E：Execute

图 9.20　需要和原来的值进行或操作

(2) 本周期被仲裁电路选中的是 latency＝2 的指令时,则在下个周期,不允许仲裁电路选择 latency＝1 的指令,如图 9.21 所示。

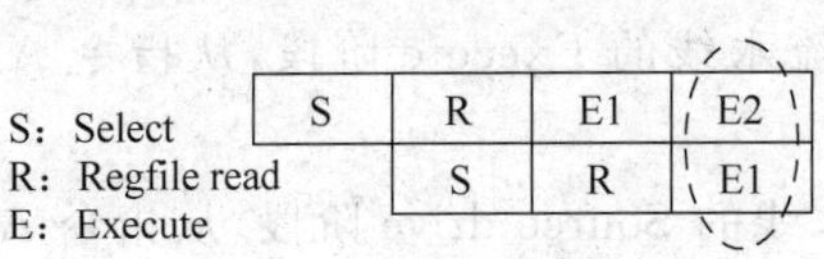

S：Select
R：Regfile read
E：Execute

S	R	E1	E2
	S	R	E1

图 9.21　旁路网络会产生冲突的情况之二

在下个周期,应该将仲裁电路对应的控制寄存器的值设为 $2'b01$,它的最低位是 1,就表示不允许所有 latency＝1 的指令参与仲裁的过程,因此所有 latency＝1 的指令所产生的请求信号在本周期就会被拦截住了,不会送到仲裁电路中。

(3) 当本周期被仲裁电路选中的是 latency＝1 的指令时,对下个周期参与仲裁过程的指令没有任何的限制,因此只需要将两位的控制寄存器的值设为 $2'b00$ 就可以了。

当 FU 中执行的所有类型指令中,latency 的最大值为 3 时,所有 latency＝3 的指令总是可以执行的,不必进行拦截。

对于 FU 是由其他不同周期数的计算单元组成的情况,这种设计方法也是适用的,本质上来讲,这种方法相当于在指令参与仲裁电路选择的时候,同时要考虑执行该指令的 FU 是否在当前可以被使用,当然,从简化设计的考虑,最好使一个 FU 中执行的所有类型的指令都耗费同样的周期数,这可以避免引入上述的逻辑电路。

9.3.2 复杂设计的旁路网络

在前文讲述的比较复杂的流水线中,数据从物理寄存器被读取出来之后,需要经过一个周期(即 Source Drive 阶段)才可以到达 FU 的输入端,而 FU 输出的结果也需要经过一个周期(即 Result Drive 阶段)才能够到达需要的地方,这些变化导致了旁路网络(bypassing network)也需要进行相应的变化,为了更好地表述这个过程,流水线如图 9.22 所示。

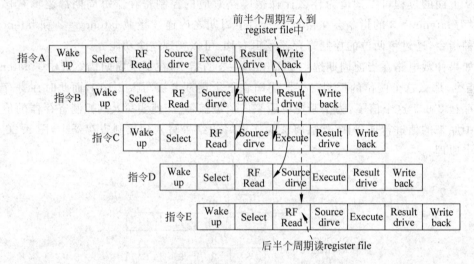

图 9.22　在复杂的流水线中,旁路网络的各种情况

在上述的流水线中,只考虑指令 A 到其他指令的旁路网络。

(1) 指令 B 只能在流水线的 Execute 阶段,从指令 A 的 Result drive 阶段获得操作数。

(2) 指令 C 可以在流水线的 Source drive 阶段,从指令 A 的 Result drive 阶段获得操作数;或者指令 C 也可以在流水线的 Execute 阶段,从指令 A 的 Write back 阶段获得操作数。

(3) 指令 D 可以在流水线的 Source drive 阶段,从指令 A 的 Write back 阶段获得操作数。

(4) 指令 E 在流水线的 RF Read 阶段读取物理寄存器堆(PRF)时,就可以得到指令 A 的结果了,因此它不需要从旁路网络中获得操作数,这里假设物理寄存器堆可以在前半个周期写入,后半个周期读取。

在复杂的流水线中加入旁路网络,会使设计的复杂度增大,对处理器的周期时间造成一定的负面影响,如图 9.23 所示为在复杂流水线中使用和不使用旁路网络的示意图。

图 9.23(a)表示了没有旁路网络时的设计,和原来简单的设计相比,只是增加了寄存器,没有引起复杂度的上升;图 9.23(b)表示了带有旁路网络的复杂流水的设计,从之前的流水线可以看出,在流水线的执行(Execute)阶段,其操作数除了来自于上一级流水线,还可以来自于两个 FU 计算的结果,它们来自于流水线的 Result Drive 阶段;而在流水线的

Source Drive 阶段,其操作数除了来自于上一级流水线,还可以来自于以前指令的结果,从之前的流水线示意图可以看出,这些结果分布在流水线的 Result Drive 阶段和 Write Back 阶段,要实现这样的旁路网络,需要复杂的布线资源和多路选择器的配合才可以完成,从图 9.23 可以明显地看出,在复杂的流水线中加入旁路网络,会严重地增大设计的复杂度。

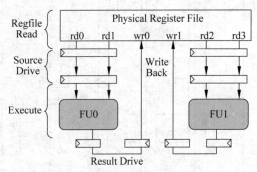

(a) 复杂流水线中不使用旁路网络

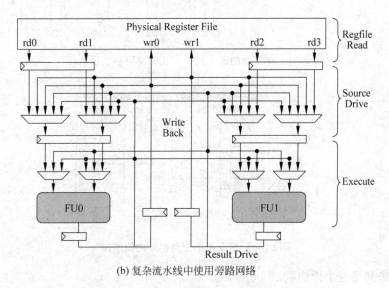

(b) 复杂流水线中使用旁路网络

图 9.23 复杂流水线中使用/不使用旁路网络的示意图

图 9.24 以更直观的方式表示了在复杂流水线中使用旁路网络的过程。

一条指令从 FU 中将结果计算出来,需要经过流水线的两个阶段 Result Drive 和 Write Back,才可以写到通用寄存器中,在这两个周期内,这条指令的结果都可以输出到旁路网络(bypassing network)上面;而一条指令从读完通用寄存器之后,直到真正到 FU 中执行之前的两个阶段 Source Drive 和 Execute,都可以接收旁路网络送过来的值,图 9.25 形象地表示了这个规律。

当一条指令处于流水线的 Data Read 阶段,需要读取物理寄存器时,而产生它的操作数的指令此时正处于流水线的 Write Back 阶段时,这种情况不需要使用旁路网络,因为这条指令可以直接从物理寄存器中读取到所需要的操作数(假设物理寄存器是前半个周期写,后半个周期读)。而当一条指令读取物理寄存器时,产生其源操作数的指令还没有到流水线的 Write Back 阶段写寄存器,则这条指令就不能够通过寄存器得到它的源操作数了,只能通

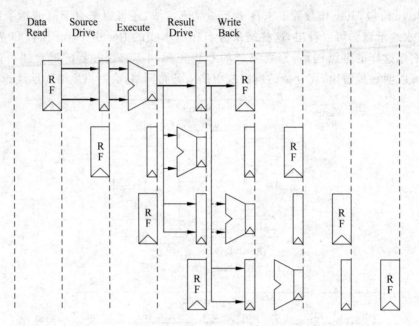

图 9.24 在复杂的流水线中使用旁路网络的示意图

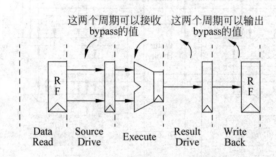

图 9.25 可以使用旁路网络的流水段

过旁路网络来获得这个操作数。

从之前的流水线示意图可以看出,当两条指令之间相隔的指令超过两条时,就不再需要通过旁路网络获得操作数了,而是可以直接通过寄存器获得操作数。当两条存在相关性的指令间隔的周期数不同时,旁路网络的使用情况也是不一样的,下面分别进行说明(假设流水线的执行阶段只需要一个周期就可以得到结果)。

(1) 当两条相关的指令处于相邻周期,也就是一条指令使用它前面的那个周期执行的指令的结果时,旁路网络会跨越相邻的两个周期,对流水线经过分析得到,这个旁路的路径只能发生在流水线的 Execute 和 Result Drive 两个阶段之间,其他所有紧挨着的两个周期之间都无法满足这个条件,如图 9.26 所示。

(2) 当两条相关指令之间相差了一个周期时,一条指令使用它前面的前面那个周期(即前两个周期)的指令的结果,因此这个旁路的路径可能发生在流水线的 Source Drive 和 Result Drive 两个阶段之间,也可以发生在 Execute 和 Write Back 两个阶段之间,在这两种情况下发生旁路都可以满足要求,如图 9.27 所示。

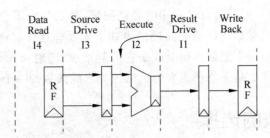

图 9.26　相邻的两条相关指令之间的旁路情况

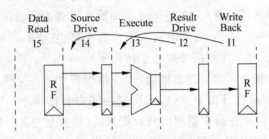

图 9.27　间隔一个周期的相关指令之间的旁路情况

（3）当两条相关指令之间相隔了两个周期时，一条指令使用它前面的前面的前面那个周期（即前三个周期）的指令的结果，因此这个旁路的路径只可能发生在流水线的 Source Drive 和 Write Back 这两个阶段之间，只有在这两个阶段之间发生的旁路才可以满足要求，如图 9.28 所示。

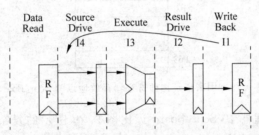

图 9.28　间隔两个周期的相关指令之间的旁路情况

由上面的分析可以看出，流水线增加了两级，导致此时旁路网络的复杂度已经很高，除了需要数量比较多的多路选择器之外，还需要更多和更长的总线用来传输需要旁路的值，随着现代处理器的工艺尺寸越来越小，连线的延迟已经变得越来越大，所以这种复杂旁路网络的设计对于处理器性能和功耗的影响是很明显的。如果继续增大流水线的级数，会导致更复杂的旁路网络，制约了处理器速度的提高，并增大了功耗。现代的处理器都追求很快的速度，很高的并行度，也就是需要更多的 FU，因此不可能在任意的 FU 之间都设置旁路的路径，这样会需要大量的布线资源，造成严重的连线延迟。

实际上，并不需要在所有的 FU 之间都设置旁路网络，例如，AGU 进行地址计算的时候，一般都会使用 ALU 的结果，但是反之，ALU 不会使用 AGU 计算的结果，因此在 ALU 和 AGU 之间的旁路网络就是单向的，只从 ALU 到 AGU 就可以了。同时，load/store 单元中，只有 load 指令的结果才会被其他指令所使用，store 指令则不会有这种需求，也就不需要进行旁路。浮点单元一般都有自己专用的旁路网络，整数指令不会直接使用浮点运算的结果，因此从浮点 FU 到整数 FU 的旁路网络也并不需要。这样的情况可以在一定程度上缓解旁路网络的压力，但是不能从本质上改变它的复杂度，随着流水线级数的增大，旁路网络无法继续跟随下去，这也是无法任意妄为地增加流水线级数的一个原因。

9.4 操作数的选择

在 9.3 节说过，在 FU 的输入端，需要从物理寄存器的输出或者所有的旁路网络（bypassing network）中进行选择（其实还包括立即数），找到 FU 的真正需要的源操作数，这个任务是由多路选择器来完成的，既然有这么多的源头可供选择，就需要有对应的信号来控制这个多路选择器，那么这个控制信号来自于何处呢？

对于采用了寄存器重命名的处理器来说，一个物理寄存器在它的生命周期内，会有多种状态，它会首先从 FU 中被计算出来，然后被写到物理寄存器堆中（PRF），如果不采用统一的 PRF 进行重命名，还需要在指令顺利的离开流水线（也就是退休）的时候将其写到指令集定义的 ARF 中。所有物理寄存器的这些信息可以保存在一个表格中，这个表格就是 ScoreBoard，在这个表格中，记录了一个物理寄存器在它的生命周期内经过的地方，这个表格可以如图 9.29 所示。

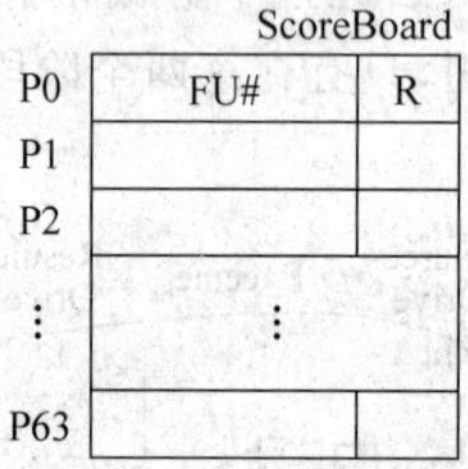

图 9.29　用来记录物理寄存器存放地点的 ScoreBoard

其实，在真实的处理器中，ScoreBoard 远比图 9.29 所示的复杂，当然，如果只是针对 FU 的操作数选择这一个功能来说，图 9.29 所示的内容就足够了，在这个表格中，对每个物理寄存器来说，记录了两个内容。

(1) FU♯：这个物理寄存器会在哪个 FU 中被计算出来，当需要从旁路网络中取得这个物理寄存器的值时，需要知道它来自于哪个 FU，这样可以控制多路选择器来选择对应的值，当一条指令被仲裁电路选中的时候，如果这条指令存在目的寄存器，就将这条指令在哪个 FU 中执行的这个信息写到上面的表格中。

(2) R：表示这个物理寄存器的值已经从 FU 中计算出来，并且被写到了物理寄存器堆（PRF）中，后续的指令如果要使用这个物理寄存器，就可以直接从 PRF 中读取，由于只需要表示这个寄存器是否在 PRF 中，使用一位的信号就可以了，0 表示这个物理寄存器不在 PRF 中，需要从旁路网络中取得这个值，1 表示可以从 PRF 中读取这个值，很显然，如果这一位是 1，那么就不需要关心 FU♯ 的值了。

在流水线中加入这个表格，会对流水线造成一定的负面影响，图 9.30 表示了在简单的流水线中加入这个表格的示意图。

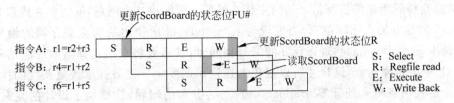

图 9.30 在流水线中，ScoreBoard 的使用情况

在图 9.30 中，指令 A 在流水线的 Select 阶段，会将它在哪个 FU 中执行的信息写到这个表格(ScoreBoard)的状态位 FU♯ 中，在流水线的 Write Back 阶段，会将计算的结果写到物理寄存器堆(PRF)中，同时会对 ScoreBoard 也进行更新，将其中对应的状态位 R 置为 1；后续的相关指令 B 在进入流水线的 Execute 阶段时，会读取这个表格，就可以得到指令 A 在哪个 FU 中执行的这个信息了，也就可以从对应的旁路网络中选择合适的值。而对于指令 C 来说，它在流水线的 Execute 阶段读取 ScoreBoard 的时候，指令 A 已经将结果写到了 PRF 中，并且也更新了这个表格中的状态位 R，此时指令 C 通过读取这个表格就可以知道，它的操作数应该来自于 PRF，这样就可以控制多路选择器来选择合适的值了，图 9.31 表示了这种实现方法。

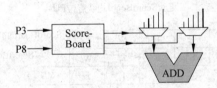

图 9.31 将 ScoreBoard 的读取放在流水线的执行阶段

由于读取 ScoreBoard 的过程发生在流水线的 Execute 阶段，这会对处理器的周期时间造成一定的负面影响，当处理器的频率要求比较高时，这种做法可能就无法满足要求，如果为了提高频率，可以将读取 ScoreBoard 的过程放到流水线的 RF Read 阶段，使 ScoreBoard 和 PRF 同时进行读取，这样可以将 ScoreBoard 的读取时间进行隐藏，从这个表格中读取的值会随着流水线到达 Execute 阶段，此时就可以对多路选择器进行控制了，这种方法的示意图如图 9.32 所示。

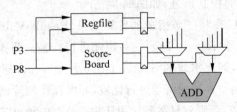

图 9.32 将 ScoreBoard 的读取放到流水线的 RF Read 阶段

图 9.32 所示的这种方法虽然可以减少对处理器周期时间的影响，但是却引入了新的问题，如图 9.33 所示。

按照之前的讲述，指令 C 本来应该从 PRF 中就可以得到指令 A 的结果，但是从图 9.33 所示的流水线可以看出，指令 C 在流水线的 RF Read 阶段读取 ScoreBoad 的时候，指令 A 对 ScoreBoad 的更新还没有完成，这样指令 C 会错误地认为自己需要从旁路网络中取得操作数,也就会得到错误的控制信号送给多路选择器。要解决这个问题,就需要在读取和写入ScoreBoad的地方加入比较逻辑,当发现写入ScoreBoad所使用的物理寄存器的编号和当前正在读取ScoreBoad的物理寄存器的编号相同时,就需要将多路选择器的控制信号设置为从PRF中取得操作数,这样才可以避免上述错误的发生。随着流水线复杂度的提高,需要更复杂的控制逻辑来处理ScoreBoad加入之后引入的问题,这增加了设计的复杂度,而且,ScoreBoad对于端口的需求是非常多的,假设处理器每周期可以并行执行 N 条指令,由于所有的源寄存器都需要在送入到FU之前读取ScoreBoad,所以这个表格需要2N个读端口。同时所有的目的寄存器在两个时间点都需要更新ScoreBoad,一是在流水线的Select阶段,需要将指令在哪个FU执行的这个信息写到其中,这需要 N 个写端口;二是在流水线的 Write Back 阶段,需要将这个目的寄存器已经被写到PRF的这个信息写到表格中,这也需要 N 个写端口。因此 ScoreBoad 总共需要2N个读端口和2N个写端口,如此多的端口,很容易使这个表格的延迟过大,从而成为关键路径,当它无法满足处理器的周期时间的要求时,就需要使用多周期的 ScoreBoad,但是这会在这个表格周围增加更多的比较电路,用来对当前写入和读取这个表格的寄存器进行比较,这使流水线的设计变得异常复杂,不是一件容易实现的事情。

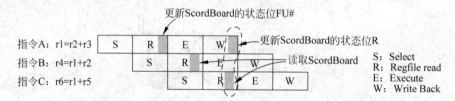

图 9.33　写入和读取 ScoreBoard 会发生在同一个周期

有没有一种更好的方法呢? 有时候,最简单直接的办法反而是好的方法,因为每个FU在将一条指令的计算结果进行广播,送到旁路网络(bypassing network)、物理寄存器堆等部件的同时,也会将这条指令的目的寄存器编号进行广播,这个编号值会用来作为写入到物理寄存器堆的地址,此时就可以利用这个编号值,在每个FU输入端的多路选择器旁边加入比较电路,将输入到FU的源寄存器编号和FU进行广播的目的寄存器编号进行比较,将比较的结果作为多路选择器的控制信号,如图 9.34 所示。

在图 9.34 中,每个FU在将一条指令的计算结果(Result Value)进行广播的同时,也将这条指令的目的寄存器编号(Result Tag)一并跟随进行广播。每条指令在需要从旁路网络中选择操作数的两个周期,即流水线的 Source Drive 和 Execute 阶段,都将这条指令的源寄存器编号和FU送出的目的寄存器的编号进行比较,如果存在相等的情况,就说明此时要从对应的旁路网络中选择操作数,否则就只需要使用从物理寄存器堆(PRF)中读出的值就可以了。

采用图 9.34 所示的这种设计,在FU输入端的多路选择器旁边增加了很多比较器(比较器一般用异或门实现),相应地会增大一些面积和功耗,但是这样的设计结构简单,不需要任何控制逻辑,在一定程度上也能够减少设计的复杂度,进而减少面积和功耗,因此这种方法也不失为一个很好的折中方案。

随着流水线的加深,需要从旁路网络中接收数据的流水段,以及可以将数据送到旁路网络的流水段都会越来越多,这些需要从旁路网络中接收数据的流水段都要使用多路选择器来进行选择。相应的,随着可以产生旁路数据的流水段的增多,这些多路选择器的输入源也会随之增加,这样就在每个多路选择器旁边产生了大量的比较逻辑,这也是深流水线带来的负面影响。纵观当代的处理器,在 Intel 的 Pentium 4 处理器之后,已经都不再追求使用更深的流水线来提高处理器的性能了,因为这不是一个可持续发展的方法,现代的处理器提高频率的一大利器就是依靠工艺尺寸的缩小,同时处理器性能的提高主要依靠一些架构方面的改进,例如使用更准确的分支预测算法、使用更灵活的 Cache 结构或者使用一些更高级的预测算法,包括数值预测、load/store 相关性预测等。预测算法是超标量处理器提高性能的一个方向,通过预测,可以将很多东西提前知道,这种"预知未来"的能力使得处理器的执行能够更有效率,但是一旦预测失败,所付出的代价也是很昂贵的,每个预测算法都需要对应的恢复机制,而且恢复到正常状态也是需要时间的,因此对预测算法的准确度有着很高的要求,否则它在处理器中就没有存在的意义了。

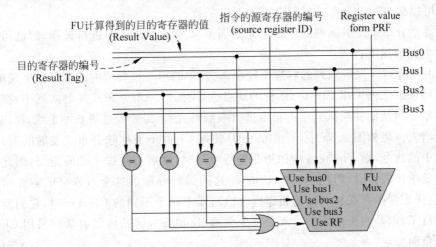

图 9.34 利用比较器来产生多路选择器的控制信号

9.5 Cluster

随着现代处理器的并行度和流水线级数的不断提高,上面所讲述的传统的超标量设计方法会导致硬件越来越复杂,例如需要更多端口的物理寄存器堆和存储器、更多的旁路网络(bypassing network)等,这些多端口的部件会导致处理器的面积和功耗显著地增大,也严重地制约了处理器频率的提高,需要其他的方法来解决这个问题,因此就产生了一种设计理念——Cluster 结构。

在前文中,其实已经使用了这种设计方式,例如在发射队列(Issue Queue)的设计中,通过将一个统一的发射队列分开为多个独立的发射队列,能够减少仲裁电路等部件的设计复杂度,并加快速度。在 FU 的设计中,将浮点 FU 和整数 FU 的旁路网络分开,可以大大减少旁路网络的复杂度等。Cluster 结构将上面的这种理念进行了扩展,应用到处理器内部的物理寄存器堆、发射队列、旁路网络等各种部件,这样就相当于在处理器中引入了 Cluster 结构。这种结构在使用时的粒度是可变的,有着多种多样的实现方式,下面对这种结构的实现思路进行逐步的讲解。

9.5.1　Cluster IQ

其实本节还包括对寄存器堆(Register File)采用 Cluster 结构,因为这部分内容和发射队列(Issue Queue)是紧密相关的,所以将它们放在一节进行讲述。

在前面已经讲过,随着处理器每周期可以并行执行的指令个数的增多,对于采用集中式的发射队列来说,要求更多的读写端口和更大的容量,导致面积和延迟都会增大,再加上发射队列本来就处于处理器内部的关键路径上,所以使用集中式的发射队列很难满足现代处理器对性能的要求。通过将它分成多个小的分布式发射队列,每个发射队列只对应一个(或少数的几个)仲裁电路和 FU,这样每个分布式的发射队列中只需要存储对应的 FU 中能够执行的指令,使复杂度得以降低,这种方法本质上就是将集中式的发射队列采用了 Cluster 结构,通过这种改变,带来的优点有如下几点。

(1) 可以减少每个分布式发射队列的端口个数;

(2) 每个分布式发射队列的仲裁电路只需要从少量的指令中进行选择,因此可以加快每个仲裁电路的速度;

(3) 由于分布式发射队列的容量比较小,它其中的指令被唤醒的速度也会比较快。

但是将发射队列采用 Cluster 结构的缺点也是有的,一个分布式发射队列中,被仲裁电路选中的指令对其他发射队列中的指令进行唤醒时,由于需要经过更长的走线,所以这部分的延迟会增大。例如图 9.35 中,当 Cluster0(使用 Cluster 来称呼分布式发射队列)中被仲裁电路选中的指令,对 Cluster3 中的指令进行唤醒时,就需要经过很长的走线,因此当处理器的频率要求比较高时,跨越不同的 Cluster 之间进行唤醒的这个过程可能需要增加一级流水线,这样当两条存在相关性的相邻指令恰巧属于两个不同的 Cluster 时,它们就不能背靠背地执行了,而是在流水线中引入了一个气泡(bubble),这是将发射队列采用 Cluster 结构的一个负面影响。

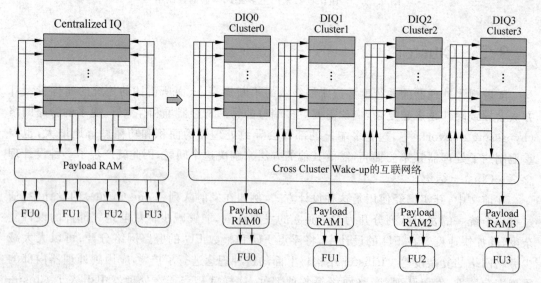

图 9.35　对发射队列采用 Cluster 结构

图 9.35 表示了将一个使用数据捕捉(data-capture)结构的集中式发射队列分成四个分布式发射队列的设计,此时每个发射队列,也就是每个 Cluster,都对应一个 FU 和 Payload RAM,当没有使用 Cluster 结构时,集中式发射队列需要的容量和端口数都很多,严重制约了仲裁电路和唤醒电路的速度,而且 Payload RAM 的容量也需要很大,同时还需要支持多个读端口。采用 Cluster 结构之后,每个 FU 对应的 Payload RAM 的容量都可以很小,而且只需要支持一条指令的读端口就可以了,当然缺点就是当一个 Cluster 中被仲裁电路选中的指令对其他 Cluster 中的指令进行唤醒时,由于连线的延迟增大,可能需要增加一个周期来完成这个工作,于是就造成了两个存在相关性的相邻指令处于两个不同的 Cluster 时,不能背靠背地执行。

不过,这种 Cluster 结构所带来的缺点其实是可以通过一定的方法避免的,举例来说,有如图 9.36 所示的五条指令,它们都只需要一个周期就可以从 FU 中得到结果(也就是 latency 都是 1),它们之间存在的相关性如图 9.36 所示。

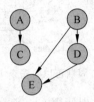

图 9.36 指令 A～E 之间存在的相关性

在前文讲述的集中式发射队列的设计中,假设指令的仲裁(select)和对其他指令的唤醒(wake-up)这两个过程可以在一个周期内完成,则指令 A 和 B 可以在第一个周期被仲裁电路选中,然后在第二个周期,指令 C 和 D 就可以继续被仲裁电路选中了,到了第三个周期,指令 E 也可以被仲裁电路选中,因此总共需要三个周期,就可以将这五条指令都送到 FU 中执行。

而在采用了分布式发射队列的这种 Cluster 结构之后,假设跨越 Cluster 之间的唤醒需要额外消耗一个周期,那么此时这五条指令的执行周期会有什么变化呢? 下面列举两种情况。

(1) 指令 A、B、E 都分到了同一个 Cluster 中,而指令 C、D 分到了另一个 Cluster 中,由于跨不同的 Cluster 之间进行唤醒需要延迟一个周期,指令 A 和 B 在被仲裁电路选中之后,需要等待一个周期才能够将指令 C 和 D 进行唤醒,同理指令 D 在被仲裁电路选中之后,也需要等待一个周期才能够将指令 E 进行唤醒,因此总共需要五个周期才能将这五条指令全部送到 FU 中执行,这个过程如图 9.37 所示。

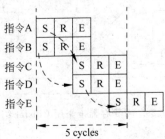

图 9.37 需要五个周期才可以将指令 A～E 送到 FU 中

（2）指令 A、C 分到了同一个 Cluster 中，指令 B、D、E 分到了另一个 Cluster 中，此时尽管跨越不同的 Cluster 之间进行唤醒需要延迟一个周期，但是最终的结果却和上面的有所不同，指令 A 和 B 在被仲裁电路选中之后，在当前周期就可以将指令 C 和 D 进行唤醒，这是因为指令 A 和 C 属于同一个 Cluster，指令 B 和 D 也属于同一个 Cluster，一条指令对自身的 Cluster 内的指令进行唤醒是可以在一个周期内完成的。当指令 C 和 D 都被仲裁电路选中之后，在当前周期就可以对指令 E 进行唤醒，到了下个周期，指令 E 也可以被仲裁电路选中了，这样总共需要三个周期就可以将所有的指令送到 FU 中执行，这个过程如图 9.38 所示。

图 9.38　需要三个周期可以将指令 A～E 送到 FU 中

由上面的例子可以看出，对发射队列使用 Cluster 结构之后，它的执行效率和指令在不同 Cluster 之间的分配是很有关系的，要想使处理器取得比较高的执行效率，就需要仔细地规划这种分配算法，使处理器的硬件资源得到有效的利用。

对于采用非数据捕捉（non-data-capture）结构的超标量处理器来说，指令在被仲裁电路选中之后会首先读取物理寄存器堆（PRF），这就需要 PRF 支持多个读端口，而多端口的寄存器堆也是很浪费面积的，速度也比较慢，此时也可以对寄存器堆也采用 Cluster 结构，对每个采用 Cluster 结构的发射队列使用一个物理寄存器堆，Alpha 21264 处理器即采用了这种设计方法[41]，如图 9.39 所示。

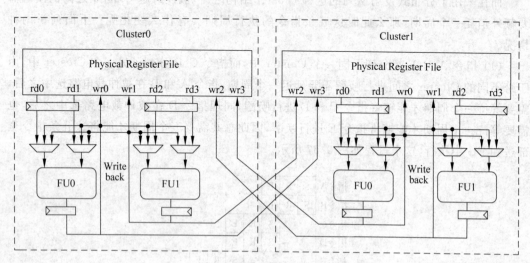

图 9.39　对寄存器堆采用 Cluster 结构

如果不采用 Cluster 结构的设计，整个处理器有 4 个 FU，物理寄存器堆(PRF)需要 8 个读端口和 4 个写端口(假设每条指令都有 2 个源寄存器和 1 个目的寄存器)；采用 Cluster 结构之后，整个处理器分为两个 Cluster，每个 Cluster 有两个 FU，并且每个 Cluster 内都有一个完整的物理寄存器堆，这相当于将物理寄存器堆复制了一份，这样对于每个 Cluster 内的指令来说，都可以直接从物理寄存器堆中读取操作数，每个 FU 都在自己所属的 Cluster 内使用旁路网络(bypassing network)，这样就减少了旁路网络的复杂度。当然，这样的设计要求两个物理寄存器堆的内容要保持一致，这要求每个 FU 在更新自身 Cluster 内的寄存器堆的同时，还需要更新另一个 Cluster 内的寄存器堆，因此总体看起来，这样的设计可以将寄存器堆的读端口个数减少一半，变为 4 个读端口，但是寄存器堆的写端口个数并没有节省，因为还需要为每个 FU 都配备一个写端口，所以此时每个寄存器堆的写端口仍旧是 4 个。但是，这种只节省读端口个数的方法仍旧可以减少寄存器堆的面积，粗略地说，可以假设寄存器堆(或者 SRAM)的面积近似和它的端口个数的平方成正比(当然，这种说法不完全正确，应该是布线所占面积随着端口的平方而增加，晶体管是线性增加的)，即：

```
Area of register file = (number of ports)²
```

对于一个有着 8 个读端口、4 个写端口的寄存器堆来说，其面积等于 $(8+4)^2 = 144$；而读端口个数减半之后，每个寄存器堆的面积为 $(4+4)^2 = 64$，两个寄存器堆的面积等于 $64 \times 2 = 128$，因此还是要小于 144 的，而且通过减少每个寄存器堆的端口个数，还可以获得更快的速度，避免一个过于臃肿的寄存器堆成为处理器中的关键路径，这些都是为什么要将寄存器堆复制两份的原因。

当然，这种设计的缺点也是很明显的，为了减少复杂度，旁路网络不能跨越 Cluster，当两个存在相关性的连续的指令属于两个不同的 Cluster 时，后续的指令需要等到前面的指令更新完寄存器堆之后，才能够从寄存器堆中读取操作数。虽然在乱序执行(out-of-order)的处理器中，硬件会将一些不相关的指令调度到两条指令之间来执行，但是当流水线比较深时，这两条指令之间的相隔的周期数也是比较多的，硬件无法调度到这么多的不相关指令，因此会在流水线中引入比较多的气泡(bubble)，降低了处理器的性能，造成"高频低能"的结果。

9.5.2 Cluster Bypass

要提高处理器的性能，需要每周期可以并行执行更多的指令，也就需要更多的 FU 来支持，这会导致旁路网络(bypassing network)的复杂度也随之显著地增大，使其严重地影响处理器的周期时间，因此，可以在旁路网络上引入 Cluster 结构，如图 9.40 所示。

图 9.40(a)使用了正常的旁路网络，这样的设计在前面已经介绍过了，由于在流水线中增加了 Source Drive 和 Result Drive 两个流水段，导致旁路网络的复杂度很高；而在图 9.40(b)中，对旁路网络使用了 Cluster 结构，将两个 FU 分布在两个 Cluster 中，每个 FU 不能将它的结果送到其他的 FU 中，只能送到自身的旁路网络中，也就是说，旁路网络只分布在每个 Cluster 内部。其实，在前文介绍过完全没有旁路网络的设计方法，也介绍过上面图 9.40(a)所示的这种完全使用旁路网络的设计方法，而这种对旁路网络采用 Cluster 结构的设计方法则是介于这两者之间(完全没有旁路和完全使用旁路)的一种方法。当两条连续

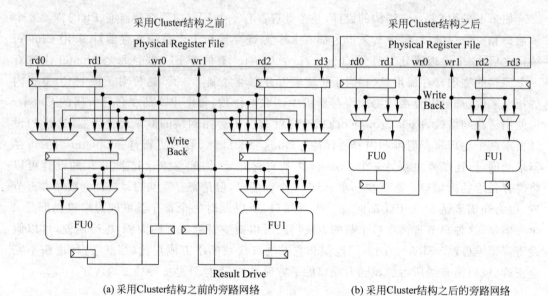

图 9.40　采用 Cluster 结构之前及之后的示意图

的相关指令都使用同一个 FU 时,它们可以背靠背地执行;而当两条连续的相关指令使用不同的 FU 时,就不能背靠背地执行了,因此图 9.40(b)所示的这种对旁路网络采用 Cluster 结构的设计方法,它的执行效率和复杂度都是介于这两种方法之间的。

　　由图 9.40 还可以看出,由于旁路网络的复杂度降低了,因此流水线中的 Source Drive 和 Result Drive 两个流水段此时都可以去掉了,这样相当于节省了两级流水线,加快了跨越不同的 Cluster 之间的相关指令执行的速度,因为只有同属于一个 Cluster 的相关指令才可以背靠背地执行,如果相关指令属于不同的 Cluster,则只能通过寄存器堆传递操作数,当流水线中没有了 Source Drive 和 Result Drive 两个流水段之后,两条属于不同 Cluster 的相关指令之间只需要间隔一个周期就可以了,如图 9.41 所示。

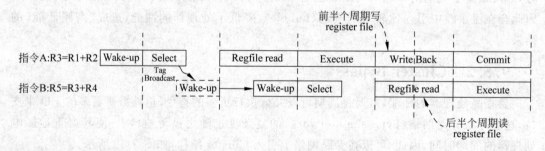

图 9.41　采用 Cluster 结构之后的流水线

　　采用本节所讲述的这种 Cluster 结构可以简化旁路网络的设计,所以可以将流水线中的 Source Drive 和 Result Drive 两个流水段节省掉,缩短流水线的好处是很明显的,它仅仅造成了两条相关指令之间的执行间隔一个周期,如图 9.41 所示,在乱序执行的处理器中,硬件很容易找到一条不相关的指令插入到这个周期来执行,这样简化了旁路网络的同时,并没有造成性能的明显下降。但是随着处理器并行度的提高,寄存器堆的端口数也在随着增加,同时处理器主频的提高又要求周期时间越来越小,这两方面的综合作用,可能导致寄存器堆并不能像图 9.41 所示的那样,在前半个周期写入、在后半个周期读取,这样就导致相邻的相关指令需要间隔的周期数有所增加,在超标量处理器中使用纯硬件的调度方法很难找到这么多的不相关指令插入到这些间隔的周期中,这样就会影响到处理器的执行效率了。

综合看起来,这种将旁路网络采用 Cluster 结构的设计方法在乱序执行的超标量处理器中是可以被接受的,这是由于即使两条相邻的相关指令属于不同的 Cluster 而不能够背靠背地执行,硬件也可以调度不相关的指令插入到这些间隔的周期中。但是在顺序执行(in-order)的处理器中,由于硬件无法调度不相关的指令,所以这种非完全的旁路网络所引入的时间间隔会带来很大的负面影响,因为在这段时间内做不了任何事情,只能产生流水线的气泡(bubble),这样显然降低了处理器的性能,所以在顺序执行的处理器中,一般都不会对旁路网络采用很激进的 Cluster 结构,而是尽量会采用完全的旁路网络,以降低相邻的相关指令所引入的流水线气泡,一个明显的例子就是 Intel 的 Atom 处理器,这个兼容 x86 指令集的顺序执行的超标量处理器拥有复杂的旁路网络,当然,这对于面向低功耗应用的 Atom 处理器来说并不是一个值得夸耀的地方。

即使在乱序执行的超标量处理器中,这种无法跨越 FU 进行旁路的设计方法,虽然降低了硬件消耗,但是在一定程度上也会降低处理器的执行效率。如果这种折中方法无法接受,仍旧想要实现跨越 FU 进行旁路的效果,那么就只能借鉴对发射队列采用 Cluster 结构所采用的方法,在那种方法中,对跨越发射队列之间的唤醒过程加入了一级流水线,类比过来,也可以在跨越 FU 进行旁路的路径上加入一级流水线来降低这些路径上的延迟,如图 9.42 所示。

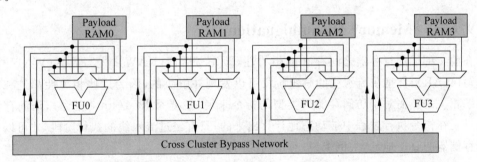

图 9.42　在跨越 FU 的旁路网络上加入流水线

和 Cluster IQ 所采用的方法类似,对于一个 FU 来说,将它的结果送到自己的输入端所经过的路径是很短的,故可以在一个周期之内完成;而将它的结果送到其他 FU 的输入端所经过的路径是很长的,在一个周期之内可能无法完成,因此需要为这个过程增加一个周期,也就是增加一级流水线,但是相比于跨越 FU 之间没有旁路网络的情况,这样的方法仍然是占据优势的。当然这样的设计也会导致复杂度的上升,可能会对处理器的功耗和周期时间造成一定的负面影响,究竟要采用哪种设计,这需要对处理器的性能、功耗、应用领域等方面进行综合考虑才可以作出决定。

到目前为止,在 9.5.1 节讲述的 Cluster IQ 的设计方法中,如果两条相邻的相关指令属于两个不同的发射队列,则跨越发射队列间的唤醒过程会引入一个周期的延迟,而在本节讲到的,如果两条相关的指令属于两个不同的 Cluster FU,则跨越 FU 之间的旁路网络也需要一个周期的延迟,那么综合看起来,是不是这两个延迟会进行叠加呢?

答案是否定的,举例来说,如图 9.43 所示的例子。

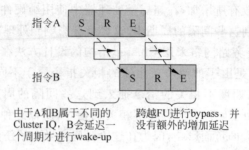

图 9.43 Cluster IQ 和 Cluster bypass 所产生的延迟并不会叠加

指令 A 和 B 是相邻的相关指令,它们属于两个不同的 Cluster IQ,则在流水线的唤醒阶段会引入一个周期的延迟,但是到了流水线的执行阶段,需要将结果进行旁路(bypass)时,并不会再引入额外的延迟。由图 9.43 可以看出,跨越不同的 Cluster FU 之间进行旁路而产生的一个周期的延迟,正好和跨越不同的 Cluster IQ 进行唤醒而产生的一个周期延迟相"叠加"了,因此尽管跨越 Cluster IQ 进行唤醒需要一个周期的延迟,跨越 Cluster FU 的旁路网络也需要一个周期的延迟,但是放到流水线中之后综合来看,指令 A 和 B 之间的延迟也只有一个周期而已。

9.6 存储器指令的加速

9.6.1 Memory Disambiguation

在前文讲述的寄存器之间存在的相关性,即先写后读(RAW)、先写后写(WAW)和先读后写(WAR),都是在流水线的解码阶段可以发现并解决的,因为这些相关性都是和寄存器名字相关的。而对于访问存储器类型的指令来说(主要是 load/store 指令),访问存储器的地址是在指令执行过程中被动态地计算出来的,只有经过流水线的执行阶段,才可以得到访问存储器的真正地址,举例来说,有下面的两条指令。

```
ST  R0, #15[R1];  //Store 指令,将寄存器 R0 的内容保存在 memory[R1 + 15]
LD  R3, #10[R2];  //Load 指令,将 memory[R2 + 10]的内容读取到寄存器 R3 中
```

Store 指令将数据存储在地址"R1+15"的地方,load 指令从地址"R2+10"的地方取数据,只有当这两个地址不相等,也就是"R1+15 != R2+10"时,这两条访问存储器的指令才不存在先写后读(RAW)的相关性。但是,这在流水线的解码阶段是不可能知道的,只有经过了流水线的执行阶段,当这两条指令的地址都被计算出来之后,才可以知道它们之间是否存在相关性。一般来说,访问存储器的指令之间也存在 RAW、WAW 和 WAR 这三种相关性,它们如图 9.44 所示。

在超标量处理器中,虽然可以使用寄存器重命名来解决普通指令之间存在的 WAW 和 WAR 这两种假相关性,但是对于访问存储器的指令来说,是没有办法对这些地址也进行重命名来消除 WAW 和 WAR 这两种相关性的,这是为什么呢? 因为对于通用寄存器来说,它的个数是有限的,例如只有 32 个,因此对它们进行重命名是可以实现的,但是对于存储器

图 9.44 访问存储器的指令之间存在的相关性

地址来说,它存在无数种可能性,对这些地址进行重命名是一件很难的事情,因此在超标量处理器中,对于访问存储器的指令来说,这三种相关性(WAW、WAR 和 RAW)都是需要考虑的,虽然从理论上来说,访问存储器的指令之间也可以乱序执行(out-of-order),但是一旦发现这三种相关性有任何一种发生了违反,那么就需要进行处理,这在一定程度上增加了设计的复杂度。为了降低设计难度,也为了保持处理器中存储器的正确性,大部分处理器中的 store 指令都是顺序执行的(in-order),这样可以避免 WAW 相关性,但是 load 指令可以有不同的实现方式,概括来讲,主要可以分为三种。

(1) 完全的顺序执行,此时 load 指令和 store 指令都按照程序中指定的顺序来执行,很明显,这是最保守的一种方法了;

(2) 部分的乱序执行,顺序执行的 store 指令将程序划分成了不同的块,每当一条 store 指令的地址被计算出来之后,这条 store 指令和它后面的 store 指令之间的所有 load 指令可以乱序执行,这种方式可以避免先读后写(WAR)相关性的发生,同时也可以降低对先写后读(RAW)相关性的检测难度;

(3) 完全的乱序执行,在这种方法中,load 指令不再受到 store 指令的限制,只要 load 指令的操作数准备好了,它就可以送到 FU 中执行,在这种情况下,先读后写(WAR)和先写后读(RAW)这两种相关性都是需要在流水线中进行处理的。

1. 完全的顺序执行

这种方法中,load 指令和 store 指令都是严格按照程序中指定的顺序执行的,这是最保守的一种做法,由于 load 指令一般处于相关性的顶端,这种方法不能使 load 指令尽可能地提前执行,导致所有相关指令的执行都比较晚,使用这种方法的处理器,性能自然就比较低了,尤其是在超标量处理器中,基本上是不会采用这样保守的设计方法的。

2. 部分的乱序执行

这种方法中,虽然 store 指令仍旧是按照程序中指定的顺序(in-order)执行的,但是处于两条 store 指令之间的所有 load 指令却可以乱序执行,当一条 store 指令被仲裁电路选中之后,位于它后面的所有 load 指令(直到下一条 store 指令)就有资格参与仲裁的过程了,而且这些 load 指令可以按照乱序的方式被仲裁电路选中,这样可以使 load 指令尽可能地提前执行。

这个方法的本质就是当一条 store 指令所携带的地址被计算出来之后,在它之后进入到流水线的所有 load 指令就可以具备条件去判断先写后读(RAW)的相关性了,每条 load 指令将它携带的地址计算出来之后,需要和前面所有已经执行的 store 指令所携带的地址进行比较。为了实现这个功能,就需要一个缓存来保存那些已经被仲裁电路选中,但是还没有顺利地离开流水线(也就是退休)的 store 指令,可以将这个缓存称为 Store Buffer。如果

load 指令在这个缓存中发现了地址相等的 store 指令，则说明发现了先写后读（RAW）的相关性，此时直接从这个缓存中就可以得到 load 指令所需要的数据；如果在这个缓存中没有发现地址相等的 store 指令，则 load 指令需要访问 D-Cache，或者更下层的物理存储器，才可以得到需要的数据。

在这种方法中，每条 store 指令可以看作是"一扇门"，一条 store 指令所携带的地址被计算出来时，就相当于把这扇门打开了，这样门后面的所有 load 指令就有资格参与仲裁的过程，当然，load 指令是否真正能够参与仲裁的过程，还需要看自己的源操作数是否已经准备好了。而且，一条 store 指令其实没必要等到将它所携带的地址真正计算出来之后，才允许它后面的 load 指令参与仲裁的过程，根据前文对仲裁（select）和唤醒（wake-up）过程的介绍可以知道，当 store 指令被仲裁电路选中之后，就可以"打开门"了，允许它后面的 load 指令参与仲裁的过程，这样已经可以保证，当 load 指令将它携带的地址计算出来之后，它前面的 store 指令肯定已经将携带的地址也计算出来了，此时就可以进行地址的比较，以判断它们之间是否存在先写后读（RAW）的相关性，图 9.45 给出了一个例子。

图 9.45　部分的乱序执行

当 store 指令 A 被仲裁电路选中之后，load 指令 B、C 和 D 就有资格参与仲裁的过程了，仲裁电路按照乱序的方式来选择它们。但是，当这三条 load 指令没有全部被仲裁电路选中完毕时，例如只有指令 C 被选中，而指令 B 和 D 都还没有被选中的时候，store 指令 E 又被仲裁电路选中了，它会使 load 指令 F 和 G 也有资格参与仲裁的过程，仲裁电路可以按照乱序的方式来选择所有的这些 load 指令。

这种执行方法会遇到一个问题，当 load 指令 B 和 D 被仲裁电路选中的时候，Store Buffer 中除了它们前面的 store 指令 A 之外，还有了它们后面的 store 指令 E，当进行地址比较来检查 RAW 相关性时，即使 load 指令 B（或 D）所携带的地址和 store 指令 E 所携带的地址相等，它们之间也并没有 RAW 相关性，load 指令 B（或 D）所需要的数据不应该来自于 store 指令 E，所以这就需要一种机制。当 load 指令和 Store Buffer 中的 store 指令进行地址比较时，需要知道哪些 store 指令在自己前面，哪些 store 指令在自己后面，对于 RAW 相关性检查来说，只需要关注那些在自己前面的 store 指令就可以了，因此需要对这些 load/store 指令前后顺序进行标号，可以作为这个标号的来源有如下几种。

（1）PC 值，但是当 store 指令之后有一个向前跳转指令时，通过 PC 值就无法辨别出真实的先后顺序了，如图 9.46 所示。

此时，load 指令的执行顺序是在 store 指令之后，但是 load 指令的 PC 值是要小于 store 指令的，直接使用 PC 值来标记它们之间执行的先后顺序，是无法满足要求的。

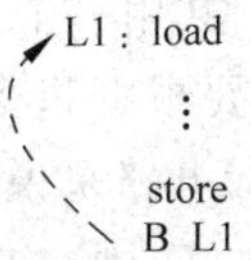

图 9.46　无法直接通过 PC 值来判断 load/store 指令之间的先后顺序

(2) ROB 的编号,在 ROB 中记录着所有指令进入流水线的先后顺序,因此指令在 ROB 中的地址是可以用来表示它们之间的先后顺序的。但是,由于 ROB 中存储着所有的指令,这其中只有一部分是 load/store 指令,如果使用这个标号,必然是很稀疏的,而这些标号要参与大小比较,因此这样做就造成了比较器使用比较大的位宽,浪费了面积和功耗。

(3) 在流水线的解码阶段,为每一条 load/store 指令分配一个编号,这个编号的宽度需要根据流水线中最多支持的 load/store 指令的个数来决定,编号的分配和大小比较的过程可以参见前文中对分支指令分配编号的方法。

在实际当中,后两种方法都是可以采用的,当然,它们都会给处理器带来更高的复杂度。退一步来想,在上述的例子中,如果只有当 store 指令 A 及其后面的 load 指令 B、C 和 D 都被仲裁电路选中之后,才允许 store 指令 E 向仲裁电路发出请求的话,就可以避免上述问题了。每一条 load 指令在寻找 Store Buffer 时,只会遇到比自己先进入流水线的 store 指令,而不会遇到在自己之后进入流水线的 store 指令,这样就不需要比较它们之间的先后顺序了,简化了 RAW 相关性的检查过程。不管怎么说,这种部分地将 load 指令进行乱序执行的方法虽然可以提高一些性能,但是在很多时候仍然不能够最大限度地挖掘程序之间存在的并行性,例如图 9.47 所示的例子。

指令A: LOAD　r5, MEM [r3] ◀—— D-Cache miss
指令B: STORE　r7, MEM [r5] ◀—— RAW for address generate, stalled
⋮
指令F: LOAD　r8, MEM [r9] ◀—— Independent load, stalled

图 9.47　指令 F 不能先于指令 B 而提前执行

当第一条 load 指令 A 发生 D-Cache 缺失时,和它存在寄存器之间的 RAW 相关性的 store 指令 B(指令 B 使用指令 A 的目的寄存器 r5)就不能参与仲裁的过程了,那么即使后面的 load 指令 F 和指令 B 不存在任何的相关性,也不能向仲裁电路发出请求而参与仲裁的过程,这就无形之中浪费了提高并行执行的机会。

3. 完全的乱序执行

在这种方法中,store 指令仍然会按照程序中指定的顺序(in-order)来执行,但是 load 指令将不再受限于它前面的 store 指令,只要 load 指令的操作数准备好了,就可以向仲裁电路发出申请,仲裁电路会按照一定的原则,例如 oldest-first 原则,选择一条合适的 load 指令送到 FU 中执行。在这种方法中,可以使 load/store 指令共用一个发射队列(Issue Queue),采用每周期只选择一条 load/store 指令的设计,也可以采用每周期同时选择一条 load 指令和一条 store 指令的设计,考虑到 load/store 指令在一般的程序中占据的比例比较大,所以最好能够尽可能地增加每周期可以并行执行的 load/store 指令的个数,当然这样也会增加设计的复杂度,例如 D-Cache 就需要更多的端口来支持这种特性。不过,load 指令和 store 指令的处理过程毕竟有所不同,如果使它们共用一个发射队列,则仍旧需要使用互相独立的仲裁电路,当指令被写入发射队列中时,需要根据指令的类型(load 还是 store)将其对应到各自的仲裁电路上。对于 store 指令的仲裁电路来说,需要根据指令的年龄信息,找到最旧的那条 store 指令,如果发现它还没有准备好,则一直等待;而对于 load 指令的仲裁电路来说,仍旧需要使用它们的年龄信息,但是对于那些还没有准备好的 load 指令来说,只需要在进行年龄比较时忽略它们即可。总结起来就是 store 指令按照程序中指定的顺序(in-order)进行选择,而 load 指令采用 oldest-first 策略,按照乱序(out-of-order)的方式进行选择。

其实,还可以使 load/store 指令使用独立的发射队列,也就是说,load 指令单独使用一个发射队列,store 指令也单独使用一个发射队列,这样 store 指令的发射队列可以简单地使用 FIFO 结构,它将不必使用年龄比较类型的仲裁电路,此时只需要判断 FIFO 中最旧的那条指令是否已经准备好,就可以达到按照程序中指定的顺序(in-order)进行选择的效果了,这样简化了 store 指令的仲裁电路的设计。

在这种完全乱序执行 load 指令的方式中,load 指令的操作数只要准备好了,就可以参与仲裁的过程,不需要等待它前面的 store 指令是否已经计算出了地址。之所以敢于采用这种方法,是有依据的,对于 RISC 处理器来说,有数量丰富的通用寄存器,所以程序当中的很多变量可以直接放到寄存器当中,这样在实际的程序当中,store/load 指令之间存在先写后读(RAW)的相关性的情况并不是很多,而且,通过提前执行 load 指令,可以尽快地唤醒更多的相关指令,这样使处理器获得更大的并行性。

但是反观 CISC 处理器,因为可用的寄存器很少,所以需要经常和存储器打交道,在程序当中,许多的操作数都需要放到存储器中,这样 STORE/LOAD 之间存在先写后读(RAW)相关性的情况就很多了,一旦发现一条提前执行的 LOAD 指令和后面的 STORE 指令所携带的地址相等,那么就产生了错误,需要进行恢复,如图 9.48 所示。

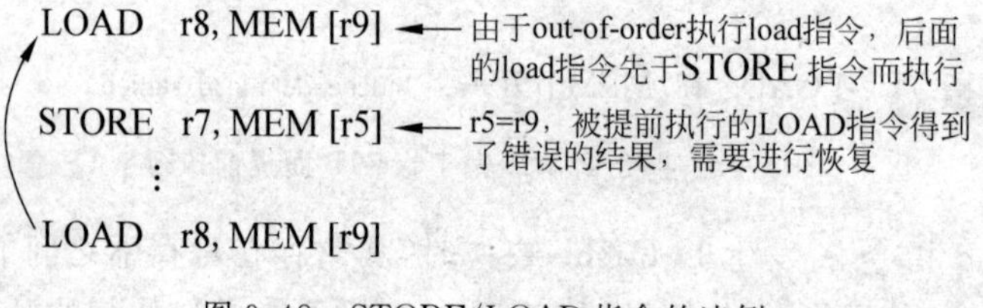

图 9.48　STORE/LOAD 指令的违例

在图 9.48 的这种情况中,不仅被提前执行的 LOAD 指令得到了错误的结果,所有和这条 LOAD 指令有直接或者间接关系的指令,都需要从流水线中被抹掉,重新执行,这样造成处理器执行效率的降低,这种情况称为 STORE/LOAD 指令的违例,应该尽量避免这种情况的发生,这时候最好有一种预测机制,来预测哪些 LOAD 指令是和前面的 STORE 指令存在先写后读(RAW)的相关性而不能提前被执行,通过这样的一些比较精确的预测算法,可以大大降低 STORE/LOAD 指令违例发生的频率,从而避免对处理器性能造成影响,这样的预测算法称为 LOAD/STORE 相关性的预测。这种预测方法在当代的处理器中已经逐渐地被采用,例如 Intel 的 Core2 系列处理器就采用了这种预测算法,要想提高处理器的性能,就应该重视这种 LOAD/STORE 相关性的预测算法。

其实,LOAD 指令和 STORE 指令之间存在先写后读(RAW)的相关性,是程序固有的一种属性,如果程序中,在 STORE 指令之后,很快就使用 LOAD 指令来访问刚才存储的数据,那么出现STORE/LOAD指令违例的概率就很大了,通过使用LOAD/STORE相关性的预测,一旦发现一条LOAD指令和它之前的STORE指令存在先写后读(RAW)的相关性,就将其记录下来,那么以后再遇到这条LOAD指令时,就不能使它提前执行,而且,需要从Store Buffer中获得LOAD指令需要的数据。

使用LOAD/STORE相关性的预测,还有一个好处是只有那些预测和STORE指令存在先写后读(RAW)相关性的LOAD指令才会访问Store Buffer,这样可以减少Store Buffer所需要的端口个数和比较电路的个数,从而降低设计的复杂度和功耗。

在RISC处理器中,即使LOAD/STORE指令之间存在先写后读(RAW)相关性的情况很少,但是一旦发现,就需要将这条LOAD指令以及和它相关的所有指令都从流水线中抹掉,并且使它们重新参与仲裁的过程,在第8章已经介绍了如何使用硬件的方法处理这种情况,此处不再赘述。

使用硬件来处理STORE/LOAD指令的违例,总是要付出硅片面积和功耗的代价,这是超标量处理器不能避免的,因为很多指令集在设计之初,并没有考虑到它在超标量处理器中会有这么复杂的情况发生。但是,一些比较新的指令集考虑到了这些情况,它能够充分地利用编译器,配合指令集来处理STORE/LOAD指令违例的情况,在VLIW处理器领域,很多都采用了这种方法,Intel的Itanium架构就是一个明显的例子。

如图9.49所示为一段有可能产生STORE/LOAD指令违例的一段程序,对于VLIW处理器的编译器来说,会尽量地将LOAD指令提前执行,以获得比较高的并行执行度,但是编译器并不确定图9.49中的LOAD指令和它之前的STORE指令是否使用同样的地址,这需要在程序实际执行时才可以发现,所以在Itanium的编译器中,在对程序进行优化调度、将LOAD指令放到STORE指令前面的同时,会对这条LOAD指令进行标记,如图9.50所示。

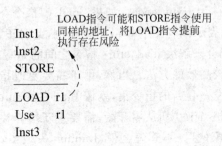

图9.49 有可能产生STORE/LOAD指令违例的一段程序

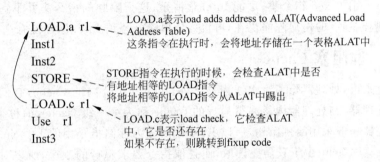

图9.50 对提前执行的LOAD指令进行标记

一旦 LOAD 指令被编译器放到 STORE 指令之前执行,则这条 LOAD 指令会被变为指令 LOAD.a,这条新的指令在执行的时候,除了完成普通的 LOAD 指令所具备的功能,还会将 LOAD 指令计算出来的地址放到一个表格 ALAT(Advanced Load Address Table)中,这个表格的样子如图 9.51 所示。

ALAT
(Advanced Load Address Table)

PC	Address	Size
	⋮	

图 9.51 ALAT(Advanced Load Address Table)

因为在一般的 RISC 指令集中,可以支持全字(word)、半字(halfword)和字节(byte)的存取,所以需要将这个信息也保存在 ALAT 的 Size 表项中,每当执行 store 指令时,都会使用 store 指令计算出来的地址来查找 ALAT,这需要 ALAT 中的 Address 表项支持内容寻址(CAM)的功能。如果在 ALAT 中发现了携带地址相同的 load 指令,则会将这条 load 指令"踢出"ALAT,store 指令会占据这个位置,这就表示出现了 load 指令的违例,需要进行处理,这个处理发生在什么时候呢? 这就需要使用"load.c"指令,这条指令放在 load 指令被调度之前的位置上,也就是说,对于被编译器提前调度的 load 指令,除了使用"load.a"指令之外,还会在原来的位置放上"load.c"指令。当执行"load.c"指令时,这条指令会查找 ALAT,如果发现自己已经不在 ALAT 中了(在之前被 store 指令踢走了),那么就表示发生了 store/load 指令的违例,需要进行修复。在 VLIW 处理器中,一般使用一段固定的程序完成这个修复的过程,这段程序称为 fixup code。如果"load.c"指令在执行的时候,发现自己仍旧存在于 ALAT 中,那么就表示没有发生 load 指令违例,此时正常执行就可以了。这种方法通过编译器和指令集的配合来解决 load/store 指令之间的先写后读(RAW)相关性,降低了硬件的复杂度,是一种比较高效的方法。当然,由于需要更改指令集,这种方法不适合当今通用处理器的设计,而开发一套新的指令集,就像 Intel 的 Itanium 处理器那样,是要面临很多的风险和问题的,这就相当于一切从零开始,需要重新培养整套的生态环境,也需要使软件人员能够接受这个"新家伙"。不管怎么说,Itanium 失败了,这个失败使 Intel 在后续的处理器产品中,再也不敢尝试新的指令集,即使是面向低功耗移动领域的 Atom 处理器,也仍然固执地采用了 x86 指令集,可能 Intel 很清楚,这个臃肿的指令集并不适合低功耗领域,但是"一朝被蛇咬"的伤疤阵痛仍在,再冒一次风险? 恐怕 Intel 已经没有这种勇气了。

9.6.2 非阻塞 Cache

从广义上来讲,处理器除了流水线内核之外,还包括了片内的 Cache,它们统一构成了一个完整的处理器,与处理器内核离得最近的 Cache 称为第一级 Cache,简称 L1 Cache,由于超标量处理器一般采用哈佛结构,所以 L1 Cache 分为存储指令用的 I-Cache 和存储数据用的 D-Cache。I-Cache 由于只需要读取,而且取指令要求串行的顺序,所以对它的处理是比较特殊的,不能简单地使用非阻塞的方式,故本节只针对 D-Cache 进行讲述。在 RISC 处理器中,只有访问存储器的指令,例如 load/store 指令,才可以访问 D-Cache,对于 load/store 指令来说,这两种类型的指令都有可能引起 D-Cache 发生缺失(miss),它们分别如下。

(1) 对于 load 指令来说,如果需要的数据不在 D-Cache 中,就发生了缺失,需要从下一级的物理存储器(physical memory)中取得数据(为了简化流程,本节假设 L1 Cache 的下一级存储器就是物理存储器),并在 D-Cache 中按照某种算法,找到一个 Cache line 进行写入,如果被写入的 Cache line 是脏(dirty)状态的,还需要将这个 line 中的数据块(data block)先写回到物理内存中。

(2) 对于 store 指令来说,如果它携带的地址不在 D-Cache 中,那么对于"write back + write allocate"类型的 Cache 来说,需要首先从物理内存中找到这个地址对应的数据块(data block),将其读取出来,和 store 指令所携带的数据进行合并,并从 D-Cache 中按照某种算法,找到一个 Cache line,将合并之后的数据写入到这个 Cache line 中;如果被替换的这个 Cache line 已经被标记为脏(dirty)的状态,那么在被写入之前,还需要先将这个被覆盖的 line 中的数据块(data block)写回到物理内存中,这样才能够放心地将合并之后的数据写到这个 Cache line 中。

这两种情况都称为 D-Cache 的缺失,由上面的描述可以看出,不管是 load 指令还是 store 指令,当发生 D-Cache 缺失时,D-Cache 和物理内存之间都是需要交换数据的,这个过程一般需要多个周期才能完成,如果在这些周期之内,又发生了 D-Cache 缺失,该如何进行处理?

最简单的方法就是在 D-Cache 发生缺失并且被解决之前,使 D-Cache 与物理内存之间的数据通路被锁定,只处理当前这个缺失的数据,处理器不能够再执行其他的 load/store 指令。这是最容易实现的一种方式,但是考虑到 D-Cache 缺失的处理时间相对是比较长的,如果这段时间阻塞了其他 load/store 指令的执行,而一般情况下,load 指令总是处于相关性的最顶端,希望它尽早地执行,这样的阻塞就大大减少了程序执行时可以寻找的并行性,使处理器的性能无法提高,这个过程的示意图如图 9.52 所示。

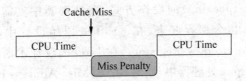

图 9.52　发生 D-Cache 缺失时,不能够执行后续的 load/store 指令

在图 9.52 所示的这种方法中,产生 D-Cache 缺失的 load/store 指令阻塞了后面的 load/store 指令的执行,所以称这种设计方法为阻塞(Blocking)Cache,在发生阻塞的这段时间内,处理器只能暂停执行,无法做其他有用的事情。

如果在发生 D-Cache 缺失的时候,处理器可以继续执行后面的 load/store 指令,这种设计方法就称为非阻塞(Non-blocking)Cache,也称做 lookup-free Cache。非阻塞的 Cache 允许处理器在发生 D-Cache 缺失的时候继续执行新的 load/store 指令,如图 9.53 所示。

从图 9.53 可以看出,非阻塞 Cache 在一定程度上掩盖了 D-Cache 缺失时所占用的时间(在图 9.53 中这段时间称为 Miss Penalty),因此对于处理器性能的提升是非常有效果的。其实,非阻塞 Cache 并不是乱序执行的超标量处理器的专属品,在顺序执行(in-order)的处理器中也可以采用这种方法,不过这需要在处理器内的 ScoreBoard 中,将发生 D-Cache 缺失的 load 指令的目的寄存器标记为暂时不可获得的状态(non-available)。例如,指令"load r1,♯8[r2]"发生了 D-Cache 缺失时,会在 ScoreBoard 中将目的寄存器 r1 标记为当前暂时不可以获得的状态,这样后续使用寄存器 r1 作为源操作数的指令就不会继续执行了。

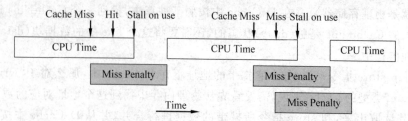

图 9.53　发生 D-Cache 缺失时,可以继续执行后续的 load/store 指令

非阻塞 Cache 的概念最初由美国人 David Kroft 提出[42],采用这种方法之后,load/store 指令的 D-Cache 缺失被处理完的时间可能和原始的指令顺序已经不一样了,举例来说,两条顺序的指令 load1 和 load2 都发生了 D-Cache 缺失,但是 load1 指令可能需要到物理内存中才能够找到需要的数据,而 load2 指令在 L2 Cache 中就可以找到所需的数据了,因此 load2 指令会更早地得到需要的数据,也就是它们完成的顺序已经和原始的指令顺序不一样了。处理器要处理这个问题,就需要保存那些已经发生缺失的 load/store 指令的信息,这样当这些缺失的 load/store 指令被处理完成,将得到的数据写回到 D-Cache 时,仍然可以知道"who am I",即哪条 load/store 指令需要这个数据。

在前面说过,不管是 load 指令还是 store 指令,只要发生了 D-Cache 缺失,都需要从下级存储器中读取整个数据块(data block),对于 load 指令来说,可以直接将这个数据块写到 D-Cache 中;而对于 store 指令来说,需要将要存储的数据和这个数据块进行合并,然后将合并之后的数据写到 D-Cache 中,因此从本质上来说,load 指令和 store 指令的处理过程是基本上一样的。

要支持非阻塞(Non-Blocking)的操作方式,在处理器中就需要将那些已经产生 D-Cache 缺失的 load/store 指令保存起来,在 Kroft 的原始设计中,这个部件称为 MSHR (Miss Status/information Holding Register),在 Intel 的设计术语中,一般也用 MSHR 来称呼这个部件,但是在 Alpha 处理器中,使用 MAF(Miss Address File)来称呼这个部件,本书采用 MSHR 这个名称。MSHR 主要由两部分组成,如图 9.54 所示。

在解释 MSHR 的工作原理之前,需要先定义如下的几个名词(以下都是针对 D-Cache 来说的)。

(1) 首次缺失(Primary Miss):对于一个给定的地址来说,访问 D-Cache 时第一次产生的缺失称为首次缺失。

(2) 再次缺失(Secondary Miss):在发生了首次缺失并且没有被解决完毕之前,后续的访问存储器的指令再次访问这个发生缺失的 Cache line,这时就称为再次缺失,这里需要注意两点,一是再次缺失并不仅仅是指单独的一次缺失,在这个 Cache line 被取回到 D-Cache 之前,后续访问这个 Cache line 的所有 load/store 指令都会产生再次缺失;二是再次缺失使用的地址未必和首次缺失使用的地址是一样的,只要它们属于同一个 Cache line 就可以了。

知道了上面的定义,再来看图 9.54 中的 MSHR,它主要由两部分组成。

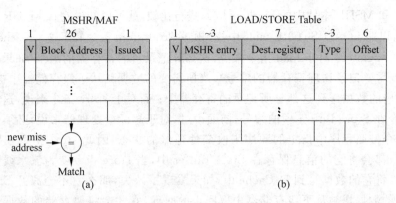

图 9.54　MSHR

（1）图 9.54（a）称为 MSHR 的本体，用来保存所有产生首次缺失的 load/store 指令的信息，它包括三项内容。

① V：valid 位，用来指示当前的表项（entry）是否被占用，当首次缺失发生时，MSHR本体中的一个表项会被占用，此时 valid 位会被标记为 1，当所需要的 Cache line 从下级存储器中被取回来时，会释放 MSHR 本体中被占用的表项，因此 valid 位会被清零。

② Block Address：指的是 Cache line 中数据块（data block）的公共地址，假设物理地址是 32 位，对于一个大小为 64 字节的数据块来说，需要 6 位的地址才能找到数据块中的某个字节，因此数据块的公共地址就需要 $32-6=26$ 位。每次当 load/store 指令发生 D-Cache缺失时，都会在 MSHR 的本体中查找它所需的数据块是否处于正在被取回的过程中，这需要和 Block Address 这一项进行比较才可以知道，通过这种方式，所有访问同一个数据块的指令只需要处理一次就可以了，这样可以避免存储器带宽的浪费。

这里为什么说 Cache line 中数据块的大小是 64 字节，而不是其他的值呢？这是有原因的，因为这个数据块的大小一般要考虑更低层次的存储器的特性，例如在 DDR3 SDRAM中，一次基本的突发操作（burst）访问的数据大小就是 64 字节，所以在支持 DDR3 SDRAM的处理器中一般会将 Cache line 中数据块的大小设为 64 字节。

③ Issued：表示发生首次缺失的 load/store 指令是否已经开始处理，即是否已经开始从下一级存储器中取回数据的过程，由于存储器的带宽有限，占用 MSHR 本体的首次缺失不一定马上就会被处理，而是要等到条件满足的时候，才会向下一级存储器发出读数据的请求。

（2）图 9.54（b）称为 LOAD/STORE Table，不管是发生首次缺失还是再次缺失的load/store 指令，都会将自身的信息写到这个表格中，它包括五项内容。

① V：valid 位，表示一个表项是否被占用，不管一条 load/store 指令发生了首次缺失还是再次缺失，都会占据这个表格中的一个表项，这样就可以保证这条指令的信息不会丢失。

② MSHR entry：表示一条发生缺失的 load/store 指令属于 MSHR 本体中的哪个表项，由于产生 D-Cache 缺失的许多 load/store 指令都可能对应着同一个 Cache line，为了避免重复地占用下级存储器的带宽，这些指令只会占据 MSHR 本体中的一个表项，但是它们需要占用LOAD/STORE Table 中不同的表项，这样才能够保证每条指令的信息都不会丢失，同时也会记录下这些指令在 MSHR 本体中占据了哪个表项，这样当一个 Cache line 被从下级存储器取

回来时,通过和 MSHR 本体中的 block address 进行比较,就可以知道它在 MSHR 本体中的位置,然后就可以在 LOAD/STORE table 中找到哪些 load/store 指令属于这个 Cache line。

③ Dest. register:对于 load 指令来说,这部分记录目的寄存器的编号(如果采用了寄存器重命名,就需要记录物理寄存器的编号),当所需要的数据块从下级存储器中被取回来时,就可以将对应的数据送到这部分所记录的寄存器中;而对于 store 指令来说,这部分用来记录 store 指令在 Store Buffer 中的编号,前面说过,对于超标量处理器来说,必须保证流水线中的所有指令按照程序中指定的顺序来改变处理器的状态,因此 store 指令在顺利地离开流水线之前,都会将它的信息保存在 Store Buffer 中,当 store 指令变为流水线中最旧的指令,此时可以将它的数据写到 D-Cache 中,如果发现了缺失,那么它不会离开 Store Buffer,直到所需要的数据块被从下级存储器中取回来的时候,它才会将要存储的数据合并到这个数据块中,然后将合并后的数据块写到 D-Cache,此时才可以从 Store Buffer 中释放掉这条 store 指令所占据的空间,因此对 store 指令来说,这部分用来记录它在 Store Buffer 中的编号,它的作用有两个,一是找到 store 指令的所携带的数据,以便和下级存储器中取出的数据块进行合并;二是能够释放 store 指令所占据的 Store Buffer 中的空间。

④ Type:记录访问存储器指令的类型,这部分取决于具体指令集的实现,对于 MIPS 指令集来说,访问存储器的指令类型包括 LW(Load Word)、LH(Load Half word)、LB(Load Byte)、SW(Store Word)、SH(Store Half word)和 SB(Store Byte),通过记录指令的类型,才能够使 D-Cache 缺失被解决之后,能够继续正确地执行指令。

⑤ Offset:访问存储器的指令所需要的数据在数据块中的位置,例如对于大小是 64 字节的数据块来说,这部分的位宽需要 6 位,它和上面的 Type 部分配合,可以从下级存储器取回的数据块中找出哪部分是指令所需要的。

通过 MSHR 本体和 LOAD/STORE Table 的配合,可以支持非阻塞的操作方式,当一条访问存储器的指令发生 D-Cache 缺失时,首先会查找 MSHR 的本体,这个查找过程是将发生 D-Cache 缺失的地址和 MSHR 中所有的 block address 进行比较,根据比较的结果,处理如下。

(1) 如果发现有相等的表项存在,则表示这个缺失的数据块正在被处理,这是再次缺失(secondary miss),此时只需要将这条访问存储器的指令写到 LOAD/STORE Table 中就可以了。

(2) 如果没有发现相等的项,则表示缺失的数据块是第一次被处理,也就是首次缺失(primary miss),此时需要将这条访问存储器的指令写到 MSHR 本体和 LOAD/STORE Table 两个地方。

如果 MSHR 本体或者 LOAD/STORE Table 中的任意一个已经满了,则表示不能够再处理新的访问存储器指令,此时应该暂停流水线继续选择新的 load/store 指令送到 FU 中执行,等待之前的某个 D-Cache 缺失被解决完毕,此时 MSHR 或者 LOAD/STORE Table 中就会有空闲的空间了,允许流水线继续执行。在现实世界中的处理器一般出于硅片面积和功耗的考虑,MSHR 本体的容量不会很大,多为 4~8 个,也就是处理器同时支持 4~8 个 D-Cache 缺失同时进行处理,这可能会造成 MSHR 本体全被占用的情况发生,不过这种情况发生的概率不是很高,不会对处理器的性能造成过多的负面影响。

当一个缺失的数据块被从下级存储器中取回来时,对于 load 指令来说,需要将数据送到对应的目的寄存器中,并将这个数据块写到 D-Cache 中;而对于 store 指令来说,则会从 Store Buffer 中找到对应的数据,并将其和这个数据块进行合并,然后写到 D-Cache 中,并释放 Store Buffer 中对应的空间。每当一个缺失被解决时,MSHR 本体和 LOAD/STORE Table 中对应的空间也都会被释放,对于 LOAD/STORE Table 来说,可能会释放掉多个表项,因为很多访问存储器的指令所需要的数据可能都在当前被取回来的数据块中。

使用非阻塞 Cache 可以提高处理器的性能,代价就是占用不菲的硅片面积,举例来说,如果 MSHR 本体中有 8 个表项,LOAD/STORE Table 有 16 个表项,则它们占用的存储资源为:

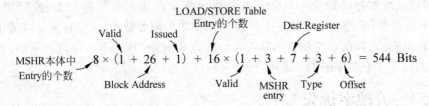

如果再加上 MSHR 周边所需要的比较电路和控制电路,所需要的硬件资源还会更多,那么有没有一种方法,能够不过多地占用硬件资源,又能够实现非阻塞 Cache 的功能呢?Franklin 和 Sohi 在他们的论文中提出了 in-Cache MSHR 的方法,通过观察处理器的运行过程,发现在 D-Cache 缺失而从下一级存储器中取数据时,在 D-Cache 中,这个缺失的地址对应的 Cache line 此时是空闲的,并没有起到任何的作用,因此可以将这个 Cache line 作为存储 MSHR 的地方,不过这需要在每个 Cache line 中再加上 1 位,称之为 transient bit,用来表示这个 Cache line 中的数据正在从下一级存储器被取回,当一个 Cache line 处于这种模式时,它其中的 tag 部分用来存储上面的 block address 部分,而其他部分用来保存 MSHR 的信息。但是这样做有一个比较大的缺点,因为对于 D-Cache 来说,其读端口的宽度要远小于 Cache line 中数据块的大小,例如在一个每周期可以并行执行四条指令的超标量处理器中,D-Cache 的读端口的个数一般小于四个,每个读端口的宽度都是 32 位,则整个读端口的宽度不会大于 16 字节,而一般的 Cache line 中数据块的大小为 64 字节。很显然,读端口的宽度远小于数据块的大小,这样需要耗费多个周期才能够从 D-Cache 中将 MSHR 的信息读取出来,使处理器无法高效地执行,从而降低了性能。关于 in-Cache MSHR 的方法,感兴趣的读者可以自行阅读相关的论文[43]。

在超标量处理器中,非阻塞 Cache 的实现要更复杂一些,由于采用了分支预测和乱序执行,一些引起 D-Cache 缺失的 load/store 指令可能处于分支预测失败(mis-prediction)的路径上,因此需要一种机制,能够有选择地放弃掉一些正在处理的 D-Cache 缺失,为了更直观地说明这个问题,考虑按照程序原始顺序的三条指令 load1、br(分支指令)和 load2,并且假设 load1 和 load2 指令都访问同一个数据块,并且分支指令预测为不发生跳转。由于乱序执行的原因,load1 和 load2 指令都在分支指令之前送到 FU 中执行了,并且它们对应的数据块不在 D-Cache 中,这会引起 D-Cache 缺失,处理器需要从下一级存储器中取出这个数据块,但是在这个取数据的过程完成之前,分支指令被发现了分支预测失败,它实际应该是发生跳转的。为了进行状态恢复,需要将 load2 指令从流水线中抹掉(当然其他所有处在分支预测失败路径上的指令都需要被抹掉),这样当这个数据块最终从下一级存储器中被取回来时,load1 指令的目的寄存器可以被写入,而 load2 指令的目的寄存器则不应该被写入,因此,需要从 LOAD/STORE Table 中将 load2 指令删除,这样即使这个数据块被取回来,也不会再执行 load2 指令了。

还有一点需要注意,对一个发生缺失的数据块来说,如果访问这个数据块的所有 load/store 指令都处于分支预测失败(mis-prediction)的路径上,那么即使这个数据块被从下一级存储器中取出来,也不应该被写到 D-Cache 中,这样可以保护 D-Cache 不会受到这些预测错误的分支指令的影响。

但是,非阻塞 Cache 这种技术并不是没有负面的影响,在超标处理器中,由于乱序执行的原因,可能会导致过多的 load/store 指令处于分支预测失败的路径上,这样增加了 D-Cache 缺失的概率,导致有比实际更多的 D-Cache 缺失需要处理,一定程度上降低了处理器的性能,但是这点负面的影响和它实际带来的优点比起来,基本上是可以忽略的,因此现代的处理器都采用了非阻塞的 D-Cache。

9.6.3 关键字优先

当执行一条访问存储器的指令而发生 D-Cache 缺失时,会将这条指令所需要的整个数据块(data block)都从下一级存储器中取出来,如果考虑到预取(prefetching),还需要将相邻的下一个数据块也取出来,通常一个数据块中包括的数据是比较多的,例如 64 字节,而且这些数据的读取过程是顺序进行的,如图 9.55 所示。

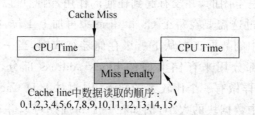

图 9.55　从下级存储器中读取的数据按照顺序写到 Cache line 中

如果等到数据块中所有的数据都写到 D-Cache 之后才将所需要的数据送给 CPU,这可能会让 CPU 等待一段时间,为了加快执行速度,可以对 D-Cache 的下一级存储器进行"改造",使数据的读取顺序发生改变,如图 9.56 所示。

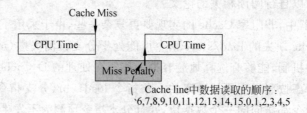

图 9.56　关键字优先(Critical Word First)

如果访问存储器的指令所需要的数据位于数据块中的第 6 个字,那么此时可以使下一级存储器的读取从第 6 个字开始,当读取到数据块的末尾时,再从头开始将剩下的第 0~5 个字读取出来,这样做的好处是当下级存储器返回第一个字的时候,CPU 就可以得到所需要的数据而继续执行了,而 D-Cache 会继续完成其他数据的填充工作,这相当于将 CPU 的执行和 Cache 的填充这两部分工作进行了"重叠",提高了整体的执行效率,这就是关键字优先(Critical Word First)。当然,下级存储器系统需要增加硬件才能够支持这种特性,这在一定程度上增大了硅片面积和功耗。

9.6.4 提前开始

关键字优先(Critical Word First)的方法由于需要改变数据读取的顺序,因此要在存储器系统中增加额外的硬件才能够实现,如果不想付出这些成本,那么可以采用提前开始(Early Restart)的方法,这种方法不会改变存储器系统对于数据的读取顺序,因此不需要在存储器系统中付出额外的硬件,当发生缺失的存储器指令所需要的数据被取出来之后,CPU可以马上开始继续执行,如图9.57所示。

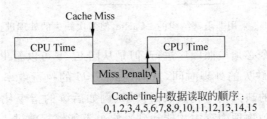

Cache line中数据读取的顺序:
0,1,2,3,4,5,6,7,8,9,10,11,12,13,14,15

图 9.57 提前开始(Early Restart)

在图9.57中,当指令所需要的数据,也就是第6个字,被从下一级存储器中取出来时,就可以让CPU恢复执行了,此时数据块中剩余的数据可以继续进行读取,这部分时间和CPU的执行时间进行了"交叠",这样提高了CPU的执行效率。但是,这种方法不同于关键字优先的方法,它不能够改变下一级存储器读取数据的顺序,因此当需要的数据位于数据块中比较后面的位置时,这种方法并没有很明显的优势,例如当需要的数据位于数据块中第14个字的位置时,使用这种方法只会缩短一个周期的时间,带来的性能提升是很有限的。

到目前为止所介绍的加速方法,即非阻塞Cache、关键字优先和提前开始这三种方法,都可以应用于D-Cache中,而对于I-Cache来说,由于指令执行的顺序性,没有办法越过当前的指令而直接取下一条指令,从这一点来看,I-Cache是没有必要实现非阻塞功能的,但是考虑到在超标量处理器中都使用了分支预测,根据当前指令的地址就可以对下一条指令的地址进行预测,当使用一个地址访问I-Cache而发生缺失,同时预测这个地址对应的指令是分支指令时,如果不采用非阻塞结构的I-Cache,那么CPU就必须等待当前的这条分支指令被从I-Cache中取出来之后,才可以继续使用预测的目标地址从I-Cache中取指令。如果这是一个预测发生跳转的分支指令,此时再次发生I-Cache缺失的概率是很高的,因为即使采用预取(prefetching)的方法,也很难将分支指令的目标地址对应的指令提前预取到I-Cache中,这样相当于将两次I-Cache缺失进行了串行化的处理,很显然耗费的时间是很长的,这个过程如图9.58所示。

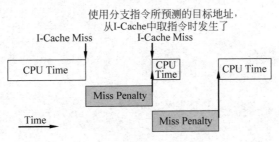

图 9.58 两次I-Cache缺失进行了串行的处理

　　如果使用非阻塞结构的 I-Cache,那么就可以将这两个 Cache 缺失进行"重叠",如图 9.59 所示。

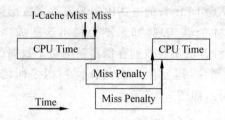

图 9.59　采用非阻塞结构的 I-Cache,使两次缺失的处理进行交叠

　　很显然,即使取指令必须按照顺序进行,但是从图 9.59 可以看出,使用非阻塞结构的 I-Cache 可以隐藏一部分缺失的处理时间,从而提高 CPU 的执行效率。当然,指令毕竟不同于数据,如果后续发生的缺失指令先被取回来了(例如后续的指令从 L2 Cache 中就可以找到,而先前的指令需要到物理内存中才能找到),它也不能够提前进入到流水线中,需要等待先前的指令被取回来,也就是说,要保证指令进入到流水线的顺序是按照程序中指定的顺序进行的。考虑到对于取指令来说,在大部分情况下,连续的 I-Cache 缺失其实都是指向同一个数据块的,因此不需要对 I-Cache 使用太大的 MSHR 容量,例如在 MIPS R10000 处理器中,在 MSHR 本体中使用了 4 个表项(entry)来供 D-Cache 缺失时使用,使用了 1 个表项来供 I-Cache 缺失时使用,因此 MSHR 本体中共有 5 个表项而已。

　　而关键字优先和提前开始这两种方法,都是可以应用于 I-Cache 的,但是需要保证指令的原始顺序,即使后面的指令已经被取出来了,如果它前面还有指令没有被取出来,那么就必须等待,直到前面的指令被取出来为止,这一点是不同于 D-Cache 的。

第10章

提　交

10.1　概述

在程序员编写程序的时候,认为程序的执行都是按照串行的顺序进行的,只有前面的一条指令执行完了,后面的指令才可以执行,因此处理器在执行程序的时候,也必须要保证这种串行的结果[44],否则就会和程序最初的预想不一致了。但是在现代的超标量处理器中,指令在处理器内部执行的时候,是不会按照这种严格的串行方式执行的,例如在流水线的处理器中,在同一个时刻其实是有很多条指令都存在于处理器中。但是,如果处理器想要正确地执行程序,就必须要维持程序当中的串行顺序,尤其是对于超标量处理器来说,由于它按照乱序(out-of-order)的方式执行指令,为了保持程序执行结果的串行性,一般在超标量处理器的流水线中增加最后一级阶段,称为提交(Commit)阶段,当一条指令到达流水线的这个阶段后,会将这条指令在重排序缓存(ROB)中标记为已完成的(complete)状态,需要注意的是,这个状态只表示这条指令已经计算完毕,并不表示它可以离开流水线。在前面已经提到过,流水线中所有的指令都按照进入流水线的顺序在重排序缓存中进行了记录,只有在重排序缓存中最旧的那条指令变为已完成的状态时,这条指令才允许离开流水线,并使用它的结果对处理器的状态进行更新,此时称这条指令退休(retire)了,从这个过程可以看出,一条指令可能需要在流水线的提交阶段等待一段时间,才可以从流水线中退休,而重排序缓存正是完成这个功能的关键部件,因此它也是流水线的提交阶段最重要的一个部件。一条指令到达流水线的提交阶段并不一定代表这条指令就一定是正确的,由于分支预测失败(misprediction)和异常(exception)等原因,一条处于已完成状态的指令很可能还会从流水线中被抹掉,只有在这条指令之前进入到流水线中的所有指令都已经退休了,并且这条指令已经处于已完成状态的时候,它才可以退休而离开流水线,这样可以使程序在超标量处理器中执行的时候有串行的效果。

当一条指令没有退休之前,它的状态都是推测的(speculative),只有当这条指令真正退休而离开流水线的时候,才可以将它的结果更新到处理器的状态中,这样即使有分支预测失败或者异常,也不会将错误的状态暴露给程序员。在前文讲过,流水线的分发(Dispatch)阶段是处理器从顺序执行(in-order)到乱序执行(out-of-order)的分界点,那么现在,流水线的提交阶段又将处理器从乱序的状态拉回到顺序执行的状态。不管超标量处理器内部发生了怎样的事情,从处理器外部看起来,它总是按照程序中指定的顺序执行的,任何预测技术所产生的错误,在处理器内部都会解决掉,不会将这些错误的状态表现出来,从这个角度来看,超标量处理器堪称是一个伪装高手。

同时,维持程序执行的串行性,也是精确的异常(precise exception)所要求的,精确异常的定义是当一条指令发现异常时,这条指令前面的所有指令都已经完成,而这条指令及其后面的所有指令都不应该改变处理器的状态。处理器当中的异常有很多种,这取决于 ISA 的定义,例如当程序出现 Page Fault、除零等异常时,都需要进行处理。如果能够维持精确的异常,会降低处理器对异常处理的难度,在超标量处理器中,流水线的提交阶段的一个重要任务就是要对异常进行处理,本章会对这部分内容进行介绍。

还需要注意的是,对于一个 N-way 的超标量处理器来说,因为每周期最少可以取得 N 条指令送入到流水线中,流水线的提交阶段每周期也最少需要将 N 条指令退休,这样才能保证流水线不会被堵塞,所有顺利地离开流水线的指令要根据程序中原始的顺序来更新处理器的状态,如图 10.1 所示。

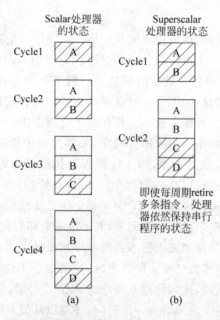

图 10.1　超标量处理器也需要按照程序中规定的顺序更新处理器的状态

图 10.1(a)表示了一个普通的标量处理器的状态,程序在处理器中是完全按照顺序(in-order)的方式执行的,指令也会按照程序中指定的顺序,逐条地从流水线中退休,从而对处理器的状态进行更改;图 10.1(b)中表示了一个 2-way 的超标量处理器,每周期可以并行执行两条指令,也可以在每周期内从流水中退休两条指令,这些顺利离开流水线的指令也应该按照程序中指定的顺序去改变处理器的状态,从处理器外部看起来,它和图 10.1(a)中普通的处理器执行的结果是一样的,只不过超标量处理器会更快得到结果而已。

10.2　重排序缓存

10.2.1　一般结构

在流水线的提交(Commit)阶段,之所以能够将乱序执行的指令变回程序中指定的顺序状态,主要是通过重排序缓存(Reorder Buffer,ROB)来实现的,ROB 本质上是一个 FIFO,在它当中存储了一条指令的相关信息,例如这条指令的类型、结果、目的寄存器和异常的类型等,如图 10.2 所示。

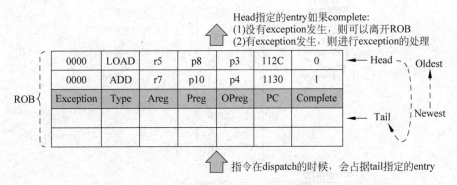

图 10.2 重排序缓存(Reorder Buffer)

ROB 的容量决定了流水线中最多可以同时执行的指令个数,在图 10.2 中,每个 ROB 的表项包括的内容如下。

(1) Complete:表示一条指令是否已经执行完毕;

(2) Areg:指令在原始程序中指定的目的寄存器,它以逻辑寄存器的形式给出;

(3) Preg:指令的 Areg 经过寄存器重命名之后,对应的物理寄存器的编号;

(4) OPreg:指令的 Areg 被重命名为新的 Preg 之前,对应的旧的 Preg,当指令发生异常(exception)而进行状态恢复时,会使用到这个值;

(5) PC:指令对应的 PC 值,当一条指令发生中断或者异常时,需要保存这条指令的 PC 值,以便能够重新执行程序;

(6) Exception:如果指令发生了异常,会将这个异常的类型写到这里,当指令要退休的时候,会对这个异常进行处理;

(7) Type:指令的类型会被记录到这里,当指令退休的时候,不同类型的指令会有不同的动作,例如 store 指令要写 D-Cache、分支指令要释放 Checkpoint 资源等。

前文讲过,在流水线的分发(Dispatch)阶段,指令会按照进入流水线的顺序写到 ROB 中,同时 ROB 中对应的 complete 状态位会被置为 0,表示这些指令没有执行完毕,在以后的某个时间,当某条指令执行结束了,它就变为了 complete 状态,此时会将 ROB 中对应的 complete 状态位置为 1,这条指令的计算结果可以放在 ROB 中,也可以放在物理寄存器堆(PRF)中,这取决于架构的实现。一条指令在执行的过程中如果发生了异常,也会将异常的类型记录在 ROB 中,异常的处理会统一放在流水线的提交阶段。指令一旦在流水线的分发阶段占据了 ROB 中的一个表项,这个表项的编号会一直随着这条指令在流水线中流动,这样指令在之后的任何时刻,都可以知道如何在 ROB 中找到自己。

一条指令一旦变为 ROB 中最旧的指令(在图 10.2 中,使用 head pointer 来指示最旧的指令)并且它的 complete 状态位也为 1,就表示这条指令已经具备退休(retire)的条件了。如果这条指令在之前没有发生过异常,也就是它在 ROB 中对应的 exception 部分为 0,则这条指令可以顺利地离开流水线,它的结果可以对处理器的状态进行更新;如果这条指令发生过异常,那么就要启动异常的处理过程,这个过程在本章的后文会进行介绍。

下面通过一个例子来说明 ROB 的工作过程,本例子采用了统一的 PRF 进行寄存器重命名的架构,在图 10.3 中存在 i1、i2、i3 和 i4 四条指令。

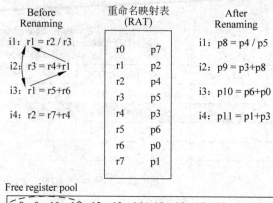

图 10.3　指令 i1～i4 经过寄存器重命名的过程

从图 10.3 的指令可以看出,因为指令 i1 是除法,指令 i2 使用指令 i1 的结果,所以指令 i1 和 i2 的执行时间会很长,由于乱序执行的原因,指令 i3 和 i4 会先执行完毕,但是指令 i3 和 i4 的结果不能够对处理器的状态进行更新,否则当 i3 将结果写到目的寄存器 r1 之后,指令 i1 在完成后也会将结果写到目的寄存器 r1 中,这样经过指令 i1～i4 的执行之后,寄存器 r1 最后得到了指令 i1 的结果,这显然是错误的。还有一种可能就是当指令 i1 发生了除零的异常时,指令 i3 即使将结果计算出来,也不能够写到目的寄存器 r1 中,这样保证了精确的异常。

如表 10.1 所示为 ROB 在三个时间点的情况。

表 10.1　ROB 在三个时间点的情况

	Complete	Areg	Preg	
(a)指令 i1～i3 已经 renaming				
i1	Not ready	r1	p8	Head
i2	Not ready	r3	p9	
i3	Not ready	r1	p10	
				tail
(b)指令 i3 和 i4 已经 complete				
i1	Not ready	r1	p8	Head
i2	Not ready	r3	p9	
i3	ready	r1	p10	
i4	ready	r2	p11	
				tail
(c)指令 i1 已经 retire				
i1	ready	r1	p8	
i2	Not ready	r3	p9	Head
i3	ready	r1	p10	
i4	ready	r2	p11	
				tail

当指令 i1~i3 经过寄存器重命名并且按照顺序写到 ROB 之后,ROB 看起来像表 10.1(a) 所示的那样,三条指令都得到了自己对应的物理寄存器,并按照程序指定的顺序写到了 ROB 中,当然在下个周期,指令 i4 以及后面的指令也会写到 ROB 中,表格中没有表示出来。

当经过一段时间之后,指令 i3 和 i4 已经将结果计算出来,它们会将这个状态写到 ROB 中,如表 10.1(b)所示,此时指令 i1 和 i2 都没有完成。当然,由于指令 i3 和 i4 并不是 ROB 中最旧的指令,所以它们即使变为了 complete 状态,也不能离开 ROB。

当指令 i1 变为 complete 状态的时候,因为它是 ROB 中最旧的指令,因此它可以退休 (retire),寄存器 r1 对应的数值也就来自于这条指令执行的结果,指令 i1 退休之后,ROB 的样子如表 10.1(c)所示。

随着程序的执行,当指令 i2 也变为 complete 状态的时候,指令 i2、i3 和 i4 此时都可以退休了,一般情况下,在流水线的分发(Dispatch)阶段,每周期最多可以进入 ROB 的指令个数会等于 ROB 每周期最多可以退休的指令个数,这样可以保持流水线的畅通,因此对于图 10.3 的例子来说,如果每周期最多有三条指令可以进入 ROB,那么每周期可以从 ROB 中离开的指令个数也是三条,因此指令 i2、i3 和 i4 就可以在一个周期内都退休,从而顺利地离开流水线。与此同时,每周期从流水线中退休的指令中,可能存在多条指令都写到同一个目的寄存器的情况,此时只有最后的那条指令才是真正需要的,例如上例中,如果指令 i4 的目的寄存器也是 r3,那么指令 i2 和 i4 就都写同一个寄存器 r3,当然寄存器 r3 最后得到的值就是指令 i4 的结果,也就是说,r3 最终对应物理寄存器是 P11。

10.2.2　端口需求

对于一个 4-way 的超标量处理器来说,在重排序缓存(ROB)中每周期可以退休的指令个数应该是不小于四条的,处理器在执行的过程中,从 ROB 中最旧的一些指令中(由 head pointer 指定),选择那些已经变为 complete 状态的指令,使其从流水线中退休,例如图 10.4 给出的 ROB,在那些最旧的指令中,有三条指令都已经变为了 complete 状态,那么在一个周期内就可以将这三条指令都退休。

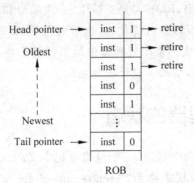

图 10.4　三条指令都可以在一个周期内从 ROB 中退休

要实现如图 10.4 所示的功能,需要对 ROB 中最旧的指令开始(由 head pointer 指定) 连续的四个 complete 信号进行判断,如果某个 complete 信号为 0,那么它后面的所有指令都不允许在本周期退休,这个功能用如图 10.5 所示的电路可以实现。

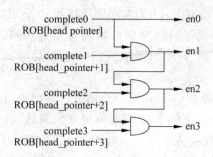

图 10.5　判断 ROB 中哪些指令可以退休的电路图

在图 10.5 中,complete0~complete3 这四个信号来自于 ROB 顶部的四条连续的指令,而 en0~en3 这四个信号则是用来表示 ROB 顶部的这四条指令哪些被允许在本周期退休,例如 en0~en3 为 1100 表示本周期只有前两条指令允许退休。通过图 10.5 所示的这个简单的逻辑电路就可以实现如果 ROB 中的某条指令没有变为 complete 的状态,那么这条指令后面的所有指令都不允许在本周期退休。

由图 10.5 可以看出,对于一个 4-way 的超标量处理器来说,ROB 最少需要支持四个读端口,但是这远远不是 ROB 真正需要的端口个数,流水线的其他阶段还对 ROB 有着端口的需求,它和处理器所采用的架构有关系,如果处理器采用 ROB 进行寄存器重命名的方式,那么此时对 ROB 的端口需求是最多的,这些端口包括如下几个。

(1) 在流水线的寄存器重命名阶段,需要从 ROB 中读取四条指令的源操作数,因此需要 ROB 支持八个读端口(假设每条指令有两个源寄存器);

(2) 在流水线的分发(Dispatch)阶段,需要向 ROB 中写入四条指令,因此需要 ROB 支持四个写端口;

(3) 在流水线的写回(Write Back)阶段,需要向 ROB 中写入最少四条指令的结果,之所以使用"最少"这个词,是因为很多处理器的 issue width 是要大于 machine width 的,处理器会放置更多的 FU 来提高运算的并行度,这样导致每周期运算得到的结果是大于四个的,这需要 ROB 最少支持四个写端口。

通过上面的描述可以看出,ROB 需要支持 12 个读端口和最少 8 个写端口,这种多端口的 FIFO 在面积和延迟方面很难进行优化,这也是采用 ROB 进行寄存器重命名的架构所面临的最大问题之一:ROB 会成为整个处理器中最繁忙的部件,这需要在电路设计层面上对 ROB 进行仔细的设计和优化,增大了设计的复杂度。

10.3　管理处理器的状态

在超标量处理器内部有两个状态,一个是指令集定义的状态,例如通用寄存器的值、PC 值以及存储器的值等,将这些状态称为"Architecture State";还有一个状态是超标量处理器内部的状态,例如重命名使用的物理寄存器、重排序缓存(ROB)、发射队列(Issue Queue)和 Store Buffer 等部件中的值,这些状态是处理器在运行的过程中产生的,由于乱序执行的原因,它总是超前于指令集定义的状态。当然,这些状态也可能有一些是不正确的,但是处理器的硬件会将其内部解决掉,不会让外界看到这些不正确的状态,将处理器内部的这些状态称为"Speculative State"。一条指令只有退休(retire)的时候才会更新处理器中指令集定义的状态,就好像处理器在按照串行的顺序执行程序一样,在此之前,指令只能改变处理器内部的状态,当然,由于存在分支预测失败(mis-prediction)和异常(exception)等原因,处理器内部的状态未必就一定是正确的。举例来说,如果在处理器内部发现了分支预测失败,处于错误路径上的所有指令都会被变为无效,这些指令对应的处理器内部状态就是错误的,它们不应该被更新到指令集定义的状态中。再例如一条指令发生异常时,这条指令以及后面的所有指令对应的处理器内部状态也都是错误的,这些状态不应该被外界看到,也就不能将它们更新到指令集定义的状态中。只有一条指令满足退休的条件:变为ROB中最旧的指令、已经处于complete状态,并且没有异常发生,这才能够将这条指令对应的处理器内部状态更新到指令集定义的状态中。

在超标量处理器内部包括了很多的部件,但是许多部件都不应该被外界看到,它们都是为乱序执行的特征而服务的,举例来说,物理寄存器的个数是远大于指令集中定义的逻辑寄存器的个数的,因此除了逻辑寄存器之外的其他寄存器都属于处理器内部的状态,都不应该从处理器外部被看到。而像Store Buffer或ROB等资源都是超标量处理器内部使用的,从处理器外部也是不应该被看到的。概括起来就是,除了指令集中定义的资源,例如PC寄存器、存储器或者通用寄存器等部件之外,其他的资源都属于处理器内部的状态,如图10.6所示。

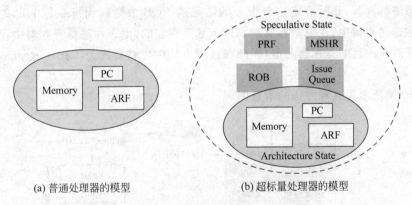

(a) 普通处理器的模型　　(b) 超标量处理器的模型

图10.6　普通处理器与超标量处理器模型

图10.6(a)表示一个普通处理器的模型,从处理器外部应该看到的内容包括PC值、存储器的值(包括Cache)和通用寄存器;而对于图10.6(b)来说,虽然超标量处理器内部有很多的部件,但是当从处理器外面看时,除了Architecture State,其他的所有东西都将会被忽略,程序员并不会看到它们。

对于指令集中定义的绝大部分指令,都会更改处理器的状态,例如普通的运算指令改变通用寄存器的值、访问存储器的指令改变存储器和通用寄存器的值、分支指令改变PC寄存器的值等,因此在超标量处理器中,当一条指令退休的时候,需要将它的结果写到指令集定义的状态中。例如对于采用将通用寄存器扩展进行寄存器重命名的架构,需要将目的寄存器的值从物理寄存器搬移到通用寄存器中;对于采用统一的物理寄存器进行重命名的架构中,则需要将目的寄存器在物理寄存器堆中标记为对外界可见的状态;不管采用何种寄存器重命名的方式,如果退休的指令是store指令,需要将Store Buffer中对应的值写到D-

Cache 中；如果退休的指令是分支指令，当发现分支预测失败时，情况要更复杂一些，因为需要进行状态恢复，并且抛弃掉流水线中错误的指令，重新从正确的地址开始取指令，可能还需要将它所占用的 Checkpoint 资源进行释放。在指令集中还定义了各种的异常（exception），在指令退休之前，还需要统一对异常进行处理，这是在流水线的最后一个阶段（也就是提交阶段）完成的，此时处理器会抛弃掉流水线当中的所有指令，跳转到相应的异常处理程序的入口地址，对这个异常进行处理。根据处理器架构的不同，可能还会有其他的事情需要在这个阶段完成，这些都增加了超标量处理器设计的复杂度。

在超标量处理器中，根据架构的不同，会对应着不同的方法来管理指令集定义的状态，本节介绍两种主要的方法。

(1) 使用 ROB 管理指令集定义的状态。

(2) 使用物理寄存器管理指令集定义的状态。

第一种方法被 Intel P6 架构、Intel Core 架构等使用，第二种方法被 Intel Pentium 4、Alpha 21264 和 MIPS R10000 等处理器使用。

10.3.1　使用 ROB 管理指令集定义的状态

对于采用重排序缓存（ROB）进行寄存器重命名的架构，一条指令在没有退休（retire）之前，都会使用 ROB 来保存指令的结果，当指令退休的时候，这条指令的结果可以对指令集定义的状态进行更新，此时会将这条指令的结果从 ROB 中搬移到指令集中定义的逻辑寄存器中。在这种架构中，逻辑寄存器是物理上真实存在的，由于在逻辑寄存器中存储了所有退休的指令对应的目的寄存器的值，因此在这种方法中也将其称为 Retire Register File，简称 RRF。

如图 10.7 所示为这种方法的示意图。

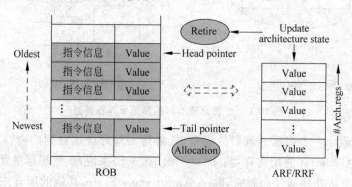

图 10.7　使用 ROB 管理 Architecture State

前文说过，ROB 在本质上是一个 FIFO，在流水线的分发（Dispatch）阶段，指令按照程序中指定的顺序被写到 ROB 中；当指令退休的时候，或者由于分支预测失败和异常等原因而离开 ROB 的时候，这条指令在 ROB 中占据的空间就会被释放。ROB 包括了两个主要的部分，即指令信息和指令结果，在指令信息中记录了指令的类型、指令执行的状态以及指令的目的寄存器等内容，在指令结果中记录了指令产生的结果。在 ROB 中的所有指令产生的结果都代表了处理器内部的状态（Speculative State），如图 10.7 所示中的灰色部分。当指令退休的时候，会将这条指令的结果从 ROB 中搬移到通用寄存器（ARF/RRF）中，同时将这条指令在 ROB 中占据的空间释放掉,这样,从处理器外部查看通用寄存器时,得到的结果总是正确的,这也是指令集中定义的状态(Architecture State)。

这种设计本质上使用了 ROB 作为物理寄存器,在进行寄存器重命名之后,指令会被写到 ROB 中,例如对于 4-way 的超标量处理器,会同时将四条指令写到 ROB 中,此时可以直接将这四条指令在 ROB 中的地址作为它们经过重命名之后的物理寄存器,因此,使用 ROB 来管理指令集定义的状态,可以简化寄存器重命名的过程。

在一般情况下,使用 ROB 来管理指令集定义的状态,都会对应着使用数据捕捉(data-capture)的结构来进行发射(issue),因为在这种方法中,当一条指令退休的时候,需要将这条指令的结果从 ROB 中搬移到通用寄存器中,以后的指令如果想使用这条指令的结果,就需要从通用寄存器中进行读取。这样,一个寄存器在它的生命周期内会存在于两个地方,如果使用数据捕捉的方法,当一条指令的结果在流水线的执行阶段被计算出来之后,会将这个结果送到旁路网络(bypassing network)中,这样 payload RAM 就可以捕捉到这个结果,也就是说,在发射队列(Issue Queue)中,所有使用这个结果作为操作数的指令都会得到这个值,这些指令被仲裁电路选中的时候,直接从 payload RAM 中就可以得到所有的源操作数了,而不需要关心这个寄存器此时是在 ROB 中还是在通用寄存器中。因此,payload RAM 是采用数据捕捉结构的必要部件,当指令被进行重命名的时候,会访问重命名映射表,如果发现源寄存器的值已经被计算出来,那么直接可以从 ROB 或者通用寄存器中读取这个值,然后写到 payload RAM 中;如果这个寄存器的值还没有被计算出来,就将这个寄存器在 ROB 中的地址写到 payload RAM 中,等待从旁路网络中捕捉这个值,也就是说,在 payload RAM 中要么得到源寄存器的值(对应着这个寄存器的值已经被计算出来,并写到了 ROB/ARF 中的两种情况),要么就得到这个寄存器在 ROB 中的地址(对应着这个寄存器的值没有被计算出来的情况),此时的 payload RAM 需要从旁路网络中获得这个寄存器的值。因此,使用 ROB 进行寄存器重命名,并管理指令集定义的状态,是和数据捕捉的发射(issue)方式正好匹配的,图 10.8 表示了这种方法的执行过程。

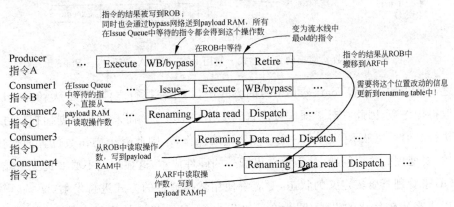

图 10.8　数据捕捉的发射方式＋使用 ROB 管理 Architecture State

在图 10.8 中,第一条指令 A 的结果被它后面的三条指令(B、C、D 和 E)使用,因此它们被形象地称为"生产者(producer)"和"消费者(consumer)"。当指令 B 读取操作数的时候,由于操作数还没有准备好,因此它会将操作数在 ROB 中的地址保存到 payload RAM 中,等待从旁路网络中得到这个操作数；而对于指令 C 和 D 来说，它们可以直接从 ROB 中读取操作数并写到 payload RAM 中；对于指令 E 来说，它读取操作数的时候，这个操作数已经被写到通用寄存器（ARF）中，因此可以直接从通用寄存器中读取操作数并写到 payload RAM 中。不管指令是从旁路网络、ROB 还是通用寄存器中取得操作数，最后都需要在进入到流水线的执行阶段之前，从 payload RAM 中得到操作数，因此在这种方式中，并不关心操作数位置的变化。

如果使用 ROB 进行寄存器重命名，但是使用了非数据捕捉（non-data-capture）的方式进行发射（issue），会有什么样的情况发生呢？

在采用非数据捕捉的方式中，没有 payload RAM 来存储指令的源操作数，指令被仲裁电路选中之后，直接从需要的位置读取源操作数的值，这个位置信息记录在发射队列（Issue Queue）中。指令在流水线的寄存器重命名阶段，通过读取重命名映射表就可以得到源操作数的位置信息，然后将这个位置信息跟随指令一起写到发射队列中，等待被唤醒。但是，如果这条指令在被唤醒的时候，它的操作数还位于 ROB 中，而等到它真正被仲裁电路选中的时候，这个操作数可能就已经被搬移到通用寄存器中了，那么这个位置变动的信息需要通知发射队列，这样指令在被仲裁电路选中的时候才知道从哪里取得正确的操作数，这需要发射队列支持额外的写端口，也需要增加额外的旁路网络，这些都增加了设计的复杂度，它的执行过程如图 10.9 所示。

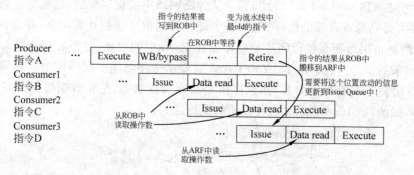

图 10.9   非数据捕捉的发射方式＋使用 ROB 管理 Architecture State

在之前使用数据捕捉（data-capture）的方式中，指令在执行之前，都是从 payload RAM 中直接取得操作数，因此它对于操作数位置的变化并不敏感；而采用非数据捕捉的方式后，指令在执行之前可以从 ROB/ARF 两个位置读取操作数，因此对于操作数位置的变化是非常敏感的，要处理好这个问题，就需要付出额外的硬件成本，这显然是不必要的。总结起来，使用 ROB 来管理指令集定义的状态，对应着使用数据捕捉的方式进行发射（issue），这两者组合可以带来比较优化的设计，因为在这种组合中，所有指令的源操作数都会被统一放到 payload RAM 中，它并不关心指令结果的位置是否发生了变化，当然，这需要旁路网络的配合。而在非数据捕捉（non-data-capture）的结构中，由于在发射队列中没有存储源操作数的地方，这些操作数需要从它的源头进行读取，因此对于指令结果的位置变化，它是很在意的，为了减少这种麻烦，它只能和 10.3.2 节讲述的方法配合进行工作。

10.3.2 使用物理寄存器管理指令集定义的状态

这种方式使用一个统一的物理寄存器堆(PRF),指令集中定义的所有逻辑寄存器都混在这个寄存器堆中,当然,为了进行寄存器重命名,在它当中包含了更多的寄存器,当一条指令被寄存器重命名之后,它的目的寄存器就和一个物理寄存器产生了对应关系,不过,这个关系此时并不能被外界看到,它只是处理器内部的状态。当这条指令的结果被计算出来的时候,这条指令的状态变为了 complete,当然,此时它仍然属于处理器内部的状态;等到一条指令退休(retire)的时候,这条指令的结果仍然会占据着原来对应的物理寄存器,只不过此时它的状态会被标记为 Architecture state,等到后续有另外一条指令也写到同一个目的寄存器,并且这条后续的指令退休的时候,才可以将当前的这条指令对应的物理寄存器进行释放。这种方式相当于将指令集定义中的逻辑寄存器融入到了物理寄存器中,比较来说,相对于 10.3.1 节基于 ROB 的管理方式,这种方式的优点有如下三个。

(1) 当指令从 ROB 中退休的时候,不需要将指令的结果进行搬移,它仍旧会存在于物理寄存器中,也就是说,一旦指令的源操作数被确定存在于哪里,以后就不会再变化了,这样便于处理器实现低功耗的设计。

(2) 在基于 ROB 进行状态管理的方式中,需要从 ROB 中开辟空间来存放指令的结果,但是在程序中,有相当一部分的指令并没有目的寄存器,例如 store 指令、比较指令和分支指令,因此 ROB 中会有一部分的空间是浪费的,而使用物理寄存器进行状态管理的方式就可以避免这样的问题,这种方式只会对存在目的寄存器的指令分配空间,其他不存在目的寄存器的指令,不会对应到任何物理寄存器。因此使用这种方式,占用的物理寄存器的个数小于此时 ROB 中的指令个数。

(3) ROB 是一个集中的管理方式,所有指令都需要从其中读取操作数,同时所有的指令也需要将结果写到其中,再加上对 ROB 空间的占用和回收都需要读写端口的支持,因此这需要大量的读写端口,会使 ROB 变得非常臃肿,严重拖累处理器的速度,而反观使用物理寄存器进行状态管理的方式,可以采用一些灵活的方式来避免多端口的负面影响,例如对物理寄存器堆(PRF)采用 Cluster 结构,这样可以提高处理器的速度。

当然,使用物理寄存器进行状态管理也不是没有缺点的,它会造成寄存器重命名的过程比较复杂,在使用 ROB 进行状态管理的方式中,只需要将一条指令写入到 ROB 就可以完成重命名的过程,当这条指令顺利地离开流水线的时候,就自然释放了这个映射关系;而使用物理寄存器进行状态管理的方式中,需要一个额外的表格来存放哪些物理寄存器是空闲的,并且重命名映射关系的建立和释放过程都会比较复杂。当处理器外部需要访问指令集中定义的寄存器时,由于这些寄存器是混在物理寄存器当中、无法直接进行分辨的,因此需要一个额外的表格来存放哪些物理寄存器是 Architecture state,所有的这些功能在一定程度上都影响了处理器的速度。

10.4 特殊情况的处理

由于现代的超标量处理器采用了很多预测的方法来执行指令,并不是流水线中所有的指令都可以退休(retire),例如当流水线中的某条分支指令发生了预测错误,或者某条指令发生了异常,那么在这条指令之后进入流水线的所有指令就不允许退休了,此时需要将这些指令从流水线中抹掉,并且对处理器进行状态恢复,然后从指定的地址开始重新取指令来执行。在流水线的提交(Commit)阶段需要重点关注的指令还有 store 指令,由于它只有在退休的时候才可以真正地改变处理器的状态(即写 D-Cache),如果在这个过程中发生了 D-Cache 缺失,store 指令会阻碍流水线中所有位于它后面的指令继续退休,因此需要对 store 指令进行特殊的处理。在流水线的提交阶段还会对其他的指令有一些特殊的限制,以减少对处理器中其他部件的影响等,上述的这些内容都是在提交阶段需要考虑的特殊情况,在本节会进行介绍。

10.4.1　分支预测失败的处理

当在流水线中发现一条分支指令预测失败时,在它之后进入到流水线的所有指令都变得不正确了,但是这些指令可能已经完成了取指令、重命名甚至是执行的过程,所以当发现分支预测失败时,这些错误的指令都应该从流水线中被抹掉,同时处理器的状态(包括 RAT、ARF 和 PC 值等内容)都应该被恢复到开始执行分支指令时的状态。

发现分支预测失败后,处理器状态恢复的过程可以分为两个独立的任务,前端的状态恢复(front-end recovery)和后端的状态恢复(back-end recovery),它们是以流水线的寄存器重命名阶段为分界的。前端的状态恢复是比较简单的,只需要将流水线中重命名阶段之前的所有指令都抹掉,将分支预测器中的历史状态表(例如 GHR、BHR 等)进行恢复,并使用正确的地址来取指令即可;后端的状态恢复就复杂了一些,需要将处理器的所有内部组件中(例如 Issue Queue、Store Buffer 和 ROB 等)错误的指令都抹掉,还要将重命名映射表(RAT)进行恢复,以便将那些错误指令对 RAT 的修改进行改正,同时被错误的指令所占据的物理寄存器和 ROB 的空间也需要被释放。图 10.10 表示了分支预测失败时,状态恢复的一个过程,从图中可以看出,前端的状态恢复很快就可以完成,处理器此时可以从正确的地址开始取指令,这些被取出来的指令可以一直执行到流水线的重命名阶段之前,在这段时间内,后端的状态恢复也在继续。当这个过程消耗的时间满足下面的关系时:

$$\text{Time}_{(\text{back-end recovery time})} < \text{Time}_{(\text{front-end recovery time})} + \text{Time}_{(\text{fetch} \sim \text{renaming})}$$

此时流水线就不需要暂停,因为当新的指令到达流水线的重命名阶段时,后端的状态恢复已经完成了,新指令可以使用正确的处理器状态;相反,当上面的式子不能够满足时,就会出现这样的情形了,新取出来的指令在到达流水线的重命名阶段之时需要等待一段时间,直到后端的状态恢复完成为止,这个过程如图 10.10 所示。

在前文中,已经对分支预测失败时的状态恢复进行了介绍,本节对以前讲述的内容进行梳理和总结,更详细的内容参见之前的章节。

在发现分支预测失败时,大部分的恢复任务都是对寄存器重命名相关的部件进行的,因为大部分处于错误路径上的指令都经过了这一步,对重命名映射表(RAT)以及相关的部件进行了修改,为了保证后续的指令能够继续正确地进行寄存器重命名,需要对这些错误的状态进行修复。当然,流水线中其他的部件也需要进行修复,例如发射队列(Issue Queue)、重排序缓存(ROB)和 Store Buffer 等,但是这些部件的修复相对比较容易。既然对寄存器重命名过程的修复是主要的任务,那么重命名的方式直接决定了使用何种方法进行状态恢复,

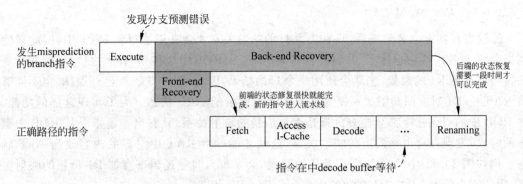

发现分支预测错误

发生misprediction
的branch指令　　Execute　　Back-end Recovery

Front-end
Recovery

后端的状态恢复
需要一段时间才
可以完成

前端的状态修复很快就能完
成，新的指令进入流水线

正确路径的指令　　Fetch　　Access
I-Cache　　Decode　　…　　Renaming

指令在中decode buffer等待

图 10.10　Front-end Recovery 和 Back-end Recovery

在之前讲过，有三种方式可以进行寄存器重命名，即使用 ROB、使用扩展的 ARF 和使用统一的 PRF。这三种方式中，使用 ROB 和使用扩展的 ARF 进行重命名在本质上都是一样的，因此，本节主要总结两种分支预测失败时进行状态恢复的方法。

（1）在基于 ROB 进行重命名的架构中进行状态修复。

在基于 ROB 进行寄存器重命名的架构中，存在一个真正的寄存器堆，它和指令集中定义的所有寄存器是一一对应的，它称为 ARF（Architecture Register File），每次当指令从 ROB 中退休的时候，都会将这条指令的结果从 ROB 复制到 ARF 中，因此一个寄存器在它的生命周期内，有两个位置可以存放它的值（ROB 和 ARF）。为了便于后续的指令读取这个寄存器的值，在重命名映射表（RAT）中需要将这两个位置进行标记，当一个寄存器位于 ROB 中时，在表格中存储了它在 ROB 中的位置，当一个寄存器位于 ARF 中时，直接进行寻址就可以了，这个过程如图 10.11 所示（这幅图在前文已经使用过，这里再次使用）。

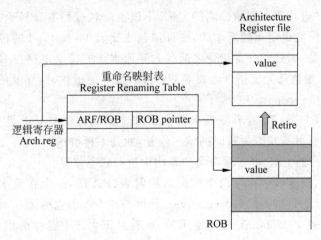

Architecture
Register file

value

重命名映射表
Register Renaming Table

ARF/ROB　ROB pointer

逻辑寄存器
Arch.reg

Retire

value

ROB

图 10.11　使用 ROB 进行寄存器重命名

需要注意的是，一条退休的指令将目的寄存器的值从 ROB 搬移到 ARF 中后，并不一定表示以后的指令就需要从 ARF 来读取这个寄存器的值，举例来说，对于下面的三条指令。

```
指令 A:  ADD  R1, R2, R3
指令 B:  ADD  R1, R1, R4
```

指令 C: ADD R1, R1, R5

经过寄存器重命名阶段后,只有指令 C 的映射关系才会真正被写到 RAT 中,因此即使在指令 A 从流水线中退休了、并将寄存器 R1 的值从 ROB 中搬移到 ARF 之后,后续的指令在使用寄存器 R1 的时候,仍然会使用指令 C 的结果,因此,即使指令 A 已经退休,也不能够将 RAT 中 R1 对应的映射关系变为如图 10.11 所示的 ARF 状态。为了实现这样的功能,在 ROB 中的每条指令都会检查自身是否是最新的映射关系,只有当一条指令从 ROB 中退休的时候,发现自身也是最新的映射关系,这样才能够将 RAT 中对应的内容改为 ARF 状态。例如图 10.11 中的指令 C 在退休的时候,会发现自身是逻辑寄存器 R1 最新的映射关系,因此它会将 RAT 中 R1 对应的内容标记为 ARF 状态。

从 ROB 中退休的一条指令如何才能够检查自身是不是最新的映射关系呢?可以在这条指令退休的时候,使用它的目的寄存器(指令集中定义的)来读取 RAT,读出这个逻辑寄存器此时对应的 ROB pointer,如果发现它和当前退休指令在 ROB 中所占据的地址是一样的,则表明这条退休的指令就是最新的映射关系,否则就不是了。

在这种架构的处理器中,在流水线中发现分支预测失败时(一般是在执行阶段),此时流水线中有一部分指令是在分支指令之前进入到流水线的,它们可以被继续执行,因此当发现分支指令预测失败时,并不马上进行状态修复,而是停止取新的指令,让流水线继续执行,这个过程称为将流水线抽干(drain out)。等到这条分支指令之前的所有指令(包括分支指令本身)都退休的时候,此时 ARF 中所有寄存器的内容都是正确的,同时在流水线中的所有指令都是处于错误的路径上,可以将流水线中的指令全部抹掉,然后将 RAT 中所有的内容都标记为 ARF 状态,这样处理器就从分支预测失败的状态恢复过来了,此时可以从正确的地址开始取指令执行。

这种基于 ROB 进行寄存器重命名的方法,不仅重命名过程本身易于实现,当分支预测失败时进行的状态恢复也是比较简单的,硬件消耗也比较少,在 Intel 的很多处理器中都采用了这种方法。但是,如果在分支指令之前进入到流水线的指令中存在 D-Cache 缺失的指令,例如 load 指令,则这条分支指令需要等待一段时间才能退休,这样就使分支预测失败时的惩罚(mis-prediction penalty)变大了。

基于扩展的 ARF 进行寄存器重命名的方式和上面的方法本质上是一样的,因此也可以采用这种方法进行分支预测失败时的状态恢复,此处不再赘述。

(2) 在基于统一的 PRF 进行重命名的架构中进行状态修复。

在这种架构中,流水线中存在两个重命名映射表(RAT),一个在流水线的寄存器重命名阶段使用,它的状态是推测的(speculative),称做前端 RAT,也称做 Speculative RAT;另一个是在流水线的提交(Commit)阶段使用的,所有从流水线中退休的指令,如果它存在目的寄存器,都会更新这个表格,因此它永远都是正确的,称它为后端 RAT,也称做 Architecture RAT。

可以使用后端 RAT,对分支预测失败时的处理器进行状态恢复,这个过程和上面讲述的方法基本上是类似的,当流水线的某个阶段发现预测失败的分支指令时,此时处理器中有一部分指令处于分支指令之前,它们可以被继续执行,因此并不会马上进行状态恢复,而是停止取新的指令,让流水线继续抽干(drain out),等到在分支指令之前进入到流水线的所有指令(包括分支指令本身)都顺利地离开流水线的时候,此时在流水线中所有的指令都是处于错误的路径上了,可以将流水线中的所有指令全部抹掉,然后将后端 RAT 全部复制到寄存器重命名阶段使用的 RAT 中,这就完成了 RAT 的状态恢复,此时就可以从正确的地址开始取指令执行,这个过程如图 10.12 所示。

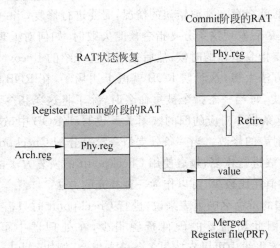

图 10.12 使用 Architecture RAT 对 Speculative RAT 进行状态恢复

采用这种方式进行状态修复,也会遇到当分支指令之前存在 D-Cache 缺失的指令时,分支指令等待时间过长而导致分支预测失败时的惩罚(mis-prediction penalty)过大的情况。其实,上面介绍的两种方法本质上都是一样的,只是在不同的重命名方式中有着不同的表现形式而已,可以将这两种方法称为 Recovery at Retire,因为它们都需要等待预测失败的分支指令退休(retire)的时候,才可以进行处理器的状态恢复。

如果在流水线中发现分支预测失败时(例如在执行阶段),可以马上进行状态恢复,而不需要等待分支指令从流水线中退休,这样就可以加快速度,从而减少惩罚(penalty)。前面讲过,使用 Checkpoint 的方法可以进行快速的状态恢复,这种方法会在每条分支指令改变处理器的状态之前,将处理器的状态保存起来,例如在分支指令以及后面的指令对重命名映射表(RAT)更改之前,将这个表格的内容保存起来,这样在以后的时间发现预测失败的分支指令时,可以使用这条分支指令的编号将流水线中错误路径上的指令都抹掉,同时使用 Checkpoint 资源将处理器的状态进行恢复,然后就可以从正确路径上取指令执行了。基于 Checkpoint 的方法进行分支预测失败时的状态恢复,所需要的时间都不会很长,但是对基于 SRAM 的重命名映射表来说,由于每个 Checkpoint 都需要将整个表格进行保存,这样会消耗不菲的硬件资源,因此无法支持个数很多的 Checkpoint,也就是说,在流水线中不能存在很多的分支指令,例如 MIPS R10000 处理器采用了基于 SRAM 的重命名映射表,并使用 Checkpoint 的方式进行状态恢复,但是在流水线中最多只能有四条分支指令,也就是它最多只能进行四个 Checkpoint。随着处理器性能的提高,流水线中会有更多的指令,因此分支指令的个数也会随之增多,但是 Checkpoint 的个数很难随着增长,否则就会导致无法接受的硬件消耗,所以可以采用一种新的解决方法,即对哪些分支指令需要进行 Checkpoint 也进行预测,因为很多分支指令的预测正确率很高时,为它分配 Checkpoint 资源,实际上绝大部分时间都是浪费的,因此可以对分支指令预测的正确率进行预测,此时仍可以通过两位的饱和计数器来实现,当一条分支指令的预测正确率比较高时,它对应的饱和计数器肯定处于饱和的状态,因此对于这样的分支指令就不需要分配 Checkpoint 资源了,只有那些经常预测错误的分支指令才会进行 Checkpoint,这样即使流水线中的分支指令很多,只要它们当中的大部分指令的预测正确率很高,就不需要很多的 Checkpoint 资源了。

但是,既然是预测,就会存在预测错误的情况,需要进行修复,当一条分支指令没有分配 Checkpoint 资源,但是最后发现这条分支指令预测失败时,如何对处理器的状态进行恢复?当然可以等待这条分支指令退休的时候,然后采用上面介绍的 Recovery at Retire 的方式来解决。如果觉得这种方法太慢,这时候 ROB 就派上用场了,在 ROB 中记录着重命名映射表(RAT)被修改的历史,每当一条指令被重命名时,除了将这条指令当前的映射关系写到 ROB 之外,还需要将这条指令对应的旧的映射关系也写到 ROB 中,这样 ROB 中就记录着每条指令对重命名映射表的修改。当一条分支指令没有分配 Checkpoint 资源时,就可以通过 ROB 将重命名映射表进行恢复,较之使用 Checkpoint 的恢复方法,这种方法肯定是慢了很多,但是它对硬件的消耗比较少,可以作为一种补充的方法。

对基于 CAM 结构的重命名映射表来说,进行 Checkpoint 时只需要对重命名映射表中的状态位进行保存,因此所需要的硬件资源很少,在处理器中可以支持个数很多的 Checkpoint,也就是在流水线中可以支持很多条分支指令,例如,Alpha 21264 处理器采用了基于 CAM 结构的重命名映射表,可以支持多达 80 个 Checkpoint,不仅是对分支类型的指令,而是对流水线中的全部 80 条指令都无差别地进行了 Checkpoint 保存,这样对分支预测失败和异常都可以采用 Checkpoint 的方式进行状态恢复。当然,使用这种重命名映射表的最大缺点是电路的面积和延迟会很大,由于这个表格的容量正比于物理寄存器的个数,当物理寄存器很多时,这个表格的电路面积就很大了,而且采用 CAM 方式进行寻址,导致的延迟也是很大的。因此,对基于 CAM 结构的重命名映射表来说,使用一般的综合工具是无法对其进行很好的优化的,需要在电路级上进行优化,这样就大大地增加了设计的复杂度。

10.4.2　异常的处理

处理器执行程序的过程中,在流水线的很多阶段都有可能发生异常(exception),但是由于存在流水线和乱序执行等原因,在时间点上先发生的异常未必在程序中也是靠前的,例如图 10.13 所示的流水线中,第一条指令在流水线的执行阶段(Execute)发生了 Page Fault 类型的异常,而第二条指令在流水线的解码阶段(Decode)就发现了未定义指令的异常,从时间上来看,肯定是发生在 t1 时刻的那个异常更早一些,但是放在程序中来看,它应该在 Page Fault 这个异常之后才进行处理。因此,需要一种方法来记录所有指令的异常,然后按照指令在程序中的原始顺序对所有的异常进行处理,能够胜任这个任务的,就是重排序缓存(ROB)。

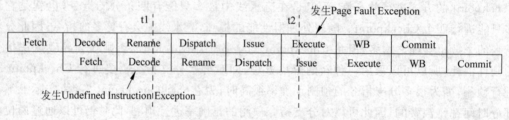

图 10.13　在流水线的两个阶段发生的异常

在 ROB 中按照程序中指定的顺序(in-order)记录着流水线中所有的指令(确切地说,是记录了重命名阶段之后的所有指令),为了能够按照正常的顺序处理异常,一条指令的异常要被处理,必须保证在它之前的所有指令的异常都已经被处理完成了,最容易实现这个任务的时间点就是在一条指令将要退休(retire)的时候,此时这条指令之前的所有指令都已经顺利地离开了流水线,因此这些指令的异常也肯定被处理完毕。如果发现本周期要退休的指令被记录了异常,那么这条指令就不能够退休,而是需要对这个异常进行处理,如图 10.14所示。

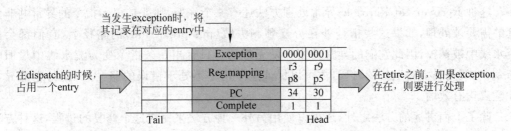

图 10.14　利用重排序缓存(ROB)来处理异常

现在的处理器一般都支持精确的异常,这能够极大地简化软件的工作。精确的异常是指处理器能够知道哪条指令发生了异常,并且这条发生异常的指令之后的所有指令都不允许改变处理器的状态,就好像这些指令从来没有发生过一样,这样在对这个异常处理完后,可以精确地进行返回,返回的地方可能有两种情况,可以返回到发生异常的指令本身、重新执行这条指令,也可以不重新执行这条发生异常的指令,而是返回到它的下一条指令开始执行。例如当一条访问存储器的指令发生 TLB 缺失的异常时,处理器将其处理完毕,并从对应的异常处理程序中返回的时候,会重新执行这条产生异常的指令,此时肯定就不会发生TLB 缺失了。而对于产生系统调用的指令引起的异常,例如 MIPS 中的 SYSCALL 指令,则只需要返回到下一条指令就可以了,如果返回到这条指令本身,则又会产生异常,这样就形成了死循环。在超标量处理器中,为了支持精确的异常,当发现要退休的指令存在异常时,在跳转到对应的异常处理程序之前,需要将流水线中这条产生异常的指令后面的所有指令都抹去,并将它们对处理器状态的修改进行恢复,就好像这些指令从来没有发生过一样,如图 10.15 所示。

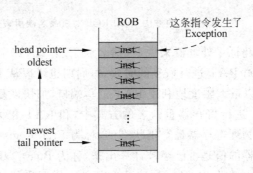

图 10.15　在进行异常处理之前,需要抹掉 ROB 中的全部指令

当一条指令要从 ROB 中退休之时,如果发现它在之前记录过异常的发生,此时 ROB中所有的指令其实都不允许退休而改变处理器的状态,也就是说,此时流水线中的所有指令

都是没有用的,可以将整个流水线中的指令都抹掉,并对处理器的状态进行恢复,此时要完成的任务其实和 10.4.1 节中 Recovery at Retire 的情形是一样的,即都需要清空流水线,并进行状态恢复。通过 10.4.1 节已经知道,对于采用 ROB 和扩展的 ARF 进行寄存器重命名的这两种方式,可以使用 ARF 对重命名阶段使用的映射表(RAT)进行恢复;对采用统一的 PRF 进行寄存器重命名的方式,使用后端的映射表对重命名阶段使用的映射表进行恢复。通过这些操作之后,此时处理器的状态已经没有这些错误指令的影响,因此可以跳转到对应的异常处理程序的入口地址,开始取新的指令来执行。

这种 Recovery at Retire 的异常处理方法还有一个好处,那就是很多指令的异常并非是真的需要被处理,如果这些指令处在分支预测失败(mis-prediction)的路径上,它们都会从流水线中被抹掉,因此它们的异常其实都是无效的。只有当一条指令变为流水线中最旧的指令,也就是马上要退休的时候,才可以保证这条指令不处于错误的路径上,此时它的异常才是真正有效的。

除了上面讲述的方法之外,还可以使用另外一种方法来完成这个修复的过程,这种方法也是基于重排序缓存(ROB)来进行的。前面说过,当一条指令被重命名之后,这条指令对应的旧映射关系也会保存到 ROB 中,这样一条指令在退休的时候,如果发现了异常,则从 ROB 中最新写入的指令开始(即从图 10.16 中 tail pointer 指向的指令开始),逐个将每条指令对应的旧的映射关系写到重命名映射表中,这样就可以将这个表格进行状态恢复了,这个方法就是前文提到过的 WALK,图 10.16 表示了使用 ROB 对重命名映射表进行恢复的过程。

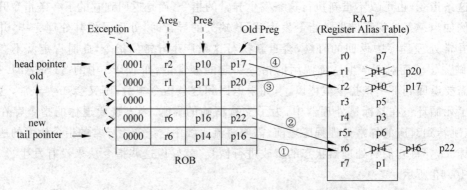

图 10.16　使用 WALK 的方法,利用 ROB 对重命名映射表进行恢复

对于一个 4-way 的超标量处理器来说,重命名映射表(RAT)有四个写端口,因此在使用图 10.16 所示的方法对 RAT 进行恢复的时候,每周期也可以从 ROB 中取出四条指令对 RAT 进行修复,这样可以最大限度地利用 RAT 的写端口,加快恢复的时间。

在使用统一的 PRF 进行寄存器重命名的方式中,和 RAT 相关的内容还有两个表格,一个表格用来存储哪些物理寄存器是空闲状态的,称为 Free Register Pool;另外一个表格用来存储每个物理寄存器的值是否已经被计算出来,称为 Busy Table。这两个表格都是配合 RAT 进行工作的,当异常发生的时候,这两个部件也需要进行恢复,不过它们的恢复有着自身的特点。

(1) 对于 Free Register Pool 来说,每当对一条指令进行重命名时,就会从这个表格中读取一个空闲的物理寄存器的编号,和指令的目的寄存器产生映射关系,然后这个表格的读指针会指向下一个地方,但是在这个表格中,刚刚被读取的内容并不会消失,也不会被那些退休(retire)的指令所释放的物理寄存器所覆盖,所以对于这个表格的状态恢复,只需要恢复它的读指针就可以了。刚刚讲过,可以利用 ROB 中存储的旧映射关系对 RAT 进行恢复,每当 ROB 中读取一条指令对 RAT 进行恢复时(这条指令必须存在目的寄存器),就将 Free Register Pool 的读指针也变化一格,这样 ROB 中的所有指令对 RAT 的恢复完成时,这个表格也恢复完成了。

(2) 对于用来表示 PRF 中每个物理寄存器是否已经被计算出来的 Busy Table,由于指令只要运算完成了,就可以在流水线的写回(Write Back)阶段将结果写到对应的物理寄存器中(即目的寄存器),而不需要等到这条指令退休,所以当一条指令到达 ROB 的顶部而变为流水线中最旧的指令,并被发现存在异常的时候,这条指令后面的很多指令都已经将其结果写到了 PRF 中,也就是将 Busy Table 中对应的状态进行了修改。所以在进行状态恢复的时候,需要将这个表格也进行恢复,这个过程也是很简单的,在从 ROB 中读取指令进行状态恢复时,每读取一条指令,就将这条指令的目的寄存器(此时以物理寄存器的形式存在)在 Busy Table 中对应的内容置为无效,这样即使这条指令将结果已经写到 PRF 中,也可以将其变成无效了,后续的指令不会使用到错误的值。

在采用统一的 PRF 进行重命名的架构中,在处理异常的时候,利用 ROB 进行状态恢复是比较合适的。相反,如果使用 Recovery at Retire 方式对处理器的状态进行恢复,虽然可以使用提交阶段 architecture RAT 对重命名阶段的 speculative RAT 进行恢复,但是对 Free Register Pool 和 Busy Table 的状态恢复就没有那么直接了,有可能需要使用 architecture RAT 中记录的物理寄存器,逐个地对这两个表格进行修复,这样所需要的时间不会很短,使处理器对异常(exception)的响应时间变长,降低了执行效率。因此,对于异常(exception)发生时的处理器来说,如果采用 ROB 进行重命名的架构,使用 Recovery at Retire 方法是合适的,而对于采用统一的 PRF 进行重命名的架构,则需要使用本节介绍的 WALK 的方法。

相比于分支预测失败(mis-prediction),异常发生的频率会更低,所以对异常的处理其实是可以慢一些的,上面的这种从 ROB 中逐条读取指令进行状态修复的方法也被应用于实际的处理器中,例如 MIPS R10000 处理器采用了统一的 PRF 进行寄存器重命名的架构,就使用了这样的方法来对异常发生时的处理器进行状态恢复。

10.4.3　中断的处理

在 MIPS 处理器的术语中,异常(exception)是由处理器内部执行指令产生的,因此异常总是和某条指令是同步的;而中断(interrupt)指的是处理器外部产生的,它和处理器内部执行的指令没有必然的对应关系,因此称中断是异步的。正因为如此,对于中断的处理并不能按照处理异常的方式进行,一般来讲,有两种方式对中断进行处理。

(1) 马上处理。当中断发生时,将此时流水线中的所有指令都抹掉,按照 10.4.2 节介绍的方法,对处理器的状态进行恢复,并将流水线中最旧的那条指令的 PC 值保存起来(当然还要保存一些其他的状态寄存器),然后跳转到对应的中断处理程序(interrupt handler)中,当从其中返回时,会使用中断发生时所保存的 PC 值来重新取指令,也就是那些从流水线中被抹掉的指令都会重新取到流水线中。这种方式对于中断的响应是最快的,但是由于需要将流水线中所有的指令都抹掉,这些指令相当于在流水线中做了无用功,它们需要在中断处理完后重新执行,这样浪费了一些效率,因此,如果处理器对于中断的响应时间有严格的要求,可以采用这种方法。

(2) 延迟处理。当中断发生时,流水线停止取指令,但是要等到流水线中所有的指令都退休(retire)之后才对这个中断进行处理,这样能够保证流水线中这些已有的指令不被"浪费",而且当流水线中所有的指令都退休之后,此时流水线的状态肯定是正确的,也就不需要进行状态恢复了。但是需要考虑的几个问题如下。

① 如果在流水线中的这些指令发生了 D-Cache 缺失,那么需要很长的时间才能够解决,这样导致了过长的中断响应时间。

② 如果在流水线中发现了一条预测失败的分支指令,那么首先需要对这个情况进行处理,将处理器的状态进行恢复,这需要消耗一定的时间,也造成了中断响应时间的增大。

③ 如果流水线中的这些指令中发生了异常(exception),那么是先对异常进行处理,还是先对中断进行处理? 这需要仔细地进行权衡,但是一般来说,应该是先对中断进行处理,因为很多类型的异常处理需要耗费很长的时间,如 D-Cache 缺失、TLB 缺失或者 Page Fault 等,这样会导致中断的响应时间过长而无法忍受。

10.4.4 Store 指令的处理

对于向存储器中保存数据的 store 指令来说,它在顺利离开流水线之前是不允许改变处理器状态的,只有等到它退休(retire)的时候,才允许将它携带的数据写到 D-Cache 中,在此之前,store 指令即使计算完毕,也会将结果暂存在一个缓存中,这个缓存就是之前讲过的 Store Buffer,直到 store 指令退休的时候,才会将它在 Store Buffer 中对应的内容写到 D-Cache 中。使用 Store Buffer 这个缓存之后,所有的 load 指令不仅要访问 D-Cache,也需要在这个缓存中进行查找,如果在这个缓存中发现有 store 指令携带的地址和它相等,并且在它之前进入到流水线,则这条 store 指令携带的数据直接送给 load 指令使用。一般来说,store 指令在退休的时候,只有将数据真正地写入到 D-Cache 中,才可以保证后面的 load 指令可以从 D-Cache 中得到正确的数据,此时 store 指令才算是执行完毕了,可以离开 ROB,这种方法虽然最安全,但是一旦 store 指令在写 D-Cache 的时候发生了缺失,则需要等待很长的时间才能够使它离开 ROB,这样就造成了 ROB 的堵塞,即使 store 指令后面有很多指令已经执行完毕,处于 complete 的状态,但是它们由于 store 指令挡在前面而不能退休,造成了处理器性能的降低。

要解决上述的问题,最简单的方法就是在 Store Buffer 中增加一个状态位,用来标记一条 store 指令是否已经具备退休的条件,这样一条 store 指令在这个缓存中就有三个状态,即没有执行完毕(un-complete)、已经执行完毕(complete)和顺利离开流水线(retire)。当一条 store 指令在流水线的分发(Dispatch)阶段时,会按照程序中指定的顺序占据 Store Buffer 的空间,并标记为 un-complete 的状态;当这条 store 指令已经得到地址和数据,但是还没有变为流水线中最旧的指令时,就处于 complete 状态;当这条 store 指令成为流水线中最旧的指令并退休的时候,也将这个状态在 Store Buffer 中进行标记,此时这条 store 指令就可以离开 ROB,这样就不会阻碍后面的指令继续离开流水线,而硬件会自动将 Store Buffer 中处于 retire 状态的 store 指令写到 D-Cache 中,需要注意的是,此时 Store Buffer 中那些处于 retire 状态的内容也成为了处理器状态(Architecture state)的一部分,这个过程如图 10.7 所示。

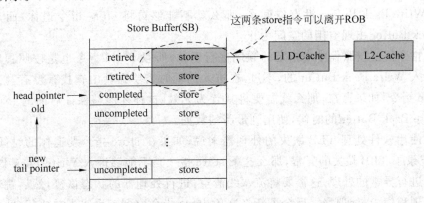

图 10.17 使用 Store Buffer 来存储所有退休的 store 指令

只有一条 store 指令真正完成了写 D-Cache 的过程,它才可以离开 Store Buffer,对于大多数处理器来说,store 指令都是按照程序中指定的顺序来执行的,当然更需要按照这个顺序对处理器的状态进行更新,所以 Store Buffer 是按照 FIFO 的方式进行管理的。由于那些已经退休,但是还没有完成写 D-Cache 操作的 store 指令,仍旧会占据 Store Buffer 的空间,所以这些空间是没有办法被新的 store 指令使用的,一旦 Store Buffer 再也找不到可用的空间进行写入,此时就不能够接收新的 store 指令,分发(Dispatch)阶段之前的流水线就需要暂停。只有真正完成写 D-Cache 操作的 store 指令才可以离开 Store Buffer,这样造成了它实际可用容量的降低,这一点和发射队列(Issue Queue)是很类似的,在发射队列中,很多被仲裁电路选中的指令不能马上离开,也就造成了发射队列实际可用容量的降低。这样的缺点限制了处理器性能的提高,但是相比于其他的方法,这种方法实现起来比较简单,因此综合看起来是一种可以接受的折中方法。

如果不想造成 Store Buffer 实际可用容量的降低,可以将那些已经退休的 store 指令存储在一个不同于 Store Buffer 的地方,这个地方可以称为 Write Back Buffer,硬件会自动将 Write Back Buffer 中的 store 指令写到 D-Cache 中,如图 10.18 所示。

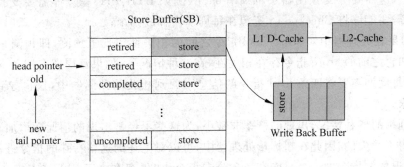

图 10.18 使用 Write Back Buffer 来保存所有退休的 store 指令

每条 store 指令一旦退休的时候,就将其从 Store Buffer 写到 Write Back Buffer 中,也就是说,此时这条 store 指令可以离开 ROB 和 Store Buffer 两个部件,硬件会根据 D-Cache 的端口使用情况将 Write Back Buffer 中的 store 指令写到其中。在这种方法中,Write Back

Buffer 已经成为了处理器状态(Architecture state)的一部分,load 指令需要在 Store Buffer 和 Write Back Buffer 这两个缓存中都进行查找,这样增加了设计的复杂度。还需要注意的是,一旦 Write Back Buffer 没有空间了,那么就不能够再将 store 指令退休,而是要等到 Write Back Buffer 出现空闲的空间为止。

由于指令需要按照程序中指定的顺序进行退休,所以 Store 指令也是按照程序中指定的顺序进入 Write Back Buffer 的,不过,在进入的同时需要在其中查找有没有写到相同地址的 store 指令,如果存在,那么就需要将其置为无效,这样才能够保证后面的 load 指令在查找 Write Back Buffer 的时候,使用到最新的数据。

对于使用软件处理 TLB 缺失的处理器来说,如果在 store 指令要退休的时候,发现在 ROB 中记录了 TLB 缺失的异常,那么这条 store 指令是不能够进入 Write Back Buffer 的,而是应该进行异常的处理,这需要将流水线清空,进行处理器的状态恢复,然后跳转到对应的异常处理程序中,处理完之后会重新将这条 store 指令取到流水线中并执行,此时肯定就不会发生 TLB 缺失了。这种处理方式可以保证,所有进入 Write Back Buffer 中的 store 指令都不会产生 TLB 缺失,因此从这个缓存中向 D-Cache 写数据,只需要处理 D-Cache 缺失的情况就可以了,而 D-Cache 缺失一般使用硬件进行处理,不需要改变流水线中的指令流,如果再配合使用非阻塞(non-blocking)结构的 D-Cache,则可以最大限度地提高处理器的性能。

10.4.5　指令离开流水线的限制

在 4-way 的超标量处理器中,如果 ROB 中最旧的四条指令(由 head pointer 指定)都已经处于 complete 状态,并且其中没有发现预测失败的分支指令,也没有指令产生异常,那么是不是这四条指令就都可以在同一个周期内离开流水线呢?

从理论上来说,这四条指令确实可以在一个周期内都退休而离开流水线,但是,这对于处理器中许多其他的部件提出了更多端口的要求。

(1) 每周期有四条 store 指令退休,意味着 D-Cache 或者 Write Back Buffer 需要支持四个写端口;

(2) 每周期有四条分支指令退休,意味着每周期需要将四条分支指令的信息写回到分支预测器中,这需要分支预测器中的所有部件(例如 BTB、PHT 等)都需要支持四个写端口,同时还需要能够将 Checkpoint 资源在每周期内释放四个;

(3) 如果在处理器中对 store/load 指令之间的相关性实现了预测,即预测一条 load 指令是否会和它之前的 store 指令存在相关性,在这种情况下,如果每周期有四条 load 指令退休,意味着每周期需要将四条 load 指令的信息写回到相关的预测器中,这也导致了四个写端口的需求。

上面列举的各种情况,出现的概率非常小,为这些不经常出现的情况而增加硬件设计的复杂度是得不偿失的,因此在超标量处理器中,可以对上述的这些特殊的指令进行限制。例如,每周期退休的指令中最多只能有一条分支指令,如果存在多于一条分支指令的情况,那么第二条分支指令及其之后的所有指令都不允许在本周期退休,这样处理器中其他的部件不需要那么多的端口了,这种思路其实在以前就使用过,例如,通过限制解码阶段的分支指令的个数,可以降低对分支指令进行编号分配的电路复杂度。这些设计方法在本质上都是遵循着同一个原则:不值得为不经常出现的情况而浪费硬件资源,在超标量处理器中,很多地方的设计都遵循着这个原则,例如将复杂指令进行拆解,而不是为这些复杂指令使用单独的硬件资源。进一步可以说,这个设计原则本质上也是 RISC 处理器的设计思想:只将那些常用的指令用硬件实现,其他的复杂功能的指令使用子程序来实现,这样通过简化的硬件设计来提高处理的速度,从而获得比较高的性能。

再回到本节要讲述的内容,按照前面的描述,在流水线的提交(Commit)阶段需要对分支指令、store 指令和 load 指令的个数都进行限制,如图 10.19 所示。

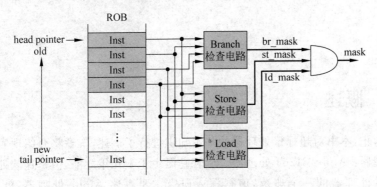

图 10.19 对一个周期内退休的指令进行检查的示意图

ROB 本质上是 FIFO,在流水线的提交阶段会读取 ROB 中最旧的四条指令(由 head pointer 指定),根据它们的 complete 信号来判断哪些指令有资格在本周期退休,然后使这四条指令通过如图 10.19 所示的三个并行的检查电路,如果它们存在多于一条的分支指令、store 指令或 load 指令,就会分别通过 br_mask、st_mask 和 ld_mask 这三个信号将那些多余的指令进行屏蔽,最后将这三个信号进行与操作,就可以得到本周期最终允许哪些指令退休了。举例来说,如果 br_mask、st_mask 和 ld_mask 这三个信号的值分别为 1110、1111 和 1111,就表示这 4 条指令中,并不存在多于一条的 store 和 load 指令,但是存在多于一条的分支指令,第四条指令就是第二个分支指令,因此它不能够在本周期退休,通过将上述三个信号相与,最后得到的信号是 1110,表示只有前三条指令有资格在本周期退休。当然,仅仅是有资格而已,能不能真的退休而离开流水线,还需要一些其他的条件,例如分支指令是否预测正确,或者是否有指令发生了异常等。

在流水线的提交阶段需要对指令的异常进行处理,由于需要跳转到对应的异常处理程序中(exception handler),所以每周期只能处理一条指令的异常,这需要对本周期内所有要退休的指令进行检查,使用如图 10.19 所示的方法仍旧可以完成这个功能,找到第一个产生异常的指令,并将这条指令后面的所有指令都进行屏蔽,不允许它们在本周期退休。在提交阶段的末尾,根据本周期最终允许退休的指令个数,对 ROB 中的读指针(在图 10.19 中就是 head pointer)进行更新。

第11章

真实世界的例子： Alpha 21264处理器

11.1 概述

到目前为止,本书对超标量处理器的基本知识进行了讲述,本章将介绍现实世界中的一个真实的处理器: Alpha 21264 处理器。尽管它诞生于十几年之前,但是这款处理器在架构方面是超标量处理器的一个典范,值得深入研究。要讲述 Alpha 处理器,就不得不提到 DEC(Digital Equipment Corporation)公司,DEC 公司是计算机业界最出名的公司之一,成立于 1957 年,其产品包括 PDP 系列计算机、VAX 系列计算机等,在 20 世纪的七八十年代都是热卖的产品,到了 90 年代,当 RISC 处理器开始流行的时候,DEC 也顺应潮流,着手开始研制 RISC 处理器,并于 1992 年的 2 月 25 日,在东京召开的一次会议上正式提出了 Alpha 架构,新架构采用完全 64 位的 RISC 设计,执行固定长度指令(32 位),有 32 个 64 位整数寄存器,操作 43 位的虚拟地址(在后来能够扩充到 64 位),使用小端(little-endian)字节顺序,除此之外,还支持 32 个浮点的 64 位寄存器,采用随机存取,而不是在 Intel x87 协处理器上使用的堆栈存取方式,Alpha 架构是纯粹的 RISC 架构[45]。

第一款 Alpha 系列的处理器被称为 21064(21 意为 Alpha 是一款面向 21 世纪的新架构,0 代表处理器的版本,64 代表具备 64 位的计算能力),处理器的工作电压为 3.3V,核心频率为 150~200MHz,采用三层金属、0.75μm 的 CMOS 工艺制造,处理器内部共有 168 万个晶体管,芯片面积为 233mm^2。

经过了中间许多次小改款之后,真正意义上的第二款 Alpha 处理器于 1994 年推出,命名为 21164,在新处理器中,每周期可以从 I-Cache 中取出四条指令送到流水线中,并且进行整数运算和浮点运算的流水线数量均增加了一倍,这样算术运算可以交给一个整数流水线处理,同时逻辑运算可以交给另一个整数流水线进行处理,这样就可以提高处理器执行程序的并行度(在计算机的术语中称为 IPC),但是在 21164 处理器内部仍旧采用了顺序执行(in-order)的方式,这类似于 ARM 的 Cortex A8 处理器[46],不过 Cortex A8 每周期只能将两条指令送到流水线中(2-way),而 21164 处理器则每周期可以将四条指令送入流水线(4-way)。21164 处理器采用四层金属、0.5μm 的 CMOS 工艺制造,工作电压为 3.3V,共有 930 万个晶体管,其中缓存部分占用了 718 万个晶体管,芯片面积为 299mm^2,处理器的核心频率为 266~333MHz。

第三款 Alpha 处理器命名为 21264,在 1996 年 10 月举行的微处理器论坛上面被首次披露,那时候的 DEC 已经是债务缠身,直到 1998 年 2 月芯片的整体研制完全结束时,DEC

公司已经在进行资产清算了，并且于当年的 5 月 18 日被康柏(Compaq)公司完全收购。可以说，21264 处理器诞生在一个动荡的时代，但是这仍然掩盖不了它的光芒，很多新的理念被应用到它上面。21264 处理器是一个 4-way、乱序执行的超标量处理器，它的性能相比于它的前辈 21164 处理器有了很大的提高，采用了六层金属、$0.35\mu m$ 的 CMOS 工艺制造，由 1520 万个晶体管组成，其中有 900 万个晶体管用于 I-Cache、D-Cache 和分支预测器，芯片面积为 $314mm^2$，工作电压是 2.2V，核心频率为 466～667MHz。

　　Alpha 21264 处理器在推出的时候，可以称得上是当时最快的处理器，它在工作频率是 667MHz 的时候，benchmark 的值是 SPECint95—40、SPECfp95—83.6，同时代的其他处理器的 benchmark 值如表 11.1 所示。

表 11.1　**Alpha 21264 和其他同时代的处理器的对比**

处理器	工作频率	SPECint95	SPECfp95
Alpha 21264	667MHz	40	83.6
AMD K7	750MHz	32.9	29.4
UltraSparc Ⅱ	360MHz	16	23.5
IBM G4	332MHz	14.4	12.6
MIPS R10000	200MHz	9	19
Intel P Ⅱ	450MHz	17.2	12.9

　　从表 11.1 可以看出，21264 处理器在它的那个时代，可以称得上是佼佼者，它的很多特性即使到现在仍旧被其他的处理器使用，足见其影响的深远。作为一款超标量处理器，21264 处理器每周期可以向流水线中送入四条指令，并且可以乱序执行，只要指令的所有操作数都准备好了，这条指令就可以被执行，处理器使用硬件对流水线中所有的指令进行分析，找出可以提前执行的指令来提高并行性，因此流水线中可以容纳的指令个数决定了处理器乱序执行能力的高低。不同处理器之间，流水线所能容纳的指令个数也不尽相同，21264 处理器能够支持 80 条指令，同时期的其他处理器在流水线中支持的指令个数分别如下：Intel 的 P6 架构支持 40 条指令，HP 的 PA-8x00 处理器支持 56 条指令，MIPS R12000 处理器支持 48 条指令，IBM 的 Power3 处理器支持 32 条指令，而 PowerPC G4 处理器只能够支持 5 条指令，Sun 的 UltraSPARC Ⅱ 处理器还不支持乱序执行的功能。同时，21264 处理器为流水线中的每条指令都使用了一个 Checkpoint，也就是说，处理器内部支持 80 个 Checkpoint，因此对于分支预测失败(mis-prediction)和异常(exception)进行处理时，可以快速地对处理器进行状态恢复。

　　21264 处理器使用了复杂的分支预测器，同时实现了基于局部历史(Local prediction)和基于全局历史(Global prediction)两种分支预测的方式，并且根据程序执行的情况，动态地选择预测率最高的方式，这就像是两种分支预测方式在进行竞争一样。通过这种方式，并配合数量众多的 FU，使 21264 处理器在运行大多数程序的时候，相比于 21164 处理器，都会获得 50%～200% 的性能提高，即使它们都可以每周期向流水线送入四条指令，但是顺序执行(in-order)和乱序执行(out-of-order)的差别导致它们在性能方面有着本质区别。

　　对于访问存储器的指令，也就是 load/store 指令，Alpha 21264 处理器也采用了一些在当时看起来比较"激进"的方法，它采用了 Speculative Memory Disambiguation 和 Load hit/

miss Prediction 两种预测方式来处理 load/store 指令。前文说过,在乱序执行的超标量处理器中,load/store 指令的执行效率始终是性能的瓶颈,通过对这些指令进行加速,可以使整个处理器的性能得到提高,这也是 21264 处理器性能出众的原因之一。

21264 处理器使用了 7 级流水线,比较短小的流水线可以使分支预测失败时的惩罚(mis-prediction penalty)得到降低,从而提高处理器的执行效率,图 11.1 表示了 21264 处理器的流水线[47]。

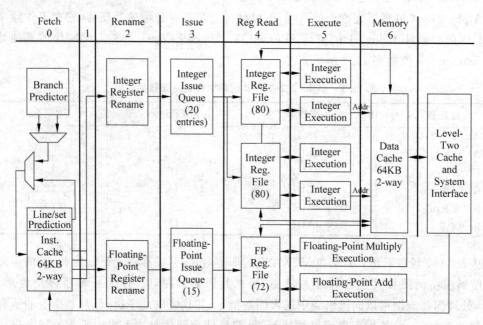

图 11.1　Alpha 21264 处理器的流水线

在 21264 处理器中使用的很多设计理念是领先于那个时代的,例如竞争的分支预测、store/load 指令之间相关性的预测、数量丰富的 Checkpoint 等特性,即使放到现在来看,依然是先进的。在单核的性能方面,21264 处理器已经非常优秀,虽然频繁的商业并购和很多人为的因素使它并没有被大面积地使用,但是这丝毫不影响它在处理器领域的经典地位,它的很多设计理念被用到了 AMD 和 Intel 的处理器中,直接或者间接地影响了现代的计算机产业。

11.2　取指令和分支预测

Alpha 21264 处理器在流水线的取指令阶段,每周期可以从 I-Cache 中取出四条指令送到流水线中,I-Cache 使用了 64KB、两路组相连结构(2-way set-associative)的配置,并且使用了两级流水线来访问 I-Cache(称为 fetch0 和 fetch1)。在第一级流水线(fetch0)中访问 I-Cache,但是在这个周期只能够得到 I-Cache 中的指令和 Tag,没有时间再做其他事情了;在第二级流水线(fetch1)中,进行 Tag 比较的同时,还会将指令送到解码器和寄存器重命名相关的部件中,在 21264 处理器的芯片中,这个传输需要跨越大半个芯片,所以是比较浪费时间的,这也是 21264 处理器将 I-Cache 进行流水线访问的主要原因。

为了能够连续地从 I-Cache 中取出指令,每周期都需要向 I-Cache 送入地址,而程序中存在的分支类型的指令会改变指令串行的顺序,需要能够尽早地察觉到程序中的分支指令并得到分支地址,21264 处理器通过两种方法来提高取指令的准确度。

(1) line /way 的预测;

(2) 分支预测。

这两种方法从本质上可以理解为一个简单的分支预测器和一个复杂的分支预测器,简单的分支预测器速度比较快,可以在 fetch0 阶段就给出结果,但是预测准确度比较低;而复杂的分支预测器需要占用两个周期,即 fetch1 阶段才能给出结果,但是它的预测准确度比较高,如果发现之前简单的分支预测器得到的结果和自己的不一样,那么就抛弃 fetch0 阶段的指令,使用新的预测地址来取指令,这会在流水线中引入一个周期的气泡(bubble)。

11.2.1 line/way 的预测

Alpha 21264 处理器在取指令阶段,为了能够尽快地从 I-Cache 中取出指令,对 I-Cache 中取指令的位置也进行了预测,这就是 line/way 的预测,这种方法在本质上就是将之前讲过的 BTB 放到了 I-Cache 中,由于 21264 处理器每周期取出的四条指令必须是位于四字对齐的边界之内,所以只需要对 Cache line 中每一组四字对齐的四条指令使用一个 line/way 预测就可以了,如图 11.2 所示。

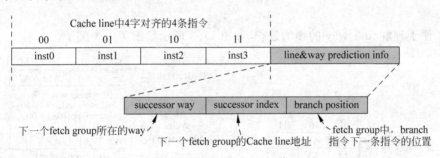

图 11.2　line/way prediction

对于一个大小为 64 字节的 Cache line,需要包括 4 个 line/way 的预测信息,每个预测信息包括下面三个内容。

(1) successor way:下个周期需要取出的一组指令(fetch group)在 I-Cache 中所在的 way,例如在一个四路组相连(4-way set-associative)结构的 I-Cache 中,这个部分就需要两位来表示。

(2) successor index:下个周期需要取出的一组指令(fetch group)中,第一条指令在 Cache line 中的位置,例如对于一个容量为 64KB、两路组相连、Cache line 的大小为 64 字节的 I-Cache 来说,使用 PC[14:6] 可以找到一个 Cache line,使用 PC[5:2] 可以找到 Cache line 中的某条指令,因此在这个部分只需要存储 PC[14:2] 就可以了。

(3) branch position:本周期取出的这组指令中(fetch group),如果存在预测跳转的分支指令,则将这条分支指令的下一条指令的位置信息记录在这个部分。这里之所以不存储分支指令本身的位置信息,而是存储分支指令下一条指令的位置信息,是因为本周期取出的这组指令中,如果存在预测结果是跳转的分支指令,则它后面的所有指令都不会进入流水线,而分支指令本身是会进入流水线的,因此记录分支指令下一条指令的位置信息更容易找到本周期取出的这组指令中,哪些指令不应该进入流水线。而且,当本周期取出的这组指令中不存在分支指令,或者存在预测结果为不跳转的分支指令时,只需要将这个部分置为 00,就可以表示出"本周期取出的这组指令需要全部进入流水线"这个信息了。如果预测跳转的分支指令位于这组指令的最后一个,那么这组指令实际上也都会进入流水线,因此也只需要将这个部分置为 00 就可以了,也就是说,这部分的值为 00 即表示本周期取出的这组指令都会进入到流水线中。

在 21264 处理器中,当一个 Cache line 从 L2 Cache 被放到 I-Cache 中时,这个 Cache line 包含的所有预测信息都会被初始化为"没有需要跳转的分支指令",此时 line/way 的预测信息会指向下一个顺序的 PC 值,即"PC+sizeof(fetch group)",一旦在后面的过程中发现这个预测信息是错误的,就会将 Cache line 中的预测信息进行修改。可以按照之前讲过的两位饱和计数器的方式来管理 line/way 的预测值,也就是说,只有连续两次的预测失败才会使这个预测值发生改变。

在 21264 处理器中,每周期从 I-Cache 中取出的四条指令不能跨越四字对齐的边界,这样就可以在 Cache line 中为每四字对齐的四条指令使用一个 line/way 的预测器。同时,为了保证取指令的连续性,必须在一个周期内(也就是流水线的 fetch0 阶段)读取到 line/way 的预测信息,这样下个周期就可以继续从 I-Cache 中读取指令了,这样保证了取指令的连续性。

为了便于理解 line/way 的预测过程,如图 11.3 所示给出了一个例子。

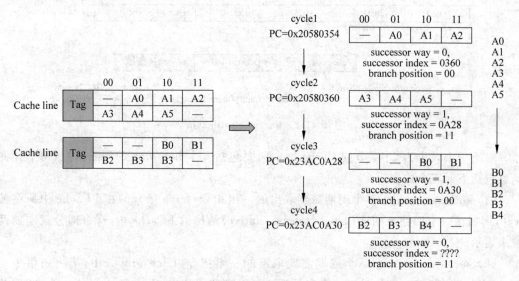

图 11.3　line/way prediction 的一个例子

在这个例子中,指令 A0～A5 是一个基本块(basic block),位于一个 Cache line 中;指令 B0～B4 也是一个基本块,位于另一个 Cache line 中。这个 Cache 的容量是 64KB,两路组相连结构,每个 Cache line 的大小是 32 字节,因此使用 PC[14:2]就可以从 I-Cache 中找到需要的指令。仍旧为每组四字对齐的四条指令使用一个 line/way 的预测信息,因此每个 Cache line 都包括两个 line/way 的预测信息,使用这个预测信息,就可以知道下个周期从

I-Cache 的什么地方取指令了。

在第一个周期的时候,利用之前的预测信息从 I-Cache 中取指令,由于取出的指令需要四字对齐,根据取指令的地址,只能取出三条指令(A0~A2),通过查看这组指令的 line/way 预测信息,发现"branch position＝00",也就是说,这三条指令全部可以进入流水线,同时从预测信息中得知下个周期寻址 Cache 的地址是 0x0360,位于 way0 中,将这个信息送入到 I-Cache 中进行取指令。

在第二个周期中,根据取指令的地址,是可以取出四条指令的,但是通过查看 line/way 的预测信息,发现"branch position＝11",也就是说,这组指令中的最后一条指令是不可以进入流水线的,因此只有三条指令(A3~A5)可以送入流水线中,同时从预测信息中得知下周期寻址 Cache 的地址是 0x0A28,位于 way1 中,将这个信息送入到 I-Cache 中进行取指令。

在第三个周期中,根据取指令的地址,只能取出两条指令(B0~B1),通过查看这组指令的 line/way 预测信息,发现"branch position＝00",也就是说,这两条指令全部可以进入流水线,同时从预测信息中得知下个周期寻址 Cache 的地址是 0x0A30,位于 way1 中,将这个信息送入到 I-Cache 中进行取指令。

在第四个周期中,根据取指令的地址,是可以取出四条指令的,但是通过查看 line/way 的预测信息,发现"branch position＝11",也就是说,这组指令中的最后一条指令是不可以进入流水线的,因此只有三条指令(B2~B4)可以送入流水线中,同时从预测信息中可以得知下周期寻址 Cache 的地址信息,从而继续取指令的过程。

上面使用的这种预测方法相当于将前文讲过的 BTB 放到了 I-Cache 中,相比于独立的 BTB,这种方法存在下面三个缺点。

(1) 每个 Cache line 都要使用固定个数的预测信息,例如上面的例子中,每个 Cache line 都包括两个 line/way 的预测信息,但是很多 Cache line 中其实没有分支指令,因此它们之中的预测信息其实并没有起到作用;而同时很多 Cache line 中却包括很多条的分支指令,只对其使用两个预测值会导致预测准确度的降低。而独立的 BTB 则不会出现这种问题,因为它只会将那些预测结果是跳转的分支指令放到 BTB 中,这样就避免了上述的问题。

(2) 随着 Cache line 容量的增大,需要的 line/way 预测值的个数也随之增多,举例来说,如果使用 64 字节的 Cache line,则每个 Cache line 需要 4 个 line/way 的预测值,这会导致 Cache 占用更多的硅片资源,而独立的 BTB 则不会有这种问题。

(3) 每次当一个 Cache line 被替换时,它包含的 line/way 预测信息也会消失了,被取代的是一个默认值,即指向下一次顺序的 PC 值,而独立 BTB 中的内容和 Cache line 是否被替换是无关的。

在 Alpha 21264 处理器中,由于 line/way 的信息都是预测的,需要验证这个预测是否正确,这个过程是在流水线的 fetch1 阶段完成的。根据被找到的 Cache line 的 tag 值(即 PC[47:15])再加上 successor index(即 PC[14:2]),就可以组成 line/way 的预测方法中使用的 PC 值。而在流水线的 fetch1 阶段,21264 处理器所使用的分支预测器也会得到一个 PC 值,如果它和 line/way 的预测方法中使用的 PC 值不一样,那么就认为 line/way 的预测产生了错误,需要使用分支预测器产生的 PC 值来重新从 I-Cache 中取指令,这需要将此时 fetch0 阶段的指令抹掉,因此会引入一个周期的流水线气泡(bubble),这就是 line/way 的预测在失败时所产生的惩罚(penalty)。当然,21264 处理器使用的是 virtually-indexed, virtually-tagged 结构的 I-Cache,这会使一部分工作得到简化,如果使用了 virtually-indexed,physically-tagged 结构的 I-Cache,则此时使用 line/way 的预测值从 I-Cache 中读取到的 Tag 值是物理地址的一部分,而 fetch1 阶段的分支预测器得到的 PC 值是虚拟地址,需要将其经过 TLB 的转换,得到对应的物理地址后,才可以验证 line/way 的预测值是否正确,这样会增加一些的工作量,因此使用 line/way 的预测方法时,配合使用 virtually-indexed,virtually-tagged 这种结构的 Cache 是比较合理的,21264 处理器中使用的 line/way 的预测方法可以用图 11.4 来总结[47]。

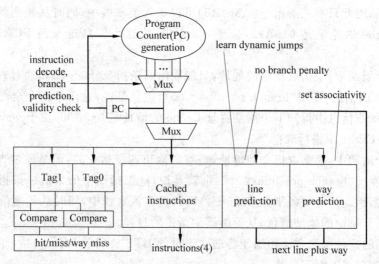

图 11.4　Alpha 21264 处理器中使用的 line/way prediction

11.2.2　分支预测

在超标量处理器中,随着流水线的加深以及乱序执行的原因,分支预测失败时产生的惩罚(mis-prediction penalty)变得越来越大,因此分支预测的准确度直接影响了处理器的性能,在 21264 处理器中最多允许 80 条指令存在于流水线中,相比于它的前辈 21164 处理器的 20 条指令已经有了巨大的进步,更多的指令存在于流水中可以使处理器能够最大限度地寻找并行性,从而使用乱序执行的特性来获得更高的性能。为了获得准确的分支预测,21264 处理器使用的分支预测器是比较复杂的,因此无法在流水线的 fetch0 阶段完成,需要使用两个周期,在流水线的 fetch1 阶段才可以得到结果,这个结果会和之前 line/way 的预测结果进行比较,如果发现不一致,就以分支预测的结果为准,因为分支预测的复杂度更高,因此它的结果的可信度也是比较高的。这就是在之前讲过的预测方法,即使用一个准确度稍低但是实现起来比较简单的分支预测方法,在一个周期内得到结果,同时使用一个准确度较高但是比较复杂的分支预测方法,可以占用多个周期,如果发现两个分值预测的结果不一致,那么以准确度高的那个分支预测的结果为准。

21264 处理器使用了比较复杂的分支预测方法,称为竞争的分支预测(tourament branch prediction),在之前讲过,有些分支指令使用基于全局历史的预测算法会取得比较高的准确度,同时有些分支指令更适合使用基于局部历史的预测算法,因此在 21264 处理器中对这两种分支预测算法都进行了实现：一种基于全局历史，一种基于局部历史。对于每条分支指令来说，处理器会根据两种分支预测方法的准确度，动态地为每条分支指令选择合适的预测方法，这就相当于这两种分支预测算法在进行竞争，因此就称为竞争的分支预测了。

图 11.5 表示了在 21264 处理器中使用的分支预测[47]。

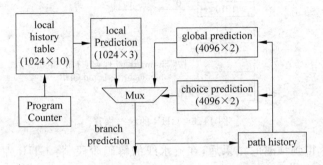

图 11.5　Alpha 21264 处理器中使用的分支预测

图 11.5 的左边为基于局部历史的分支预测器，使用了两级的结构，第一级的 local history table 的大小是 1024×10bit，也就是使用了 10 位的分支历史寄存器，可以记录一条分支指令过去 10 次的分支结果，整个表格可以记录 1024 条分支指令的历史信息。10 位的分支历史寄存器需要 PHT 支持 2^{10}＝1024 个饱和计数器，21264 处理器在这个 PHT 中使用了三位的饱和计数器，因此这个基于局部历史的分支预测器的第二级需要占用的存储空间大小是 1024×3bit。

图 11.15 的右边部分表示了基于全局历史的分支预测器，它使用了一个 12 位的全局历史寄存器(GHR)，可以记录过去 12 条分支指令的结果，相应的，这个预测器使用的 PHT 应该包括 2^{12}＝4096 个饱和计数器，21264 处理器在这个 PHT 中使用了两位的饱和计数器，因此这个基于全局历史的分支预测器需要占用的存储空间是 4096×2bit。

对于某条分支指令来说，为了能够从这两种分支预测算法中选出准确度较高的那一个，还需要对这个选择进行预测，这就是图 11.5 中的 choice prediction。它同样是一个表格，使用全局历史寄存器(GHR)进行寻址，因此有 2^{12}＝4096 个表项，同时使用两位的饱和计数器来追踪两种分支预测的正确度，例如 00 表示基于局部历史的分支预测算法有比较高的准确度，而 11 表示基于全局历史的分支算法会有比较高的准确度，因此 Choice Prediction 占用的存储空间的大小是 4096×2bit，关于它的内容在前文已经进行了介绍，此处不再赘述。

对基于局部历史的分支预测方法，使用了非推测(non-speculative)的方式进行更新，也就是说，只有当分支指令退休(retire)的时候，才会更新分支预测器中对应的内容，例如分支历史寄存器、饱和计数器等；而对基于全局历史的分支预测方法来说，使用了推测(speculative)的方式进行更新，一旦分支指令得到了预测结果，就会将这个信息更新到全局历史寄存器(GHR)中，也就是说，此时 GHR 的状态是有可能不正确的。为了便于在分支预测失败时对 GHR 进行恢复，需要在更新 GHR 之前，将它的值进行保存(这可以理解成之前讲述的 Checkpoint 方法)，这样当发现分支预测失败时，可以利用之前保存的内容对 GHR 进行恢复，图 11.6 表示了一个对 GHR 进行恢复的原理图。

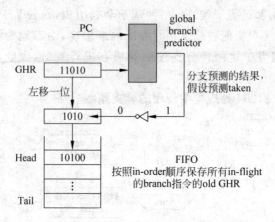

图 11.6　GHR 的状态恢复

　　每条分支指令得到预测的结果后,在流水线的解码阶段,将 GHR 左移一位,同时将分支指令预测的结果取反,插入到 GHR 的最右边,然后将新的 GHR 放入到一个缓存中,由于在解码阶段,指令仍旧遵循程序中指定的顺序(in-order),所以这个缓存采用了 FIFO 的结构。当这条分支指令在后面的流水段被验证为预测错误时,使用这个缓存中对应的值就可以对 GHR 进行恢复了。

　　对于 PHT 中的饱和计数器一般都是在分支指令得到确定的结果之后才进行更新,具体的原因在之前已经阐述,此处不再赘述。

11.3　寄存器重命名

　　Alpha 21264 处理器使用了统一的 PRF 进行寄存器重命名,在整个处理器中只有一个物理寄存器堆,一个寄存器的值在它的生命周期内只会存在于一个地方,不会发生位置的变化;当一条指令退休(retire)的时候,它对应的物理寄存器才会变为 Architecture 状态,从处理器外部可以访问到这个值。寄存器重命名消除了不必要的先写后写(WAW)和先写后读(WAR)的相关性,为乱序执行创造了条件,图 11.7 表示了 21264 处理器中使用的寄存器重命名[47]。

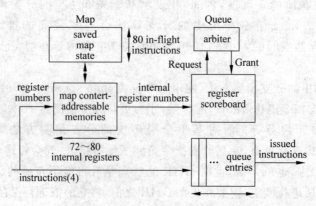

图 11.7　Alpha 21264 处理器中的寄存器重命名

在 Alpha 架构中定义了 31 个整数寄存器和 31 个浮点寄存器，还有 8 个整数类型的影子寄存器，它们都是指令集定义的，在本书中称为逻辑寄存器，为了进行寄存器重命名，21264 处理器内部又增加了 41 个整数寄存器和 41 个浮点寄存器，也就是说，21264 处理器内部使用了 80 个整数的物理寄存器和 72 个浮点的物理寄存器，使用重命名映射表（RAT）来记录每个逻辑寄存器对应的物理寄存器；21264 处理器使用了 CAM 的方式来实现这个映射表，这种方式决定了 21264 处理器可以实现数量丰富的 Checkpoint——可以为流水线中的全部 80 条指令提供 Checkpoint，这样处理器中任意一条指令发生异常（exception）时，都可以快速地对 RAT 进行恢复，更不用提分支预测失败时的状态恢复了。

在 Alpha 指令集中有一个特殊的指令 CMOV（conditional-move），这条指令的格式如下。

```
CMOV   Ra, Rb ? Rc
```

上面的指令表达的意思可以用下面的代码来表示。

```
if( Ra == 0 )
Rc = Rb;
else
Rc = Rc;
```

也就是说，只有寄存器 Ra 的值为 0 时，才将寄存器 Rb 的值赋给寄存器 Rc，否则寄存器 Rc 的值保持不变。这条指令在寄存器重命名阶段，需要读取三个源寄存器 Ra、Rb 和 Rc，之所以要读取 Rc 寄存器的值，是因为 Rc 只是一个指令集中定义的逻辑寄存器，在进行寄存器重命名时，作为目的寄存器的 Rc 会被指派为一个新的物理寄存器，而旧的 Rc 寄存器值则存储在另外的物理寄存器中，因此需要将其读取出来。而对于 21264 处理器中的其他指令，都只需要在寄存器重命名阶段读取两个源寄存器就可以了，因此不值得为 CMOV 指令增加 RAT 的读端口，而是需要按照之前讲述的思路，对 CMOV 指令进行拆解，将其拆分成下述的两条指令。

```
CMOV1   Ra, oldRc→ newRc1
CMOV2   newRc1, Rb→ newRc2
```

第一条 CMOV1 指令将检查寄存器 Ra 的值是否为 0，将这个结果用一位的值来表示，并将它和原来的寄存器 Rc 放在一起，组成一个新的 65 位的值，将它放到一个内部的物理寄存器 newRC1 中，也就是说，newRC1 寄存器是一个 65 位的寄存器，低 64 位来自于寄存器 Rc 的值（要注意，21264 处理器是 64 位的，所有内部寄存器都是 64 位），第 65 位用来记录寄存器 Ra 是否为 0。

第二条 CMOV2 指令将根据 newRc1 寄存器的第 65 位，决定寄存器 newRc2 的值是来自于 newRc1 寄存器的低 64 位，还是来自于寄存器 Rb。这样通过将 CMOV 指令拆解成 CMOV1 和 CMOV2 两条指令，使寄存器重命名的过程可以按照一般的指令对其进行处理，只不过需要占用两个内部的物理寄存器。

由于 21264 处理器是一个 4-way 的超标量处理器，每周期可以对四条指令进行寄存器重命名，但是如果在进行重命名的四条指令中存在 CMOV 指令，则会造成一个周期内实际上有多于四条指令在进行重命名，这样又违背了一般性的原则，处理器不可能因为这种不常见的情况而增加重命名部分的带宽。因此在 21264 处理器中,采用了一种比较简单的方法来处理这个问题,即如果在重命名阶段遇到 CMOV 指令时,那么只有 CMOV1 指令及其之前的指令可以在本周期进行重命名。CMOV2 及其之后的指令需要等到下个周期才可以进行重命名。这样就可以保证,不管 CMOV 指令处于四条指令的哪个位置,最后进行重命名的指令总是不大于四条的,图 11.8 给出了一个例子。

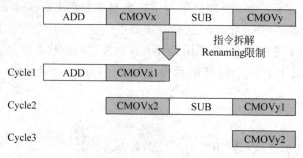

图 11.8 对 CMOV 指令进行拆解

在图 11.8 所示的例子中,当在寄存器重命名阶段遇到第一条 CMOVx 指令时,本周期取出的这组指令会到此截断,因此在第一个周期(cycle1)只有 ADD 指令和 CMOVx1 指令通过寄存器重命名阶段;在下个周期(cycle2),CMOVx2 指令会占用原来 CMOVx 指令的位置,继续进行重命名,同时在这个周期又遇到了一个新的 CMOV 指令 CMOVy,因此在这个周期只有 CMOVx2、SUB 和 CMOVy1 指令进行重命名;在不考虑后续指令的情况下,在第三个周期(cycle3),只有 CMOVy2 指令进行重命名。总结起来就是,如果在寄存器重命名阶段包括了 n 条 CMOV 指令,那么最后需要 $n+1$ 个周期才可以完成重命名的过程,这样的做法肯定使处理器的执行效率有所降低,但是考虑到 CMOV 指令使用的频率并不高,而且这种方法易于实现,所以是一种可以接受的折中方法。

11.4 发射

Alpha 21264 处理器中包括两个发射队列(Issue Queue),即整数发射队列和浮点发射队列,分别用来存储整数类型的指令和浮点类型的指令,整数发射队列可以存储 20 条指令,被四个整数执行单元(也就是 FU)共享,每周期可以从这个发射队列中选出四条整数指令来执行;浮点发射队列可以存储 15 条指令,被两个浮点执行单元共享,每周期可以选出两条浮点指令来执行。

21264 处理器采用了 Cluster 结构,将整数执行部分分成了 Cluster0 和 Cluster1 两部分,每个 Cluster 都使用一份完整的整数寄存器堆,因此在处理器中共有两份一模一样的整数寄存器堆,每个 Cluster 内部又被分成了两个 Subcluster,分别被称为 upper(U)和 lower(L),这样整数部分的四个执行单元就分布在四个地方,即 Cluster0 中的 U0、L0 以及 Cluster1 中的 U1、L1,如图 11.9 所示。

这种将寄存器堆进行复制的方法是 Cluster 结构中使用的方法之一,由于可以减少每个寄存器堆的读端口个数,所以访问寄存器堆的速度会提高,而且总的面积并不会显著地增多。

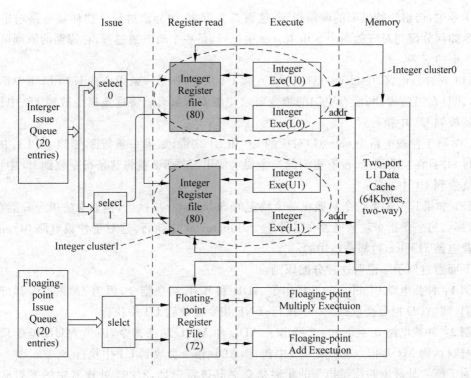

图 11.9 Alpha 21264 处理器采用的 Cluster 结构

从宏观上来看，每周期可以从整数发射队列的 20 条指令中选出 4 条指令，送到四个执行引擎中，但是 21264 处理器并没有直接实现 4-of-20 的仲裁电路，而是采用如下的方式。

(1) Cluster0 中的 U0 和 Cluster1 中的 U1 共用一个仲裁电路，在图 11.9 中称为 select0；

(2) Cluster0 中的 L0 和 Cluster1 中的 L1 共用一个仲裁电路，在图 11.9 中称为 select1。

这样，每个仲裁电路只需要实现 2-of-20 的功能就可以了，当经过重命名之后的四条指令在写入到发射队列的时候，会根据指令的类型，将这些指令指派给对应的仲裁电路。很多指令没有太多的选择余地，只能对应某一个固定的仲裁电路，例如，load/store 指令只能在 L0 和 L1 中执行，因此只能对应到仲裁电路 1(select1)；移位类型(shift)的指令只能在 U0 和 U1 中执行，因此也只能对应到仲裁电路 0(select0)；对于这种归属地比较专一的指令，只需要将它们指派给对应的仲裁电路就可以了，而对于加减法和逻辑运算指令来说，它在 U0、L0、U1 和 L1 中都可以执行，则这种类型的指令指派给任意一个仲裁电路都没有问题，可以采用一些比较简单的分配方法，例如前两条指令中存在的这种指令会被分配给仲裁电路 0(select0)，后两条指令中存在的这种指令会被分配给仲裁电路 1(select1)。

将发射队列中的指令分配给不同的仲裁电路的这个过程，实现起来也是比较容易的，只需要使发射队列中的每个表项(entry)都有两个请求信号，分别送到两个仲裁电路中，根据这个表项中的指令类型，将对应的请求信号置为有效就可以了，这样发射队列中的每个表项都会根据自身当中指令的类型，向对应的仲裁电路发出请求信号。

仲裁电路根据指令的年龄信息，从发射队列中所有处于 ready 状态并且向自己发出申请的指令中,选出年龄最旧的两条指令,这就是 2-of-20 的仲裁过程。被仲裁电路选出的两条指令如何分配到对应的两个 Subcluster 中执行,是一个动态的过程,它遵循的原则可以总结为下面的三条。

(1) 对仲裁电路 0(select0)对应的 U0 和 U1 来说,如果一条指令在 U0 和 U1 中都可以执行,并且在当前周期,没有更旧的指令要求使用 U0,那么就将这条指令放到 U0 中执行,否则就放到 U1 中执行;

(2) 对于仲裁电路 1(select1)对应的 L0 和 L1 来说,如果一条指令在 L0 和 L1 中都可以执行,并且在当前周期,没有更旧的指令要求使用 L0,那么就将这条指令放到 L0 中执行,否则就放到 L1 中执行;

(3) 如果其中一条指令只能在一个特定的 Subcluster 中执行,例如乘法指令只能在 U0 执行,那么另一条指令就只能放在另外一个 Subcluster 中执行,这对于仲裁电路 0(select0)和仲裁电路 1(select1)都是适用的。

下面通过例子来说明这种分配原则。

例 1:仲裁电路 0(select0)选择出了 ADD 和 BNE 两条指令,因为 U0 和 U1 都可以执行它们,则 ADD 指令会放到 U0 中执行,BNE 指令会放到 U1 中执行。

例 2:仲裁电路 0(select0)选择出了 ADD 和 MUL 两条指令,因为 MUL 指令只能在 U0 中执行,则 MUL 指令会放到 U0 中执行,ADD 指令会放到 U1 中执行。

为了便于仲裁电路按照指令的年龄信息对其进行选择,21264 处理器中的发射队列采用了压缩(compressing)的方式,新的指令只能从发射队列的顶部写入,而每当有指令离开发射队列时,这条指令之上的所有的指令都会下移,将刚才指令离开时所产生的"空隙"填充上,所有的指令都会被"压缩"在一起,这样发射队列中的所有指令其实都是按照 old→new 的顺序排列的,每个仲裁电路只需要从发射队列的底部开始查找,找到属于这个仲裁电路的两条 ready 状态的指令就可以了。对于整数发射队列来说,它会根据两个仲裁电路选择指令的情况进行压缩,经过压缩之后的发射队列会重新将每条指令和两个仲裁电路对应起来。这种压缩方式的发射队列是比较复杂的,因为每条指令都可以写到它后面的位置中,但是这种设计方式可以简化仲裁电路的设计,使仲裁电路很容易实现 oldest-first 的功能,如果使用非压缩方式的发射队列实现这样的功能,则需要比较复杂的电路了。

这种压缩方式的发射队列还有一个最大的缺点,就是功耗很大,在发射队列中,一条指令的离开会导致它之前的所有的指令都需要移动,再加上最旧的指令总是位于发射队列的底部,因此被仲裁电路选中而离开的指令一般都是位于底部范围,这样会导致大量的指令需要移动,导致功耗的增大,如果是面向移动领域的处理器,是很难采用这种设计方式的。

在 Alpha 21264 处理器中,除了 load 类型的指令,其他类型指令的执行周期都是确定的。而对于 load 指令来说,都是假设 D-Cache 是命中的,然后按照这个时间对发射队列中的相关寄存器进行唤醒,如果发生 D-Cache 缺失,则会导致执行周期变长,此时所有被 load 指令唤醒的指令就不能够通过旁路网络(bypassing network)得到需要的操作数了,这些指令都应该从流水线中抹掉,重新放回发射队列中,等待再次被唤醒。21264 处理器将设计进行了简化:当发现 load 指令产生 D-Cache 缺失时,在它的 SW(Speculative Window)窗口内的所有指令都会被抹掉,这些指令会重新在发射队列中等待被唤醒,然后参与仲裁的过程。对于那些本来和 load 指令无关的指令,会很快再次被仲裁电路选中,而那些和 load 指令相关的指令则需要等待 D-Cache 缺失被解决。这种方式虽然降低了一些性能,但是实现起来比较简单,因为不需要识别 SW 窗口中哪些指令和 load 指令存在相关性,是一种可以接受的折中方法。

为了配合这个功能,被仲裁电路选中的指令不能够马上离开发射队列,而是需要确认这条指令没有被 D-Cache 缺失的 load 指令所影响,才可以离开发射队列,这要求一条指令被仲裁电路选中之后,在发射队列中需要等待两个周期,才可以从发射队列中删除。举例来说,如果一条指令在第 n 个周期($cycle_n$)被仲裁电路选中,那么在第 $n+1$ 个周期($cycle_{n+1}$),这条指令仍旧会在发射队列中,但是这条指令不会继续向仲裁电路发出申请信号了,等到第 $n+2$ 个周期($cycle_{n+2}$),这条指令其实就已经到了流水线的执行阶段,可以从旁路网络(bypassing network)中获取操作数了,如果此时发现操作数来自于 load 指令,但是 load 指令产生了 D-Cache 缺失,那么这条指令就无法再继续执行,需要重新“回到”发射队列中等待(事实上这条指令还没有离开发射队列,因此只需要将相应的状态位改变就可以了)。相反,如果发现这条指令的操作数都可以获得(不管是来自于旁路网络还是来自于寄存器堆),那么表示这条指令可以被正常执行,此时这条指令就可以从发射队列中删除了。总结起来就是,一条指令在 $cycle_n$ 被仲裁电路选中时,只有到了 $cycle_{n+2}$ 才可以离开发射队列。

还需要注意的是,浮点数的 load/store 指令也是在整数的 Cluster 部分被执行的,只是对于一个 128 位的浮点数来说,需要两次的存储器操作才可以完成。

11.5 执行单元

11.5.1 整数的执行单元

Alpha 21264 处理器有六个执行单元(在本书中称为 FU),每周期可以同时执行六条指令,也就是说,21264 处理器是一个“machine width＝4,issue width＝6”的超标量处理器,其中整数执行部分(也称为 Ebox)包括四个执行单元,每周期可以执行四条指令;浮点执行部分(也称为 Fbox)包括两个执行单元,每周期可以执行两条指令。21264 处理器采用了非数据捕捉(non-data-capture)的结构,在指令被仲裁电路选中之后才读取物理寄存器堆,这样对于整数部分的寄存器堆来说,需要同时支持四条指令的读取,也就是需要支持八个读端口,导致了比较慢的速度。为了解决这个问题,21264 处理器采用了 Cluster 的结构,将整数执行部分分成了 Cluster0 和 Cluster1,每个 Cluster 都使用一份完整的整数寄存器堆,每个 Cluster 内部又被分成了两个 Subcluster,分别被称为 upper(U)和 lower(L),如图 11.10 所示为 21264 处理器的整数执行单元的示意图。

从图 11.10 可以看出,每个 Cluster 可以同时执行两条指令,在 Cluster0 中包括两个执行单元 U0 和 L0,在 Cluster1 中包括两个执行单元 U1 和 L1,每个 Cluster 中使用了一份完整的寄存器堆,由于只需要支持两条指令的读取,所以每个 Cluster 中的寄存器堆只需要支持四个读端口,这样简化了每个寄存器堆的设计,使它的速度变得更快。

Cluster 的设计还会影响到旁路网络(bypassing network),在之前讲过,对于普通的处理器来说,如果一条指令在执行阶段需要一个周期(也就是 latency＝1)就可以得到结果,则它和相邻的相关指令可以获得背靠背地执行,如图 11.11 所示(以 21264 处理器的流水线为例)。

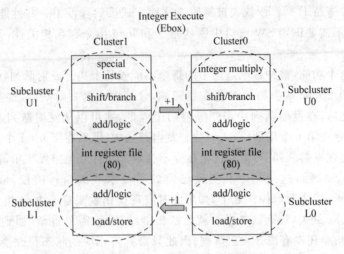

图 11.10　Alpha 21264 处理器中的整数执行单元

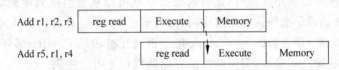

图 11.11　在同一个 Cluster 内的相关指令可以背靠背地执行

在 21264 处理器中,如果两条相邻的相关指令是在同一个 Cluster 内执行,那么可以像图 11.11 那样背靠背地执行,但是当这两条指令位于不同的 Cluster 时,要将一条指令的结果通过旁路网络送给另一条指令,就需要跨越 Cluster,由于需要经过更长的连线,因此需要为这个阶段单独使用一个周期,这会使相邻的相关指令不能背靠背地执行,而是会间隔一个周期,如图 11.12 所示。

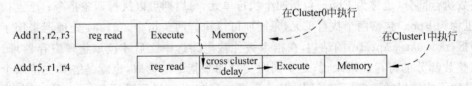

图 11.12　属于不同 Cluster 的相关指令不能够背靠背地执行

不过,由于 21264 处理器是乱序执行的超标量处理器,所以硬件可以找到一条不相关的指令来插入到图 11.12 中的间隔周期中,这样就不会降低处理器的性能了。

在 21264 处理器中的整数执行单元包括了如下的资源。

① 四个 64 位的加法器,位于 U0、U1、L0 和 L1 中,用来完成整数的加减法,位于 L0 和 L1 中的加法器还用来计算 load/store 指令的虚拟地址;

② 四个逻辑运算的部件,位于 U0、U1、L0 和 L1 中;

③ 两个桶形移位器,位于 U0 和 U1 中;

④ 两个处理条件分支的部件,位于 U0 和 U1 中;

⑤ 两个完整的 80-entry 物理寄存器堆;

⑥ 一个流水线的乘法器,位于 U0 中,用来完成所有的整数乘法,它需要 7 个周期才可

以得到结果；

⑦ 一个用来执行 Alpha 指令集中的所有特殊指令的部件，位于 U1 中。

每个 Cluster 中都有一个 80-entry 的寄存器堆，除了用来保存 Alpha 指令集定义的 31 个整数寄存器和 8 个影子(shadow)寄存器，剩下的 41 个寄存器就是扩展的寄存器，用来保存没有退休(retire)的所有整数指令的结果。

从理论上来说，整数执行单元中的两份寄存器堆包含的内容是一样的，但是考虑到跨越 Cluster 进行数据传输会引入一个周期的延迟，当一个 Cluster 在产生结果时，可以在当前周期将结果写到它所属的寄存器堆中，但是只能在下个周期才将结果写到另一个 Cluster 的寄存器堆中，所以实际上从某个时间点来看，两份寄存器堆包含的内容是不一样的，不过这并不会影响处理器的正确执行。

每个 Cluster 中的寄存器堆都包括四个读端口和六个写端口，由于每个 Cluster 可以同时执行两条指令，这需要寄存器堆支持四个读端口以提供源操作数，而六个写端口的使用情况如下。

① 两个写端口，当前 Cluster 的两条指令会通过这两个写端口，写入它们的结果；

② 两个写端口，另一个 Cluster 的两条指令会通过这两个写端口，写入它们的结果；

③ 两个写端口，专门供两个处理 load 指令的部件使用，由于 load 指令的延迟比较长，而且一般处于相关性的顶端，为 load 指令设置专门的写端口可以提高执行效率，这样 load 指令就不需要和其他的指令争夺寄存器堆的写端口了。

11.5.2 浮点数的执行单元

在 Alpha 21264 处理器中，浮点数运算部分(称为 Fbox)每周期可以执行两条浮点指令，对应的有两个浮点数的执行单元，它的结构示意图如图 11.13 所示。

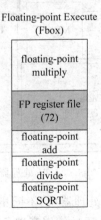

图 11.13 Alpha 21264 处理器中的浮点数执行单元

21264 处理器中的浮点执行单元包括如下的资源。

① 流水线的乘法器，四个周期的延迟，用来完成浮点数的乘法；

② 72-entry 的物理寄存器堆；

③ 流水线的加法器，四个周期的延迟；

④ 非流水线的除法器和开方电路(SQRT)。

浮点数运算部分使用的 72-entry 的寄存器堆,除了用来保存 Alpha 指令集定义的 31 个浮点数寄存器,剩下的 41 个寄存器就是扩展的寄存器,用来保存流水线中没有退休 (retire)的所有浮点数指令的结果。

浮点数运算部分使用的寄存器堆包括六个读端口和四个写端口,六个读端口的使用情况如下。

① 浮点数的加法/除法/开方和乘法指令读取源操作数,需要使用四个读端口;

② 浮点数的 store 指令,要得到指令中所携带的数据,需要使用两个读端口。

而四个写端口的使用情况如下。

① 浮点数的加法/除法/开方和乘法指令产生的结果需要使用两个写端口;

② 浮点数的 load 指令产生的结果需要使用两个写端口。

图 11.14 表示了 21264 处理器的版图中,整数执行单元和浮点数执行单元的位置,可以看出,为了尽量减少连线的延迟,每个 Cluster 中的执行单元都和自己的寄存器堆紧挨在一起,这样可以最大限度地缩短 Cluster 之内的旁路网络(bypassing network)经过的连线,保证了同一个 Cluster 内的相关指令可以背靠背地执行。

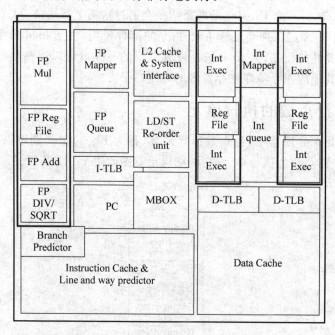

图 11.14   Alpha 21264 处理器的版图布局

如表 11.2 所示为 Alpha 21264 处理器中,不同指令在执行阶段需要耗费的周期数,这就是前文所说的 latency,这些值都是通过使用旁路网络(bypassing network)而获得的,而且都是位于同一个 Cluster 之内,如果跨越了 Cluster,则还需要增加一个周期。

表 11.2   Alpha 21264 处理器中,不同指令的 latency

instruction class	latency(cycles)
simple integer operations	1
special instruction	3

续表

instruction class	latency(cycles)
integer multiply	7
integer load	3(假设 D-Cache hit)
floating-point add	4
floating-point load	4(假设 D-Cache hit)
floating-point multiply	4
floating-point divide	12 s-p, 15 d-p *
floating-point square-root	15 s-p, 30 d-p

* s-p 表示单精度(single-precision)的浮点数, d-p 表示双精度(double-precision)的浮点数。

11.6 存储器的访问

Alpha 21264 处理器中, 访问存储器的部件被称为 Mbox, 它主要用来控制对 D-Cache 的访问, 保证 load 指令和 store 指令的执行符合指令集定义的规范。相比于同时代的其他处理器, 21264 处理器的 Mbox 有两个重要的特性, 一是能对 store/load 指令之间存在的先写后读(RAW)相关性进行预测, 从而规划某些 load 指令进入流水线的时间, 防止它们提前进入流水线而做无用功, 这称为 Speculative Disambiguation。二是能够对 load 指令访问 D-Cache 时是否命中进行预测, 从而避免不必要的唤醒操作, 这称为 Load hit/miss Prediction。这两种方法本质上都是通过预测的方式来提高处理器的执行效率, 这些特性在现代的处理器中依然被使用。

11.6.1 Speculative Disambiguation

对于访问存储器的 load/store 指令来说, 它们之间存在的相关性在寄存器重命名阶段是无法解决的, 只有到了流水线的执行阶段, 将指令中携带的地址计算出来了, 才可以判断它们之间的相关性, 这个过程就是 Memory Disambiguation。在前文讲过, 保持 load 和 store 指令的串行执行, 会便于它们之间相关性的检查, 但是会严重降低处理器的性能; 对 load 和 store 指令采取部分的乱序执行可以提高一些性能, 但是造成相关性检查电路复杂度的增加; 对 load 和 store 指令采取完全的乱序执行可以最大限度地提高处理器的性能, 但是需要更复杂的电路来处理它们之间的相关性, 而且一旦发现它们之间存在相关性, 还要将流水线中的部分内容抹掉, 以获得正确的执行。Alpha 21264 处理器即采用了将 load/store 指令完全的乱序执行的方式, 同时为了最大限度地减少对流水线的负面影响, 21264 处理器还对 load 指令是否和它之前的 store 指令存在相关性进行了预测, 如果预测一条 load 指令和流水线中没有退休(retire)的 store 指令之间不存在先写后读(RAW)的相关性, 那么这条 load 指令就是自由状态的, 不需要等待它之前的 store 指令将地址计算出来, 直接就可以按照乱序的方式进入执行单元, 这样提高了性能。

图 11.15 表示了 21264 处理器中如何实现 Speculative Disambiguation 这个功能。

在 Alpha 21264 处理器中, D-Cache 的访问使用了两级流水线, 第一级流水线访问 D-Cache, 但是在这个周期无法得到结果, 第二级流水线会得到数据和 Tag 的值, 并进行 Tag

比较,以判断是否命中。两级流水线的 D-Cache 增大了 load 指令的执行周期,使 load 指令到与之相关的指令之间间隔的周期数增多,这对于顺序执行的处理器是很致命的,会导致很多的流水线气泡(bubble),但是对于乱序执行的超标量处理器来说,硬件可以调度其他不相关的指令在这些周期执行,因此不会对性能造成太大的负面影响,而且,将 D-Cache 的访问进行流水线处理,可以提高处理器的执行频率,现代的处理器基本上都使用流水线的方式访问 Cache 了。

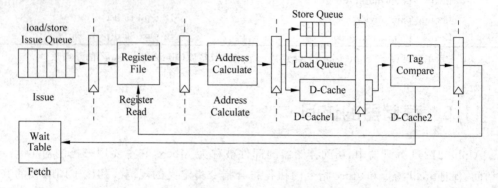

图 11.15　Speculative Disambiguation

在 21264 处理器访问 D-Cache 的第一级流水线中(即图 11.15 中的 D-Cache1),由于 store 指令和 load 指令所携带的地址都已经计算出来,所以会对它们之间是否存在相关性进行检查,这就是 Disambiguation,通过下面的部件可以完成这个功能。

(1) Load/Store Queue:它其实是整数发射队列的一部分,用来对 load 指令和 store 指令按照乱序的方式送到执行单元中。

(2) Load Queue:这个部件按照程序中的原始顺序存储着所有 load 指令的地址,load 指令在流水线的寄存器重命名阶段就被写入到这个部件,这样就保证了程序中指定的顺序。当 load 指令退休(retire)的时候,它在这个部件中所占据的空间也就释放了,为了便于进行地址比较,这个部件使用了 32-entry 的 CAM 来实现。

(3) Store Queue:这个部件按照程序中指定的顺序存储着所有 store 指令的地址和数据,store 指令在流水线的寄存器重命名阶段就被写入到这个部件中,这样就保证了程序中指定的顺序,当 store 指令退休(retire)的时候,它在这个部件中所占据空间也就释放了,为了便于进行地址比较,这个部件也使用 32-entry 的 CAM 来实现。

(4) Wait Table:这是一个 1024×1bit 的表格,使用 PC 值进行寻址,用来存储 load 指令的相关性信息,这个表格中的每个位被称为 Wait Bit,初始状态时都为 0,表示所有的 load 指令和它之前的 store 指令都不存在相关性,可以乱序执行。当发现了 store/load 指令之间的违例,也就是说,一条 load 指令在流水线中发现了位于它之前并且地址相等的 store 指令,此时就将这条 load 指令在表格中的 Wait Bit 置为 1。在流水线的解码阶段,每当解码出一条 load 指令时,就需要读取这个表格,将这条 load 指令对应的 Wait Bit 和 load 指令一起写到发射队列中,如果一条 load 指令对应的 Wait Bit 为 1,那么这条 load 指令必须等到它之前的所有 store 指令都计算出了地址,才允许向仲裁电路发出申请。这个表格每经过 16384 个周期就需要全部清零一次,否则经过一段时间的运行,这个表格就变得全是 1 了,这就相当于所有的 load 指令都不允许提前进行执行,降低了处理器的性能。而且,当程序进入不同的执行阶段时，以前存在相关性的 store/load 指令可能就不再有相关性了，因此周期性地将这个表格进行清零可以适应这种变化，图 11.6 表示了这个表格的使用过程。

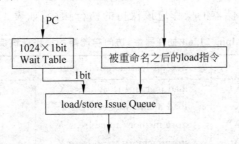

图 11.16 Wait Table 的使用过程

load 和 store 指令会首先进入发射队列中等待，一旦用来计算地址的源操作数准备好了，就可以向仲裁电路发出申请，对于 store 指令来说，可以先不用理会数据是否准备好了，因为相关性的检查只需要地址就可以。如果 load 指令对应的 Wait Bit 是 1，那么只有它前面所有的 store 指令都已经被仲裁电路选中了，这条 load 指令才可以向仲裁电路发出申请。

从之前的流水线示意图可以看出，在流水线的发射(Issue)阶段之后的下个周期，需要从寄存器堆中读取操作数，然后再到下个周期就可以计算指令所携带的地址了，将地址计算出来之后，就可以进入 D-Cache1 这个流水段。在这个周期，会对 load 指令和 store 指令之间是否存在相关性进行检查，因此这个周期也称为 Disambiguation 阶段，它是 21264 处理器中比较复杂的部分，下面分别介绍 load 和 store 指令如何通过这个阶段。

1. Load Disambiguation

在这个周期，load 指令会将计算出的地址写到 Load Queue 对应的位置中，同时，load 指令还会完成下面两件事情。

(1) load 指令会查找 Store Queue 这个部件，如果发现存在地址相等并且指令顺序位于它之前的 store 指令，那么表示这条 load 指令不需要访问 D-Cache 了，直接通过 Store Queue 就可以得到结果。

(2) load 指令还需要查找 Load Queue 这个部件，在 21264 处理器中，要求访问相同地址的 load 指令必须保持程序中指定的顺序(in-order)。如果不满足这个规则，则在多核环境下可能会发生错误：某一个 CPU 中访问相同地址的两条 load 指令乱序执行了，但是在这两条 load 指令执行之间的某个时间点，这个地址上的值被另外一个 CPU 改变了，这样就会导致在前面的 load 指令得到了最新的值，而在后面的 load 指令得到了旧的值，这和程序的本意已经不一样了，如图 11.17 所示。

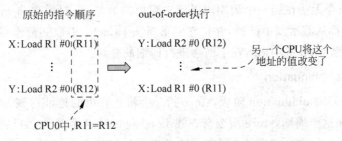

图 11.17 Load/Load 指令违例时会引起的问题

因此 load 指令在地址计算出来之后,还需要查找 Load Queue 这个部件,如果发现存在地址相等并且指令顺序位于它之后的 load 指令,那么就出现了 load-load 违例,在 21264 处理器中定义了各种访问存储器的操作应该保持的执行顺序,如表 11.3 所示[47]。

表 11.3   Alpha 21264 处理器中,访问存储器的操作应该保持的顺序

First Instruction In Pair	Second Instruction In Pair	Reference order
load memory to address X	load memory to address X	maintained
load memory to address X	load memory to address Y	not maintained
store memory to address X	store memory to address X	maintained
store memory to address X	store memory to address Y	maintained
load memory to address X	store memory to address X	maintained
load memory to address X	store memory to address Y	not maintained
store memory to address X	load memory to address X	maintained
store memory to address X	load memory to address Y	not maintained

每两条访问存储器的指令构成了一组,表 11.3 中规定的访问存储器的顺序,除了第一条之外,其他的都可以归纳为下面的两种情况。

情况 1:store 指令必须按照程序中指定的顺序(in-order)更新存储器;

情况 2:store 指令和 load 指令如果地址相同,则必须按照程序中指定的顺序(in-order)执行。

在 21264 处理器中,由于 load 和 store 指令是乱序执行的,如果不加以处理,就不能够保证表 11.3 中的要求得到满足,需要在流水线的 Disambiguation 阶段使用硬件来解决。

需要注意的是,load 指令查找 Store Queue 时,如果发现了位于它之前的地址相同的store 指令,这并不是违反表 11.3 中规定的访问顺序,只是表示 load 指令可以从 Store Queue 中直接获得结果而已,因此也就不需要抹掉流水线中的指令。但是,这只是一般的情况,还有一种意外的情况需要特殊考虑,那就是 load 指令需要的数据宽度大于 store 指令存储数据的宽度,如图 11.18 所示。

Program order
R2==R3
————————————
SB R1, #8[R2]   //将寄存器R1的最低字节写到存储器中
LW R4, #8[R3]   //读取一个字,写到寄存器R4中

图 11.18   load 指令在 Store Queue 中发现了部分需要的数据

此时 load 指令需要的数据,有一部分存在于 Store Queue 中,还有一部分存在于 D-Cache 中,load 指令无法在同一个周期内得到它需要的数据,此时需要将 load 指令,以及它之后的所有指令都从流水线中抹掉,并将它们重新从 I-Cache 中取到流水线中,这个过程在21264 处理器中称为 replay trap,在下面会进行详细的介绍。

2. Store Disambiguation

在流水线的 Disambiguation 阶段,store 指令会将计算出的地址写到 Store Queue 对应的位置中,同时在这个周期,store 指令会查找 Load Queue 这个部件,如果存在地址相等且指令顺序位于它之后的 load 指令,则表示这条提前执行的 load 指令没有使用到正确的结

果,这就产生了 Store/Load 指令的违例,这个过程可以用图 11.19 来表示。

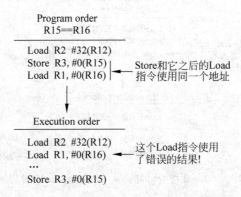

图 11.19　产生 Store/Load 指令违例的一个例子

从图 11.19 中可以看到,当发现 Store/Load 违例时,Load 指令以及之后所有和它相关的指令都使用了错误的操作数,需要将它们重新执行,有很多种方法都可以实现这个过程,它们实现的难易程度也是不相同的,最理想的方法是只将违例的 Load 指令以及所有和它相关的指令从流水线中抹掉,重新使这些指令参与发射(issue)的过程,其他不相关的指令则不受影响,但是要实现这样的功能需要识别出哪些指令和 load 指令存在相关性,还需要将这些指令放回发射队列中(这些指令可能早就离开了发射队列),这样增加了设计的难度。Alpha 21264 处理器采用了相对比较简单的处理方法,称之为 replay trap,当已经离开发射队列的 Load/Store 指令由于某些原因不能再继续执行时,这条 Load/Store 指令以及它之后的所有指令都会从流水线中抹掉,并对处理器进行状态恢复(21264 处理器中数量丰富的 Checkpoint 此时就派上了用场),然后重新从 I-Cache 中将这些指令取出来送到流水线中,也就是说,这些指令会重新从流水线的 fetch 阶段开始执行。对于图 11.19 中的 store/load 违例,21264 处理器会将违例的 load 指令及其之后的全部指令都从流水线中抹掉,重新将这条违例的 load 以及之后的指令从 I-Cache 中取到流水线中,上面讲述的 load/load 违例也会使用这种 replay trap 的方式来解决。

这种 replay trap 的解决方式虽然简单,但是它降低了处理器的性能,如果经常发生 store/load 违例或者 load/load 违例,那么就需要经常抹掉流水线中的部分指令,并重新执行它们,这样造成了执行效率的降低。正因为如此,在 21264 处理器中才使用 Wait Table 对 store 和 load 指令之间的相关性进行预测,这样可以避免大部分的 store/load 违例,使处理器不至于经常进行 replay trap 操作。

一旦在流水线的 Disambiguation 阶段发现了 store/load 违例,除了进行 replay trap 这种操作,还需要对 Wait Table 进行更新,这样,当这条违例的 load 指令再被遇到时,就需要等到它之前所有的 store 指令都被仲裁电路选中之后,才允许这条 load 指令向仲裁电路发出申请,这条 load 指令有可能会从 Store Queue 中得到对应的结果,这个过程如图 11.20 所示。

Alpha 21264 处理器之所以要从流水线的 fetch 阶段重新开始执行,而不是将违例的 load 指令及其之后的指令重新放回发射队列中开始执行,是因为此时的发射队列中可能已经没有空间存储这些指令了,因此这些指令需要等待。这个等待时间可能会很长,处理器中

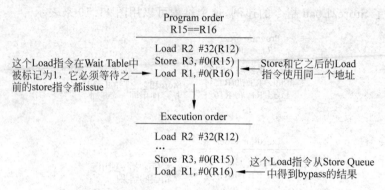

图 11.20   Load 指令可能会从 Store Queue 中得到结果

需要使用一个部件来暂存这些指令,不仅如此,这些需要重新执行的指令由于不能够进入发射队列,也就不能够唤醒发射队列中的其他指令,而此时在发射队列中的指令可能正等待被它们唤醒,则发射队列中的这些指令也不能离开,这样就造成发射队列中永远没有空余的空间,使处理器死锁在了这个地方,无法继续执行,图 11.21 给出了一个例子。

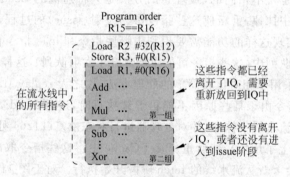

图 11.21   可能产生死锁的一个例子

在图 11.21 中,当 store 指令在流水线的 Disambiguation 阶段发现了 store/load 违例时,第一组的指令已经都被仲裁电路选中并离开了发射队列,而第二组的指令都还没有离开发射队列,甚至有些还没有进入到发射队列中,此时需要将第一组中的指令都重新放入发射队列中。但是,如果此时的发射队列已经被第二组中的指令占满了,而第二组中的很多指令都要使用第一组指令的结果,那么就会造成这样的情形:第二组中的指令在发射队列中等待被唤醒,它们将发射队列占满了,因此第一组中的指令无法重新进入到发射队列中,也就无法重新被发射(issue)而唤醒第二组中的指令,这样就造成了死锁,使处理器无法继续执行下去。因此在 21264 处理器中,将第一组和第二组中的全部指令都从流水线中抹掉了,并使用 Checkpoint 对处理器的状态进行恢复,然后将它们从 I-Cache 中取出来,重新送到流水线中,此时就可以使处理器恢复到正确的状态了。

总的看起来,21264 处理器采用的这种 replay 的方法是基于 I-Cache 进行的,它会降低处理器的执行效率,如果想要从发射队列中进行 replay,有两种方式可以采用。

(1) 让指令被仲裁电路选中之后,不离开发射队列,只有当指令确定不会有问题的时候才允许离开,那么,什么时候可以确定一条指令肯定没问题呢?即使一条指令在进入到执行阶段之前获得了操作数,也不能够保证这个数据是正确的,只有等到一条指令退休(retire)

的时候，才能够保证它肯定正确执行了，因此需要等到一条指令退休，才允许它离开发射队列。这样当发现 store/load 违例时，所有需要 replay 的指令可以重新从发射队列中向仲裁电路发出申请，但是这种方式给发射队列带来了压力，因为发射队列中总是保存着过期的指令，降低了它实际可用的容量，也就降低了寻找指令并行执行的机会。

（2）使用 Replay IQ，用来保存所有已经被仲裁电路选中，但是还没有退休的指令，一条指令被仲裁电路选中之后就会离开发射队列，进入到这个 Replay IQ，当发现了 store/load 违例时，所有的指令只需要从 Replay IQ 中重新向仲裁电路发出申请就可以了，Intel Pentium 4 处理器就使用了这种方法。

11.6.2　Load hit/miss Prediction

在 Alpha 21264 处理器中，load 指令的执行周期数是不确定的，很多因素都会影响这个周期数，例如是否 D-Cache 命中、D-Cache 中是否有 bank 冲突、是否和其他部件产生了 D-Cache 读端口的冲突等，这些因素造成了 load 指令的执行周期数是可变的。但是，如果等到 load 指令得到结果之后才对发射队列中相关的指令进行唤醒，会导致间隔周期过长，考虑到大部分情况下，load 指令都能够顺利地从 D-Cache 中得到结果（否则 D-Cache 就没有存在的意义了），因此可以假设 load 指令总是产生 D-Cache 命中，从而按照这种假设来对发射队列中的相关指令进行唤醒，这就是前文中讲过的推测唤醒（speculative wake-up），图 11.22 表示了整数的 load 指令在流水线中的执行情况[48]：

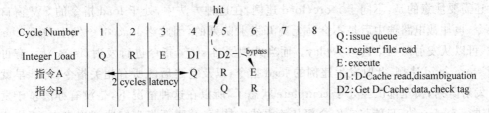

图 11.22　整数 load 指令的执行情况

从图 11.22 可以看出，从整数 load 指令被仲裁电路选中，直到和它相关的指令（图中的指令 A）被仲裁电路选中，中间间隔了两个周期。由于假设 load 指令会产生 D-Cache 命中，在周期 4 和周期 5，和 load 指令相关的指令就可以被仲裁电路选中了，这两个周期也称为 SW 窗口（Speculative Window）。在这两个周期被仲裁电路选中的任何指令都不能离开发射队列，不管它们是否真的和 load 指令存在相关性，当发现 load 指令真的是 D-Cache 命中时，这两条指令可以从发射队列中离开，但是，如果不幸发现了 D-Cache 缺失，那么这两条指令会从流水线中抹掉，并在发射队列中等待被唤醒，然后重新向仲裁电路发出申请。

Alpha 21264 处理器并没有区分 SW 窗口中哪些指令和 load 指令相关，而是认为全部都和 load 指令相关，在发现 D-Cache 缺失时，将 SW 窗口中的指令全部从流水线中抹掉，并重新在发射队列中等待被唤醒，此时会假设 L2 Cache 是命中的，在图 11.22 中的周期 6，这些指令可以再次被仲裁电路选中，这导致了四个周期的延迟，如图 11.23 所示。

如果 L2 Cache 命中，那么这些指令就可以从发射队列中离开了，但是，如果 L2 Cache 缺失，那么这些指令就需要在发射队列中继续等待。

在 load 指令发生 D-Cache 缺失时，需要将 SW 窗口中的所有指令都从流水线中抹掉，这样就浪费了效率,因为这些周期本可以选中其他的指令来执行。为了尽量避免这种情况的发生,在 21264 处理器中,对 load 指令是否会产生 D-Cache 命中也进行了预测,只有那些预测命中的 load 指令才会按照 latency＝2 的情形对相关的指令进行唤醒,否则就需要按照 latency＝4 的情况来执行。21264 处理器使用了一个四位的饱和计数器来预测 load 指令是否会产生 D-Cache 命中,每次当 D-Cache 命中时,计数器会增 1,每当 D-Cache 缺失时,计数器会减 2,使用计数器的最高位来作为 load 指令的预测值,最高位是 1 表示预测结果是命中,最高位是 0 表示预测结果是缺失。从 load 指令被仲裁电路选中,直到和它相关的指令被仲裁电路选中,中间间隔的这些周期内(这段时间也被称为 load latency),处理器可以选择其他不相关的指令来执行,所以即使预测 load 指令会发生 D-Cache 缺失,load latency 的四个周期由于可以执行其他不相关的指令,因此也不会对处理器的性能产生太大的负面影响。

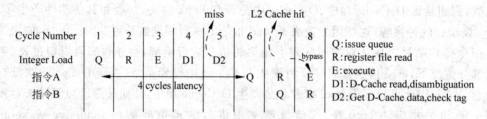

图 11.23　当 D-Cache 缺失时,假设 L2 Cache 会命中

还需要注意的是,不同于 store/load 违例,在这种方法中,处于 load 指令的 SW 窗口中的指令,被仲裁电路选中后是不会马上离开发射队列的,因此当 load 指令发生 D-Cache 缺失时,可以从发射队列中进行 replay。而当处理器对 store 指令进行发射(issue)后,有可能发现 store/load 违例,此时发生违例的 load 指令,以及它之后的所有相关指令,可能早就离开了发射队列,甚至都已经处于 complete 状态了,所以在这种情况下,是没有办法基于发射队列进行 replay 的,只能将它们全部从流水线中抹掉,并重新将它们取到流水中,相比于这种基于 I-Cache 进行 replay 的方法,基于发射队列进行 replay 的方法显然效率要更高一些,因此也被称为 mini replay。

对于浮点数的 load 指令来说,由于需要 128 位的数据,需要两个周期才可以从 D-Cache 中取得完整的结果(21264 是一个 64 位的处理器),因此浮点数 load 指令的 latency 要增加一个周期,也就是三个周期,如图 11.24 所示。

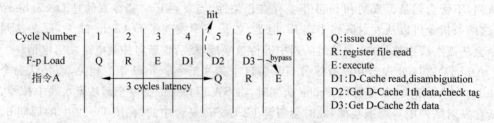

图 11.24　浮点 load 指令的执行情况

此时这条 load 指令的 SW 窗口只有一个周期,在这个周期就可以知道 D-Cache 是否命中,如果命中,那么 SW 窗口中的指令就可以从发射队列中离开;如果缺失,那么这条指令

就要在发射队列中等待被重新唤醒。D-Cache 缺失时，需要从 L2 Cache 中取数据，此时浮点数 load 指令的 latency 仍旧比整数 load 指令要多一个周期，即五个周期，也就是在图 11.24 中，在第七个周期(cycle 7)，指令 A 可以再次进行发射(issue)。

对于浮点数的 load 指令来说，由于它的 SW 窗口只有一个周期，而且浮点数指令的执行周期一般都比较长，所以当 load 指令发生 D-Cache 缺失时，有足够的时间进行处理，因此对浮点数的 load 指令并不进行 D-Cache 是否命中的预测。

11.7　退休

在 Alpha 21264 处理器中，虽然指令按照乱序的方式来执行，但是从处理器外部看起来，仍旧是按照串行的方式执行的。每条指令经过流水线的寄存器重命名阶段之后，都会按照程序中指定的顺序占据 ROB 的空间，一条指令在 FU 中执行完后，不会马上离开 ROB，而是等到在它之前进入流水线的所有指令都已经退休(retire)时，这条指令才允许离开 ROB 而退休，它的结果可以更新处理器的状态(Architecture State)，并对外界可见。这种顺序离开 ROB 的方式可以保证 21264 处理器支持精确的异常，对于处理器中的一条指令来说，如果它之前的某条指令产生了异常，那么它的异常是不会被外界看到的。

如果一条指令在即将退休的时候，发现了异常，那么在流水线中的所有指令都应该被抹掉，这些指令所占据的物理寄存器也应该被释放，同时，重命名映射表(RAT)也应该恢复到产生异常的指令发生之前的状态，这可以通过 Checkpoint 的方式来实现。在 21264 处理器中，ROB 中的每一条指令都有一个 Checkpoint 与之对应，因为 21264 处理器的 ROB 最多可以容纳 80 条指令，也就是支持 80 个 Checkpoint，这样可以最大限度地寻找指令的并行度，同时可以快速地对处理器的状态进行恢复。而且，由于 21264 处理器使用了 CAM 的方式来实现重命名映射表(RAT)，因此 Checkpoint 所占据的硬件资源也是很小的。

在 21264 处理器中，指令在退休的时候，还会将这条指令的目的寄存器对应的旧的物理寄存器进行释放，因为这个物理寄存器再也不会被当前流水线中的指令使用了，因此这个物理寄存器会被放回到空闲寄存器的列表中，等待被指派给新的指令。

21264 处理器每周期最多可以从流水线中退休 8 条指令。

11.8　结论

Alpha 21264 处理器在它所处的那个时代是佼佼者，在架构方面做出了很多有益的尝试，为了达到很高的时钟频率，21264 处理器在很多地方都加入了额外的流水线，例如 Cache 的访问，这样就增加了分支预测失败时的惩罚(mis-prediction penalty)，并增加了 load latency。当然，21264 处理器使用乱序执行的方式可以缓解 load latency 增大所引起的问题，同时使用了复杂的分支预测算法来准确地预测分支指令；为了加快对分支预测失败和异常这两种情况的处理过程，21264 处理器为 ROB 中的每条指令都使用了 Checkpoint，这样加快了处理器状态恢复的速度；21264 处理器使用 Cluster 的结构来解决多端口寄存器堆所产生的问题；使用 Load hit/miss Prediction 和 Speculative Disambiguation 这两种预测算法来加速 load/store 指令的执行等。更深的流水线加上更准确的各种预测算法，使

21264 处理器运行在更快的时钟频率的同时,保持了较高的执行效率,不至于造成"高频低能"的后果。

Alpha 21264 处理器可以用图 11.25 所示的流水线来总结[49]。

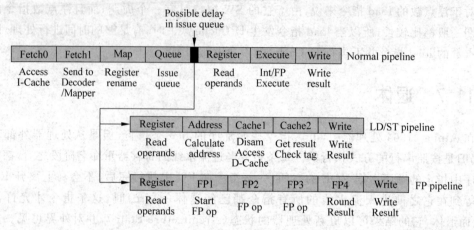

图 11.25 Alpha 21264 的流水线

对于普通的指令来说,21264 处理器使用了 7 级的流水线;对于 load/store 类型的指令,由于对 D-Cache 的访问使用了流水线,因此需要一个 9 级的流水线;对于浮点类型的指令,使用了 10 级的流水线。事实上,并不能够从流水线级数的多少来判断一个处理器性能的高低,而是需要考虑流水线执行的效率,这需要更准确的各种预测算法来支持,这样才可以使流水线保持高效率的运行。

当然,由于商业方面的种种原因,21264 处理器并没有能够真正在市场上获得成功,后来随着其他处理器性能的提高,21264 处理器逐渐消失在历史的潮流之中,让人不禁慨叹英雄迟暮。但是 21264 处理器对于其他的处理器,不管是 Intel 还是 AMD,都产生了直接或者间接的影响,在计算机领域是一款经典的处理器,值得纪念。

参 考 文 献

[1] John P Shen, Mikko Lipasti. 现代处理器设计(英文版). 北京：清华大学出版社, 2005.

[2] David A Patterson, John L Hennessy. 计算机组成与设计：硬件/软件接口(英文版，第 4 版). 北京：机械工业出版社, 2010.

[3] D Koufaty, D T Marr. Hyperthreading Technology in the Netburst Microarchitecture. IEEE Micro, vol. 23, no. 2, 56-65, Mar. 2003.

[4] David Wentzlaff. Computer Architecture (ELE 475). Princeton University, 2012.

[5] 维基解密. https://en. wikipedia. org/wiki/Cache_(computing).

[6] C McNairy, D Soltis. Itanium 2 Processor Microarchitecture. IEEE Micro, vol. 23, no. 2, 44-55, Mar. 2003.

[7] 维基解密. http://en. m. wikipedia. org/wiki/POWER7.

[8] David A Patterson, John L Hennessy. 计算机体系结构：量化研究方法(英文版，第 5 版). 北京：机械工业出版社, 2012.

[9] C N Keltcher, K J McGrath, A Ahmed, P Conway. The AMD Opteron Processor for Multiprocessor Servers. IEEE Micro, Mar. /Apr. 2003.

[10] MIPS Technologies Inc. MIPS32® 74Kf™ Processor Core Datasheet, 2008.

[11] D Sweetman. MIPS 体系结构透视(英文版，第 2 版). 北京：机械工业出版社, 2012.

[12] ARM Limited. ARM® Architecture Reference Manual：ARM® v7-A and ARM® v7-Redition, 2008.

[13] MIPS Technologies Inc. MIPS32® 74K™ Processor Core Family Software User's Manual, 2008.

[14] MIPS Technologies Inc. MIPS32® Architecture for Programmers Volume Ⅱ：The MIPS32® Instruction Set, 2008.

[15] J E Smith. A Study of Branch Prediction Strategies. Proceedings of the International Symposiumon Computer Architecture, pp. 135-148, 1981.

[16] S McFarling. Combining branch predictors. Technical Report TN-36, Digital Equipment Corp. , Jun. 1993.

[17] Po-Yung Chang, Eric Hao, and Yale N Patt. Target Prediction for Indirect Jumps. Proceedings of the 24th annual international symposium on Computer architecture, 274-283, Jun. 1997.

[18] IBM Corp. PowrPC 604 RISC Microprocessor User's Manual. IBM Microelectronics Division, 1994.

[19] S Jourdan, J Stark, T -H Hsing, et. al. Recovery requirements of branch prediction storagestructures in the presence of mispredicted-path execution. International Journal of Parallel Programming, vol. 25, no. 5, 363-383, Oct. 1997.

[20] K Skadron, M Martonosi, D W Clark. Speculative Updates of Local and Global Branch History：A Quantitative Analysis. The Journal of Instruction Level Parallelism, vol. 2, Jan. 2000.

[21] Y Wu, J Shieh. A Multiple Blocks Fetch Engine for High Performance Superscalar Processors. Proceedings of the ISCA 14th International Conference on Parallel and Distributed Computing Systems, 339-344, Aug. 2001.

[22] T -Y Yeh, D Marr, Y N Patt. Increasing the instruction fetch rate via multiple branch prediction and branch address cache. Proceedings of the International Conference on Supercomputing, 67-76, 1993.

[23] 维基解密. http://en. wikipedia. org/wiki/Instruction_set_architecture.

[24] M Slater. Intel Boosts Pentium Pro to 200MHz. Microprocessor Report, vol. 9, no. 15, Nov. 1995.

[25] L Gwennap. Intel's P6 Uses Decoupled Superscalar Design. Microprocessor Report, vol. 9, no. 2,

Feb. 1995.

[26] E Safi, A Moshovos, and A Veneris. A physical level study and optimization of CAM-based checkpointed register alias table. Proceedings of the 13th international symposium on Low power electronics and design,233-236,Aug. 2008.

[27] K C Yeager. The MIPS R10000 superscalar microprocessor. IEEE Micro, vol. 16, no. 2, 28-41, Apr. 1996.

[28] Linley Gwennap. MIPS R10000 Uses Decoupled Architecture. Microprocessor Report, vol. 8, no. 14, 18-22, Oct. 1994.

[29] E Safi, A Moshovos, A Veneris. Two-Stage, Pipelined Register Renaming. IEEE Transactions on Very Large Scale Integration (VLSI) Systems, vol. 19, no. 10, 1926-1931, Oct. 2011.

[30] Xilinx. LogiCORE IP Block Memory Generator v4. 3 Product Specification.

[31] E Safi, P Akl, A Moshovos,et al. On the Latency and Energy of Checkpointed Superscalar Register Alias Tables. IEEE Transactions on Very Large Scale Integration (VLSI) Systems,vol. 18, no. 3, 365-377,Mar. 2010.

[32] J Abella, R Canal, and A González. Power—and Complexity—Aware Issue Queue Designs. IEEE Micro, vol. 23, no. 5, 50-58, Sep. /Oct. 2003.

[33] H Q Le, W J Starke, J S Fields, et. al. IBM POWER6 Microarchitecture. IBM Journal of Researchand Development, vol. 51, no. 6, 639-662, Nov. 2007.

[34] E Borch, E Tune, S Manne, et. al. Loose loops sink chips. Proceedings of the 8th International Symposiumon High-Performance Computer Architecture, 299-310,Feb. 2002.

[35] R Canal, JM Parcerisa, and A González. Dynamic Cluster Assignment Mechanisms. Proceedings of the Sixth International Symposium on High-Performance Computer Architecture, 133-142, Jan. 2000.

[36] R M Tomasulo. An Efficient Algorithm for Exploiting Multiple Arithmetic Units. IBM Journal of Research and Development, vol. 11, no. 1, 25-33, Jan. 1967.

[37] T R Halfhill. Intel's Tiny Atom: New Low-Power Microarchitecture Rejuvenates the Embedded x86. Microprocessor Report, vol. 22, no. 4, Apr. 2008.

[38] P H Wang, H Wang, R M Kling,et. al. Register Renaming and Scheduling for Dynamic Execution of Predicated Code. Proceedings of the 7th International Symposium on High-Performance Computer Architecture, 15-25, Jan. 2001.

[39] J M Tendler, J S Dodson, J S Fields, et. al. POWER4 System Microarchitecture. IBM Journal of Research and Development, vol. 46, no. 1, 5-25,Jan. 2002.

[40] B Sinharoy, R N Kala, J M Tendler, et. al. POWER5 System Microarchitecture. IBM Journal of Research and Development, vol. 49, no. 4/5, 505-521, Jul. 2005.

[41] R E Kessler, E J McLellan, and D A Webb. The Alpha 21264 Microprocessor Architecture. Proceedings of the International Conference on Computer Design, 90, Oct. 1998.

[42] D Kroft. Lockup-free instruction fetch/prefetch cache organization. Proceedings of the 8th annual symposium on Computer Architecture, 81-87, May 1981.

[43] K I Farkas,. Norman P J. Complexity/Performance Tradeoffswith Non-Blocking Loads. Proceedings of the 21st annual international symposium on Computer architecture, 211-222,Apr. 1994.

[44] J E Smith, A R Pleszkun. Implementing Precise Interrupts in Pipelined Processors. IEEE Transactions on Computers, vol. 37, no. 5, 562-573, May 1988.

[45] 天极网."昔日的王者:Alpha 系列处理器历史回顾".

[46] M Baron. Cortex-A8: High Speed, Low Power. Microprocessor Report, Nov. 2005.

[47] R E Kessler. The Alpha 21264 microprocessor. IEEE Micro, vol. 19, no. 2, 24-36, Mar. / Apr. 1999.

[48] Compaq Computer Corporation. Alpha 21264 microprocessor hardware reference manual. Jul. 1999.

[49] Linley Gwennap. Digital 21264 Sets New Standard. Microprocessor Report, vol. 10, no. 14, Oct. 1996.